普通高等教育"十二五"规划教材

信号分析与处理

（第二版）

杨育霞　许　珉　廖晓辉
朱　榕　李志辉　编

崔光照　主审

中国电力出版社
CHINA ELECTRIC POWER PRESS

内 容 提 要

本书为普通高等教育"十二五"规划教材。

全书共分九章，主要内容为信号分析与处理的基本概念、连续时间信号的分析与处理、离散时间信号的分析与处理基础、离散傅里叶变换、数字滤波器、信号分析与处理的应用和实现以及 MATLAB 仿真实验。本书在章节的编排上采用先信号分析再信号处理，先连续后离散，先基本理论后工程实现及应用的顺序，重点突出，便于自学；注重联系实际提出问题，讲清推导思路，给出必要的证明，并注意结合物理意义帮助对基本理论的理解和掌握；理论计算与使用 MATLAB 计算相结合。每章末附有思考题与习题，书后附有习题参考答案。

本书可作为电气工程及其自动化、自动化或相近专业本科生的教学用书，也可以作为有关专业工程技术人员的参考用书。

图书在版编目(CIP)数据

信号分析与处理/杨育霞等编. —2 版. —北京：中国电力出版社，2012.2（2019.1重印）

普通高等教育"十二五"规划教材

ISBN 978 - 7 - 5123 - 2419 - 0

Ⅰ.①信⋯ Ⅱ.①杨⋯ Ⅲ.①信号分析－高等学校－教材②信号处理－高等学校－教材 Ⅳ.①TN911

中国版本图书馆 CIP 数据核字(2011)第 258710 号

中国电力出版社出版、发行
（北京市东城区北京站西街 19 号 100005 http://www.cepp.sgcc.com.cn）
北京雁林吉兆印刷有限公司印刷
各地新华书店经售

*

2007 年 8 月第一版
2012 年 2 月第二版 2019 年 1 月北京第七次印刷
787 毫米×1092 毫米 16 开本 18.25 印张 444 千字
定价 **46.00** 元

前　言

《信号分析与处理》一书于 2007 年作为普通高等教育"十一五"规划教材出版。为了适应当前学科发展和教学内容改革的需要，编者对原教材内容进行了部分修改与调整，作为第二版出版，并列入了普通高等教育"十二五"规划教材。

对于非通信类各电专业，信号分析与处理是经常要面对的具有共性的问题，特别是数字信号处理的理论与技术已经渗透进了各个工程应用领域，因此，"信号分析与处理"已成为大专院校相关专业的一门必修课程。原书在吸收了以往教材的长处、有关参考文献和作者多年教学经验及应用成果的基础上编写而成；同时，在教学实践中征求和听取了教师和学生对本教材的意见，认为基本能满足当前的教学需要。鉴于此，本次修订对原教材的整体格局未做大的修改，仅对教材的部分内容作了修订、调整和补充。

第二版保持了原教材的编写思路和体系结构，在章节的编排上采用先信号分析再信号处理、先连续后离散、先基本理论后工程实现及应用的顺序。第二版修订的内容主要有以下几个方面：

（1）在第 2 章增加了连续信号傅里叶变换各种性质的证明，第 4 章增加了离散信号 z 变换和傅里叶变换各种性质的证明、离散周期信号的傅里叶变换、离散时间傅里叶变换与连续信号傅里叶变换的关系，以求数学上的完美，使学生深刻理解这些性质。

（2）在第 3 章增加了连续系统的框图表示、时域卷积的图解和连续系统的稳定性，以此和第 5 章离散系统框图表示、卷积和的图解和离散系统的稳定性形成对应，以便于学生把握连续系统和离散系统的联系与区别。

（3）在第 8 章增加了数字信号处理在双音多频拨号系统中的应用和数字信号处理实现两个应用内容，删除了信号分析与处理在生物医学中的应用和电动机 PID 数字控制应用两个内容。在加窗 DFT 插值算法及应用一节中增加了加四项余弦窗插值 FFT 算法和相位差校正法算法。

（4）在第 9 章更新了实验 1、实验 7、实验 8 和实验 9 的编程实例，使实验更加实用，更有利于学生对信号分析与处理的理解。

（5）对全书例题和习题进行了补充和修订。

（6）为方便任课教师和学生使用本教材，作者免费提供电子教案和课后习题详解，如有需要请发电子邮件至 yangyx@zzu.edu.cn 索取，或从 http://jc.cepp.sgcc.com.cn 下载。

本书由杨育霞进行统稿工作。其中，第 1 章由杨育霞编写，第 6、7 章和第 8 章部分章节由许珉编写，第 2、3、4 章和第 5 章部分章节由廖晓辉编写，第 8 章部分章节和第 9 章部分章节由朱榕编写，第 5 章部分章节、第 9 章部分章节和附录由李志辉编写。

本书由崔光照教授主审，并提出了许多宝贵意见和建议，在此表示衷心的感谢。此外，也对给本书的修订提供帮助和支持的所有专家、老师、学生及参考文献的作者，一并表示衷心的感谢。

限于作者水平，书中疏漏及不妥之处在所难免，恳请读者和同行批评指正。

编　者

2011 年 11 月

第一版前言

为贯彻落实教育部《关于进一步加强高等学校本科教学工作的若干意见》和《教育部关于以就业为导向深化高等职业教育改革的若干意见》的精神,加强教材建设,确保教材质量,中国电力教育协会组织制订了普通高等教育"十一五"教材规划。该规划强调适应不同层次、不同类型院校,满足学科发展和人才培养的需求,坚持专业基础课教材与教学急需的专业教材并重、新编与修订相结合。本书为新编教材。

近年来,由于电子技术和集成电路技术的迅速发展,电子计算机已成为信号处理的重要手段。信号处理(特别是数字信号处理)技术的理论研究与应用成果已经深入到了工程、医学、军事和生活等各个领域。在高等学校中,不仅通信专业和电子信息类专业需要信号分析与处理的知识,电气工程类、生物医学类和控制类以及一些非电类专业也迫切要求学习这方面的知识。本书是为了满足这种需要,在吸收了以往教材的长处、有关参考文献和作者多年教学经验及应用成果的基础上编写而成。

本书具有以下特点:

(1)在章节的编排上采用先信号分析再信号处理,先连续后离散,先基本理论后工程实现及应用的顺序。原因是:①为了使概念清晰,各章直接写明与本书的书名相一致的主要内容。这样使读者能更清楚地理解信号分析和信号处理的概念,前5章是信号分析与处理的理论基础,第6章、第7章是数字信号处理的基本内容。②为了课程体系的完整性,本书内容涵盖"信号与系统"和"数字信号处理"两门课程,在处理上不是简单的课程拼接,而是有机地结合,主线就是信号分析与信号处理。③为了节省学时,对于非通信类专业,本书的编排方式使内容紧凑,篇幅压缩,学时减少。例如对连续信号处理中解微分方程的多种方法在一起集中介绍,而不是把这些方法分散在几个不同的章节分别介绍。

(2)重点突出。许多连续信号的分析和处理内容在数学等课程中已经学习过,本书对这部分内容只是简单归纳,起承上启下的作用。本书重点在离散信号的分析与处理,在对基本理论进行系统阐述后,对数字信号处理的计算机实现方法,例如DFT的快速算法和数字滤波器的设计等进行了详细地介绍,最后还简要介绍了信号分析与处理在不同领域中的应用。

(3)便于自学。前5章介绍信号分析与信号处理的基础,涵盖了"信号与系统"课程的基本内容,这部分内容是作者根据多年教学经验,充分考虑到学生在学习过程中可能遇到的困难,用工程实例和深入浅出的语言,使同学们在很短授课学时的情况下,通过自学本教材就可以为顺利学习后面的数字信号处理内容铺平道路。数字信号处理内容力求讲清学生不易搞清的问题,易于自学。

(4)注重联系实际提出问题,讲清推导思路,给出必要的证明,并注意结合物理意义帮助对基本理论的理解和掌握;还给出了信号处理的实现实例及程序框图,甚至程序。本书后半部分中的部分实例是作者近几年的应用成果。

(5)理论计算与使用MATLAB计算相结合。本书的最后一章通过仿真实验的形式,介绍本门课程使用的 MATLAB 的最基本用法和应用实例。

（6）每章后都有思考题和习题。以思考题的形式为引线，引导学生自己做每一章的小结，培养学生正确的思维方法和积极的学习态度。习题计算量不大，着重于巩固基本理论和概念，并附有习题答案。

本书由杨育霞进行统稿工作，她编写了第 1、4、5 章和第 8 章的第 3、4、5 节及附录，第 6、7 章和第 8 章的第 1、2 节由许珉编写，第 2、3、9 章由廖晓辉编写。本书由崔光照教授主审，他提出了许多宝贵意见和建议，谨此表示衷心的感谢。此外，也对给予本书帮助和支持的所有专家、老师及参考文献的作者一并表示衷心的感谢。

限于作者水平，书中疏漏及不妥之处在所难免，恳请读者和同行批评指正。

编　者

2007 年 5 月

目 录

第 1 章　信号分析与处理的基本概念

　　本章从工程中的实例入手，介绍了信号的基本概念及其描述、信号的分类，然后介绍信号处理的概念，包括信号的运算、系统的基本概念及其分类，并在此基础上讨论了信号的分析方法和信号处理的方法。通过本章的学习，读者能够建立信号分析与处理的总体概念和数学语言的描述方法，为后续章节的学习奠定基础。

1.1　信　号　的　概　念

　　凡是物质的形态、特性在时间或空间上的变化，以及人类社会的各种活动都会产生信息。千万年来，人类用自己的感觉器官从客观世界获取各种信息，如语言、文字、图像、颜色、声音、自然景物信息等。可以说，我们是生活在信息的海洋之中，因此获取信息的活动是人类最基本的活动之一。而且从某种意义上说，信息交换也是人类得以成为人类的重要原因。

　　人们要获取信息，首先要获取信号，信号中包含着人们未知的信息。但取得信号并不等于就获取了信息，必须通过对信号做进一步的分析与处理才能从信号中提取所需信息，所以说信号是便于传载信息的物理形式。

1.1.1　典型信号举例

　　医生通过心电图获取心脏病人的信息。心电图是与人的心脏跳动有关的生物电位信号。图 1-1 所示为心电图信号波形的一个周期，它表示血液从心脏到动脉传输的一个循环。这部分波形由来源于心脏右心房的窦房结的电冲激产生。冲激引起心房收缩，使得心房中的血液被压到对应的心室里，产生的信号称为 P 波。窦房结的冲激激励延时直到血液从心房到心室的传送完成，得到心电图波形的 P—R 间隔。然后冲激激励引起心室的收缩，压迫血液到动脉，从而产生了心电图波形的 QRS 部分，在这个阶段心房松弛并充入血液。波形的 T 波表示心室的松弛。整个过程周期性地重复，就产生了心电图迹线。

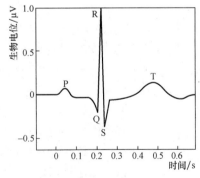

图 1-1　心电图信号波形的一个周期

　　心电图波形的每一部分携带着不同类型的信息，用于医生分析患者的心脏状况。例如，P 和 QRS 部分的振幅和时间表明心肌块的状况。振幅降低表明肌肉受损，而振幅升高表示心率异常。很长的 P—R 间隔表示房室结中过长的延时。同样，部分或所有收缩冲激的阻滞由 P 和 QRS 波之间的间歇同步反映。大多数这些异常都可以用不同的药物治疗，通过进一步观察药物治疗后的心电图波形，可以重新控制药物的效力。

　　每一个工厂、企业都有它不同的用电特点和规律。要做到经济合理地用电，就需要掌握这些特点和规律。图 1-2 所示为某工厂的典型日负荷曲线，代表某一天 24h 实际使用电力

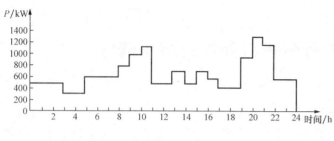

图 1-2　某工厂的典型日负荷曲线

负荷的信号。从这条曲线可以得到一天中的最大负荷和时间，最小负荷和时间，以及平均负荷。工厂的管理人员根据这条负荷曲线和供电条件可以作出切实可行的、合理的用电计划。

每个钢琴键弹奏的音对应一个基波频率和许多谐波频率。

图 1-3 所示为钢琴 CEG 和弦位置和对应的和弦信号的频谱。该频谱中有 3 个尖峰，信号中每个音对应一个，中央 C 的尖峰位于 262Hz，右边的 E 和 G 对应的尖峰位于较高频率处，分别为 330Hz 和 392Hz。这种情况下，用信号频域的频谱比用信号时域的波形更能直观、清晰地体现信号的信息。

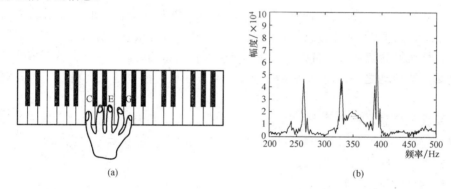

(a)　　　　　　　　　　　　　　　(b)

图 1-3　钢琴 CEG 和弦位置和对应的和弦信号的频谱
（a）钢琴 CEG 和弦位置示意图；（b）CEG 和弦信号的频谱

1.1.2　信号的描述

信号是信息的物理表现形式，或说是传递信息的函数，而信息则是信号的具体内容。例如，交通红绿灯是信号，它传递的信息是：红灯停，绿灯行。根据载体的不同，信号可以是电的、磁的、声的、光的、热的、机械的等。如"语言文字"这种信息载体是用"红"这个汉字来表达红色概念；"图像"这种信息载体是用"红颜色"来刺激人的视觉神经，从而形成红色概念；"声音"这种信息载体是用"hong"这个语音来表达红色的概念；而景物则用朝阳与落日的色彩来表达红色的概念等。

从数学的观点来说，信号都是自变量的函数。自变量可以是时间、频率、空间或其他的物理量，函数旨在突出变量间的数学描述和运算关系；而信号则是为了突出其物理属性。在本书中，"信号"与"函数"这两个术语是互相通用的。对于语音类和电类的一维信号，常用时间自变量的函数 $x(t)$、$y(t)$ 来表示；对于平面图像类的二维信号，常用函数 $f(x,y)$ 来表示。本书只讨论一维信号。一维信号除可以用解析表达式描述之外，还常用波形图来形象直观地描述。随时间变化的信号还可以用其各种变换（如傅里叶变换、拉普拉斯变换和 z 变换）来描述。

表示信号的时间函数包含了信号的全部信息量。信号的特性首先表现为它的时间特性。时间特性主要指信号随时间变化快慢幅度变化的特性。同一形状的波形重复出现的周期长短，信号波形本身变化的速率（如脉冲信号的脉冲持续时间，脉冲上升和下降边沿陡直的程度），以时间函数描述信号的图像称为时域图，图 1-1 所示的就是一个时域图。在时域上分析信号称为时域分析。

信号还具有频率特性，可用信号的频谱函数来表示。频谱函数中也包含了信号的全部信息量。频谱函数表征信号的各频率成分及其振幅和相位。以频谱描述信号的图形称为频域图，图 1-3（b）所示的就是一个频域图。在频域上分析信号称为频域分析。

在各种信号中，电信号是最便于传输、控制与处理的信号，而且许多非电信号（如温度、压力、光强、位移、转矩、转速等）的物理量都可以由相应的传感器变换为电信号。如果对信号进行以计算机为核心的数字处理，就必须要先转变为电信号。因此研究电信号具有普遍的、重要的意义。在本书中，除非特别说明，我们都把信号视为随时间变化的电压或电流信号。

1.1.3　信号的分类

为了对信号进行处理，必须要先搞清楚信号有哪些种类，每类信号各有什么特点，各适合于如何处理。通过这些分类，可以更清楚地认识到本门课程是用于处理哪些信号的，对实际信号应该采用哪种处理方法。

1. 确定性信号和随机信号

根据信号取值是否确定来分类，可分为确定性信号和随机信号。

如果信号可以用确定的数学表达式来表示，或可用确定的信号波形来描述，则称此类信号为确定性信号，如正弦信号、指数信号等。在工程上，有许多物理过程产生的信号都是确定性信号，如卫星在轨道上运行，电容器通过电阻放电时电路中的电流变化等。

如果信号只能用概率统计方法来描述，其取值具有不可预知的不确定性，则称此类信号为随机信号。随机信号不是一个确定的时间函数，对于某一时刻，信号值无法确定，只能知道它取某一值的概率。随机信号也是工程中的一类应用广泛的信号，如在通信传输中引入的各种噪声，海面上海浪的起伏等。在一定的条件下，某些随机信号也会表现出某种确定性，例如音乐表现为某种周期性变化的波形；数据通信中的编码虽然受扰畸变，但总体上还保持着某种规律的脉冲波形。除实验室发生的有规律的信号外，通常的信号都是随机的，因为确定性信号对受信者不可能载有信息。

研究确定性信号是十分重要的，因为它不仅广泛应用于系统分析和设计中，同时也是进一步研究随机信号的基础。本书只讨论确定性信号。

2. 连续信号与离散信号

根据信号自变量取值是否连续来分类，可分为连续信号和离散信号。

若 t 是定义在时间轴上的连续自变量，那么，我们称 $x(t)$ 为连续时间信号，若信号的幅值也是连续的，又称为模拟信号。若 t 仅在时间轴的离散点上取值，那么，我们称 $x(t)$ 为离散时间信号，这时应将 $x(t)$ 改记为 $x(nT_s)$。式中，T_s 表示相邻两个点之间的时间间隔，又称采样周期；n 取整数表示序号。为简明起见，一般用 $x(n)$ 来表示离散信号 $x(nT_s)$。

$x(n)$ 在时间上是离散的，其值域可以连续取值。但在用计算机处理信号时，由于计算机只能利用有限的二进制位数来表示数据，因此其信号值也必须"量化"为离散的数。在时间（自变量）上和函数值（因变量）上都被离散化的信号称为数字信号。计算机只能处理数

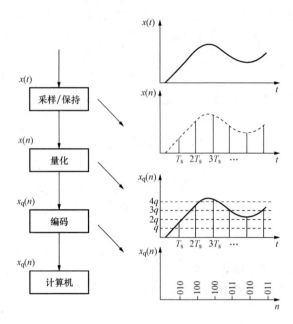

图 1-4 　连续信号转化为数字信号的过程

字信号。

连续信号转化为离散信号和数字信号的过程如图 1-4 所示。对连续的模拟信号 $x(t)$ 按一定的时间间隔 T_s 抽取相应的瞬时值，这个对时间离散化的过程称为采样。经采样后的离散信号为图中的 $x(n)$，它是一个时间离散、函数值连续的信号。图 1-4 右边第 3 个图是把 $x(n)$ 的函数值以某个最小数量单位 q 的整数倍进行离散化，这个过程称为量化。经量化后的数字信号为图中的 $x_q(n)$。把 $x_q(n)$ 经过编码后转化为数字序列才能进入计算机的存储器中以备处理。本课程只研究仅对时间离散化的离散信号 $x(n)$，数字信号在计算机类课程中学习。

3. 周期信号与非周期信号

根据信号在某一区间内是否重复出现来分类，可分为周期信号和非周期信号。

若信号按照一定的时间间隔 T 周而复始且无始无终，则称此类信号为周期信号。周期信号的表达式可以写为

$$x(t) = x(t+nT) \qquad (n = 0, \pm 1, \pm 2, \cdots) \qquad (1-1)$$

式中：nT 称为 $x(t)$ 的周期，而满足关系式的最小 T 值称为信号的基本周期。

为叙述方便，如不做特别强调，后面将把"基本周期"简称为"周期"。由于周期信号在一个周期内的波形完整、准确地提供了其随时间变化的信息特征：振幅、周期、初相、变化快慢等，所以只要给出其在一个周期内的变化过程，便可知道该信号在任意时刻的信号值。

周期信号是由振动、旋转等物理现象产生的，是以无限、持续的时间波形出现的。虽然这种理想状况在现实中几乎不存在，但周期信号具有很好的特性，是信号频域分析的基础，所以是本课程非常重要的一类信号。

若信号在时间上不具有周而复始的特性，或者说信号的周期趋于无限大，则此类信号称为非周期信号。周期信号可以由非周期信号周而复始地进行重复而得到。严格数学意义上的周期信号，是无始无终地重复着某一变化规律的信号。实际应用中，周期信号只是指在较长时间内按照某一规律重复变化的信号。

实际上周期信号与非周期信号之间没有绝对的差别，当周期信号的周期 T 无限增大时，则此信号就转化为非周期信号。

当周期分别为 T_1 和 T_2 的两个周期信号相加时，如果它们是整数倍的关系，则取其最小周期；如果它们不是整数倍的关系，则设 n_1 和 n_2 是互为质数的整数，当 $n_1 T_1 = n_2 T_2$，即 T_1/T_2 是一个有理数时，所得的合成信号的最小公共周期是 $T = n_1 T_1 = n_2 T_2$，它是单个信号周期的最小公倍数。

【**例 1 - 1**】　已知信号 $x_1(t)=\cos 20t$，$x_2(t)=\cos 22t$，$x_3(t)=\cos t$ 和 $x_4(t)=\cos\sqrt{2}t$，问 $x_1(t)+x_2(t)$ 和 $x_3(t)+x_4(t)$ 是否为周期信号？若是，求其周期。

解　$x_1(t)$ 的周期为 $T_1=2\pi/20=\pi/10$，$x_2(t)$ 的周期为 $T_2=2\pi/22=\pi/11$，由于 $T_1/T_2=11/10$ 是有理数，所以 $x_1(t)+x_2(t)$ 仍是周期信号，其公共周期 $T=10T_1=11T_2=\pi$。

$x_3(t)$ 的周期为 $T_3=2\pi$，$x_4(t)$ 的周期为 $T_4=2\pi/\sqrt{2}=\sqrt{2}\pi$，由于 $T_3/T_4=\sqrt{2}$ 是无理数，所以 $x_3(t)+x_4(t)$ 不是周期信号。

4. 能量信号与功率信号

根据信号的能量或功率是否有限来分类，可分为能量信号和功率信号。

在研究过程中，我们有时需要知道信号的能量特性和功率特性。任何信号通过系统时都伴随着一定能量或功率的传输，表明信号具有能量或功率特性。

将信号施加于 1Ω 电阻上，它所消耗的瞬时功率为

$$p=\lim_{T\to\infty}\frac{1}{T}\int_{-T/2}^{T/2}|x(t)|^2\mathrm{d}t,\quad p=\lim_{N\to\infty}\frac{1}{2N+1}\sum_{n=-N}^{N}|x(n)|^2 \qquad (1-2)$$

信号的能量为

$$W=\int_{-\infty}^{\infty}|x(t)|^2\mathrm{d}t,\quad W=\sum_{n=-\infty}^{\infty}|x(n)|^2 \qquad (1-3)$$

若信号的能量有限，即 $W<\infty$，则称之为能量有限信号，简称能量信号。具有有限幅值的时限信号都是能量信号，如单个脉冲信号，指数衰减信号等。这是一类具有时空局域局限性的信号。

若信号的功率有限，即 $P<\infty$，则称之为功率有限信号，简称功率信号。功率信号是在时间或空间上无限延续，但在一定时间范围内的平均能量有限的信号。因此具有重复性的有限值周期信号都是功率信号。

有的信号的能量太大了，研究能量没太大意义。有些信号的能量变化实在太快了，这时研究它的功率就没有意义。所以，能量和功率各有所长所短，应根据需要来使用。

1.2　信号处理的概念

在我们的周围存在着为数众多的"信号"，如从茫茫宇宙中的天体发出的微弱电波信号，移动电话发出的数字信号等，这些都属于我们直接感觉不到的信号，还有诸如交通噪声、人们说话声以及电视图像等人们能感觉到的各种各样的信号。这些众多的信号中，有的是含有有用信息的信号，有的只是应当除掉的噪声。

所谓"信号处理"，就是要把记录在某种媒体上的信号进行处理，以便抽取出有用信息的过程，它是对信号进行提取、变换、分析、综合等处理过程的统称。

信号处理的目的是：①去伪存真。去除信号中冗余和次要的成分，包括不仅没有任何意义反而会带来干扰的噪声；②特征提取。把信号变成易于分析、识别的形式，以便进行后续的其他处理；③编码与解码（或调制与解调）。将信号变换成容易传输、交换与存储的形式（编码），或从编码信号中恢复出原始信号（解码）等。

按键式电话拨号系统就是一个典型的信号处理例子。当按下每一个按键时，会产生一组特定的双音信号，这称为双音多频信号。电话交换机对该信号进行处理，根据两个基音频率

来识别所按下的号码。如图 1-5 所示，电话上的键排列成行和列，通过按键产生的双音与键所在的行和列有关。键所在的行确定了它的低音频，所在的列确定了它的高音频，例如，按"6"键产生频率为 770Hz 和 1477Hz 的基音信号。图 1-5（b）给出了拨号的音频检测方案。这里，两个基音首先由一个低通和一个高通滤波器分开，低通滤波器的通带截止频率略高于 1000Hz，高通滤波器的截止频率略低于 1200Hz，然后每个滤波器的输出被一个限幅器转变成一个方波，并经过一个具有很窄通带的带通滤波器组处理。低频通道的 4 个带通滤波器的中心频率分别是 697、770、852Hz 和 941Hz，而高频通道的 3 个带通滤波器的中心频率分别是 1209、1336Hz 和 1477Hz。如果某个键被按下，低音群和高音群就会各有一个对应的带通滤波器输出高于某个阈值的电信号，其后面的检波器就会产生所需要的直流转换信号，进而可以判断按下的是哪个键位。关于按键式电话拨号系统的数字信号处理内容，本书在 8.3 节中有较详细的说明。

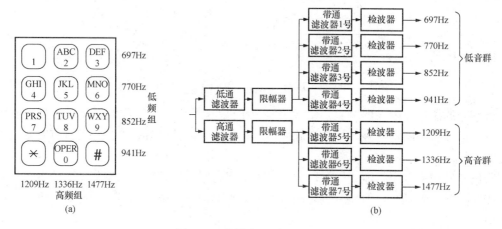

图 1-5　按键式电话拨号系统

(a) 拨号的音频频率分配；(b) 拨号的音频检测方案

由上例可以看到，信号处理是利用一定的部件或设备对信号进行分析、变换、综合、识别等加工，以达到提取有用信息和便于利用的目的。对信号处理的部件或设备称为系统。用模拟系统处理模拟信号称为模拟处理，若用数字系统处理数字信号即为数字处理。

人们最早处理的信号局限于模拟信号，所使用的处理方法也是模拟信号处理方法，例如上述的电话拨号电路。在用模拟信号处理方法进行处理时，对"信号处理"技术没有太深刻的认识。这是因为在过去，信号处理和信息抽取是一个整体，从物理制约角度看，满足信息抽取的模拟处理受到了很大的限制。随着数字计算机技术的飞速发展，信号处理的理论和方法也得以发展。在我们的面前出现了不受物理制约的纯数学的加工，即算法，并确立了数字信号处理的领域。现在，对于模拟信号的处理，人们通常是先把模拟信号变成数字信号，然后利用高效的数字信号处理器（Digital Signal Processor，DSP）或计算机对其进行数字信号处理。处理完毕后，如果需要，再转换成模拟信号。这种处理方法称为模拟信号数字处理方法。

例如，仪器仪表随着信号处理技术的发展而更新换代。第一代为模拟式（指针式）仪器仪表，它基于电磁测量原理并使用指针来显示最终的测量结果。第二代为用电路硬件实现的数字式仪器仪表，它的基本结构中离不开 A/D 转换环节，并以数字的形式显示或打印测量结果。第三代是智能式仪器仪表，它是计算机技术和测量技术相结合的产物，含有微型计算机或微处理器，因此拥有对数据进行存储、运算、逻辑判断及自动化操作等功能。

1.2.1 信号的简单处理

最基本也是最简单的信号处理就是对信号进行各种数学运算。信号的基本运算包括信号的自变量运算（平移、尺度变换和反转）、加减乘除运算、积分和微分运算。对于连续信号的这些运算，可以由电路和电子课程中学过的加法器、减法器、微分器、积分器、乘法器、比例器等模拟系统来实时实现，对于数字信号，可以用计算机直接进行数学运算。因此我们需要用数学的方法来表示信号的运算及其对应的波形变化，并理解这些运算的物理背景。

1. 信号的自变量运算

有三种基本的自变量运算：时延、反转和尺度变换。

（1）时延。时延运算产生一个原信号的延时复制信号。图 1-6（a）所示信号 $x(t)$ 在传输后如果波形的形状保持不变，仅仅是延迟了 t_0 时间（$t_0 > 0$），则延迟后的信号为 $x(t - t_0)$，其波形相当于将 $x(t)$ 的波形沿时间轴方向移位 t_0 时间，如图 1-6（b）所示；类似地，$x(t + t_0)$ 的波形相当于把 $x(t)$ 的波形向时间轴的相反方向移位 t_0 时间，如图 1-6（c）所示。

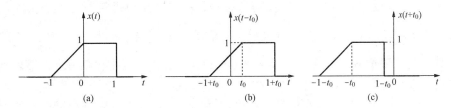

图 1-6 连续时间信号的移位

（a）原始信号；（b）右移 t_0；（c）左移 t_0

离散时间信号 $x(n - n_0)$ 和 $x(n + n_0)$（n_0 为正整数）则分别相当于将 $x(n)$ 右移和左移 n_0 个序号，如图 1-7 所示。

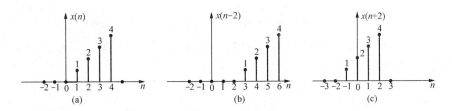

图 1-7 离散时间信号的移位

（a）原始序列；（b）右移 n_0；（c）左移 n_0

（2）反转。反转运算产生一个原信号对纵轴的对称复制信号。如果将信号 $x(t)$ 的自变量用 $-t$ 替换，信号 $x(-t)$ 的波形为 $x(t)$ 以 $t=0$ 为轴的反转。对图 1-6（a）和图 1-7（a）所示的信号，反转后 $x(-t)$ 和 $x(-n)$ 的波形如图 1-8 所示。

（3）尺度变换。如果把 $x(t)$ 的变量 t 置换为 at，a 为一正系数，信号 $x(at)$ 的波形为

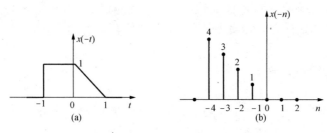

图 1 - 8　信号的反转

(a) $x(-t)$ 的波形；(b) $x(-n)$ 的波形

$x(t)$ 波形的时间轴压缩（$a>1$）或扩展（$0<a<1$），该运算称为尺度变换，如图 1 - 9 所示。

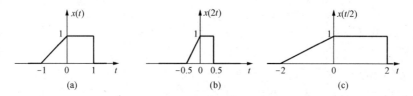

图 1 - 9　信号的尺度变换

(a) 原始波形；(b) 波形压缩；(c) 波形扩展

当 $x(t)$ 是一盘录像带录制的信号时，$x(-t)$ 表示将此录像带倒放处理的反转信号，$x(2t)$ 相当于以 2 倍速度快镜头播放处理的压缩信号；而 $x\left(\dfrac{t}{2}\right)$ 相当于以降至一半的速度慢镜头播放处理的扩展信号。另外，为了快速传输信号，往往需要把原信号先压缩，到达输出端后再扩展还原。

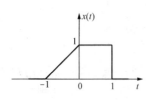

图 1 - 10　例 1 - 2 图

在信号简单处理过程中常有时延、反转和尺度变换综合的情况，这时相应的波形分析可分步进行。分步的次序可以有所不同，但因为在处理过程中，坐标轴始终是时间 t，因此，每一步的处理都应针对时间 t 进行。

【例 1 - 2】　$x(t)$ 的波形如图 1 - 10 所示，画出 $x(-2t+1)$ 的波形。

解　若依次采用移位—反转—尺度变换顺序，首先画出 $x(t+1)$ 的波形，然后进行反转得到 $x(-t+1)$，最后进行尺度变换即可得到 $x(-2t+1)$ 的波形，如图 1 - 11 所示。

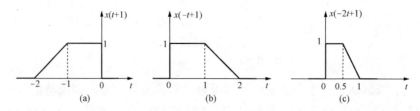

图 1 - 11　移位—反转—尺度变换

(a) 移位；(b) 反转；(c) 尺度变换

也可以采用其他顺序进行变换。例如，先做尺度变换画出 $x(2t)$ 的波形，其次进行移位，将 $x(2t)$ 左移 0.5 得 $x[2(t+0.5)] = x(2t+1)$，最后对 $x(2t+1)$ 作时间反转，得 $x(-2t+1)$ 的波形，如图 1-12 所示。

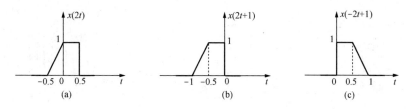

图 1-12　尺度变换—移位—反转

(a) 尺度变换；(b) 移位；(c) 反转

2. 连续信号的微分与积分运算

微分就是对信号 $x(t)$ 求导数的运算 $\dfrac{\mathrm{d}x(t)}{\mathrm{d}t}$。信号经过微分后突出了变化部分，如图 1-13 所示。利用对信号微分的突出变化作用，可以检测异常状况发生的时间和特征。

积分是对信号 $x(t)$ 在 $(-\infty, t)$ 区间内的定积分 $\displaystyle\int_{-\infty}^{t} x(\tau)\mathrm{d}\tau$。信号经过积分后平滑了变化部分，如图 1-14 所示。利用对信号积分的平滑作用可以削弱信号中混入的毛刺（噪声）的影响。

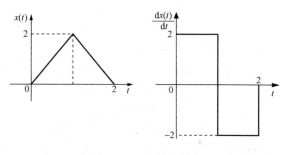

图 1-13　信号的微分

信号的微分和积分运算在信号处理中的应用很多。如自动控制系统中的 PID（比例、积分、微分）控制方法，就是通过对被控信号的比例运算（数乘），实现信号的增强（放大）与弱化（衰减）；通过对被检控信号的微分运算，来检测其变化速率是否跃出给定的范围；对输出量的误差信号进行积分运算，可以做到一旦发现累积误差达到设定值就立即做反馈

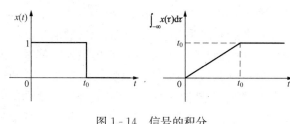

图 1-14　信号的积分

校正，以提高控制精度。

3. 信号的加（减）乘（除）运算

信号处理的任务之一是产生合成信号，它是由对多个基本信号的各种运算完成的。

两个信号进行加（减）乘（除）运算得到一个新的信号，它在任意时刻（序号）的值等于两个信号在该时刻（序号）的值进行加（减）乘（除）运算。也就是说，若两个信号相加，则结果信号的取值是参与运算的两信号对应点取值相加；若是相乘运算，则是对应点取值相乘。以此类推。

一个通信信道（电缆、光缆）中通常传输若干个信号，这些信号是以叠加合成的形式传输的。通过混频器，一根视频电缆可以同时传输数十个频道的电视信号。无线电广播和通信系统中的调制与解调，就是将两个信号经一个乘法器做乘法处理后搬移信号的频谱，从而实现载频无线电发射和频分复用技术。关于频谱搬移的概念将在第 2 章介绍。图 1-15 是对信号 $x_1(t) = \sin(t)$ 及 $x_2(t) = \sin(8t)$ 进行加和乘运算后结果的波形图。

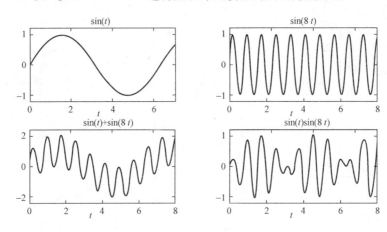

图 1-15　信号进行加和乘运算后结果的波形图

1.2.2　系统的概念

　　信号处理这个过程的对象（或客体）是被处理的信号，而其实施者（或主体）则一般是系统。系统可以定义为处理（或变换）信号的物理设备。或者可以说，凡是能将信号加以变换以达到人们要求的各种设备都称为系统，如通信系统、雷达系统等。因为系统是完成某种运算（操作）的，因而还可以把软件编程也看成为一种系统的实现方法。系统的概念不仅适用于自然科学的各个领域，而且还适用于社会科学，如政治结构、经济组织等。

　　系统是由若干个相互关联又相互作用的事物组合而成的，是具有某种或某些特定功能的整体。系统可以小到一个电阻或一个细胞，甚至基本粒子，也可大到或复杂到诸如人体、全球通信网，乃至整个宇宙，它们可以是自然的系统，也可以是人为的系统。

　　众多领域各不相同的系统都有一个共同点，即所有的系统总是对施加于它的信号（即系统的输入信号，也可称激励）做出响应，产生出另外的信号（即系统的输出信号，也可称响应）。系统的功能就体现在对某种输入信号 $x(t)$ 产生需要的输出信号 $y(t)$（加工处理信号），即 $y(t) = T[x(t)]$，其示意图如图 1-16 所示。

图 1-16　系统对信号处理作用的示意图

　　由于电系统中的电路元件便于安装、易于测量和成本低廉，还因为大多数的非电系统可以用电系统来模拟和仿真，所以电系统具有特殊的重要作用；更重要的是，电能是与其他形式的能量相互转换的最方便的形式，所以把各种物理信号转换成电信号后用电系统进行处理是最方便、最有效的途径；特别是电子计算机只能处理电信号，因此只要涉及数字信号处理一定离不开电系统。

　　本书所涉及的信号是经各种传感器转换成的电信号，所以本书涉及的系统也主要是电系统。电系统是由电路元器件、集成电路、微处理器芯片或电子计算机以及软件等组成的用于实现不同功能的整体。移动通信网等是复杂的系统，而仅由电阻和电容组成的电路是简单系统。本书将以电网络的单输入—单输出系统作为例子来说明一般系统所具有的特性。

　　若系统的输入和输出都是连续时间信号，且其内部也没转换为离散时间信号，则称此系统为连续时间系统。若系统的输入和输出都是离散时间信号，则称此系统为离散时间系统。RLC 电路就是连续时间系统的例子，数字计算机就是一个典型的离散时间系统。实际上，离散时间系统经常与连续时间系统组合使用，这种系统称为混合系统。

　　处理连续信号的连续时间系统的时域数学模型是微分方程，处理离散信号的离散时间系统的时域数学模型是差分方程。

　　自然界中待处理的信号相当多的是连续的模拟信号，如声音、图像、压力、流速、振动等。对模拟信号的处理可以采用模拟系统，也可以采用模拟和数字的混合系统，模拟信号的两种处理方式如图 1-17 所示。模拟系统是长期以来使用的处理方式，即使是目前，对于一些频率极高、实时性要求很强的场合，用数字处理还难以实现，所以模拟系统也还有很强的生命力。采用模拟和数字的混合系统必须经过 A/D 和 D/A 转换，转换部分及其 A/D 前和 D/A 后的处理仍是模拟系统。实际上把模拟信号变成数字信号之前，还需要对信号进行处理，主要包含传感电路、放大或衰减电路以及滤波电路等。

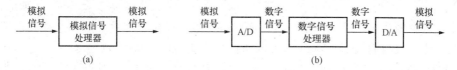

图 1-17　模拟信号的两种处理方式
(a) 模拟系统；(b) 模拟和数字的混合系统

1.2.3　系统的性质

现在来讨论系统的一些基本性质。这些性质既有数学上的表示，又有其物理内容。因此通过对这些性质的研究，可以深入了解和熟练运用这些性质来分析信号与系统。

1. 线性

线性包含两个重要的概念：齐次性和叠加性。同时具有齐次性与叠加性的系统称为线性系统，否则为非线性系统。图 1-18 是线性连续系统的示意图。

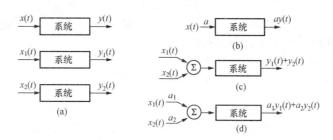

图 1-18　系统的线性＝齐次性＋叠加性
(a) 原系统作用；(b) 系统的齐次性；(c) 系统的叠加性；(d) 系统的线性

　　所谓齐次性是指当输入信号 $x(t)$ 增加为原来的 a 倍（数乘运算）时，响应 $y(t)$ 也增加为原来的 a 倍。所谓叠加性是指当几个激励信号同时作用于系统时，系统的总响应等于每个激励单独作用所产生的响应之和，即

$$a_1 x_1(t) + a_2 x_2(t) \leftrightarrow a_1 y_1(t) + a_2 y_2(t) \tag{1-4}$$

【例 1-3】　判断输入输出关系为 $y(t) = x^2(t)$ 的连续系统是否为线性系统。

　　解　对于两个任意输入 $x_1(t)$ 和 $x_2(t)$，有

$$x_1(t) \rightarrow y_1(t) = x_1{}^2(t)$$
$$x_2(t) \rightarrow y_2(t) = x_2{}^2(t)$$
$$x_3(t) = ax_1(t) + bx_2(t)$$

若 $x_3(t)$ 是系统的输入，且 a 和 b 都是任意常数，那么相应的输出可以表示为

$$
\begin{aligned}
y_3(t) = x_3^2(t) &= [ax_1(t) + bx_2(t)]^2 \\
&= a^2 x_1{}^2(t) + b^2 x_2{}^2(t) + 2ab x_1(t) x_2(t) \\
&= a^2 y_1(t) + b^2 y_2(t) + 2ab x_1(t) x_2(t) \\
&\neq a y_1(t) + b y_2(t)
\end{aligned}
$$

由于系统不满足齐次性和叠加性，所以不是线性系统。

【例 1 - 4】 判断输入输出关系为 $y(n) = kx(n)$ 的离散系统是否为线性系统。

解 $\qquad\qquad ax(n) \rightarrow kax(n) = ay(n)$ （满足齐次性）

$$x_1(n) + x_2(n) \rightarrow k[x_1(n) + x_2(n)] = kx_1(n) + kx_2(n) = y_1(n) + y_2(n)$$

（满足叠加性）

可见，这个做数乘运算的离散系统即满足齐次性又满足叠加性，所以是线性系统。

动态系统不仅与输入信号 $e(t)$ 有关，而且与系统的初始状态 $x(0)$ 有关。初始状态也称"内部输入"，因此动态系统的输出 $y(t)$ 为 $\{e(t)\}$ 和 $\{x(0)\}$ 共同作用的结果，即

$$y(t) = T[\{e(t)\}, \{x(0)\}] \qquad\qquad (1 - 5)$$

当动态系统满足下列 3 个条件时该系统为线性系统：

(1) 可分解性，即

$$y(t) = y_{zs}(t) + y_{zi}(t) = 零状态响应 + 零输入响应 \qquad (1 - 6)$$

式中：零状态响应 $y_{zs} = T[\{e(t)\}, \{0\}]$；零输入响应 $y_{zi} = T[\{0\}, \{x(0)\}]$。

(2) 零状态线性，即

$$ae_1(t) + be_2(t) \leftrightarrow ay_{1zs}(t) + by_{2zs}(t) \qquad\qquad (1 - 7)$$

(3) 零输入线性，即

$$ax_1(0) + bx_2(0) \leftrightarrow ay_{1zi}(t) + by_{2zi}(t) \qquad\qquad (1 - 8)$$

【例 1 - 5】 判断下列系统是否为线性系统：

(1) $y(t) = 3x(0) + 2e(t) + x(0)e(t) + 1$；

(2) $y(t) = 2x(0) + |e(t)|$；

(3) $y(t) = x^2(0) + 2e(t)$。

解 (1) $y_{zs}(t) = 2e(t) + 1, y_{zi}(t) = 3x(0) + 1$

显然 $y(t) \neq y_{zs}(t) + y_{zi}(t)$，不满足可分解性，故 $y(t) = 3x(0) + 2e(t) + x(0)e(t) + 1$ 为非线性系统。

(2) $y_{zs}(t) = |e(t)|, y_{zi}(t) = 2x(0)$

则 $y(t) = y_{zs}(t) + y_{zi}(t)$，满足可分解性；

由于 $T[\{ae(t)\}, \{0\}] = |ae(t)| \neq a|e(t)| = ay_{zs}(t)$，不满足零状态线性。

故 $y(t) = 2x(0) + |e(t)|$ 为非线性系统。

(3) $y_{zs}(t) = 2e(t)$，$y_{zi}(t) = x^2(0)$，$y(t) = y_{zs}(t) + y_{zi}(t)$，显然满足可分解性；

由于 $T[\{0\}, \{ax(0)\}] = [ax(0)]^2 = a^2 x^2(0) \neq ax^2(0) = ay_{zi}(t)$，不满足零输入线性。

故 $y(t) = x^2(0) + 2e(t)$ 为非线性系统。

2. 时不变性

如果系统某些器件的参数是随时间变化的，则称其为时变系统。参数不随时间变化的系统称为时不变系统。对于一个时不变系统，在初始状态相同的条件下，输出响应的波形不随输入激励作用于系统的时间起点而改变。或者说，当输入激励延迟一段时间 t_0 作用于系统时，其输出响应也延迟同样的一段时间 t_0，且保持波形不变。图 1-19 所示为连续系统的时不变性示意图。

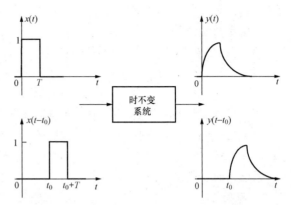

图 1-19 连续系统的时不变性示意图

描述时不变动态系统的输入输出方程是常系数微分方程或常系数差分方程，而描述时变动态系统的输入输出方程是变系数微分方程或变系数差分方程。

由于时不变动态系统的系数不随时间变化，故系统的零状态响应的形式就与输入信号接入的时间无关，也就是说，如果输入 $x(t)$ 作用于系统所引起的响应为 $y_{zs}(t)$，那么，当输入延迟一定时间 t_0（或 n_0）接入时，它所引起的零状态响应也延迟相同的时间，即若

$$T[\{0\},\{x(t)\}] = y_{zs}(t) \tag{1-9}$$

则有

$$T[\{0\},\{x(t-t_0)\}] = y_{zs}(t-t_0) \tag{1-10}$$

判断一个系统是否是时不变的方法是：若时延信号 $x_1(t) = x(t-t_0)$ 经系统变换后的输出信号 $y_1(t)$ 等于信号 $x(t)$ 作用下的输出信号 $y(t)$ 的时延 $y(t-t_0)$，则此系统就是时不变的，否则为时变的。

【例 1-6】 判断下列系统是否是线性的，时不变的：

(1) $y(t) = e^{x(t)}$；

(2) $y(n) = x(n)x(n-1)$；

(3) $y(t) = tx(t)$。

解 (1) 设 $y_1(t) = e^{x_1(t)}$，$y_2(t) = e^{x_2(t)}$，则

$$y_1(t) + y_2(t) \neq e^{x_1(t)+x_2(t)}$$

且

$$ay_1(t) \neq e^{ax_1(t)}$$

它既不符合叠加性又不符合齐次性，所以是非线性系统。

当 $x_1(t) = x(t-t_0)$ 时，$y_1(t) = e^{x_1(t)} = e^{x(t-t_0)}$，而 $y(t-t_0) = e^{x(t-t_0)}$，所以

$$y_1(t) = y(t-t_0)$$

可见，系统的输出波形与输入的起始作用时刻无关，所以是时不变系统。

(2) 设 $y_1(n) = x_1(n)x_1(n-1)$，$y_2(n) = x_2(n)x_2(n-1)$，则

$$y_1(n) + y_2(n) \neq [x_1(n)+x_2(n)][x_1(n-1)+x_2(n-1)]$$
$$= x_1(n)x_2(n-1) + x_2(n)x_1(n-1) + x_1(n)x_1(n-1) + x_2(n)x_2(n-1)$$

且

$$ay(n) \neq a^2 x(n)x(n-1)$$

它既不符合叠加性又不符合齐次性，所以是非线性系统。

当 $x_1(n) = x(n-n_0)$ 时，$y_1(n) = x_1(n)x_1(n-1) = x(n-n_0)x(n-n_0-1)$，而 $y(n-n_0) = x(n-n_0)x(n-n_0-1)$，即

$$y_1(n) = y(n-n_0)$$

系统是时不变的。

（3）设 $y_1(t) = tx_1(t)$，$y_2(t) = tx_2(t)$，则

$$y_1(t) + y_2(t) = tx_1(t) + tx_2(t) = t[x_1(t) + x_2(t)]$$

且

$$ay(t) = a[tx(t)] = t[ax(t)]$$

它既符合叠加性又符合齐次性，所以是线性系统。

当 $x_1(t) = x(t-t_0)$ 时，$y_1(t) = tx_1(t) = tx(t-t_0)$，而 $y(t-t_0) = (t-t_0)x(t-t_0)$，即

$$y_1(t) \neq y(t-t_0)$$

系统是时变的。

3. 因果性

在实际的物理系统中，激励是产生响应的原因，而响应是激励引起的后果，这种特性称为因果性。具有这种因果特性关系的系统称为因果系统，否则为非因果系统。在因果系统中，任意时刻的响应只与该时刻以及该时刻以前的激励有关，而与该时刻以后的激励无关。也就是说，如果在 $t < t_0$ 时系统的激励信号等于零，相应的系统输出信号在 $t < t_0$ 时也等于零，这样的系统称为因果系统。因果系统没有预知未来的能力。若某系统的输出取决于输入的将来值，即输出变化发生在输入变化之前，则称该系统为非因果系统，该系统具有非因果性。由电阻、电感、电容构成的实际物理系统都是因果系统。

借用因果系统的"因果"这一名词，常把 $t < 0$ 时函数值为零的信号定义为因果信号。在因果信号作用下，系统的响应也是因果信号。

【例 1 - 7】　判断下列系统是否是因果系统：

（1）$y(t) = x(t-2)$；

（2）$y(t) = x(t+2)$；

（3）$y(t) = x(2t)$。

解　（1）由于 $y(t) = x(t-2)$，输出值只取决于输入的过去值。例如，$t = 6$ 时的输出只取决于 $t-2 = 4$ 时的输入，即输入变化在前，输出变化在后，故该系统为因果系统。

（2）当 $y(t) = x(t+2)$ 时，输出值取决于输入的将来值，令 $t = 1$ 时，有 $y(1) = x(3)$，即输入变化在后，输出变化在前，所以该系统为非因果系统。

（3）对于 $y(t) = x(2t)$，若 $t < t_0$ 时 $x(t) = 0$，有 $t < 0.5t_0$，$y(t) = x(2t) = 0$，所以该系统为非因果系统。

4. 稳定性

如果一个系统对于每一个有界的输入，其系统的输出也是有界的，则称该系统为稳定系统；若该系统的输出是无界的，则该系统是不稳定系统。这条判定原则通常被称为 BIBO 原则，即有界输入产生有界输出。通常，我们要研究的系统都是稳定的，对于不稳定系统的研究，不在本课程的要求之内。

需要说明的是，用于描述一个实际系统的任何模型都只代表了那个系统的一种理想化的情况，由此得出的任何结果都只是模型本身的结果。例如一个由线性电阻和线性电容组成的电路模型是理想化的模型，然而，在很多情况下这些理想化模型对实际的电阻器和电容器来

说是相当准确的。工程实际中的一个基本问题就是在利用所建立的方法中要识别出加在一个模型上的假设的适用范围，并保证基于这个模型的任何分析或设计都没有违反这些假设。

1.3　信号分析与处理方法

信号分析是认识世界的方法，信号处理是改造世界的手段。

信号分析整体将一复杂信号分解为若干简单信号分量的组合，并从这些分量的组成情况去考察信号的整体特性。信号分析的意义在于从各种不同的信号中找出每个信号的特征，掌握它随时间或频率变化的规律，即客观地认识信号。例如对电力系统运行信号的分析，可以诊断系统发生故障的位置和类型，为排除故障提供依据。

信号处理是指通过对信号的加工和变换，把一种信号变成另一种信号的过程。其目的可能是削弱信号中的多余内容，滤除混杂在信号中的噪声和干扰，也可能是将信号变换成易识别的形式，便于提取它的特征参数等。信号处理的过程就是为了特定的目的，通过一定的手段改造信号的过程。

信号分析与处理是相互关联、密不可分的两个方面。信号分析是信号处理的基础，只有通过信号分析，充分了解信号的特性，才能有效地对它进行加工和处理。信号处理是信号分析的手段，通过对信号进行一定的加工和变换，可以突出信号的特征，便于有效地认识信号的特性。不论是认识信号还是改造信号，其共同的目的都是为了充分地从信号中获取有用的信息并实现对这些信息的有效利用。

信号处理技术的发展与应用是相辅相成的两个矛盾侧面。工业方面应用的需求是信号处理技术发展的动力，而信号处理技术的发展又反过来扩展了它的应用领域。所以"信号分析与处理"课程是以信号特性和处理等工程问题为背景，经数学抽象及理论概括而形成的专业基础课程。

为了通过系统对信号进行有效的传输和处理，就必须对信号自身的特性以及用来处理信号的系统所具有的特性有深入的了解，以便于系统的特性与信号的特性相匹配，这就产生了信号分析与处理的方法问题。

1.3.1　信号分析方法

信号分析的基本目的是揭示信号自身的特性，包括时域特性和频域特性，以及信号发生某些变化时其特性的相应变化。由于描述物理现象的信号是多种多样的，人们必须建立一套具有广泛适用性的信号分析的理论和方法。信号随时间变化的快慢、延时是信号的时间特性，信号所包含的主要频率、相位是信号的频率特性。不同的信号具有不同的时间特性和频率特性。从随时间变化的角度对信号进行分析称为时域分析，从随频率（复频率）变化的角度对信号进行分析称为频域（变换域）分析。在时域内分析信号是将连续时间信号表示成单位冲激信号 $\delta(t)$ 的加权积分，将离散时间信号表示成单位脉冲信号 $\delta(n)$ 的加权和，这就是时域分析的基础。在频域内分析信号是将连续时间（或离散时间）信号表示为虚指数信号 $e^{j\omega}$（或 $e^{j\Omega}$）的加权积分（或加权和）。这就导致了傅里叶分析——频域分析的理论与方法，也产生了信号频谱的概念。在复频域分析信号则是将连续时间（或离散时间）信号表示为复指数信号 e^{st}，$s=\sigma+j\omega$（或 z^n，$z=re^{j\Omega}$）的加权积分（或加权和），从而导致了拉普拉斯变换与 z 变换——复频域分析的理论与方法。对一个连续时间信号取离散的时间样本即可得到一个相应的离散时间信号。为了揭示它们之间的内在联系，得到了采样理论。本书将在第 2 章介绍有关连续信号分析的基本理论与方法，在第 4 章介绍有关离散信号分析的基本理论与方法。

1.3.2 信号处理基本理论

对信号的处理是通过系统来实现的，因此系统分析是信号处理的核心内容。实际的系统虽然比较复杂，但它们在一定条件下可以认为是线性时不变系统，简称 LTI（Linear Time-Invariant）系统。对 LTI 系统分析具有特别重要的意义，因为 LTI 系统在实际工程应用中相当普遍，有些非 LTI 系统在一定条件下可以近似为 LTI 系统，尤其是 LTI 系统的分析方法现在已经形成了一套较为完整、严密的理论体系。非线性系统的分析到目前为止还没有统一、通用、严格的分析方法，只能对具体问题进行具体讨论。此后，不加特别说明，本书涉及的系统都是线性时不变系统。

对线性时不变系统的研究是其他更复杂系统研究的基础。正是因为较为复杂的信号可以分解为众多的基本信号之和，线性时不变系统独特的优势才可以得到完美的体现。线性时不变系统具有的性质如表 1-1 所示。

表 1-1   **线性时不变系统的性质**

性　质	输入信号 $x(t)$	输出信号 $y(t)$
叠加性	$x_1(t) + x_2(t)$	$y_1(t) + y_2(t)$
齐次性	$ax(t)$	$ay(t)$
微分性	$\dfrac{\mathrm{d}x(t)}{\mathrm{d}t}$	$\dfrac{\mathrm{d}y(t)}{\mathrm{d}t}$
积分性	$\displaystyle\int_{-\infty}^{t} x(\tau)\mathrm{d}\tau$	$\displaystyle\int_{-\infty}^{t} y(\tau)\mathrm{d}\tau$
时不变性	$x(t-t_0)$	$y(t-t_0)$
因果性	$x(t) = 0\,(t < t_0)$	$y(t) = 0\,(t < t_0)$
频率保持性	含 k 个频率分量（$k = 0, \pm1, \pm2\cdots$）	不会产生新的频率分量

由于信号的分解可以在时域、频域和复频域进行，因而线性时不变系统的分析方法也相应地有时域分析方法、频域分析方法和复频域分析方法。在时域分析中，可以将输入信号分解成单位冲激（或单位脉冲）信号的线性组合。只要求得系统的单位冲激（或单位脉冲）响应，则线性时不变系统的输出响应就可以表示成系统单位冲激（或单位脉冲）响应的线性组合，这就产生了卷积积分（对连续时间系统）和卷积和（对离散时间系统）。在频域分析中，信号分解为 $e^{\mathrm{j}\omega t}$（或 $e^{\mathrm{j}\Omega n}$）的线性组合，实质上就是分解为正弦信号的线性组合，只要知道系统的正弦响应（即系统的频率响应），则线性时不变系统的输出就可以表示成正弦响应的线性组合。在复频域分析中，信号分解成 e^{st}（或 z^n）的线性组合，只要得到系统的复指数响应（即系统函数），则线性时不变系统的输出就可以表示成复指数响应的线性组合。复频域方法可以将时域分析中的微分方程（或差分方程）转化为代数方程，或将卷积积分（或卷积和）转化为乘法运算，从而给分析带来许多方便。本书将在第 3 章介绍有关连续信号处理的基本理论与方法，在第 5 章介绍有关离散信号处理的基本理论与方法。

物理系统的数学模型的建立有赖于对基本物理定律的认识，其目的是得到系统中各变量之间的关系——数学方程式。按照所关心的系统变量来分，系统的数学模型可以分为两大类：一类是输入输出模型，它只反映系统输入变量与输出变量之间的关系，或者说是只反映系统外部特性的模型；另一类是状态变量模型，它不仅反映系统输入变量与输出变量之间的关系，而且反映系统内部的状态变量之间的关系。对于单输入—单输出的系统，采用输入输出模型来描述，而对于多输入—多输出的系统或非线性系统常采用状态变量模型来描述。本书主要研究的是单输入—单输出系统。

1.3.3 数字信号处理

今天，世界已经从工业化时代进入信息化时代，这个时代的特征是以计算机为核心，延伸人的大脑功能，扩展人的脑力劳动。数字信号处理就是利用计算机或专用数字设备，以数值计算的方法对信号进行采集、变换、综合和识别等加工处理。实际的数字信号处理是用各种计算机、数字信号处理器或专用处理器来实现的。因为计算机可以直接面对不受物理制约的纯数学的运算加工，所以采用数字处理技术的离散系统在灵活性、精确性和抗干扰性等方面要比模拟系统优越。但是，由于通过人们感官感觉到的所有信号都是模拟信号，而数字信号处理受到运算速度、处理系统的规模、成本等各种因素的制约，因此以前都是用模拟技术实现，而现在大多已采用数字技术处理了。对某一确定的应用来说，当微处理器的运算速度可以接受时，人们往往用数字的计算方法取代模拟运算。随着这些设备和器件在快速化、高性能化、大容量化、小型化、廉价化等方面的飞速发展，相当复杂的高级数字信号处理也已能够实现。因此，对于用模拟信号处理所不能实现或用模拟信号处理达不到精度要求的那些问题，一般都寄希望于用数字信号处理技术来解决。

要进行数字信号处理，就需要有以计算机为代表的数字信号处理装置的硬件和驱动硬件的软件，还需要包括理论和应用技术在内的数字信号处理技术。只有把它们有机地结合起来，才能使数字信号处理的功能发挥出来。

本书涉及的数字信号处理的内容主要包括：

（1）模拟信号的时域采样与恢复。计算机要对模拟信号进行处理之前，必须先把它转换为数字信号。这个要求实际上是数字处理设备固有的限制（主要是存储容量不可能是无限，表示精度不可能无限）导致的。把模拟信号变成数字信号，是一个对自变量和幅值同时进行离散化的过程，如图 1 - 17（b）所示的 A/D 就是完成这种模数转换功能的。在工程实际中，A/D 包含采样和量化编码两部分。随着计算机和专用数字处理系统的字长不断增加，A/D 转换器的量化误差、处理过程中运算误差等越来越小。如果忽略这些误差，A/D 转换器就与采样等价，数字处理系统与离散系统等价。数模转换（D/A 转换）是把经过处理的数字信号还原为模拟信号，通常这一步并不是必须的。这部分内容将在第 4 章介绍。

（2）离散系统分析。数字信号处理理论包括离散系统的时域分析、关于输入输出关系的差分方程的建立和求解、用卷积和求离散系统的零状态响应、变换域分析（如频域变换、复频域变换）、系统的数学描述、系统函数分析、单位样值响应、频率特性、系统的框图和信号流图、理想滤波器等。这部分内容将在第 5 章介绍。

（3）离散傅里叶变换算法。数字信号处理技术是随着离散傅里叶变换及其各种快速算法的出现发展起来的。

离散时间的傅里叶分析是分析离散时间信号与系统的重要工具。为了把数字计算机的应用和数字信号处理紧密结合起来而形成了一种计算方法，即离散傅里叶变换 DFT。DFT 在数字信号处理中占有重要地位，但由于计算繁杂冗长而不利于应用。

快速傅里叶变换 FFT 是 DFT 的快速算法。FFT 充分利用了 DFT 运算中的对称性和周期性，从而将 DFT 运算量从 N^2 减少到 $N\log 2N$，为数字信号处理技术应用于各种信号的实时处理创造了良好的条件，大大推进了数字信号处理技术。正是计算机技术的发展和 FFT 的出现，才使得数字信号处理迎来了一个崭新的时代。这部分内容将在第 6 章介绍。

（4）数字滤波器分析、设计与实现。数字滤波器可便捷地改变信号的特性。最常见的滤波器是改变信号的频率特性。它让一些频率的信号通过，而阻塞另一些频率的信号。从频域的角度，根据允许通过的频率范围可以把数字滤波器分为低通、高通、带通、带阻等不同类型；从时域的角度，根据冲激响应是否有限长可以把数字滤波器分为无限长冲激响应滤波器（Infinite Impulse Response，IIR）和有限长冲激响应滤波器（Finite Impulse Response，FIR）。数字滤波器只不过是由一些滤波器系数定义的方程。这些方程构成数字滤波程序部分，滤波程序接收原始数据，并且输出滤波后的数据。这种程序的最大优点在于滤波器的再设计不需要硬件方面的更改，只要简单地改变滤波器的系数表即可完成滤波器特性的修改。数字滤波程序可在任何处理器上实现，但最有效的是在专门设计用来进行高速滤波或其他 DSP 处理的硬件上实现。这部分内容将在第 7 章介绍。

（5）数字信号处理的实现与应用。数字信号处理的实现方法有软件实现、专用硬件实现和软硬件结合实现。软件实现就是在通用计算机上编程序实现各种复杂的处理算法。其优点是灵活、开发周期短，缺点是处理速度慢。如各种虚拟仪器就是把信号采集后，在通用计算机上用软件实现对信号的存储、波形显示、频谱分析、逻辑分析等功能的。专用硬件实现就是采用加法器、乘法器和延时器构成的专用数字网络，或用专用集成电路实现某种专用的信号处理功能，如数字滤波器芯片、快速傅里叶变换芯片等。它的优点是处理速度快，缺点是不灵活，开发周期长，适用于要求高速实时处理的一些专用设备，如数字电视接收机中的高速处理单元。软硬件结合实现是依靠通用单片机或数字信号处理器（Digital Signal Processor，DSP）的硬件资源，配置相应的信号处理软件，实现工程实际中的各种信号处理功能。DSP 芯片内部带有硬件乘法器、累加器，采用流水线工作模式和并行结构，并配有适合信号处理运算的高效指令。由于这种实现方法中集中了软件实现和专用硬件实现的优点，即高速、灵活、开发周期短，因此 DSP 技术及其应用已成为信号处理学科研究的中心内容之一。

数字信号处理一经问世，便吸引了很多学科的研究者，并把它应用于自己的研究领域。可以说，数字信号处理是应用最快、成效最为显著的学科之一，在语音、雷达、声呐、地震、通信、电力系统、控制工程、生物医学工程、航空航天、故障检测、谐波检测与抑制、智能仪表等众多领域都获得了极其广泛的应用。它有效推动了众多工程技术领域的技术改造和学科发展。本书将在第 8 章简要介绍一些典型的数字信号处理的工程应用。

思　考　题

1-1　什么是信号？如何描述信号？

1-2　为什么要对信号进行分类？信号有哪些分类方法？

1-3　连续时间信号与离散时间信号有什么不同？

1-4　系统的基本概念是什么?

1-5　如何进行信号的运算?

1-6　什么是连续系统?

1-7　什么是离散系统?

1-8　线性时不变系统有什么特点?

1-9　信号分析与信号处理是什么关系?

1-10　数字信号处理主要包含什么内容?

习　　题

1-1　判断图 1-20 所示各信号是连续时间信号还是离散时间信号? 若是连续时间信号, 是否为模拟信号? 若是离散时间信号, 是否为数字信号?

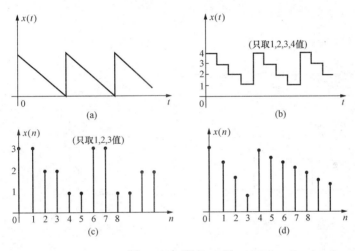

图 1-20　题 1-1 图

1-2　判断以下各信号是能量信号还是功率信号? 是周期信号还是非周期信号? 若是周期信号, 试求出其周期 T。

(1) $e^{-at}\sin(\omega t)\varepsilon(t)$;

(2) $\cos(10t)+\cos(30t)$;

(3) $\cos(2t)+\sin(\pi t)$;

(4) $5\sin^2(8t)$;

(5) $\varepsilon(t)-\varepsilon(t-10)$;

(6) $x(n)=\begin{cases}\left(\dfrac{1}{2}\right)^n & n\geqslant 0\\ 0 & n<0\end{cases}$。

1-3　已知信号 $x(t)$ 的波形如图 1-21 所示, 试画出下列各信号的波形:

(1) $x(t-1)\varepsilon(t)$;

(2) $x(2-t)$;

(3) $x(1-2t)$;

(4) $x\left(\dfrac{1}{2}t-2\right)$；

(5) $\dfrac{\mathrm{d}x(t)}{\mathrm{d}t}$；

(6) $\displaystyle\int_{-\infty}^{t}x(\xi)\mathrm{d}\xi$。

1-4　给定序列

$$x(n)=\begin{cases}2n+1 & -3\leqslant n\leqslant -1\\ 1 & 0\leqslant n\leqslant 3\\ 0 & \text{其他 }n\end{cases}$$

(1) 画出 $x(n)$ 的波形；

(2) 画出 $2x(2-n)$ 的波形；

(3) 画出 $2x(2-n)x(n)$ 的波形。

1-5　信号 $x(t)$ 的波形如图 1-22 所示。

(1) 画出 $y(t)=\dfrac{\mathrm{d}x(t)}{\mathrm{d}t}$ 的波形；

(2) 画出 $y(t)=\displaystyle\int_{-\infty}^{t}x(\xi)\mathrm{d}\xi$ 的波形。

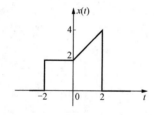

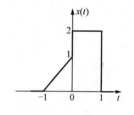

图 1-21　题 1-3 图　　　　　图 1-22　题 1-5 图

1-6　判定下列系统是否为线性的、时不变的：

(1) $y(t)=x(t-2)+x(2-t)$；

(2) $y(t)=\displaystyle\int_{-\infty}^{t}x(\tau)\mathrm{d}\tau$；

(3) $y(t)=x^2(2t)$；

(4) $y(t)=x(1-t)\varepsilon(t)$；

(5) $y(t)=|x(t)|$，其中 $x(t)$ 为实信号；

(6) $y(t)=x(t)\cos(t)$。

1-7　判定下列离散系统是否为线性的、时不变的：

(1) $y(n)=x(n)+2x(n-1)$；

(2) $y(n)=\displaystyle\sum_{m=0}^{10}x(n-m)$；

(3) $y(n)=n[x(n)-x(-n)]$；

(4) $y(n)=\mathrm{e}^{x(n)}$。

1-8　试分析下列由微分方程描述的系统，是线性的还是非线性的：

(1) $y'(t)+2y(t)=x'(t)-2x(t)$；

(2) $y'(t) + \sin ty(t) = x(t)$；

(3) $y'(t) + 6[y(t)]^2 = x(t)$；

(4) $y'(t) + 2t[y(t)]^2 = x(t)$。

1-9　设输入为 $x(t)$。试判断下列各系统的零状态响应 $y_{zs}(t)$ 是否为线性的、时不变的、因果的和稳定的。

(1) $y_{zs}(t) = \dfrac{\mathrm{d}x(t)}{\mathrm{d}t}$；

(2) $y_{zs}(t) = |x(t)|$；

(3) $y_{zs}(t) = x(t)\cos(2\pi t)$；

(4) $y_{zs}(t) = x(-t)$。

1-10　某 LTI 连续系统，其初始状态一定，已知当输入为 $x(t)$ 时，其全响应为

$$y_1(t) = \mathrm{e}^{-t} + \cos(\pi t)\,(t \geqslant 0)$$

若初始状态不变，输入为 $2x(t)$ 时，其全响应为

$$y_2(t) = 2\cos(\pi t)\,(t \geqslant 0)$$

求初始状态不变，而输入为 $3x(t)$ 时系统的全响应。

1-11　某二阶 LTI 连续系统的初始状态为 $x_1(0)$ 和 $x_2(0)$，已知当 $x_1(0) = 1$、$x_2(0) = 0$ 时，其零输入响应为 $y_{1zi} = \mathrm{e}^{-t} + \mathrm{e}^{-2t}\,(t \geqslant 0)$；当 $x_1(0) = 0$、$x_2(0) = 1$ 时，其零输入响应为 $y_{2zi} = \mathrm{e}^{-t} - \mathrm{e}^{-2t}\,(t \geqslant 0)$；当 $x_1(0) = 0$、$x_2(0) = -1$，输入为 $x(t)$ 时，其全响应为 $y(t) = 2 + \mathrm{e}^{-t}\,(t \geqslant 0)$。求当 $x_1(0) = 3$、$x_2(0) = 2$，输入为 $2x(t)$ 时系统的全响应。

第2章 连续时间信号的分析

信号分析的基本方法是信号的分解，即将任意信号分解成有限个或无限个基本信号的线性组合，通过对构成信号的基本单元的分析达到了解原信号特性的目的。信号的分解可以在时域进行，也可以在频域和复频域进行，因此就有了信号分析的时域方法、频域方法和复频域方法。

本章主要讨论连续时间信号的分析方法。连续时间信号可以表示成无限多个不同加权的冲激函数 $\delta(t)$ 之和，这是时域分析方法的基础。除此以外，任意连续时间信号也可以表示为一系列不同频率的正弦函数或虚指数函数之和（对于周期信号）或积分（对于非周期信号），这就是傅里叶级数和傅里叶变换。傅里叶分析方法以正弦函数或虚指数函数 $e^{j\omega t}$ 为基本信号，这里的独立变量是频率（角频率 ω），故称之为频域分析方法，它在信号分析与处理等领域占有重要地位。若引入复频率 $s = \sigma + j\omega$，以复指数函数 e^{st} 为基本信号，将任意连续时间信号分解为众多不同复频率的复指数分量，从而引入了拉普拉斯变换——复频域分析方法。

本章首先介绍了一些基本的连续时间信号，它们是分析实际复杂信号的基础；然后从分析周期信号的傅里叶级数出发，引出傅里叶变换，并建立连续时间信号的频谱概念。通过对典型信号频谱和傅里叶变换性质的研究，初步掌握连续时间信号的傅里叶分析方法；最后从傅里叶变换推广至拉普拉斯变换，介绍了求解连续时间信号的拉普拉斯变换和逆变换的方法。

2.1 连续时间信号的时域分析

2.1.1 基本连续时间信号

在各种各样的信号中，有一些常见的基本信号。它们都是一些抽象的数学模型，这些数学模型和实际信号可能有差距。然而，只要把实际信号按某种条件理想化，就可以用这些基本信号及其组合来表示。因此对这些基本信号的分析是分析实际复杂信号的基础。

1. 单位斜变信号

斜变信号是从某一时刻开始随时间成正比例增加的信号，也称斜坡信号。若斜变信号增长的变化率为1，斜变的起始点发生在 $t=0$ 时刻，就称其为单位斜变信号。其数学表达式为

$$r(t) = \begin{cases} 0 & t < 0 \\ t & t \geqslant 0 \end{cases} \qquad (2-1)$$

单位斜变信号的波形如图 2-1 所示。

2. 单位阶跃信号

单位阶跃信号 $\varepsilon(t)$ 的函数表达式为

$$\varepsilon(t) = \begin{cases} 0 & t < 0 \\ 1 & t > 0 \end{cases} \qquad (2-2)$$

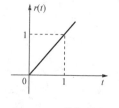

图 2-1 单位斜变
信号的波形

单位阶跃信号的波形如图 2 - 2 所示。

单位阶跃函数是对某些物理对象从一个状态瞬间突变到另一个状态的描述。例如在 $t=0$ 时刻对某一路电路接入 1V 的直流电压源，并且无限持续下去，这种电路获得电压信号的过程就可以用单位阶跃函数来描述。如果接入电源的时间推迟到 $t=t_0$ 时刻（$t_0 > 0$），就可以用一个延时的单位阶跃函数表示为

$$\varepsilon(t-t_0) = \begin{cases} 0 & t < t_0 \\ 1 & t > t_0 \end{cases} \tag{2-3}$$

延迟 t_0 的单位阶跃信号的波形如图 2 - 3 所示。

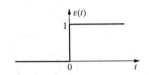

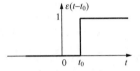

图 2 - 2 单位阶跃信号的波形　　图 2 - 3 延迟 t_0 的单位阶跃信号的波形

用阶跃函数的组合可以表示分段信号。例如，脉冲宽度为 τ 的单位矩形脉冲信号可以用阶跃信号的组合表示为 $R_\tau(t) = \varepsilon(t+\tau/2) - \varepsilon(t-\tau/2)$。

阶跃信号具有以下特性：

（1）单边特性。

当给信号 $x(t)$ 乘以 $\varepsilon(t)$ 后，$x(t)\varepsilon(t)$ 截取了 $t>0$ 时的 $x(t)$，即

$$x(t)\varepsilon(t) = \begin{cases} x(t) & t > 0 \\ 0 & t < 0 \end{cases}$$

阶跃信号的单边特性如图 2 - 4 所示。

（2）加窗特性。零时刻起始的宽度为 τ 的矩形脉冲 $p_\tau(t)$ 可用阶跃函数表示为

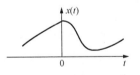

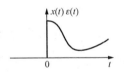

图 2 - 4 阶跃信号的单边特性

$$p_\tau(t) = \varepsilon(t) - \varepsilon(t-\tau)$$

给信号 $x(t)$ 乘以 $p_\tau(t)$ 得到加窗信号 $x(t)p_\tau(t)$，相当于截取了脉冲范围内的 $x(t)$，如图 2 - 5 所示。

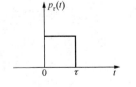

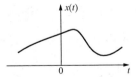

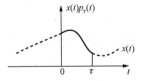

图 2 - 5 阶跃信号的加窗特性

（3）单位斜变信号 $r(t)$ 与单位阶跃信号 $\varepsilon(t)$ 之间的微积分关系为

$$r(t) = \int_{-\infty}^{t} \varepsilon(\tau)\mathrm{d}\tau, \qquad \frac{\mathrm{d}r(t)}{\mathrm{d}t} = \varepsilon(t) \tag{2-4}$$

3. 单位冲激信号

单位冲激信号又可称为冲激函数、狄拉克函数等，其符号记为 $\delta(t)$。单位冲激信号反映一种持续时间极短、函数值极大的信号类型，如雷击电闪、短促而强烈的干扰信号、瞬间作用的冲击力等。

（1）冲激信号定义。这种特殊的函数，其定义也是特殊的。下面提供两种定义方法：

1）狄拉克定义法。函数 $\delta(t)$ 为 $t=0$ 处无限窄而又无限高，但面积为 1 的一个冲激，即

$$\begin{cases} \delta(t) = 0 & t<0, t>0 \\ \delta(t) = \infty & t=0 \\ \displaystyle\int_{-\infty}^{\infty} \delta(t)\mathrm{d}t = 1 \end{cases} \tag{2-5}$$

式（2-5）是狄拉克最初提出并定义的，所以又称狄拉克函数。应该注意，在上面的定义中，两个部分是一个整体，不能分开。定义式表示集中在 $t=0$ 的面积为 1 的冲激，这是工程上的定义。冲激信号的一个重要标志是它的积分值，而关于它的形状的精确细节，则是无关紧要的。

冲激函数在无穷区间的积分反映了该函数曲线与时间轴所围的面积，常称其为冲激函数的强度，单位冲激函数的强度为 1，而冲激函数 $k\delta(t)$ 的强度为 k。延迟 t_0 时刻的单位冲激函数为 $\delta(t-t_0)$。冲激函数用箭头表示，强度值标记在箭头旁边，如图 2-6 所示。

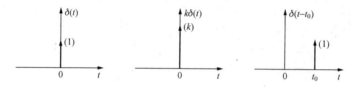

图 2-6　冲激函数

由于 $\delta(t)$ 不是普通函数，因此从严格的数学意义来说，它是一个颇为复杂的概念。然而为了应用，并不强调其数学上的严谨性，而只强调使运算方便。本节定义的冲激函数在实际问题中可以说是不存在的，尽管如此，它在工程中却是很有用的。这类似于 $j=\sqrt{-1}$ 在自然界是一个不存在的数字，但电气工程中使用 j 却相当广泛。

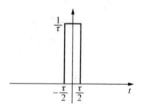

图 2-7　矩形脉冲逼近冲激

2）规则函数取极限定义法。为了对 $\delta(t)$ 有一个直观的认识，可将 $\delta(t)$ 用某些脉冲函数的极限来定义，例如矩形脉冲、三角脉冲等。事实上存在无限多个不同的脉冲信号，在极限之下其表现都像是一个冲激。如图 2-7 所示宽度为 τ，高度为 $\frac{1}{\tau}$ 的矩形脉冲函数，当 $\tau \to 0$ 时逼近冲激函数，即

$$\delta(t) = \lim_{\tau \to 0} \frac{1}{\tau}\left[\varepsilon\left(t+\frac{\tau}{2}\right) - \varepsilon\left(t-\frac{\tau}{2}\right) \right] \tag{2-6}$$

因为任何真实的物理系统都会有惯性存在，因此不可能对输入作出瞬时的响应。若一个足够窄的脉冲加到这样的系统上，该系统的响应不会明显受脉冲持续期或脉冲形状细节的影响，于是，所关注的脉冲主要特性就是该脉冲的总效果，即面积或强度。

（2）冲激信号的重要性质。冲激函数的重要性在于它是连续时间信号与离散时间信号之间相互转换的桥梁，这是因为冲激信号具有下面一些重要性质：

1）筛分性质。连续时间信号 $x(t)$ 与单位冲激信号相乘，等于将冲激时刻 t_0 的信号值 $x(t_0)$ "筛分" 出来赋给冲激函数做冲激强度，即

$$x(t)\delta(t-t_0) = x(t_0)\delta(t-t_0) \qquad (2-7)$$

2）采样性质。设 $x(t)$ 为任一在 $t=0$ 处连续的函数，则单位冲激函数使下式成立

$$\int_{-\infty}^{\infty} x(t)\delta(t)\mathrm{d}t = \int_{-\infty}^{\infty} x(0)\delta(t)\mathrm{d}t = x(0) \qquad (2-8)$$

设 $x(t)$ 在 t_0 处连续，有

$$\int_{-\infty}^{\infty} x(t)\delta(t-t_0)\mathrm{d}t = \int_{-\infty}^{\infty} x(t_0)\delta(t-t_0)\mathrm{d}t = x(t_0) \qquad (2-9)$$

式（2-8）、式（2-9）说明，把冲激函数与连续时间函数的乘积在整个时间范围内积分，可以得到冲激时刻的连续时间信号的取值即 "采样"，所以冲激函数具有采样（检测）特性。

3）冲激函数与阶跃函数互为微积分关系。冲激函数的积分是阶跃函数

$$\int_{-\infty}^{t} \delta(\tau)\mathrm{d}\tau = \varepsilon(t) = \begin{cases} 0 & t<0 \\ 1 & t>0 \end{cases} \qquad (2-10)$$

阶跃函数的微分是冲激函数

$$\delta(t) = \frac{\mathrm{d}\varepsilon(t)}{\mathrm{d}t} \qquad (2-11)$$

由式（2-11）可以看出，正是由于引入了单位冲激函数 $\delta(t)$，对于那些存在间断点的信号，函数在间断点处的导数也是可以表示出来的。

4. 冲激偶信号 $\delta'(t)$

冲激信号 $\delta(t)$ 对时间的导数定义为冲激偶信号，简称为冲激偶，用 $\delta'(t)$ 表示，即

$$\delta'(t) = \frac{\mathrm{d}}{\mathrm{d}t}\delta(t) \qquad (2-12)$$

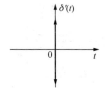

它是由两个在时间上无限靠近，而强度趋于无穷大的冲激构成的，故称之为冲激偶，如图 2-8 所示。

图 2-8　冲激偶信号

冲激偶信号具有以下性质：

（1）与普通函数 $x(t)$ 相乘，有

$$x(t)\delta'(t) = x(0)\delta'(t) - x'(0)\delta(t) \qquad (2-13)$$

（2）采样性。设 $x(t)$ 在 t_0 处连续，有

$$\int_{-\infty}^{\infty} x(t)\delta'(t-t_0)\mathrm{d}t = \int_{-\infty}^{\infty} x(t)\mathrm{d}\delta(t-t_0)$$

$$= x(t)\delta(t-t_0)\big|_{-\infty}^{\infty} - \int_{-\infty}^{\infty} x'(t)\delta(t-t_0)\mathrm{d}t$$

$$= -\int_{-\infty}^{\infty} x'(t)\delta(t-t_0)\mathrm{d}t$$

由冲激函数的采样性质，可得

$$\int_{-\infty}^{\infty} x(t)\delta'(t-t_0)\mathrm{d}t = -x'(t_0) \qquad (2-14)$$

式（2-14）称为冲激偶函数的采样性质。

【例 2-1】　试分别化简下列各信号的表达式：

(1) $x_1(t) = t\delta(t-2)$；

(2) $x_2(t) = t\delta(t)$；

(3) $x_3(t) = \dfrac{\mathrm{d}}{\mathrm{d}t}\left[\mathrm{e}^{-2t}\varepsilon(t)\right]$；

(4) $\displaystyle\int_{-5}^{5}(t^2+2t+1)\delta(t-1)\mathrm{d}t$。

解　根据冲激函数的性质进行化简，有

(1) $x_1(t) = t\delta(t-2) = 2\delta(t-2)$；

(2) $x_2(t) = t\delta(t) = 0$；

(3) $x_3(t) = \dfrac{\mathrm{d}}{\mathrm{d}t}\left[\mathrm{e}^{-2t}\varepsilon(t)\right] = -2\mathrm{e}^{-2t}\varepsilon(t) + \mathrm{e}^{-2t}\delta(t) = -2\mathrm{e}^{-2t}\varepsilon(t) + \delta(t)$；

(4) $\displaystyle\int_{-5}^{5}(t^2+2t+1)\delta(t-1)\mathrm{d}t = \int_{-5}^{5}4\delta(t-1)\mathrm{d}t = 4$。

5. 指数信号

指数信号的一般数学表达式为

$$x(t) = k\mathrm{e}^{st} \tag{2-15}$$

根据 s 的不同取值，可以分两种情况讨论：

(1) $s = \sigma$，此时为实指数信号，即

$$x(t) = k\mathrm{e}^{\sigma t} \tag{2-16}$$

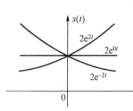

当 $\sigma > 0$ 时，信号随时间按指数规律增长；当 $\sigma < 0$ 时，信号随时间按指数规律衰减；当 $\sigma = 0$ 时，指数信号变成恒定不变的直流信号。实指数信号波形如图 2-9 所示。

(2) $s = \sigma + \mathrm{j}\omega$，此时为复指数信号，利用欧拉公式，可以进一步表示为

$$x(t) = k\mathrm{e}^{(\sigma+\mathrm{j}\omega)t} = k\mathrm{e}^{\sigma t}\,\mathrm{e}^{\mathrm{j}\omega t} = k\mathrm{e}^{\sigma t}\left[\cos(\omega t) + \mathrm{j}\sin(\omega t)\right] \tag{2-17}$$

图 2-9　实指数信号波形

可见，复指数信号的实部和虚部都是振幅按指数规律变化的正弦振荡。当 $\sigma > 0$（$\sigma < 0$）时，其实部和虚部的振幅按指数规律增长（衰减）；当 $\sigma = 0$ 时，复指数信号变为虚指数信号，有

$$x(t) = k\mathrm{e}^{\mathrm{j}\omega t} = k\left[\cos(\omega t) + \mathrm{j}\sin(\omega t)\right] \tag{2-18}$$

此时信号的实部和虚部都是等幅振荡的正弦波。复指数信号实际并不存在，无法画出波形，但可以分别画出其实部和虚部的波形。复指数信号虚部的波形如图 2-10 所示。

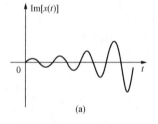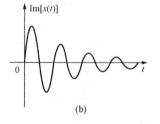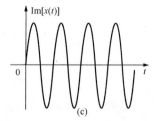

(a)　　　　　　　　　(b)　　　　　　　　　(c)

图 2-10　复指数信号虚部的波形

(a) $\sigma > 0$ 增幅振荡；(b) $\sigma < 0$ 衰减振荡；(c) $\sigma = 0$ 等幅振荡

利用欧拉公式，可以把正弦和余弦信号用虚指数信号的组合表示，即

$$\sin(\omega t) = \frac{1}{\mathrm{j}2}(\mathrm{e}^{\mathrm{j}\omega t} - \mathrm{e}^{-\mathrm{j}\omega t})$$

$$\cos(\omega t) = \frac{1}{2}(\mathrm{e}^{\mathrm{j}\omega t} + \mathrm{e}^{-\mathrm{j}\omega t})$$

复指数信号 e^{st} 是连续信号与系统的复频域分析中使用的基本信号。其中复频率 s 中的实部 σ 绝对值的大小反映了信号增长或衰减的速率，虚部 ω 的大小反映了信号振荡的频率。

虽然实际上不能产生复指数信号，但是可以利用复指数信号来描述各种基本信号，如指数信号，正弦、余弦信号，直流信号等。

指数信号的重要特点是其对时间的微积分仍然是同幂的指数信号。

6. 采样信号

采样信号的数学表达式为

$$\mathrm{Sa}(t) = \frac{\sin(t)}{t} \qquad (2-19)$$

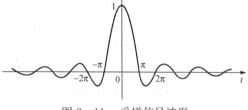

图 2 - 11　采样信号波形

其波形如图 2 - 11 所示。它在 $t=0$ 时取得最大值，在 $t=\pm k\pi$ 时为零。

$\mathrm{Sa}(t)$ 函数具有下列性质：

(1) $\mathrm{Sa}(t)$ 函数是偶函数。这一点既可以从信号的波形看出，也可以根据偶函数的性质进行证明。

(2) $\displaystyle\int_{-\infty}^{0} \mathrm{Sa}(t)\mathrm{d}t = \int_{0}^{\infty} \mathrm{Sa}(t)\mathrm{d}t = \frac{\pi}{2}$ 。

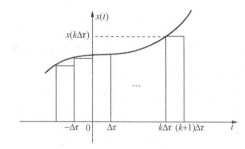

图 2 - 12　信号的脉冲分解

(3) $\displaystyle\int_{-\infty}^{\infty} \mathrm{Sa}(t)\mathrm{d}t = \pi$ 。由前两条性质，本性质很容易证明。

鉴于我们在后续章节中还将学习对信号的采样，为避免与信号经采样后所得"采样信号"相混淆，以后我们将只称 $\mathrm{Sa}(t)$ 信号或 $\mathrm{Sa}(t)$ 函数。

2.1.2　连续时间信号的冲激表示

任意连续信号可以分解为宽度为 $\Delta\tau$ 的矩形窄脉冲之和，如图 2 - 12 所示。在任意时刻 $k\Delta\tau$ ，脉冲的幅度为 $x(k\Delta\tau)$ ，这样信号 $x(t)$ 可近似表示为

$$x(t) \approx \sum_{k=-\infty}^{\infty} x(k\Delta\tau)\big[\varepsilon(t-k\Delta\tau) - \varepsilon(t-k\Delta\tau-\Delta\tau)\big]$$

$$= \sum_{k=-\infty}^{\infty} x(k\Delta\tau)\frac{\big[\varepsilon(t-k\Delta\tau) - \varepsilon(t-k\Delta\tau-\Delta\tau)\big]}{\Delta\tau}\Delta\tau$$

令 $\Delta\tau\to 0$ 并求极限，有

$$x(t) = \lim_{\Delta\tau\to 0}\sum_{k=-\infty}^{\infty} x(k\Delta\tau)\frac{\big[\varepsilon(t-k\Delta\tau) - \varepsilon(t-k\Delta\tau-\Delta\tau)\big]}{\Delta\tau}\Delta\tau$$

由冲激函数的定义，并且 $k\Delta\tau\to\tau$ ，$\Delta\tau\to\mathrm{d}\tau$ ，$\displaystyle\sum_{k=-\infty}^{\infty}\to\int_{-\infty}^{\infty}$ ，所以

$$x(t) = \int_{-\infty}^{\infty} x(\tau)\delta(t-\tau)\mathrm{d}\tau \qquad (2-20)$$

式 (2 - 20) 说明，任意连续信号 $x(t)$ 可以表示为无限多个不同加权的冲激信号之和。

2.2 周期信号的傅里叶分析

在我们对信号的信息内容最终加以分析利用之前，可以传输或存储信号，以及用各种方式处理它们。做这些工作时，用另一种形式来表示这个信号不仅很有必要，而且是必需的。例如用一个完备的正交函数集来展开信号，这样一来，信息就包含在展开式的系数中，从而形成一种使信号处理和利用大为简化的形式。最重要的正交函数集是由傅里叶最先提出的正弦、余弦以及复指数函数集，由此而产生了信号的傅里叶分析方法，这就是信号的频域分析手段。

由于各种信号在物理和数学上具有不同的特点，故应分别加以讨论。例如，描述周期信号时用傅里叶级数，描述非周期信号时用傅里叶变换。

2.2.1 周期信号的傅里叶级数

周期信号是定义在 $(-\infty, +\infty)$ 区间，每隔一定时间 T，按相同规律重复变化的信号，它可表示为

$$x(t) = x(t + mT) \tag{2 - 21}$$

式中：m 为任意整数；T 称为该信号的周期，周期的倒数称为该信号的频率。

当周期信号 $x(t)$ 满足狄里赫利（Dirichlet）条件：

(1) 信号在任意有限区间连续，或只有有限个第一类间断点。

(2) 在一个周期内只有有限个极大值和极小值。

(3) 在一个周期内信号绝对可积，即满足 $\int_{-\frac{T}{2}}^{\frac{T}{2}} |f(t)| \mathrm{d}t < \infty$ 。

则该周期信号在区间 $(t_0, t_0 + T)$ 可以展开成在完备正交信号空间中的无穷级数，即傅里叶级数（Fourier series，FS）。这里，完备的正交函数集可以是三角函数集 $\{1, \cos k\omega_0 t, \sin k\omega_0 t, k \in N\}$ 或复指数函数集 $\{e^{jk\omega_0 t}, k \in Z\}$，函数的周期为 T，角频率 $\omega_0 = 2\pi f = 2\pi/T$。

1. 傅里叶级数的三角形式

周期信号 $x(t)$ 可以展开成傅里叶级数的三角形式，即

$$\begin{aligned}
x(t) &= a_0 + a_1 \cos\omega_0 t + a_2 \cos 2\omega_0 t + \cdots + a_k \cos k\omega_0 t \\
&\quad + b_1 \sin\omega_0 t + b_2 \sin 2\omega_0 t + \cdots + b_k \sin k\omega_0 t \\
&= a_0 + \sum_{k=1}^{\infty} (a_k \cos k\omega_0 t + b_k \sin k\omega_0 t)
\end{aligned} \tag{2 - 22}$$

式中：$\omega_0 = 2\pi/T$，T 为周期信号 $x(t)$ 的周期；a_0，a_k，b_k 称为傅里叶系数。

其中直流分量

$$a_0 = \frac{1}{T} \int_T x(t) \mathrm{d}t \tag{2 - 23}$$

余弦分量系数

$$a_k = \frac{2}{T} \int_T x(t) \cos k\omega_0 t \mathrm{d}t \tag{2 - 24}$$

正弦分量系数

$$b_k = \frac{2}{T} \int_T x(t) \sin k\omega_0 t \mathrm{d}t \tag{2 - 25}$$

式（2-23）~式（2-25）的积分区间通常取为 $(0,T)$ 或 $(-T/2,T/2)$。

将式（2-22）中的同频率项合并，可写成

$$x(t) = C_0 + \sum_{k=1}^{\infty} C_k \cos(k\omega_0 t + \varphi_k) \qquad (2-26)$$

式中：C_0 为常数项，表示周期信号中所包含的直流分量；$f = 1/T = \omega_0/2\pi$ 为信号的基频；C_1 和 φ_1 分别表示周期信号基波分量的振幅和初相位；C_k 和 φ_k（$k \geq 2$）分别表示周期信号的第 k 次谐波分量的振幅和初相位。

式（2-26）表明，任何满足狄里赫利条件的周期信号都可分解为直流分量、基波分量和各次谐波分量的组合。

比较式（2-22）与式（2-26），可得到上述两种形式傅里叶系数的关系为

$$\begin{cases} a_0 = C_0 \\ a_k = C_k \cos\varphi_k \\ b_k = -C_k \sin\varphi_k \\ \varphi_k = -\arctan\dfrac{b_k}{a_k} \end{cases} \qquad (2-27)$$

2. 傅里叶级数的复指数形式

周期信号也可以展开成傅里叶级数的复指数形式，即

$$x(t) = \sum_{k=-\infty}^{\infty} X_k e^{jk\omega_0 t} \qquad (2-28)$$

傅里叶系数 X_k 一般为复数，则

$$X_k = \frac{1}{T} \int_T x(t) e^{-jk\omega_0 t} dt \qquad (2-29)$$

式（2-29）的积分区间通常取 $(0,T)$ 或 $(-T/2,T/2)$。

实际上，由于正、余弦函数与指数函数通过欧拉公式发生联系，因此，我们可以直接通过三角形式的傅里叶级数来求复指数形式的傅里叶级数。

从三角形式的傅里叶级数出发，利用欧拉公式，式（2-22）可进一步表示为

$$\begin{aligned} x(t) &= a_0 + \sum_{k=1}^{\infty} \left(a_k \frac{e^{jk\omega_0 t} + e^{-jk\omega_0 t}}{2} + b_k \frac{e^{jk\omega_0 t} - e^{-jk\omega_0 t}}{j2} \right) \\ &= a_0 + \sum_{k=1}^{\infty} \left(\frac{a_k - jb_k}{2} e^{jk\omega_0 t} + \frac{a_k + jb_k}{2} e^{-jk\omega_0 t} \right) \end{aligned} \qquad (2-30)$$

若令

$$X_k = \frac{1}{2}(a_k - jb_k) \qquad (k = 1, 2, \cdots) \qquad (2-31)$$

且由式（2-24）可得 $a_k = a_{-k}$，由式（2-25）可得 $b_k = -b_{-k}$，因此由式（2-31）得

$$X_{-k} = \frac{1}{2}(a_{-k} - jb_{-k}) = \frac{1}{2}(a_k + jb_k) \qquad (2-32)$$

将式（2-31）、式（2-32）代入式（2-30），可得

$$x(t) = a_0 + \sum_{k=1}^{\infty} (X_k e^{jk\omega_0 t} + X_{-k} e^{-jk\omega_0 t}) \qquad (2-33)$$

令 $X_0 = a_0$，因此可得到傅里叶级数的复指数形式为

$$x(t) = \sum_{k=-\infty}^{\infty} X_k \mathrm{e}^{jk\omega_0 t}$$

由上述推导过程，可以得到 X_k 与三角形式的傅里叶系数的关系为

$$\begin{cases} X_0 = a_0 \\ X_k = |X_k| \mathrm{e}^{j\varphi_k} = \dfrac{1}{2}(a_k - jb_k) \\ X_{-k} = |X_{-k}| \mathrm{e}^{-j\varphi_k} = \dfrac{1}{2}(a_k + jb_k) \end{cases} \qquad (2\text{-}34)$$

2.2.2　典型周期函数的频谱

如前所述，周期信号可以分解为一系列正弦信号或虚指数信号之和的形式。为了直观地表示出信号中所含各频率分量在原信号中所占的比重，以角频率（或频率）为横坐标，以各频率分量的幅值 C_k 为纵坐标，可画出如图 2-13（a）所示的线图，称为幅度频谱，简称幅度谱。图中每条竖线代表该频率分量的幅度，称为谱线。类似地，也可画出各频率分量的初相位 φ_k 与角频率（或频率）关系的线图，如图 2-13（b）所示，称为相位频谱，简称相位谱。信号的幅度谱与相位谱统称为信号的频谱，它从频域刻画了信号 $x(t)$，体现了信号的时域与频域的统一性。

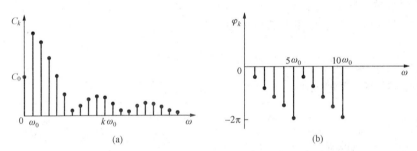

(a)　　　　　　　　　　　　　　　(b)

图 2-13　周期信号的频谱

（a）幅度谱；（b）相位谱

由于周期信号的频谱图是由其直流分量、基波分量和各次谐波分量所组成，因此其谱线只出现在 0，ω_0，$2\omega_0$，…离散频率上，即周期信号的频谱是离散谱，其相邻谱线的间隔是 ω_0。

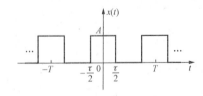

图 2-14　周期矩形脉冲信号

在工程领域，周期信号的频谱分析方法应用非常广泛。下面给出两种典型周期信号的频谱分析。

1. 周期矩形脉冲信号的频谱

设周期矩形脉冲信号 $x(t)$ 的脉冲宽度为 τ，脉冲幅度为 A，周期为 T，如图 2-14 所示。

根据式（2-29），可求得其傅里叶系数为

$$X_k = \frac{1}{T}\int_{-\frac{\tau}{2}}^{\frac{\tau}{2}} A\mathrm{e}^{-jk\omega_0 t}\mathrm{d}t = \frac{A}{T}\left.\frac{\mathrm{e}^{-jk\omega_0 t}}{-jk\omega_0}\right|_{-\frac{\tau}{2}}^{\frac{\tau}{2}}$$

$$= \frac{A\tau}{T}\frac{\sin\dfrac{k\omega_0\tau}{2}}{\dfrac{k\omega_0\tau}{2}}$$

$$= \frac{A\tau}{T} \mathrm{Sa}\left(\frac{k\omega_0 \tau}{2}\right) \tag{2-35}$$

于是，根据式（2-28）可写出 $x(t)$ 的复指数形式的傅里叶级数展开式为

$$x(t) = \sum_{k=-\infty}^{\infty} X_k \mathrm{e}^{jk\omega_0 t} = \frac{A\tau}{T} \sum_{k=-\infty}^{\infty} \mathrm{Sa}\left(\frac{k\omega_0 \tau}{2}\right) \mathrm{e}^{jk\omega_0 t} \tag{2-36}$$

其中

$$|X_k| = \frac{A\tau}{T}\left|\mathrm{Sa}\left(\frac{k\omega_0 \tau}{2}\right)\right| \tag{2-37}$$

$$\varphi_k = \arg(X_k) = \begin{cases} 0 & \dfrac{2nT}{\tau} \leqslant k < \dfrac{(2n+1)T}{\tau}, n \in Z \\ \pi & \dfrac{(2n+1)T}{\tau} \leqslant k < \dfrac{(2n+2)T}{\tau}, n \in Z \end{cases} \tag{2-38}$$

由此可画出其指数频谱如图 2-15 所示。

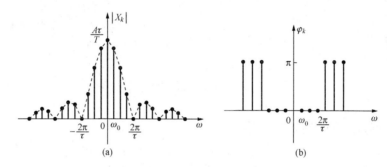

图 2-15　周期矩形脉冲信号的频谱

（a）幅度谱；（b）相位谱

由图 2-15 可知：

（1）周期信号的频谱具有离散的特性，它仅包含 $k\omega_0$（ω_0 为基频）的各个分量，相邻谱线间隔为 ω_0。当脉冲宽度相同时，信号的周期越长，相邻谱线的间隔越小，谱线越密。

（2）周期信号的频谱包含了无限多条谱线，说明周期信号含有无限多个频率分量，且各分量的幅度随频率的增加而减小，高次谐波呈现衰减趋势。

尽管周期信号的频谱占据了整个角频率（或频率）轴，但是信号的能量主要集中在第一个零点（$\omega = 2\pi/\tau$ 或 $f = 1/\tau$）以内。因此，实际中在允许一定失真的条件下，只需传送频率较低的那些分量就可以满足要求。通常把 $0 \leqslant f \leqslant 1/\tau (0 \leqslant \omega \leqslant 2\pi/\tau)$ 这段频率范围称为周期矩形脉冲信号的频带宽度（Band Width），简称带宽，记作 B。$B = 1/\tau$ 或 $B_\omega = 2\pi/\tau$。

可见，对周期相同的矩形脉冲信号，其频带宽度与该信号的脉冲宽度成反比。脉冲宽度越窄，其频谱包络线第一个零值点的频率越高，即信号的带宽越大，频带内所含的分量越多。这说明变化较快的信号必定具有较宽的频带宽度。

通常将频带宽度有限的信号称为频谱受限信号，简称带限信号。

2. 周期三角脉冲信号的频谱

周期三角脉冲信号 $x(t)$ 的波形如图 2-16 所示，显然它具有偶对称性。

根据式（2-23）～式（2-25）可得

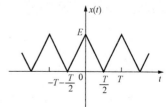

图 2-16　周期三角脉冲信号的波形

$$a_0 = \frac{2}{T}\int_0^{\frac{T}{2}} x(t)\mathrm{d}t = \frac{2}{T}\int_0^{\frac{T}{2}} E\left(1-\frac{2}{T}t\right)\mathrm{d}t = \frac{E}{2}$$

$$a_k = \frac{4}{T}\int_0^{\frac{T}{2}} E\left(1-\frac{2}{T}t\right)\cos k\omega_0 t\,\mathrm{d}t = \begin{cases} \dfrac{4E}{\pi^2}\times\dfrac{1}{k^2} & (k\text{ 为奇数}) \\[2mm] 0 & (k\text{ 为偶数}) \end{cases}$$

$$b_k = 0$$

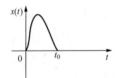

图 2 - 17　周期三角脉冲
信号的频谱

于是 $x(t)$ 的三角形式的傅里叶级数展开式为

$$x(t) = \frac{E}{2} + \frac{4E}{\pi^2}\left(\cos\omega_0 t + \frac{1}{9}\cos 3\omega_0 t + \frac{1}{25}\cos 5\omega_0 t + \cdots\right)$$

周期三角脉冲信号的频谱如图 2 - 17 所示。

当信号 $x(t)$ 在一个周期中的函数关系给定时，利用 MATLAB 的符号工具箱，根据式（2 - 29）可求出 X_k 的解析式。符号积分的指令格式为 int(f,t,a,b)，其中 f 为信号函数的符号表达式，t 为积分变量，a 和 b 分别为积分的下限和上限。

2.3　非周期信号的傅里叶变换

2.3.1　从傅里叶级数到傅里叶变换

由 2.2 节可知，傅里叶级数（FS）只能对周期信号进行频谱分析，对非周期信号却无能为力。那么有没有什么方法可以对非周期信号进行频谱分析呢？对如图 2 - 18 所示的非周期信号 $x(t)$，可以用一个足够长的时间 $T(T > t_0)$ 作为周期，并将 $x(t)$ 延拓成为一个周期信号 $x_T(t)$，如图 2 - 19 所示。显然当 T 趋于无穷大时，延拓后的周期信号 $x_T(t)$ 就变成了非周期信号 $x(t)$。

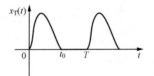

图 2 - 18　非周期信号　　　　图 2 - 19　延拓后的周期信号

因此，我们可以把非周期信号看作是周期 T 趋于无穷大时的周期信号，然后利用前述已经得到的周期信号的傅里叶级数表示式来对非周期信号进行频谱分析。由前述周期信号的频谱可知，当周期 T 趋于无穷大时，相邻谱线间隔 $\omega_0 = 2\pi/T$ 趋于零，从而信号的频谱密集成为连续频谱。同时，各频率分量的幅度也都趋于无穷小，不过，这些无穷小量之间仍保持一定的比例关系。为了描述非周期信号的频谱特性，引入频谱密度函数的概念。令

$$X(\omega) = \lim_{T\to\infty} X_k T = \lim_{T\to\infty}\int_T x(t)\mathrm{e}^{-jk\omega_0 t}\mathrm{d}t \qquad (2\text{ - }39)$$

由于 $T = 2\pi/\omega_0$，有

$$X(\omega) = \lim_{T\to\infty} 2\pi\frac{X_k}{\omega_0}$$

由上式可看出，X_k/ω_0 反映了单位频带内的频谱值，故 $X(\omega)$ 称为频谱密度函数，简称

频谱密度。当周期 T 趋于无穷大时，相邻谱线间隔 $\Delta = k\omega_0 - (k-1)\omega_0 = \omega_0$ 趋于 $\mathrm{d}\omega$，离散频率 $k\omega_0$ 变成连续频率 ω，于是式（2 - 39）可以写成

$$X(\omega) = \int_{-\infty}^{\infty} x(t)\mathrm{e}^{-\mathrm{j}\omega_0 t}\mathrm{d}t \tag{2 - 40}$$

$x(t)$ 的傅里叶级数表示式可以写成

$$x(t) = \sum_{k=-\infty}^{\infty} X_k \mathrm{e}^{\mathrm{j}k\omega_0 t} = \sum_{k=-\infty}^{\infty} \frac{X_k}{\omega_0}\mathrm{e}^{\mathrm{j}k\omega_0 t}\omega_0$$

当周期 T 趋于无穷大时，上式中各参量变化为：

$$k\omega_0 \to \omega$$
$$\omega_0 \to \mathrm{d}\omega$$
$$\frac{X_k}{\omega_0} \to \frac{X(\omega)}{2\pi}$$
$$\sum_{k=-\infty}^{\infty} \to \int_{-\infty}^{\infty}$$

于是 $x(t)$ 的傅里叶级数展开式变成积分形式，即

$$x(t) = \frac{1}{2\pi}\int_{-\infty}^{\infty} X(\omega)\mathrm{e}^{\mathrm{j}\omega t}\mathrm{d}\omega \tag{2 - 41}$$

式（2 - 40）称为信号 $x(t)$ 的傅里叶变换（Fourier-Transform，FT），式（2 - 41）称为 $X(\omega)$ 的傅里叶反变换（Inverse FT，IFT）。$X(\omega)$ 称为 $x(t)$ 的频谱密度函数或频谱函数，而 $x(t)$ 称为 $X(\omega)$ 的原函数。$x(t)$ 与 $X(\omega)$ 构成一对傅里叶变换对，即

$$\begin{cases} X(\omega) = \mathscr{F}\left[x(t)\right] = \int_{-\infty}^{\infty} x(t)\mathrm{e}^{-\mathrm{j}\omega t}\mathrm{d}t \\ x(t) = \mathscr{F}^{-1}\left[X(\omega)\right] = \frac{1}{2\pi}\int_{-\infty}^{\infty} X(\omega)\mathrm{e}^{\mathrm{j}\omega t}\mathrm{d}\omega \end{cases} \tag{2 - 42}$$

频谱密度函数 $X(\omega)$ 一般为复函数，可以写成

$$X(\omega) = |X(\omega)|\mathrm{e}^{\mathrm{j}\varphi(\omega)} \tag{2 - 43}$$

式中：$|X(\omega)|$ 和 $\varphi(\omega)$ 分别为 $X(\omega)$ 的模和相位，$|X(\omega)|$ 表示信号中各频率分量的相对幅值随频率变化的关系，称为幅度频谱密度，简称幅度频谱；$\varphi(\omega)$ 表示信号的相位随频率变化的关系，称为相位频谱。

非周期信号的幅度频谱是频率的连续函数，其形状与相应周期信号频谱的包络线相同。

应该指出，并不是所有信号的傅里叶变换都存在，数学证明表明，信号 $x(t)$ 的傅里叶变换存在的充分条件是在无限区间内绝对可积，即

$$\int_{-\infty}^{\infty} |x(t)|\mathrm{d}t < \infty$$

但它并非必要条件。当引入广义函数的概念后，在傅里叶变换中允许冲激函数及其各阶导数存在，这使得许多不满足绝对可积条件的函数（如阶跃函数、符号函数和周期函数等）也能进行傅里叶变换，为信号的分析与处理带来很大方便。

2.3.2　典型非周期信号的傅里叶变换
本节从傅里叶变换的定义出发，研究几种典型非周期信号的频谱。

1. 单边指数信号

单边指数信号可表示为

$$x(t) = \mathrm{e}^{-at}\varepsilon(t) \quad (a > 0)$$

根据傅里叶变换的定义，可求得其傅里叶变换为

$$X(\omega) = \int_{-\infty}^{\infty} x(t)\mathrm{e}^{-\mathrm{j}\omega t}\,\mathrm{d}t = \int_0^{\infty} \mathrm{e}^{-at}\mathrm{e}^{-\mathrm{j}\omega t}\,\mathrm{d}t = \int_0^{\infty} \mathrm{e}^{-(a+\mathrm{j}\omega)t}\,\mathrm{d}t = \frac{1}{a+\mathrm{j}\omega} \qquad (2-44)$$

于是相应的幅度谱和相位谱分别为

$$\begin{cases} |X(\omega)| = \dfrac{1}{\sqrt{a^2+\omega^2}} \\[3mm] \varphi(\omega) = \arg(X(\omega)) = -\arctan\left(\dfrac{\omega}{a}\right) \end{cases} \qquad (2-45)$$

单边指数信号的波形及幅度谱与相位谱如图 2-20 所示。

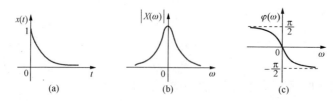

图 2-20　单边指数信号的波形及幅度谱与相位谱

(a) 波形图；(b) 幅度谱；(c) 相位谱

2. 矩形脉冲信号

矩形脉冲信号可表示为

$$x(t) = A\left[\varepsilon\left(t+\frac{\tau}{2}\right) - \varepsilon\left(t-\frac{\tau}{2}\right)\right]$$

其傅里叶变换为

$$X(\omega) = \int_{-\infty}^{\infty} x(t)\mathrm{e}^{-\mathrm{j}\omega t}\,\mathrm{d}t = \int_{-\frac{\tau}{2}}^{\frac{\tau}{2}} A\mathrm{e}^{-\mathrm{j}\omega t}\,\mathrm{d}t = \frac{A}{-\mathrm{j}\omega}\mathrm{e}^{-\mathrm{j}\omega t}\bigg|_{-\frac{\tau}{2}}^{\frac{\tau}{2}}$$

$$= \frac{2A}{\omega}\sin\left(\frac{\omega\tau}{2}\right) = A\tau\,\mathrm{Sa}\left(\frac{\omega\tau}{2}\right) \qquad (2-46)$$

这是一个实函数。其相应的幅度谱、相位谱分别为

$$|X(\omega)| = A\tau\left|\mathrm{Sa}\left(\frac{\omega\tau}{2}\right)\right| \qquad (2-47)$$

$$\varphi(\omega) = \begin{cases} 0 & \dfrac{4K\pi}{\tau} < |\omega| < \dfrac{2(2K+1)\pi}{\tau} \\[3mm] \pi & \dfrac{2(2K+1)\pi}{\tau} < |\omega| < \dfrac{4(K+1)\pi}{\tau} \end{cases} \qquad (2-48)$$

图 2-21 所示即是矩形脉冲信号的波形及频谱。

3. 符号函数

符号函数记作 $\mathrm{sgn}(t)$，其表示式为

$$x(t) = \mathrm{sgn}(t) = \begin{cases} 1 & t > 0 \\ -1 & t < 0 \end{cases}$$

其波形如图 2-22 (a) 所示。由图可见，符号函数不满足绝对可积条件，但却存在傅里叶变换。我们可以借助奇双边指数信号，通过求极限的方法求解符号函数的傅里叶变换。

奇双边指数信号可表示为

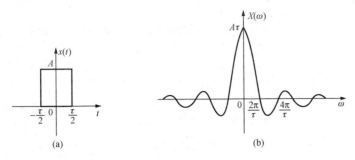

图 2 - 21　矩形脉冲信号的波形及频谱

（a）波形图；（b）频谱图

$$x_1(t) = \mathrm{sgn}(t)\mathrm{e}^{-|a|t} = \begin{cases} \mathrm{e}^{-at} & t > 0 \\ -\mathrm{e}^{-at} & t < 0 \end{cases} \quad (a > 0) \tag{2-49}$$

当 $a \rightarrow 0$ 时取极限，即为符号函数

$$\mathrm{sgn}(t) = \lim_{a \to 0} x_1(t) = \lim_{a \to 0} \mathrm{sgn}(t)\mathrm{e}^{-|a|t}$$

因此它的频谱函数也是 $x_1(t)$ 的频谱函数 $X_1(\omega)$ 当 $a \rightarrow 0$ 时的极限。

可以求得 $x_1(t)$ 的频谱为

$$X_1(\omega) = \int_{-\infty}^{\infty} x_1(t)\mathrm{e}^{-\mathrm{j}\omega t}\,\mathrm{d}t = \int_{-\infty}^{0} -\mathrm{e}^{-at-\mathrm{j}\omega t}\,\mathrm{d}t + \int_{0}^{\infty} \mathrm{e}^{at-\mathrm{j}\omega t}\,\mathrm{d}t$$

$$= \frac{1}{a + \mathrm{j}\omega} - \frac{1}{a - \mathrm{j}\omega} \tag{2-50}$$

于是，符号函数的频谱为

$$X(\omega) = \lim_{a \to 0} X_1(\omega) = \frac{2}{\mathrm{j}\omega} \tag{2-51}$$

其幅度谱和相位谱分别为

$$|X(\omega)| = \frac{2}{|\omega|} \tag{2-52}$$

$$\varphi(\omega) = \begin{cases} -\dfrac{\pi}{2} & \omega > 0 \\ \dfrac{\pi}{2} & \omega < 0 \end{cases} \tag{2-53}$$

图 2 - 22 所示即是符号函数的波形及幅度谱。

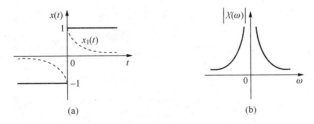

图 2 - 22　符号函数的波形及幅度谱

（a）波形图；（b）幅度谱图

4. 单位冲激信号

由傅里叶变换的定义及冲激信号的采样性质，可求得单位冲激信号 $\delta(t)$ 的频谱函数 $X(\omega)$ 为

$$X(\omega) = \int_{-\infty}^{\infty} \delta(t) e^{-j\omega t} \, dt = e^{-j\omega 0} = 1 \tag{2-54}$$

由此可见，单位冲激信号的频谱等于常数，其频谱在整个频率范围内是均匀分布的。这种频谱称为"均匀谱"或"白色谱"，如图 2-23 所示。

图 2-23　单位冲激信号及其频谱

5. 直流信号

冲激信号的频谱是常数，那么幅度为常数的直流信号的频谱是否为冲激函数呢？为此，考虑冲激函数 $\delta(\omega)$ 的傅里叶反变换

$$\mathscr{F}^{-1}[\delta(\omega)] = \frac{1}{2\pi} \int_{-\infty}^{\infty} \delta(\omega) e^{j\omega t} \, d\omega = \frac{1}{2\pi}$$

由傅里叶变换的可逆性，有

$$\mathscr{F}\left[\frac{1}{2\pi}\right] = \delta(\omega)$$

因此

$$\mathscr{F}[1] = 2\pi\delta(\omega) \tag{2-55}$$

式（2-55）表明，幅度为 1 的直流信号的频谱是位于 $\omega = 0$ 的冲激函数，其频谱如图 2-24 所示。

6. 单位阶跃信号

单位阶跃信号 $\varepsilon(t)$ 也不满足绝对可积条件，但借助符号函数，可以将 $\varepsilon(t)$ 表示为

$$\varepsilon(t) = \frac{1}{2} + \frac{1}{2}\text{sgn}(t)$$

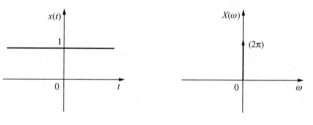

图 2-24　直流信号及其频谱

由式（2-51）和式（2-55）可得单位阶跃信号的傅里叶变换为

$$\mathscr{F}[\varepsilon(t)] = \mathscr{F}\left[\frac{1}{2}\right] + \mathscr{F}\left[\frac{1}{2}\text{sgn}(t)\right] = \pi\delta(\omega) + \frac{1}{j\omega} \tag{2-56}$$

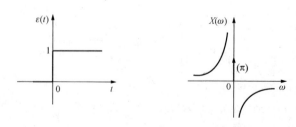

图 2-25　单位阶跃信号及其频谱

其频谱如图 2-25 所示。可见 $\varepsilon(t)$ 的频谱在 $\omega = 0$ 处有一个冲激，该冲激来自于 $\varepsilon(t)$ 中的直流分量。

其他信号的傅里叶变换请参见附录 A 的常用信号傅里叶变换表。

MATLAB 提供了求解傅里叶变换的函数 fourier，格式为

$$X = \text{fourier}(x, t, w)$$

式中：x 表示 $x(t)$，为符号表达式；t 表示积分变量；w 表示角频率；X 表示 $x(t)$ 的傅里叶变换。

2.3.3　傅里叶变换的性质

傅里叶变换揭示了信号的时间特性和频率特性之间的联系。信号可以在时域中用时间函数 $x(t)$ 表示，也可以在频域中用频谱密度函数 $X(\omega)$ 表示，两者是一一对应的。为了更深入地理解信号在时域和频域之间的内在联系，也为了简化计算，我们有必要讨论一下傅里叶变换的基本性质及其应用。

1. 线性

若 $\mathscr{F}[x_1(t)] = X_1(\omega), \mathscr{F}[x_2(t)] = X_2(\omega)$，则对于任意常数 a_1 和 a_2，有

$$\mathscr{F}[a_1 x_1(t) + a_2 x_2(t)] = a_1 X_1(\omega) + a_2 X_2(\omega) \tag{2-57}$$

上述关系很容易由傅里叶变换的定义式证明。线性性质有两层含义：

(1) 齐次性。若信号 $x(t)$ 乘以常数 a（即信号增大 a 倍），则其频谱函数也乘以相同的常数 a（即其频谱函数也增大 a 倍）；

(2) 叠加性。它表明几个信号之和的频谱函数等于各个信号的频谱函数之和。

2. 对偶性

若 $\mathscr{F}[x(t)] = X(\omega)$，则

$$\mathscr{F}[X(t)] = 2\pi x(-\omega) \tag{2-58}$$

证明：由傅里叶反变换的定义

$$x(t) = \frac{1}{2\pi} \int_{-\infty}^{\infty} X(\omega) \mathrm{e}^{\mathrm{j}\omega t} \mathrm{d}\omega$$

将 t 换成 $-t$，有

$$x(-t) = \frac{1}{2\pi} \int_{-\infty}^{\infty} X(\omega) \mathrm{e}^{-\mathrm{j}\omega t} \mathrm{d}\omega$$

交换自变量 ω 和 t，可以得到

$$x(-\omega) = \frac{1}{2\pi} \int_{-\infty}^{\infty} X(t) \mathrm{e}^{-\mathrm{j}\omega t} \mathrm{d}t$$

从而

$$2\pi x(-\omega) = \int_{-\infty}^{\infty} X(t) \mathrm{e}^{-\mathrm{j}\omega t} \mathrm{d}t = \mathscr{F}[X(t)]$$

若 $x(t)$ 为偶函数，则 $\mathscr{F}[X(t)] = 2\pi x(\omega)$；若 $x(t)$ 为奇函数，则 $\mathscr{F}[X(t)] = -2\pi x(\omega)$。

利用该性质可方便地求一些信号的傅里叶变换。显然，矩形脉冲信号的频谱为 Sa 函数，而 Sa 函数的频谱必然为矩形脉冲；同样，直流信号的频谱为冲激函数，而冲激函数的频谱必然为常数。

【例 2 - 2】　求采样信号 $\mathrm{Sa}(t) = \dfrac{\sin t}{t}$ 的傅里叶变换。

解　由式（2 - 46）可知，宽度为 τ 的矩形脉冲信号为

$$R_\tau(t) = \varepsilon\left(t + \frac{\tau}{2}\right) - \varepsilon\left(t - \frac{\tau}{2}\right)$$

其频谱函数为采样信号，即

$$\mathscr{F}\big[R_\tau(t)\big] = \tau\mathrm{Sa}\Big(\frac{\omega\tau}{2}\Big)$$

取 $\dfrac{\tau}{2}=1$，即 $\tau=2$，且幅度为 $\dfrac{1}{2}$，根据傅里叶变换的线性性质，脉冲宽度为 2、幅度为 $\dfrac{1}{2}$ 的矩形脉冲信号的频谱为

$$\mathscr{F}\Big[\frac{1}{2}R_2(t)\Big] = \frac{1}{2}\times 2\mathrm{Sa}(\omega) = \mathrm{Sa}(\omega)$$

其中
$$R_2(t) = \varepsilon(t+1) - \varepsilon(t-1)$$

根据傅里叶变换的对偶性，且 $R_2(t)$ 是偶函数，有

$$\mathscr{F}\big[\mathrm{Sa}(t)\big] = 2\pi\times\frac{1}{2}R_2(-\omega) = \pi R_2(\omega) = \pi[\varepsilon(\omega+1)-\varepsilon(\omega-1)] \qquad (2-59)$$

即采样信号 $\mathrm{Sa}(t)$ 的频谱为宽度为 2、幅度为 π 的矩形脉冲。两者对偶关系如图 2-26 所示。

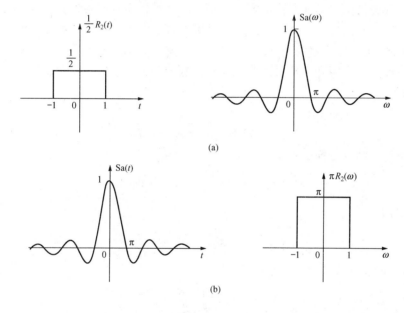

图 2-26　矩形脉冲信号与采样信号对偶关系
(a) 矩形脉冲信号及频谱；(b) 采样信号及频谱

3. 尺度变换特性

若 $\mathscr{F}\big[x(t)\big] = X(\omega)$，则对于实常数 $a(a\neq 0)$，有

$$\mathscr{F}\big[x(at)\big] = \frac{1}{|a|}X\Big(\frac{\omega}{a}\Big) \qquad (2-60)$$

证明：由傅里叶变换的定义

$$\mathscr{F}\big[x(at)\big] = \int_{-\infty}^{\infty}\big[x(at)\big]\mathrm{e}^{-\mathrm{j}\omega t}\,\mathrm{d}t$$

令 $at=\tau$，则 $t=\dfrac{\tau}{a}$，$\mathrm{d}t=\dfrac{1}{a}\mathrm{d}\tau$，有

$$\mathscr{F}\big[x(at)\big] = \int_{-\infty}^{\infty}x(\tau)\mathrm{e}^{-\mathrm{j}\omega\frac{\tau}{a}}\,\frac{1}{a}\mathrm{d}\tau$$

$$= \frac{1}{|a|} \int_{-\infty}^{\infty} x(\tau) e^{-j\frac{\omega}{a}\tau} d\tau$$

$$= \frac{1}{|a|} X\left(\frac{\omega}{a}\right)$$

该性质表明，若信号 $x(t)$ 在时域中压缩到原来的 $1/a(a > 1)$，那么其频谱在频域中将展宽 a 倍，同时将其幅度减小到原来的 $1/|a|$。换句话说，时域压缩对应频域扩展，反之时域扩展对应频域压缩。由尺度变换特性可知，信号的持续时间与信号的占有频带成反比。在无线电通信中，有时需要压缩信号持续时间以提高通信速率，则不得不以展宽频带为代价。图 2 - 27 给出了矩形脉冲信号及频谱的尺度变换特性。

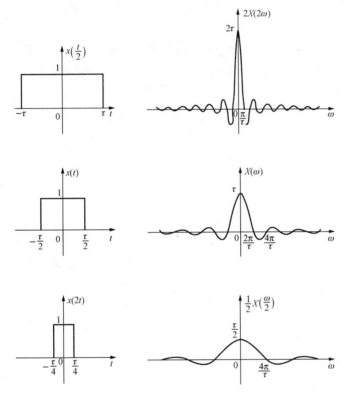

图 2 - 27　矩形脉冲信号及频谱的尺度变换

4. 时移特性

若 $\mathscr{F}[x(t)] = X(\omega)$，且 t_0 为常数，则

$$\mathscr{F}[x(t-t_0)] = e^{-j\omega t_0} X(\omega) \tag{2-61}$$

式 (2 - 61) 表明，信号 $x(t)$ 在时域中沿时间轴右移（延时）t_0，对应于在频域中频谱乘以 $e^{-j\omega t_0}$ 因子，即所有频率分量相位落后 ωt_0，而幅度保持不变。时移特性有时也称延时特性。

证明：$\mathscr{F}[x(t-t_0)] = \int_{-\infty}^{\infty} x(t-t_0) e^{-j\omega t} dt$

令 $\tau = t - t_0$，有

$$\mathscr{F}[x(t-t_0)] = \int_{-\infty}^{\infty} x(\tau) e^{-j\omega(\tau+t_0)} d\tau = e^{-j\omega t_0} \int_{-\infty}^{\infty} x(\tau) e^{-j\omega\tau} d\tau = e^{-j\omega t_0} X(\omega)$$

5. 频移特性

若 $\mathscr{F}[x(t)] = X(\omega)$，且 ω_0 为常数，则

$$\mathscr{F}[x(t)e^{j\omega_0 t}] = X(\omega - \omega_0) \tag{2-62}$$

证明：由傅里叶变换的定义

$$\mathscr{F}[x(t)e^{j\omega_0 t}] = \int_{-\infty}^{\infty} [x(t)e^{j\omega_0 t}]e^{-j\omega t}\,dt$$

$$= \int_{-\infty}^{\infty} x(t)e^{-j(\omega - \omega_0)t}\,dt$$

$$= X(\omega - \omega_0)$$

频移特性也称为调制特性。该性质表明，若将信号 $x(t)$ 乘以因子 $e^{j\omega_0 t}$，对应于将其频谱沿频率轴右移 ω_0。

将频谱沿频率轴右移或左移称为频谱搬移技术，在通信系统中应用广泛，可实现调幅、变频及同步解调等。频谱搬移的原理是将信号 $x(t)$（常称为调制信号）乘以载频信号 $\cos\omega_0 t$ 或 $\sin\omega_0 t$ 得到已调信号 $y(t)$，利用频移特性可得其频谱 $Y(\omega)$ 为

$$\mathscr{F}[x(t)\cos\omega_0 t] = \mathscr{F}\left[\frac{1}{2}x(t)e^{j\omega_0 t} + \frac{1}{2}x(t)e^{-j\omega_0 t}\right]$$

$$= \frac{1}{2}[X(\omega - \omega_0) + X(\omega + \omega_0)] \tag{2-63}$$

同理可得

$$\mathscr{F}[x(t)\sin\omega_0 t] = \frac{1}{2j}[X(\omega - \omega_0) - X(\omega + \omega_0)] \tag{2-64}$$

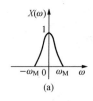 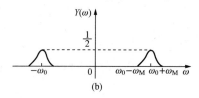

相当于将原信号的幅度谱一分为二，分别沿频率轴向左和向右搬移 ω_0 的合成谱。图 2-28 给出了信号 $x(t)$ 乘以 $\cos\omega_0 t$ 后，其频谱被搬移的情况。

图 2-28 频谱搬移示例

(a) 信号 $x(t)$ 的频谱；(b) 已调信号 $x(t)\cos\omega_0 t$ 的频谱

6. 时域微分特性

若 $\mathscr{F}[x(t)] = X(\omega)$，则

$$\mathscr{F}\left[\frac{dx(t)}{dt}\right] = j\omega X(\omega) \tag{2-65}$$

证明：$x(t) = \dfrac{1}{2\pi}\displaystyle\int_{-\infty}^{\infty} X(\omega)e^{j\omega t}\,d\omega$

两边对 t 求导，得

$$\frac{dx(t)}{dt} = \frac{1}{2\pi}\int_{-\infty}^{\infty}[j\omega X(\omega)]e^{j\omega t}\,d\omega$$

所以

$$\mathscr{F}\left[\frac{dx(t)}{dt}\right] = j\omega X(\omega)$$

同理可推出 $x(t)$ 对 t 的 n 阶导数的傅里叶变换为

$$\mathscr{F}\left[\frac{d^n x(t)}{dt^n}\right] = (j\omega)^n X(\omega) \tag{2-66}$$

7. 时域卷积定理

若 $\mathscr{F}[x_1(t)] = X_1(\omega)$，$\mathscr{F}[x_2(t)] = X_2(\omega)$，则

$$\mathscr{F}\left[x_1(t)*x_2(t)\right]=X_1(\omega)X_2(\omega) \qquad (2\text{-}67)$$

式 (2-67) 表明，时域中两个信号的卷积积分对应于频域中两信号频谱的乘积。关于卷积的概念及应用详见第 3 章。

证明：两信号的卷积定义为

$$x_1(t)*x_2(t)=\int_{-\infty}^{\infty}x_1(\tau)x_2(t-\tau)\mathrm{d}\tau$$

由傅里叶变换的定义和卷积公式，有

$$\begin{aligned}
\mathscr{F}\left[x_1(t)*x_2(t)\right]&=\int_{-\infty}^{\infty}\left[\int_{-\infty}^{\infty}x_1(\tau)x_2(t-\tau)\mathrm{d}\tau\right]\mathrm{e}^{-\mathrm{j}\omega t}\mathrm{d}t\\
&=\int_{-\infty}^{\infty}\int_{-\infty}^{\infty}x_1(\tau)\mathrm{e}^{-\mathrm{j}\omega\tau}x_2(t-\tau)\mathrm{e}^{-\mathrm{j}\omega(t-\tau)}\mathrm{d}\tau\mathrm{d}t\\
&=\int_{-\infty}^{\infty}x_1(\tau)\mathrm{e}^{-\mathrm{j}\omega\tau}\left[\int_{-\infty}^{\infty}x_2(t-\tau)\mathrm{e}^{-\mathrm{j}\omega(t-\tau)}\mathrm{d}t\right]\mathrm{d}\tau\\
&=X_1(\omega)X_2(\omega)
\end{aligned}$$

8. 频域卷积定理

若 $\mathscr{F}\left[x_1(t)\right]=X_1(\omega)$，$\mathscr{F}\left[x_2(t)\right]=X_2(\omega)$，则

$$\mathscr{F}\left[x_1(t)x_2(t)\right]=\frac{1}{2\pi}X_1(\omega)*X_2(\omega) \qquad (2\text{-}68)$$

式 (2-68) 表明，在时域中两个信号的乘积对应于频域中两信号频谱卷积积分的 $1/2\pi$ 倍。

证明：由傅里叶反变换的定义和卷积公式，有

$$\begin{aligned}
\mathscr{F}\left[x_1(t)x_2(t)\right]&=\int_{-\infty}^{\infty}\left[x_1(t)x_2(t)\right]\mathrm{e}^{-\mathrm{j}\omega t}\mathrm{d}t\\
&=\int_{-\infty}^{\infty}\left[\frac{1}{2\pi}\int_{-\infty}^{\infty}X_1(\xi)\mathrm{e}^{\mathrm{j}\xi t}\mathrm{d}\xi\right]x_2(t)\mathrm{e}^{-\mathrm{j}\omega t}\mathrm{d}t\\
&=\frac{1}{2\pi}\int_{-\infty}^{\infty}X_1(\xi)\mathrm{d}\xi\left[\int_{-\infty}^{\infty}x_2(t)\mathrm{e}^{-\mathrm{j}(\omega-\xi)t}\mathrm{d}t\right]\\
&=\frac{1}{2\pi}\int_{-\infty}^{\infty}X_1(\xi)X_2(\omega-\xi)\mathrm{d}\xi\\
&=\frac{1}{2\pi}X_1(\omega)*X_2(\omega)
\end{aligned}$$

【例 2-3】　求图 2-29 (a) 所示三角脉冲信号的傅里叶变换。

解　图 2-29 (a) 所示三角脉冲信号可表示为 $x(t)=\begin{cases}1-\dfrac{2}{\tau}|t| & |t|<\dfrac{\tau}{2}\\ 0 & |t|>\dfrac{\tau}{2}\end{cases}$

其一阶、二阶导数如图 2-29 (b)、(c) 所示。

令 $x_1(t)=x^{(2)}(t)=\dfrac{2}{\tau}\delta\left(t+\dfrac{\tau}{2}\right)-\dfrac{4}{\tau}\delta(t)+\dfrac{2}{\tau}\delta\left(t-\dfrac{\tau}{2}\right)$，由于 $\mathscr{F}\left[\delta(t)\right]=1$，利用傅里叶变换的时移特性可求得 $x_1(t)$ 的频谱为

$$X_1(\omega)=\frac{2}{\tau}(\mathrm{e}^{\mathrm{j}\frac{\omega\tau}{2}}-2+\mathrm{e}^{-\mathrm{j}\frac{\omega\tau}{2}})$$

$$= \frac{4}{\tau}\left[\cos\left(\frac{\omega\tau}{2}\right)-1\right]=-\frac{8}{\tau}\sin^2\left(\frac{\omega\tau}{4}\right)$$

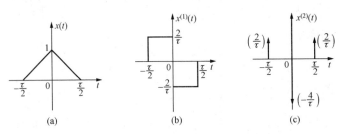

图 2 - 29　三角脉冲信号及其一阶、二阶导数

（a）三角脉冲信号；（b）一阶导数；（c）二阶导数

利用傅里叶变换的微分特性，有

$$(j\omega)^2 X(\omega) = X_1(\omega)$$

由于 $x(t)$ 满足绝对可积条件，其傅里叶变换不含冲激函数，所以

$$X(\omega) = \frac{1}{(j\omega)^2}X_1(\omega) = \frac{8\sin^2\left(\frac{\omega\tau}{4}\right)}{\omega^2\tau} = \frac{\tau}{2}\mathrm{Sa}^2\left(\frac{\omega\tau}{4}\right)$$

2.4　周期信号的傅里叶变换

　　周期信号的傅里叶变换是研究有关采样问题的基础。通过在频谱中引入冲激函数的方法，可以表示不满足绝对可积条件的周期信号的傅里叶变换。这样既建立起周期信号的傅里叶级数和傅里叶变换之间的联系，又把周期信号与非周期信号的分析方法统一起来，使傅里叶变换这一工具的应用范围更加广泛。

　　首先讨论复指数函数 $\mathrm{e}^{j\omega_0 t}$ 的傅里叶变换。由于 $\mathscr{F}[1]=2\pi\delta(\omega)$ ，根据傅里叶变换的频移性质可得

$$\mathscr{F}\left[\mathrm{e}^{j\omega_0 t}\right] = 2\pi\delta(\omega-\omega_0) \tag{2-69}$$

利用这一结果和欧拉公式，可得正、余弦函数的傅里叶变换为

$$\mathscr{F}\left[\cos(\omega_0 t)\right] = \pi[\delta(\omega+\omega_0)+\delta(\omega-\omega_0)] \tag{2-70}$$

$$\mathscr{F}\left[\sin(\omega_0 t)\right] = j\pi[\delta(\omega+\omega_0)-\delta(\omega-\omega_0)] \tag{2-71}$$

　　考虑一个周期为 T 的周期信号 $x_T(t)$ ，其指数形式的傅里叶级数为

$$x_T(t) = \sum_{k=-\infty}^{\infty} X_k \mathrm{e}^{jk\omega_0 t} \tag{2-72}$$

其中傅里叶系数

$$X_k = \frac{1}{T}\int_{-\frac{T}{2}}^{\frac{T}{2}} x_T(t)\mathrm{e}^{-jk\omega_0 t}\,\mathrm{d}t \tag{2-73}$$

　　从周期信号 $x_T(t)$ 中截取一个周期，得到单脉冲信号 $x_0(t)$ ，其傅里叶变换为

$$X_0(\omega) = \int_{-\frac{T}{2}}^{\frac{T}{2}} x_0(t)\mathrm{e}^{-j\omega t}\,\mathrm{d}t = \int_{-\frac{T}{2}}^{\frac{T}{2}} x_T(t)\mathrm{e}^{-j\omega t}\,\mathrm{d}t \tag{2-74}$$

比较式（2 - 73）和式（2 - 74），有

$$X_k = \frac{1}{T}X_0(\omega)\bigg|_{\omega=k\omega_0} = \frac{1}{T}X_0(k\omega_0) \qquad (2\text{-}75)$$

式（2-75）表明 X_k 是对 $X_0(\omega)$ 以 ω_0 为间隔离散化的结果。利用单脉冲信号的傅里叶变换也可方便地求解周期信号的傅里叶系数。

对式（2-72）取傅里叶变换，有

$$X_T(\omega) = \mathscr{F}\Big[\sum_{k=-\infty}^{\infty} X_k \mathrm{e}^{\mathrm{j}k\omega_0 t}\Big] = \sum_{k=-\infty}^{\infty} X_k \mathscr{F}\big[\mathrm{e}^{\mathrm{j}k\omega_0 t}\big]$$

$$= 2\pi \sum_{k=-\infty}^{\infty} X_k \delta(\omega - k\omega_0) \qquad (2\text{-}76)$$

利用式（2-75），周期信号 $x_T(t)$ 的傅里叶变换也可表示为

$$X_T(\omega) = \frac{2\pi}{T} \sum_{k=-\infty}^{\infty} X_0(k\omega_0)\delta(\omega - k\omega_0)$$

$$= \omega_0 \sum_{k=-\infty}^{\infty} X_0(k\omega_0)\delta(\omega - k\omega_0) \qquad (2\text{-}77)$$

以上结果表明，周期信号的傅里叶变换是由冲激函数组成的冲激串，冲激串的频率间隔等于周期信号的频率 $\omega_0(\omega_0 = 2\pi/T)$，即这些冲激位于周期信号的谐波频率处，其冲激强度等于相应傅里叶级数的系数 X_k 的 2π 倍。

【例 2-4】   周期为 T 的周期单位冲激串如图 2-30（a）所示。该函数称为狄拉克梳状函数或理想采样函数，用数学公式表示为

$$p(t) = \sum_{n=-\infty}^{\infty} \delta(t - nT)$$

求 $p(t)$ 的傅里叶级数和傅里叶变换。

解   首先将周期为 T 的 $p(t)$ 函数展开成傅里叶级数，有

$$p(t) = \sum_{k=-\infty}^{\infty} P_k \mathrm{e}^{\mathrm{j}k\omega_0 t}$$

其中傅里叶系数

$$P_k = \frac{1}{T}\int_{-\frac{T}{2}}^{\frac{T}{2}} \delta(t)\mathrm{e}^{-\mathrm{j}k\omega_0 t}\mathrm{d}t = \frac{1}{T}$$

即

$$p(t) = \frac{1}{T}\sum_{k=-\infty}^{\infty} \mathrm{e}^{\mathrm{j}k\omega_0 t} \qquad (2\text{-}78)$$

式（2-78）表明，周期单位冲激串的傅里叶级数中，只包含位于 $\omega=0$，$\pm\omega_0$，$\pm2\omega_0$，$\cdots$，$\pm k\omega_0$，$\cdots$处的频率分量，每个频率分量的大小相等且都等于 $1/T$。

由式（2-76）可得 $p(t)$ 的傅里叶变换为

$$P(\omega) = \frac{2\pi}{T}\sum_{k=-\infty}^{\infty} \delta(\omega - k\omega_0) = \omega_0 \sum_{k=-\infty}^{\infty} \delta(\omega - k\omega_0) \qquad (2\text{-}79)$$

可见，周期单位冲激串的傅里叶变换为频域内强度等于 ω_0 的冲激串。$p(t)$ 的傅里叶级数及傅里叶变换如图 2-30（b）、（c）所示。

【例 2-5】   周期为 T 的周期矩形脉冲信号 $x(t)$ 如图 2-31（a）所示，求其傅里叶级数和傅里叶变换。

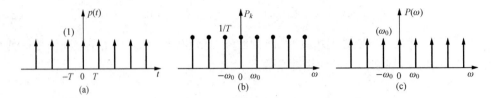

图 2 - 30　周期单位冲激串的傅里叶级数系数与傅里叶变换

（a）周期单位冲激串；（b）傅里叶级数系数；（c）傅里叶变换

解　设单矩形脉冲信号 $x_0(t)$ 的傅里叶变换为 $X_0(\omega)$，由式（2 - 46）知

$$X_0(\omega) = A\tau \mathrm{Sa}\left(\frac{\omega\tau}{2}\right)$$

由式（2 - 77）可得周期矩形脉冲信号 $x(t)$ 的傅里叶变换［如图 2 - 31（b）所示］为

$$X(\omega) = \omega_0 \sum_{k=-\infty}^{\infty} X_0(k\omega_0)\delta(\omega - k\omega_0)$$

$$= A\tau\omega_0 \sum_{k=-\infty}^{\infty} \mathrm{Sa}\left(\frac{k\omega_0\tau}{2}\right)\delta(\omega - k\omega_0)$$

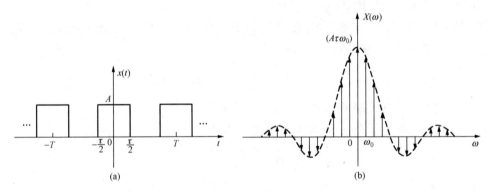

图 2 - 31　周期矩形脉冲信号及其傅里叶变换

（a）周期矩形脉冲信号；（b）傅里叶变换

由式（2 - 75）还可求出 $x(t)$ 的傅里叶级数的系数为

$$X_k = \frac{1}{T}X_0(\omega)\bigg|_{\omega=k\omega_0} = \frac{A\tau}{T}\mathrm{Sa}\left(\frac{k\omega_0\tau}{2}\right)$$

于是周期矩形脉冲信号 $x(t)$ 的傅里叶级数为

$$x(t) = \frac{A\tau}{T}\sum_{k=-\infty}^{\infty}\mathrm{Sa}\left(\frac{k\omega_0\tau}{2}\right)\mathrm{e}^{jk\omega_0 t}$$

2.5　连续信号的拉普拉斯变换

2.5.1　拉普拉斯变换的定义

由 2.3 节可知，当信号 $x(t)$ 满足狄里赫利条件时，可构成一对傅里叶变换

$$\begin{cases} X(\omega) = \displaystyle\int_{-\infty}^{\infty} x(t) \mathrm{e}^{-\mathrm{j}\omega t} \mathrm{d}t \\ x(t) = \dfrac{1}{2\pi} \displaystyle\int_{-\infty}^{\infty} X(\omega) \mathrm{e}^{\mathrm{j}\omega t} \mathrm{d}\omega \end{cases}$$

但在实际应用中，傅里叶变换存在一定的局限性。有不少信号函数不满足狄里赫利条件中的绝对可积要求，例如随时间增长的指数函数 $\mathrm{e}^{at}\varepsilon(t)\,(a>0)$，导致其傅里叶变换不存在。为了使更多的信号函数存在变换，并简化变换形式，我们引入一个衰减因子 $\mathrm{e}^{-\sigma t}$（σ 为任意实数）与 $x(t)$ 相乘，只要 σ 取适当的值，可使 $\mathrm{e}^{-\sigma t}x(t)$ 满足绝对可积条件。据此，写出 $\mathrm{e}^{-\sigma t}x(t)$ 的傅里叶变换为

$$\mathscr{F}\left[\mathrm{e}^{-\sigma t}x(t)\right] = \int_{-\infty}^{\infty} x(t)\mathrm{e}^{-\sigma t}\mathrm{e}^{-\mathrm{j}\omega t}\mathrm{d}t = \int_{-\infty}^{\infty} x(t)\mathrm{e}^{-(\sigma+\mathrm{j}\omega)t}\mathrm{d}t \tag{2-80}$$

式（2-80）的积分结果是 $(\sigma+\mathrm{j}\omega)$ 的函数，令其为 $X(\sigma+\mathrm{j}\omega)$，有

$$X(\sigma+\mathrm{j}\omega) = \int_{-\infty}^{\infty} x(t)\mathrm{e}^{-(\sigma+\mathrm{j}\omega)t}\mathrm{d}t \tag{2-81}$$

相应的逆傅里叶变换为

$$\mathrm{e}^{-\sigma t}x(t) = \frac{1}{2\pi}\int_{-\infty}^{\infty} X(\sigma+\mathrm{j}\omega)\mathrm{e}^{\mathrm{j}\omega t}\mathrm{d}\omega \tag{2-82}$$

将式（2-82）两端同乘以 $\mathrm{e}^{\sigma t}$，得

$$x(t) = \frac{1}{2\pi}\int_{-\infty}^{\infty} X(\sigma+\mathrm{j}\omega)\mathrm{e}^{(\sigma+\mathrm{j}\omega)}\mathrm{d}\omega \tag{2-83}$$

令复变量

$$s = \sigma + \mathrm{j}\omega$$

则有 $\mathrm{d}s = \mathrm{j}\mathrm{d}\omega$（$\sigma$ 为常数），因此 $\mathrm{d}\omega = \mathrm{d}s/\mathrm{j}$。

于是，式（2-81）和式（2-83）分别可以写成

$$X(s) = \int_{-\infty}^{\infty} x(t)\mathrm{e}^{-st}\mathrm{d}t \tag{2-84}$$

$$x(t) = \frac{1}{2\pi\mathrm{j}}\int_{\sigma-\mathrm{j}\infty}^{\sigma+\mathrm{j}\infty} X(s)\mathrm{e}^{st}\mathrm{d}s \tag{2-85}$$

式（2-84）和式（2-85）称为双边拉普拉斯变换对，简称双边拉氏变换对。其中 $X(s)$ 称为 $x(t)$ 的双边拉氏变换，或称为象函数；$x(t)$ 称为 $X(s)$ 的双边拉氏逆变换，或称为原函数。

由于在现实世界中，人们用物理手段和实验方法所能记录与产生的信号大都是有起始时刻的，不妨令起始时刻 $t=0$，选择当 $t<0$ 时，信号 $x(t)=0$，并考虑到信号 $x(t)$ 在 $t=0$ 时刻可能包含冲激函数及其导数项，取积分下限为 0_-。

于是式（2-84）和式（2-85）可改写成

$$X(s) = \int_{0_-}^{\infty} x(t)\mathrm{e}^{-st}\mathrm{d}t \tag{2-86}$$

$$x(t) = \frac{1}{2\pi\mathrm{j}}\int_{\sigma-\mathrm{j}\infty}^{\sigma+\mathrm{j}\infty} X(s)\mathrm{e}^{st}\mathrm{d}s \quad (t>0) \tag{2-87}$$

式（2-86）和式（2-87）称为单边拉普拉斯变换对。通常记作

$$\begin{cases} X(s) = \mathscr{L}\left[x(t)\right] \\ x(t) = \mathscr{L}^{-1}\left[X(s)\right] \end{cases}$$

式中：$\mathscr{L}\left[x(t)\right]$ 表示对 $x(t)$ 取单边拉氏变换，象函数用 $X(s)$ 表示；$\mathscr{L}^{-1}\left[X(s)\right]$ 表示单边拉

氏逆变换。

从以上讨论可知，信号的拉氏变换只有在 σ 取适当值时才存在。通常把 $\mathrm{e}^{-\sigma t}x(t)$ 满足绝对可积条件的 σ 的取值范围称为拉氏变换的收敛域，记为 ROC（Region of Convergence）。

对于单边拉氏变换，$X(s)$ 存在的条件是被积函数收敛，即 $\int_{0_-}^{\infty}|x(t)\mathrm{e}^{-\sigma t}|\,\mathrm{d}t<\infty$，从而要求当满足 $\sigma>\sigma_0$ 时，有

$$\lim_{t\to\infty}x(t)\mathrm{e}^{-\sigma t}=0$$

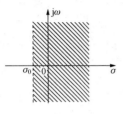

则在 $\sigma>\sigma_0$ 的全部范围内 $x(t)$ 的单边拉氏变换收敛，其 ROC 为 $\mathrm{Re}[s]>\sigma_0$。

图 2-32　单边拉氏变换的收敛域

如图 2-32 所示的复平面为 s 平面，水平轴称为 σ 轴，垂直轴称为 $\mathrm{j}\omega$ 轴，$\sigma=\sigma_0$ 称为收敛坐标，通过 $\sigma=\sigma_0$ 的垂直线是收敛域的边界，称为收敛轴。对于单边拉氏变换，其收敛域位于收敛轴的右边。

单边拉氏变换对于分析具有初始条件的线性因果系统具有重要意义。本书主要讨论单边拉氏变换。下面给出一些常用信号的拉氏变换以及拉氏变换的基本性质，如表 2-1 所示。

表 2-1　　　　　　　　　　　　　单边拉普拉斯变换表

序号	时域	s 域
1	$\delta(t)$	1
2	$\varepsilon(t)$	$\dfrac{1}{s}$
3	e^{-at}	$\dfrac{1}{s+a}$
4	t^n（n 为正整数）	$\dfrac{n!}{s^{n+1}}$
5	$\sin(\omega_0 t)$	$\dfrac{\omega_0}{s^2+\omega_0^2}$
6	$\cos(\omega_0 t)$	$\dfrac{s}{s^2+\omega_0^2}$
7	$\mathrm{e}^{-at}\sin(\omega_0 t)$	$\dfrac{\omega_0}{(s+a)^2+\omega_0^2}$
8	$\mathrm{e}^{-at}\cos(\omega_0 t)$	$\dfrac{s+a}{(s+a)^2+\omega_0^2}$
9	$t^n\mathrm{e}^{-at}$（n 为正整数）	$\dfrac{n!}{(s+a)^{n+1}}$
10	$t\sin(\omega_0 t)$	$\dfrac{2\omega_0 s}{(s^2+\omega_0^2)^2}$
11	$t\cos(\omega_0 t)$	$\dfrac{s^2-\omega_0^2}{(s^2+\omega_0^2)^2}$
12	$a_1 x_1(t)+a_2 x_2(t)$	$a_1 X_1(s)+a_2 X_2(s)$
13	$x(t-t_0)\varepsilon(t-t_0)$（$t_0>0$）	$\mathrm{e}^{-st_0}X(s)$
14	$x(t)\mathrm{e}^{s_0 t}$	$X(s-s_0)$
15	$x(at)$	$\dfrac{1}{a}X\left(\dfrac{s}{a}\right)$

续表

序号	时域	s 域
16	$\dfrac{\mathrm{d}x(t)}{\mathrm{d}t}$	$sX(s) - x(0_-)$
17	$-tx(t)$	$\dfrac{\mathrm{d}X(s)}{\mathrm{d}s}$
18	$\displaystyle\int_{-\infty}^{t} x(\tau)\mathrm{d}\tau$	$\dfrac{X(s)}{s} + \dfrac{x^{(-1)}(0_-)}{s}$
19	$\dfrac{x(t)}{t}$	$\displaystyle\int_{s}^{\infty} X(s)\mathrm{d}s$
20	$x_1(t) * x_2(t)$	$X_1(s)X_2(s)$

MATLAB 与拉氏变换定义式对应的指令为

$$xs = \mathrm{laplace}(xt,\ t,\ s)$$

式中：xt 为被求拉氏变换的信号函数 $x(t)$ 的符号表达式；t 为积分变量；s 为复频率；xs 为 $x(t)$ 的拉氏变换 $X(s)$。

2.5.2　拉普拉斯逆变换

从 s 域象函数 $X(s)$ 求时域原函数 $x(t)$ 的过程称为拉普拉斯逆变换。由前述可知求解单边拉普拉斯逆变换的基本公式为

$$x(t) = \frac{1}{2\pi\mathrm{j}}\int_{\sigma-\mathrm{j}\infty}^{\sigma+\mathrm{j}\infty} X(s)\mathrm{e}^{st}\mathrm{d}s \quad (t > 0)$$

在 MATLAB 中对应的拉普拉斯逆变换的指令格式为

$$xt = \mathrm{ilaplace}(xs,\ s,\ t)$$
$$xt = \mathrm{ilaplace}(xs)$$

式中：xs 为拉氏变换式的符号表达式；xt 为 xs 对应的拉氏逆变换；如果 s 是 xs 的隐含自变量，t 是时间变量，则 s、t 可省略。

由于上式是复变函数积分，直接计算一般比较困难，通常采用部分分式展开法求解拉普拉斯逆变换。部分分式展开法是将复杂象函数分解为多个简单函数之和，通过分别求其原函数，并利用拉普拉斯变换的基本性质求得逆变换的方法。

设象函数 $X(s)$ 是复变量 s 的实系数有理分式，它可以展成两个 s 多项式之比

$$X(s) = \frac{N(s)}{D(s)} = \frac{b_m s^m + b_{m-1}s^{m-1} + \cdots + b_1 s + b_0}{s^n + a_{n-1}s^{n-1} + \cdots + a_1 s + a_0} \tag{2-88}$$

式中：各系数 a_0，a_1，$\cdots$，a_{n-1} 和 b_0，b_1，$\cdots$，b_m 均为常数；m 和 n 均为正整数。

若 $m \geqslant n$，则可通过长除法分解成有理多项式 $P(s)$ 与有理真分式之和，即

$$X(s) = P(s) + \frac{N_0(s)}{D(s)} \tag{2-89}$$

对应于多项式 $P(s)$ 的各项时域原函数，是冲激函数及其各阶导数的线性组合。这里着重讨论 $X(s)$ 为真分式的情况。

部分分式展开法的第一步是将分母多项式 $D(s)$ 进行因式分解，有

$$D(s) = (s - p_1)(s - p_2)\cdots(s - p_n)$$

式中：p_1，p_2，$\cdots$，p_n 为 $D(s) = 0$ 的根，称为 $X(s)$ 的极点，极点可能是实根或复根，可能是单根，也可能是重根。

第二步是根据极点的类型，分别求取待定系数。

下面分三种情况讨论。

（1）极点为实数，且无重根。若 $D(s)=0$ 的 n 个单实根分别为 p_1，p_2，$\cdots$，p_n，则 $X(s)$ 可分解为 n 个简单的部分分式之和，即

$$X(s)=\frac{N(s)}{D(s)}=\frac{K_1}{s-p_1}+\frac{K_2}{s-p_2}+\cdots+\frac{K_n}{s-p_n}$$

式中：K_1，K_2，$\cdots$，K_n 为待定系数，可通过下式求得

$$K_i=(s-p_i)X(s)|_{s=p_i} \quad (i=1,2,\cdots,n)$$

由于 $\mathscr{L}^{-1}\left[\dfrac{1}{s-p_i}\right]=\mathrm{e}^{p_i t}$，利用拉普拉斯变换的线性性质，可得 $X(s)$ 的逆变换为

$$x(t)=\mathscr{L}^{-1}[X(s)]=[K_1\mathrm{e}^{p_1 t}+K_2\mathrm{e}^{p_2 t}+\cdots+K_n\mathrm{e}^{p_n t}]\varepsilon(t)=\sum_{i=1}^{n}K_i\mathrm{e}^{p_i t}\varepsilon(t)$$

（2）极点为一对共轭复根。若 $D(s)=0$ 有一对共轭复根 $p_{1,2}=-\alpha\pm\mathrm{j}\beta$，则 $X(s)$ 可展开为

$$X(s)=\frac{N(s)}{D(s)}=\frac{K_1}{s+\alpha-\mathrm{j}\beta}+\frac{K_2}{s+\alpha+\mathrm{j}\beta}+X_1(s)$$

其中，$X_1(s)$ 是除共轭复根以外的项，其展开式由本身极点的具体情况而定；待定系数 K_1，K_2 也为共轭复数，求得

$$\begin{cases} K_1=(s+\alpha-\mathrm{j}\beta)X(s)|_{s=-\alpha+\mathrm{j}\beta}=|K_1|\mathrm{e}^{\mathrm{j}\theta} \\ K_2=(s+\alpha+\mathrm{j}\beta)X(s)|_{s=-\alpha-\mathrm{j}\beta}=|K_1|\mathrm{e}^{-\mathrm{j}\theta} \end{cases}$$

则有

$$\mathscr{L}^{-1}\left[\frac{K_1}{s+\alpha-\mathrm{j}\beta}+\frac{K_2}{s+\alpha+\mathrm{j}\beta}\right]=2|K_1|\mathrm{e}^{-\alpha t}\cos(\beta t+\theta)\varepsilon(t)$$

而 $X_1(s)$ 的原函数由其极点的具体情况而定。

（3）极点为重根。若 $D(s)=0$ 有一个 r 重根 p_1，则 $X(s)$ 可展开为

$$X(s)=\frac{N(s)}{D(s)}=\frac{K_{11}}{(s-p_1)^r}+\frac{K_{12}}{(s-p_1)^{r-1}}+\cdots+\frac{K_{1r}}{s-p_1}+X_1(s)$$

式中：$X_1(s)$ 是除重根以外的项。

待定系数为

$$K_{11}=(s-p_1)^r X(s)|_{s=p_1}$$

$$K_{12}=\frac{\mathrm{d}}{\mathrm{d}s}[(s-p_1)^r X(s)]|_{s=p_1}$$

$$K_{13}=\frac{1}{2}\frac{\mathrm{d}^2}{\mathrm{d}s^2}[(s-p_1)^r X(s)]|_{s=p_1}$$

$$\vdots$$

$$K_{1r}=\frac{1}{(i-1)!}\frac{\mathrm{d}^{i-1}}{\mathrm{d}s^{i-1}}[(s-p_1)^r X(s)]|_{s=p_1} \quad (i=1,\cdots,r)$$

在 MATLAB 中对应的部分分式展开的指令为

$$[\mathrm{r},\ \mathrm{p},\ \mathrm{k}]=\mathrm{residue}(\mathrm{b},\ \mathrm{a})$$

式中：b 是 $X(s)$ 分子多项式系数组成的行向量，$b=[b_m,b_{m-1},\cdots,b_1,b_0]$；a 是由 $X(s)$ 分母多项式系数组成的行向量，$a=[a_n,a_{n-1},\cdots,a_1,a_0]$，注意 b 中元素以 s 的降幂顺序排列各个

系数，当多项式中某项空缺时其系数为 0；r 是留数列向量，$r = [r_1, r_2, \cdots, r_n]^{\mathrm{T}}$；p 是极点列向量，$p = [p_1, p_2, \cdots, p_n]^{\mathrm{T}}$；k 是直接项系数行向量，$k = [k_1, k_2, \cdots, k_{m-n+1}]^{\mathrm{T}}$。

思　考　题

2-1　冲激信号具有哪些性质？任意连续时间信号如何用冲激信号来表示？这样表示的目的是什么？

2-2　阶跃信号具有哪些特点？它与冲激信号之间的相互关系如何？

2-3　周期信号的傅里叶级数有几种形式？各种形式的傅里叶系数之间的相互关系是什么？

2-4　周期信号的频谱具有什么特点？改变信号的周期对信号的频谱有何影响？当周期趋于无穷大时，频谱将发生什么样的变化？

2-5　信号的带宽是指什么？它与哪些因素有关？

2-6　什么是傅里叶变换？它有什么意义？

2-7　是不是任何信号都存在傅里叶变换？为什么？

2-8　傅里叶变换具有哪些基本性质？如何利用傅里叶变换的性质求解非周期信号的频谱函数？

2-9　什么是拉普拉斯变换？它与傅里叶变换之间有什么关系？

2-10　拉普拉斯变换具有哪些基本性质？如何利用拉普拉斯变换的性质求解信号的象函数？

2-11　如何求解信号的拉普拉斯逆变换？

2-12　在连续时间信号的分析中为什么要引入频域或复频域分析方法？它们的意义何在？

习　　　题

2-1　化简以下各信号的表达式：

(1) $\displaystyle\int_{-\infty}^{\infty} \mathrm{e}^t \delta(t-3)\mathrm{d}t$；

(2) $\displaystyle\int_{-\infty}^{\infty} \frac{\sin(\pi t)}{t}\delta(t)\mathrm{d}t$；

(3) $\displaystyle\int_{-\infty}^{\infty} \varepsilon(t+1)\delta(t-1)\mathrm{d}t$；

(4) $\displaystyle\int_{-\infty}^{\infty} \mathrm{e}^{-2t}[\delta'(t) + \delta(t)]\mathrm{d}t$；

(5) $\dfrac{\mathrm{d}}{\mathrm{d}t}[\cos(2t)\varepsilon(t)]$；

(6) $\dfrac{\mathrm{d}}{\mathrm{d}t}[\mathrm{e}^{-t}\delta(t)]$。

2-2　求图 2-33 所示对称周期矩形信号的傅里叶级数（三角形式与指数形式），并画出幅度频谱。

2-3　如图 2-34 所示的周期单位冲激序列 $\delta_T(t) = \sum\limits_{k=-\infty}^{\infty} \delta(t - nT)$，求其指数形式和三角形式的傅里叶级数。

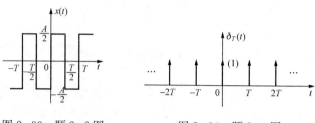

图 2-33　题 2-2 图　　　　　　　　图 2-34　题 2-3 图

2-4　如图 2-35 所示的周期信号，试求三角形式和指数形式的傅里叶级数表示式。

2-5　若周期信号 $x_1(t)$ 和 $x_2(t)$ 的波形如图 2-36 所示。$x_1(t)$ 的参数为 $\tau = 0.5\mu s$，$T = 1\mu s$，$A = 1V$；$x_2(t)$ 的参数为 $\tau = 1.5\mu s$，$T = 3\mu s$，$A = 3V$，分别求：

（1）$x_1(t)$ 的谱线间隔和带宽；

（2）$x_2(t)$ 的谱线间隔和带宽；

（3）$x_1(t)$ 和 $x_2(t)$ 的基波幅度之比；

（4）$x_1(t)$ 和 $x_2(t)$ 的 3 次谐波幅度之比。

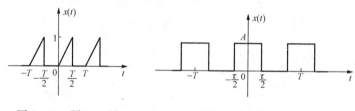

图 2-35　题 2-4 图　　　　　　　　图 2-36　题 2-5 图

2-6　求图 2-37 所示的半波余弦信号的傅里叶级数。若 $E = 10V$，$f = 10kHz$，试画出幅度频谱。

2-7　求图 2-38 所示的全波整流正弦信号的傅里叶级数。

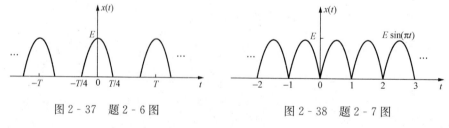

图 2-37　题 2-6 图　　　　　　　　图 2-38　题 2-7 图

2-8　由傅里叶变换的定义求图 2-39 所示各信号的傅里叶变换。

2-9　利用傅里叶变换的线性和时移性质，由 2-8 题计算结果求图 2-40 所示各信号的傅里叶变换。

2-10　利用傅里叶变换的性质，求图 2-41 所示各信号的傅里叶变换。

2-11　求信号 $x(t) = \dfrac{\sin(\omega_c t)}{\pi t}$ 的傅里叶变换。

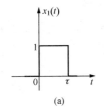 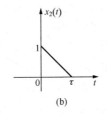 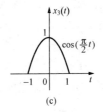

图 2 - 39 题 2 - 8 图

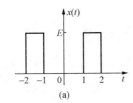 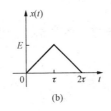 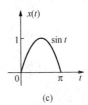

图 2 - 40 题 2 - 9 图

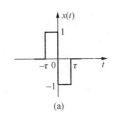 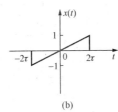 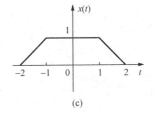

图 2 - 41 题 2 - 10 图

2 - 12 求信号 $x(t) = \dfrac{1}{a^2 + t^2}$ 的傅里叶变换。

2 - 13 利用傅里叶变换的频移特性和已知单位阶跃信号的频谱，求单边余弦信号 $\cos(\omega_0 t)\varepsilon(t)$ 和单边正弦信号 $\sin(\omega_0 t)\varepsilon(t)$ 的频谱函数。

2 - 14 若已知信号 $x(t)$ 的频谱为 $X(\omega)$，试求下列信号的频谱：

(1) $x\left(\dfrac{t}{2}\right)$；

(2) $x(2t - 5)$；

(3) $x(-t + 3)$；

(4) $x(3 - 3t)$。

2 - 15 试用下列方法求图 2 - 42 所示余弦脉冲信号的傅里叶变换：

(1) 利用傅里叶变换的定义；

(2) 利用傅里叶变换的微分特性；

(3) 将它看作矩形脉冲函数与周期余弦函数 $\cos\left(\dfrac{\pi}{2}t\right)$ 的乘积。

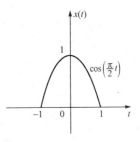

图 2 - 42 题 2 - 15 图

2 - 16 已知 $\mathscr{F}[x(t)] = X(\omega)$，证明：

（1）若 $x(t)$ 是关于 t 的实偶函数，则 $X(\omega)$ 是关于 ω 的实偶函数；

（2）若 $x(t)$ 是关于 t 的实奇函数，则 $X(\omega)$ 是关于 ω 的虚奇函数。

2 - 17   求下列信号的傅里叶逆变换：

（1）$\delta(\omega - \omega_0)$；

（2）$\delta(\omega + 2) + \delta(\omega - 2)$；

（3）$6\pi\delta(\omega) + \dfrac{1}{(j\omega + 2)(j\omega + 3)}$；

（4）$\dfrac{\sin(5\omega)}{\omega}$。

2 - 18   利用拉普拉斯变换的定义求下列信号函数的拉氏变换：

（1）$t\varepsilon(t)$；

（2）$t\varepsilon(t - 1)$；

（3）$\sin(2t)\varepsilon(t)$；

（4）$1 + e^{-2t}$。

2 - 19   利用拉普拉斯变换的性质求下列信号函数的拉氏变换：

（1）$te^{-2t}\varepsilon(t)$；

（2）$t[\varepsilon(t) - \varepsilon(t - 1)]$；

（3）$e^{-t}[\varepsilon(t) - \varepsilon(t - 2)]$；

（4）$\cos\left(2t + \dfrac{\pi}{4}\right)\varepsilon(t)$；

（5）$\delta(2t - 1)$；

（6）$e^{-t}\sin(2t)\varepsilon(t)$；

（7）$\dfrac{d^2}{dt^2}[\sin(\pi t)\varepsilon(t)]$；

（8）$t\cos t\varepsilon(t)$。

2 - 20   写出图 2 - 43 所示各信号的表达式，并求其拉普拉斯变换。

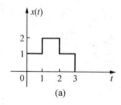
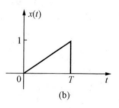
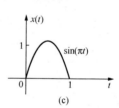

（a）   （b）   （c）

图 2 - 43   题 2 - 20 图

2 - 21   已知因果信号 $x(t)$ 的拉普拉斯变换 $X(s) = \dfrac{1}{s^2 - s + 1}$，求：

（1）$e^{-t}x\left(\dfrac{t}{2}\right)$ 的拉氏变换；

（2）$e^{-3t}x(2t - 1)$ 的拉氏变换。

2 - 22   求下列函数的拉普拉斯逆变换：

（1）$\dfrac{s}{(s + 2)(s + 4)}$；

(2) $\dfrac{(s+1)(s+3)}{s(s+2)(s+4)}$；

(3) $\dfrac{2s^2+9s+9}{s^2+3s+2}$；

(4) $\dfrac{2s+4}{s(s^2+4)}$；

(5) $\dfrac{1}{(s+1)(s+2)^2}$；

(6) $\dfrac{s+5}{s(s^2+2s+5)}$。

第3章　连续时间信号处理

　　在第 2 章中介绍的连续时间信号及其分析方法的基础上，本章主要讨论对这些信号进行处理的理论和方法，对信号的处理是通过系统来实现的。如第 1 章所述，输入和输出都是连续时间信号的系统称为连续时间系统。如果系统的输入和输出满足叠加性和齐次性，而且组成系统的各个元件的参数不随时间而变化，则称该系统为线性时不变系统，简称 LTI 系统。在工程实际中，LTI 系统是最简单、应用最为广泛的系统，因此对 LTI 系统的分析具有特别重要的意义。连续时间信号通过 LTI 系统时会产生什么样的响应，以及采用什么样的方法来分析和计算这些响应，将是本章讨论的重点。

　　LTI 系统的响应可以分解为零输入响应和零状态响应。由于输入信号可以分解为某个基本信号的线性组合，当系统对该基本信号的零状态响应已知时，根据叠加性和时不变性，系统的零状态响应可表示为基本信号响应的组合，其组合规律与输入信号相同，这就是 LTI 系统分析的基本思想。

　　由于连续时间信号的分解可以在时域、频域和复频域进行，因而 LTI 系统的分析方法也相应地有时域分析方法、频域分析方法和复频域分析方法。在时域分析中，可以将输入信号分解成单位冲激信号的线性组合。只要求得系统的单位冲激响应，则 LTI 系统对任意激励的响应就可以表示成系统单位冲激响应的线性组合，这就产生了卷积积分。在频域分析中，信号分解为 $e^{j\omega t}$ 的线性组合，实质上就是分解为正弦信号的线性组合，只要知道系统的正弦响应（即系统的频率响应），则 LTI 系统的响应就可以表示成正弦响应的线性组合。在复频域分析中，信号分解成 e^{st} 的线性组合，只要得到系统的复指数响应（即系统函数），则 LTI 系统的响应就可以表示成复指数响应的线性组合。

　　本章首先讨论了 LTI 连续系统的时域分析方法，即对于给定的激励，根据描述系统响应与激励关系的微分方程求得其响应的方法。在引入系统的冲激响应后，系统的零状态响应等于冲激响应与激励的卷积积分。冲激响应和卷积积分的概念在系统分析理论中起着重要作用。然后引入了系统函数的概念，它在系统分析中也扮演着非常重要的角色，系统函数将系统分析变换到复频域中进行，并讨论了系统函数的零极点与系统时域响应的关系。最后介绍了信号的频域处理方法，讨论了系统的频率响应，建立了信号无失真传输的概念，以及理想低通滤波器的分析讨论。

3.1　线性时不变连续系统的时域数学模型——微分方程

　　微分方程从它诞生之日起就成为人类认识并改造自然的有力工具，成为数学科学联系工程实际的主要途径之一。微分方程是联系待处理的信号 $x(t)$、经连续系统处理后得到的新信号 $y(t)$ 以及它们的各阶微分在时间域的关系式，即微分方程是描述连续系统对信号 $x(t)$ 与进行处理后得到的新信号 $y(t)$ 之间关系的时域数学模型，它在信号处理中占有很重要的地位。任何工程背景所对应的系统，只要列出了微分方程，并且有解出这个方程的方法，人们就可以预见到，在已知条件下这样或那样运动过程将怎样进行，或者为了实现人们所希望的某种运动应该怎样设计必要的装置和条件等。

3.1.1 连续系统的框图表示

LTI 连续系统的时域数学模型可以用微分方程来描述，除此之外，也可以用通用的框图来表示系统的激励和响应之间的运算关系。框图中，一个方框表示一个具有某种功能的部件，也可以表示一个子系统。表示连续系统的常用基本运算单元有积分、倍乘、相加和相乘，基本符号如图 3-1 所示。

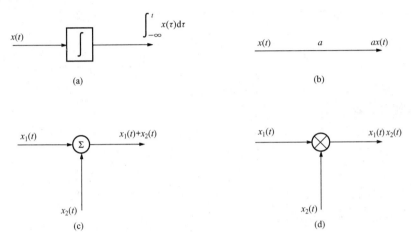

图 3-1 连续系统的常用基本运算单元
(a) 积分；(b) 倍乘；(c) 相加；(d) 相乘

3.1.2 微分方程的建立

对于电路系统，建立系统微分方程的依据是基尔霍夫定律（KCL、KVL）和元件的电压、电流约束关系（VCR）。

【例 3-1】 图 3-2 所示为 RLC 串联电路，$e(t)$ 为激励信号，输出响应为回路中的电流 $i(t)$，已知电阻 R、电容 C 和电感 L。试求该电路中响应与激励的数学关系。

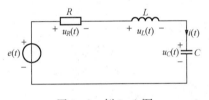

图 3-2 例 3-1 图

解 这是一个含有 LC 两个独立动态元件的二阶系统。根据 KVL 定律列写回路方程，可得

$$u_R(t) + u_L(t) + u_C(t) = e(t) \tag{3-1}$$

由元件的 VCR，有

$$\begin{cases} u_R(t) = Ri(t) \\ u_L(t) = L\dfrac{\mathrm{d}i(t)}{\mathrm{d}t} \\ u_C(t) = \dfrac{1}{C}\displaystyle\int_{-\infty}^{t} i(\tau)\mathrm{d}\tau \end{cases} \tag{3-2}$$

将式（3-2）代入式（3-1），有

$$Ri(t) + L\frac{\mathrm{d}i(t)}{\mathrm{d}t} + \frac{1}{C}\int_{-\infty}^{t} i(\tau)\mathrm{d}\tau = e(t)$$

对方程两边求导，整理后可得

$$L\frac{\mathrm{d}^2 i(t)}{\mathrm{d}t^2} + R\frac{\mathrm{d}i(t)}{\mathrm{d}t} + \frac{1}{C}i(t) = \frac{\mathrm{d}e(t)}{\mathrm{d}t} \qquad (3-3)$$

这是一个二阶线性常系数微分方程，对应于一个二阶系统。

由此推广到一个 n 阶系统，设激励信号为 $x(t)$，响应为 $y(t)$，可用一个 n 阶常系数线性微分方程描述为

$$\frac{\mathrm{d}^n}{\mathrm{d}t^n}y(t) + a_{n-1}\frac{\mathrm{d}^{n-1}}{\mathrm{d}t^{n-1}}y(t) + \cdots + a_1\frac{\mathrm{d}}{\mathrm{d}t}y(t) + a_0 y(t)$$

$$= b_m\frac{\mathrm{d}^m}{\mathrm{d}t^m}x(t) + b_{m-1}\frac{\mathrm{d}^{m-1}}{\mathrm{d}t^{m-1}}x(t) + \cdots + b_1\frac{\mathrm{d}}{\mathrm{d}t}x(t) + b_0 x(t) \qquad (3-4)$$

式中：a_{n-1}，$\cdots$，a_1，a_0 和 b_m，$\cdots$，b_1，b_0 均为常数。

3.1.3　微分方程的求解

对连续信号的时域处理，即求解 LTI 系统的响应的问题，可转化为求系统微分方程的解的问题。下面从时域和复频域分别介绍微分方程的求解方法。

1. 时域经典解法

根据微分方程的时域经典解法，一般情况下，对于由式（3-4）所描述的 n 阶单输入单输出系统，其完全解由齐次解 $y_h(t)$ 和特解 $y_p(t)$ 组成，即

$$y(t) = y_h(t) + y_p(t) \qquad (3-5)$$

（1）齐次解。齐次解是齐次微分方程

$$\frac{\mathrm{d}^n}{\mathrm{d}t^n}y(t) + a_{n-1}\frac{\mathrm{d}^{n-1}}{\mathrm{d}t^{n-1}}y(t) + \cdots + a_1\frac{d}{dt}y(t) + a_0 y(t) = 0 \qquad (3-6)$$

的解。由高等数学理论可知，该齐次微分方程的特征方程为

$$\lambda^n + a_{n-1}\lambda^{n-1} + \cdots + a_1\lambda + a_0 = 0 \qquad (3-7)$$

其 n 个根 λ_1，λ_2，$\cdots$，λ_n 称为微分方程的特征根，也称为系统的固有频率或自然频率，它决定了系统自由响应的形式。根据特征根的特点，微分方程的齐次解有以下几种形式。

1）特征根均为单根。若齐次微分方程的 n 个特征根 $\lambda_i(i=1,2,\cdots,n)$ 都互不相同，则该方程的齐次解为

$$y_h(t) = \sum_{i=1}^{n} C_i e^{\lambda_i t} \qquad (3-8)$$

式中：$C_i(i=1,2,\cdots,n)$ 是待定系数，由初始条件决定。

2）特征根为重根。若 λ_1 是特征方程的 r 重根，则相应的齐次解为

$$y_h(t) = (C_1 t^{r-1} + C_2 t^{r-2} + \cdots + C_{r-1}t + C_r)e^{\lambda_1 t} = \sum_{i=1}^{n} C_i t^{r-i}e^{\lambda_1 t} \qquad (3-9)$$

3）特征根为一对共轭复根。若共轭复根 $\lambda_{1,2}=\alpha\pm\mathrm{j}\beta$，则相应的齐次解为

$$y_h(t) = C_1 e^{\alpha t}\cos\beta t + C_2 e^{\alpha t}\sin\beta t \qquad (3-10)$$

（2）特解。特解的函数形式与激励函数的形式有关。表 3-1 给出了几种激励及其对应特解的形式。

表 3 - 1　　　　　　　　　　几种激励函数及所对应的特解形式

激励 $x(t)$	特解 $y_p(t)$	
t^m	$C_0 + C_1 t + C_{m-1} t^{m-1} + C_m t^m$	（所有特征根均不为零）
e^{at}	$C_0 e^{at}$	（α 不等于特征根）
	$C_0 e^{at} + C_1 t e^{at}$	（α 等于特征单根）
	$C_0 e^{at} + C_1 t e^{at} + \cdots + C_{r-1} t^{r-1} e^{at} + C_r t^r e^{at}$	（α 等于 r 重特征根）
$\cos(\beta t)$ 或 $\sin(\beta t)$	$C_1 \cos(\beta t) + C_2 \sin(\beta t)$	所有特征根均不等于 $\pm j\beta$

【例 3 - 2】　　描述某线性时不变连续系统的微分方程为

$$\frac{d^2 y(t)}{dt^2} + 3 \frac{dy(t)}{dt} + 2y(t) = e^{-t} \varepsilon(t)$$

已知系统的初始条件为 $y(0) = y'(0) = 0$，试求系统的响应。

解　特征方程为

$$\lambda^2 + 3\lambda + 2 = 0$$

其特征根 $\lambda_1 = -1$，$\lambda_2 = -2$。该方程的齐次解为

$$y_h(t) = C_1 e^{-t} + C_2 e^{-2t}$$

查表 3 - 1，当激励 $x(t) = e^{-t}$，且 $\alpha = -1$ 与特征根 λ_1 相同，故该方程的特解为

$$y_p(t) = C_0 e^{-t} + C_1 t e^{-t}$$

将特解代入微分方程，有

$$\frac{d^2}{dt^2}(C_0 e^{-t} + C_1 t e^{-t}) + 3\frac{d}{dt}(C_0 e^{-t} + C_1 t e^{-t}) + 2(C_0 e^{-t} + C_1 t e^{-t}) = e^{-t}$$

比较方程两边系数可得 $C_0 = 0$，$C_1 = 1$，所以特解为

$$y_p(t) = t e^{-t}$$

因此方程的完全解为

$$y(t) = y_h(t) + y_p(t) = C_1 e^{-t} + C_2 e^{-2t} + t e^{-t}$$

代入初始条件 $y(0) = C_1 + C_2 = 0$，$y'(0) = -C_1 - 2C_2 + 1 = 0$，解得

$$C_1 = -1, C_2 = 1$$

从而系统的响应为

$$y(t) = (\underbrace{-e^{-t} + e^{-2t}}_{自由响应} + \underbrace{t e^{-t}}_{强迫响应})\varepsilon(t)$$

由此可见，方程齐次解的形式仅取决于系统本身的特性（即系统的特征根），与激励信号的函数形式无关，称为系统的自由响应或固有响应；特解的形式由激励信号决定，称为系统的强迫响应。

2. 应用拉普拉斯变换解微分方程

拉普拉斯变换是分析 LTI 连续系统的有力数学工具。利用拉普拉斯变换及其基本性质，可将描述系统的时域微分方程变换为 s 域的代数方程，便于运算和求解；同时它还自然地计及了系统的初始状态，不仅可分别求得系统的零输入响应和零状态响应，也可一次求得系统的全响应。

根据式（3 - 4），描述 LTI 连续系统的微分方程的一般形式可表示为

$$\sum_{i=0}^{n} a_i \, y^{(i)}(t) = \sum_{j=0}^{m} b_j \, x^{(j)}(t) \tag{3-11}$$

其中，$a_i(i=0,1,\cdots,n)$ 和 $b_j(j=0,1,\cdots,m)$ 均为常数，$a_n=1$。系统的初始状态为 $\{y(0_-),$ $y'(0_-),\cdots,y^{(n-1)}(0_-)\}$。

对式（3-11）两边取拉普拉斯变换，记 $\mathscr{L}[x(t)]=X(s)$，$\mathscr{L}[y(t)]=Y(s)$，根据拉氏变换的时域微分性质有

$$\sum_{i=0}^{n} a_i \Big[s^i\, Y(s) - \sum_{p=0}^{i-1} s^{i-1-p}\, y^{(p)}(0_-) \Big] = \sum_{j=0}^{m} b_j \, s^j \, X(s) \tag{3-12}$$

由于激励 $x(t)$ 一般在 $t=0$ 时刻接入，所以 $t=0_-$ 时的 $x(t)$ 及其各阶导数均为零。

由此解得系统响应的象函数为

$$Y(s) = \frac{\displaystyle\sum_{i=0}^{n} a_i \Big[\sum_{p=0}^{i-1} s^{i-1-p}\, y^{(p)}(0_-) \Big]}{\displaystyle\sum_{i=0}^{n} a_i \, s^i} + \frac{\displaystyle\sum_{j=0}^{m} b_j \, s^j}{\displaystyle\sum_{i=0}^{n} a_i \, s^i} X(s) \tag{3-13}$$

对其作拉普拉斯逆变换，即可求得系统的时域响应为

$$y(t) = \mathscr{L}[Y(s)] \tag{3-14}$$

【例 3-3】　已知描述系统的微分方程为 $\dfrac{\mathrm{d}^2 y(t)}{\mathrm{d}t^2} + 5\dfrac{\mathrm{d}y(t)}{\mathrm{d}t} + 6y(t) = x(t)$，$x(t)=\delta(t)$，$y(0_-)=1$，$y'(0_-)=0$，求系统的响应。

解　对微分方程两边取拉氏变换，有

$$s^2\, Y(s) - sy(0_-) - y'(0_-) + 5[sY(s) - y(0_-)] + 6Y(s) = X(s)$$

即

$$(s^2 + 5s + 6)Y(s) - [sy(0_-) + y'(0_-) + 5y(0_-)] = X(s)$$

则

$$Y(s) = \frac{sy(0_-) + y'(0_-) + 5y(0_-)}{s^2 + 5s + 6} + \frac{1}{s^2 + 5s + 6}X(s)$$

将 $X(s) = \mathscr{L}[\delta(t)] = 1$ 及系统的初始条件代入上式，得

$$Y(s) = \frac{s+6}{s^2 + 5s + 6} = \frac{4}{s+2} - \frac{3}{s+3}$$

对上式作拉氏逆变换，得系统的响应为

$$y(t) = (4\mathrm{e}^{-2t} - 3\mathrm{e}^{-3t})\varepsilon(t)$$

利用 MATLAB 的符号工具箱中的函数 dsolve 可以求解常微分方程的符号解。调用格式：

```
r = dsolve('eq1,eq2,…','cond1,cond2,…','v')
r = dsolve('eq1','eq2',…,'cond1','cond2',…, 'v')
```

3.2　计算零状态响应的卷积积分法

3.2.1　零输入响应与零状态响应

系统的完全响应除了可以分解为自由响应和强迫响应外，还可以分解为零输入响应和零

状态响应。

(1) 零输入响应。零输入响应是激励为零时仅由系统的初始状态$\{y(0_-), y^{(1)}(0_-), \cdots,$ $y^{(n-1)}(0_-)\}$所引起的响应，用$y_{zi}(t)$表示。在零输入情况下，微分方程式（3-4）等号右边的各项均为零，化为齐次方程。若特征根为单根，则其零输入响应为

$$y_{zi}(t) = \sum_{i=1}^{n} c_{zi} e^{\lambda_i t} \qquad (3\text{-}15)$$

式中：c_{zi}为待定系数，由初始条件决定。

值得注意的是，系统的初始状态$\{y^{(j)}(0_-)\}$是指系统没有施加外部激励时系统的固有状态，反映的是系统的历史信息。而经典解法中的初始条件是指$t=0_+$时加入激励信号后系统的初值，即$\{y(0_+), y^{(1)}(0_+), \cdots, y^{(n-1)}(0_+)\}$。若系统在加入激励信号的瞬间有跃变，则$\{y^{(j)}(0_+)\} \neq \{y^{(j)}(0_-)\}$。对于零输入响应，由于激励为零，故有$\{y_{zi}^{(j)}(0_+)\} = \{y_{zi}^{(j)}(0_-)\} = \{y^{(j)}(0_-)\}$。

(2) 零状态响应。零状态响应是系统的初始状态为零时仅由激励所引起的响应，用$y_{zs}(t)$表示。对于零状态响应，在$t=0_-$时刻激励尚未接入，应有$\{y_{zs}^{(j)}(0_-)\} = \{0\}$，此时微分方程式（3-4）仍为非齐次方程，若其特征根为单根，则零状态响应为

$$y_{zs}(t) = \sum_{i=1}^{n} c_{zs} e^{\lambda_i t} + y_p(t) \qquad (3\text{-}16)$$

式中：c_{zs}为待定系数。

(3) 全响应。LTI 系统的全响应是零输入响应与零状态响应之和，即

$$y(t) = y_{zi}(t) + y_{zs}(t) \qquad (3\text{-}17)$$

各种全响应之间的关系是

$$y(t) = \underbrace{\sum_{i=1}^{n} c_i e^{\lambda_i t} + \underbrace{y_p(t)}_{\text{强迫响应}}}_{\text{自由响应}} = \underbrace{\sum_{i=1}^{n} c_{zi} e^{\lambda_i t}}_{\text{零输入响应}} + \underbrace{\sum_{i=1}^{n} c_{zs} e^{\lambda_i t} + y_p(t)}_{\text{零状态响应}} \qquad (3\text{-}18)$$

其中

$$\sum_{i=1}^{n} c_i e^{\lambda_i t} = \sum_{i=1}^{n} c_{zi} e^{\lambda_i t} + \sum_{i=1}^{n} c_{zs} e^{\lambda_i t} \qquad (3\text{-}19)$$

需要注意的是，虽然自由响应和零输入响应都是齐次解的形式，但它们的系数并不相同，c_{zi}仅由系统初始状态决定，而c_i由初始状态和激励信号共同决定。两种分解方式有明显区别。

【例 3-4】　描述某线性时不变连续系统的微分方程为$\dfrac{d^2 y(t)}{dt^2} + 5\dfrac{dy(t)}{dt} + 6y(t) = x(t)$，$x(t) = 6\varepsilon(t)$，$y'(0_-) = 10$，$y(0_-) = 0$，求系统的零输入响应、零状态响应和全响应。

解　(1) 求零输入响应$y_{zi}(t)$。

当激励为零时，满足齐次方程　　$\dfrac{d^2 y(t)}{dt^2} + 5\dfrac{dy(t)}{dt} + 6y(t) = 0$

由特征方程$\lambda^2 + 5\lambda + 6 = 0$解得特征根$\lambda_1 = -2$，$\lambda_2 = -3$，则齐次解为

$$y_{zi}(t) = C_1 e^{-2t} + C_2 e^{-3t}$$

代入初始条件$y_{zi}'(0_+) = y_{zi}'(0_-) = y'(0_-) = 10$，$y_{zi}(0_+) = y_{zi}(0_-) = y(0_-) = 0$，解得$C_1 = 10$，$C_2 = -10$。于是零输入响应为

$$y_{zi}(t) = (10e^{-2t} - 10e^{-3t})\varepsilon(t)$$

（2）求零状态响应 $y_{zs}(t)$。由于激励 $x(t)=6\varepsilon(t)$，可设方程的特解 $y_p(t)=C_0$，将其代入微分方程，得 $C_0=1$，所以特解为 $y_p(t)=1$。

由于齐次解为 $C_1e^{-2t}+C_2e^{-3t}$，则

$$y_{zs}(t)=(C_1e^{-2t}+C_2e^{-3t}+1)\varepsilon(t)$$

由于激励为阶跃函数，在 $t=0$ 时不会使系统发生突变，因此 $y'_{zs}(0_+)=y'_{zs}(0_-)=0$，$y_{zs}(0_+)=y_{zs}(0_-)=0$，解得 $C_1=-3$，$C_2=2$。于是零状态响应为

$$y_{zs}(t)=(-3e^{-2t}+2e^{-3t}+1)\varepsilon(t)$$

（3）全响应为

$$y(t)=y_{zi}(t)+y_{zs}(t)=(7e^{-2t}-8e^{-3t}+1)\varepsilon(t)$$

3.2.2　冲激响应

系统在单位冲激信号 $\delta(t)$ 作用下产生的零状态响应，称为单位冲激响应，简称冲激响应，用 $h(t)$ 表示。

冲激响应在 LTI 系统的分析中起着十分重要的作用。一方面，由于冲激响应 $h(t)$ 仅决定于系统的内部结构及其元件参数，因此，$h(t)$ 可以很好地描述系统本身的特性；另一方面，利用 $h(t)$ 也可以很方便地求解系统在任意激励信号作用下的零状态响应。下面介绍求解系统冲激响应 $h(t)$ 的方法。

【例 3 - 5】 已知某线性时不变系统的微分方程为

$$\frac{d^2y(t)}{dt^2}+3\frac{dy(t)}{dt}+2y(t)=2x'(t)+3x(t)$$

试求系统的冲激响应 $h(t)$。

解 方法一，时域解法。由原方程可得

$$\frac{d^2h(t)}{dt^2}+3\frac{dh(t)}{dt}+2h(t)=2\delta'(t)+3\delta(t)$$

先计算方程 $\frac{d^2h_1(t)}{dt^2}+3\frac{dh_1(t)}{dt}+2h_1(t)=\delta(t)$ 的解，即单位冲激响应 $h_1(t)$，再利用线性时不变系统特性，则原方程的冲激响应计算式为

$$h(t)=2h'_1(t)+3h_1(t)$$

（1）先求 $h'_1(0_+)$ 和 $h_1(0_+)$。

由于是零状态响应，故 $h'_1(0_-)=h_1(0_-)=0$。

因方程右端有 $\delta(t)$，故利用系数平衡法。$h_1(t)$ 最高阶导数项含有冲激，次高阶项跃变，其他项连续。即 $h''_1(t)$ 中含 $\delta(t)$，$h'_1(t)$ 含 $\varepsilon(t)$，$h'_1(0_+)\neq h'_1(0_-)$，而 $h_1(t)$ 在 $t=0$ 连续，即 $h_1(0_+)=h_1(0_-)=0$。对求解 $h_1(t)$ 的方程两边同时积分得

$$[h'_1(0_+)-h'_1(0_-)]+3[h_1(0_+)-h_1(0_-)]+2\int_{0_-}^{0_+}h_1(t)dt=1$$

由于 $[h_1(0_+)-h_1(0_-)]=0$，$\int_{0_-}^{0_+}h_1(t)dt=0$，上式简化为 $h'_1(0_+)=1+h'_1(0_-)=1$。

因此，计算得到的初始条件为 $h'_1(0_+)=1$，$h_1(0_+)=0$。

（2）求解 $t>0$ 时的微分方程。有

$$\frac{d^2h_1(t)}{dt^2}+3\frac{dh_1(t)}{dt}+2h_1(t)=0$$

方程的特征根为 $\lambda_1 = -1$，$\lambda_2 = -2$。可设

$$h_1(t) = (C_1 \mathrm{e}^{-t} + C_2 \mathrm{e}^{-2t}) \varepsilon(t)$$

根据初始条件 $h_1'(0_+) = 1, h_1(0_+) = 0$，解得 $C_1 = 1$，$C_2 = -1$。因此，单位冲激响应为

$$h_1(t) = (\mathrm{e}^{-t} - \mathrm{e}^{-2t}) \varepsilon(t)$$

（3）系统的冲激响应 $h(t)$ 为

$$h(t) = 2h_1'(t) + 3h_1(t) = (\mathrm{e}^{-t} + \mathrm{e}^{-2t}) \varepsilon(t)$$

方法二，拉普拉斯变换法。对原微分方程两边取拉氏变换，得

$$s^2 Y(s) + 3s Y(s) + 2Y(s) = 2s X(s) + 3X(s)$$

由于 $X(s) = \mathscr{L}[\delta(t)] = 1$，有

$$Y(s) = \frac{2s+3}{s^2+3s+2} = \frac{1}{s+1} + \frac{1}{s+2}$$

对上式作拉氏逆变换，得系统的冲激响应为

$$h(t) = (\mathrm{e}^{-t} + \mathrm{e}^{-2t}) \varepsilon(t)$$

MATLAB 求解冲激响应指令为：

impulse(b,a)

式中：a 为方程左边各项系数，$a = [a_n, a_{n-1}, \cdots, a_1, a_0]$；$b$ 为方程右边各项系数，$b = [b_m, b_{m-1}, \cdots, b_1, b_0]$。

该函数在屏幕上绘制出 $t \geqslant 0_+$ 时的冲激响应曲线。

3.2.3　用卷积积分计算零状态响应

卷积方法在信号处理中占有重要地位。本节建立任一信号输入下求解系统零状态响应的卷积公式。

在 2.1.2 节，已经推出了连续时间信号的冲激表示为

$$x(t) = \int_{-\infty}^{\infty} x(\tau) \delta(t-\tau) \mathrm{d}\tau \tag{3-20}$$

式（3-20）说明，信号 $x(t)$ 可用无限多个不同加权的冲激函数的"和"表示，即 $x(t)$ 可以表示为与 $\delta(t)$ 成线性关系的积分式。

1. 求解系统零状态响应的卷积方法

设线性时不变系统的单位冲激响应为 $h(t)$，即

$$\delta(t) \rightarrow h(t)$$

由系统的时不变性质，当输入为延时的冲激信号 $\delta(t-\tau_i)$ 时，其响应为

$$\delta(t-\tau_i) \rightarrow h(t-\tau_i)$$

再由线性性质，有

$$\sum_i x(\tau_i) \Delta\tau \delta(t-\tau_i) \rightarrow \sum_i x(\tau_i) \Delta\tau h(t-\tau_i)$$

当 $\Delta\tau$ 趋近于零时，可用连续变化的 τ 代替 τ_i，用无穷小 $\mathrm{d}\tau$ 代替 $\Delta\tau$，上式可写成

$$\int_{-\infty}^{\infty} x(\tau) \delta(t-\tau) \mathrm{d}\tau \rightarrow \int_{-\infty}^{\infty} x(\tau) h(t-\tau) \mathrm{d}\tau$$

上式的输入即为任意信号 $x(t)$，输出即为 $x(t)$ 和 $h(t)$ 的卷积积分（Convolution），简称卷积，通常记作 $x(t) * h(t)$，即

$$y_{zs}(t) = \int_{-\infty}^{\infty} x(\tau) h(t-\tau) \mathrm{d}\tau = x(t) * h(t) \qquad (3-21)$$

式（3-21）表明，在输入信号 $x(t)$ 作用下，系统的零状态响应为输入信号与冲激响应的卷积积分。对物理可实现的因果系统，输入信号作用的时刻为 $t=0$，系统的零状态响应可表示为

$$y_{zs}(t) = x(t) * h(t) = \int_{0}^{\infty} x(\tau) h(t-\tau) \mathrm{d}\tau \qquad (3-22)$$

利用式（3-22）给出的卷积定义，式（3-20）又可表示为

$$x(t) = x(t) * \delta(t) \qquad (3-23)$$

即任一函数与冲激函数的卷积等于该函数。

【例3-6】 已知某线性时不变系统的冲激响应为 $h(t) = (\mathrm{e}^{-2t} - \mathrm{e}^{-3t})\varepsilon(t)$，求输入为 $x(t) = \mathrm{e}^{-t}\varepsilon(t)$ 时系统的零状态响应 $y_{zs}(t)$。

解 根据式（3-22）有

$$\begin{aligned} y_{zs}(t) = x(t) * h(t) &= \int_{0}^{\infty} x(\tau) h(t-\tau) \mathrm{d}\tau \\ &= \int_{0}^{\infty} \mathrm{e}^{-\tau} \left[\mathrm{e}^{-2(t-\tau)} - \mathrm{e}^{-3(t-\tau)} \right] \varepsilon(t-\tau) \mathrm{d}\tau \\ &= \left[\int_{0}^{t} \mathrm{e}^{-\tau} (\mathrm{e}^{-2t+2\tau} - \mathrm{e}^{-3t+3\tau}) \mathrm{d}\tau \right] \varepsilon(t) \\ &= \left(\frac{1}{2}\mathrm{e}^{-t} - \mathrm{e}^{-2t} + \frac{1}{2}\mathrm{e}^{-3t} \right) \varepsilon(t) \end{aligned}$$

在 MATLAB 中，符号卷积是利用符号积分函数指令 int 实现的。其格式为：

int(S) ——关于符号变量的不定积分。符号变量是用 sym 定义的，S 是被积函数表达式。

int(S,v) ——关于符号变量 v 的不定积分。其中 v 是用 sym 定义的符号变量。

int(S,v,a,b) ——关于符号变量 v 的定积分。a 和 b 分别为积分下限和上限，可取数字或变量。

2. 卷积的图解法

计算两个信号的卷积，可以利用定义式直接计算，也可以利用图解的方法计算。利用图形可以把抽象的概念形象化，有助于更直观地理解卷积的计算过程。

设有两信号 $x(t)$ 和 $h(t)$，其卷积积分为

$$y(t) = x(t) * h(t) = \int_{-\infty}^{\infty} x(\tau) h(t-\tau) \mathrm{d}\tau$$

利用图形做卷积积分运算的步骤如下：

(1) 变量代换。将 $x(t)$、$h(t)$ 中的自变量 t 用 τ 代换，得到 $x(\tau)$、$h(\tau)$。

(2) 反转。将 $h(\tau)$ 反转得到 $h(-\tau)$。

(3) 移位。将 $h(-\tau)$ 沿 τ 轴平移时间 t，得到 $h(t-\tau)$。若 $t>0$，图形右移；若 $t<0$，图形左移。

(4) 相乘。将 $x(\tau)$ 与 $h(t-\tau)$ 相乘，图形重叠部分相乘有值，不重叠部分相乘为零。

(5) 积分。对相乘后的图形积分，即 $x(\tau)h(t-\tau)$ 乘积曲线下的面积。

下面通过实例说明卷积的图解过程。

【例3-7】 已知 $x(t) = \varepsilon(t+1) - \varepsilon(t-1)$，$h(t) = 2[\varepsilon(t) - \varepsilon(t-1)]$，计算卷积

$y(t) = x(t) * h(t)$。

解 首先将函数的自变量 t 置换为 τ，$x(\tau)$、$h(\tau)$ 的波形如图 3-3（a）、（b）所示，然后将 $h(\tau)$ 反转得到 $h(-\tau)$，如图 3-3（c）所示，再将 $h(-\tau)$ 平移 t 得到 $h(t-\tau)$，根据 $x(\tau)$ 与 $h(t-\tau)$ 的重叠情况，分段讨论。

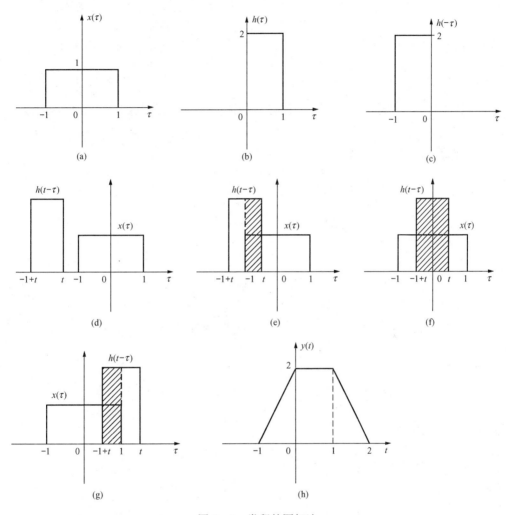

图 3-3 卷积的图解法

（1）当 $t < -1$ 时，$x(\tau)$ 与 $h(t-\tau)$ 的波形无重叠，则 $y(t) = 0$，如图 3-3（d）所示。

（2）当 $-1 \leqslant t < 0$ 时，$x(\tau)$ 与 $h(t-\tau)$ 的波形在 $(-1, t)$ 区间内重叠，如图 3-3（e）所示。则 $y(t) = \int_{-1}^{t} 1 \times 2 \mathrm{d}\tau = 2t + 2$。

（3）当 $0 \leqslant t < 1$ 时，$x(\tau)$ 与 $h(t-\tau)$ 的波形重叠，重叠区间为 $(-1+t, t)$，如图 3-3（f）所示。则 $y(t) = \int_{-1+t}^{t} 2 \mathrm{d}\tau = 2$。

（4）当 $1 \leqslant t < 2$ 时，$x(\tau)$ 与 $h(t-\tau)$ 的波形重叠区间为 $(-1+t, 1)$，如图 3-3（g）所示。则 $y(t) = \int_{-1+t}^{1} 2 \mathrm{d}\tau = -2t + 4$。

（5）当 $t \geqslant 2$ 时，$x(\tau)$ 与 $h(t-\tau)$ 的波形无重叠，$y(t)=0$。

故

$$y(t) = x(t) * h(t) = \begin{cases} 2t+2 & -1 \leqslant t < 0 \\ 2 & 0 \leqslant t < 1 \\ -2t+4 & 1 \leqslant t < 2 \\ 0 & t \text{ 为其他值} \end{cases}$$

卷积 $y(t)$ 的分段积分结果如图 3-3（h）所示，可见两个不等宽度的矩形脉冲的卷积为一个等腰梯形。

3. 卷积积分的性质

卷积积分是一种数学运算方法，它具有一些特殊性质，利用这些性质可以简化卷积的计算。

（1）卷积的代数性质。

交换率　　　　　　　　　$x(t) * h(t) = h(t) * x(t)$ 　　　　　　　　　（3-24）

分配率　　　$[x_1(t) + x_2(t)] * h(t) = x_1(t) * h(t) + x_2(t) * h(t)$ 　　（3-25）

结合率　　　$x(t) * [h_1(t) * h_2(t)] = [x(t) * h_1(t)] * h_2(t)$ 　　　（3-26）

（2）卷积的时移性质。

若 $x(t) * h(t) = y(t)$ ，则

$$x(t) * h(t-t_0) = x(t-t_0) * h(t) = y(t-t_0) \tag{3-27}$$

$$x(t-t_1) * h(t-t_2) = y(t-t_1-t_2) \tag{3-28}$$

两个信号延时后的卷积，等于两个信号卷积后的延时，延时量等于两个信号分别延时量之和。

特别地，有

$$x(t) * \delta(t-t_0) = x(t-t_0) * \delta(t) = x(t-t_0) \tag{3-29}$$

（3）卷积的微积分性质。

两个信号卷积的微分为

$$\frac{\mathrm{d}}{\mathrm{d}t}[x(t) * h(t)] = \frac{\mathrm{d}x(t)}{\mathrm{d}t} * h(t) = x(t) * \frac{\mathrm{d}h(t)}{\mathrm{d}t} \tag{3-30}$$

特别地，有

$$\frac{\mathrm{d}x(t)}{\mathrm{d}t} = \frac{\mathrm{d}[x(t) * \delta(t)]}{\mathrm{d}t} = \frac{\mathrm{d}x(t)}{\mathrm{d}t} * \delta(t) = x(t) * \delta'(t)$$

因此　　　　　　　　　　　$x(t) * \delta'(t) = x'(t)$ 　　　　　　　　　（3-31）

两个信号卷积的积分为

$$\int_{-\infty}^{t} [x(\tau) * h(\tau)] \mathrm{d}\tau = \left[\int_{-\infty}^{t} x(\tau) \mathrm{d}\tau \right] * h(t) = x(t) * \left[\int_{-\infty}^{t} h(\tau) \mathrm{d}\tau \right] \tag{3-32}$$

由式（3-32）可以推出，信号 $x(t)$ 与阶跃信号 $\varepsilon(t)$ 的卷积等于 $x(t)$ 的积分，即

$$x(t) * \varepsilon(t) = \int_{-\infty}^{t} x(\tau) \mathrm{d}\tau \tag{3-33}$$

特别地，有

$$\varepsilon(t) * \varepsilon(t) = \int_{0}^{t} 1 \mathrm{d}\tau = t\varepsilon(t) \tag{3-34}$$

【例 3 - 8】 系统的冲激响应为 $h(t) = e^{-t}\varepsilon(t)$，输入信号为 $x(t) = \varepsilon(t) - \varepsilon(t-2)$，求系统的零状态响应 $y_{zs}(t)$。

解 利用卷积积分有

$$y_{zs}(t) = h(t) * x(t) = e^{-t}\varepsilon(t) * \varepsilon(t) - e^{-t}\varepsilon(t) * \varepsilon(t-2)$$

因为

$$e^{-t}\varepsilon(t) * \varepsilon(t) = \int_0^t e^{-\tau}d\tau = (1 - e^{-t})\varepsilon(t) = f(t)$$

$$e^{-t}\varepsilon(t) * \varepsilon(t-2) = f(t-2)$$

所以

$$y_{zs}(t) = (1 - e^{-t})\varepsilon(t) - [1 - e^{-(t-2)}]\varepsilon(t-2)$$

3.3 系 统 函 数

系统函数在系统分析中扮演着非常重要的角色。它将系统分析变换到复频域中进行，使得求解系统响应的问题得到简化，而且通过分析系统函数的零极点分布情况可以预见系统时域响应的特性。

3.3.1 系统函数的定义

根据式 (3 - 4)，一个线性时不变系统可由 n 阶常系数线性微分方程来描述，有

$$a_n \frac{d^n}{dt^n}y(t) + a_{n-1}\frac{d^{n-1}}{dt^{n-1}}y(t) + \cdots + a_1\frac{d}{dt}y(t) + a_0 y(t)$$

$$= b_m\frac{d^m}{dt^m}x(t) + b_{m-1}\frac{d^{m-1}}{dt^{m-1}}x(t) + \cdots + b_1\frac{d}{dt}x(t) + b_0 x(t)$$

设系统的初始状态为零，对上式两边取拉普拉斯变换，由拉氏变换的时域微分性质，可得系统的零状态响应 $y_{zs}(t)$ 的象函数 $Y(s)$ 为

$$Y(s) = \frac{b_m s^m + b_{m-1}s^{m-1} + \cdots + b_1 s + b_0}{a_n s^n + a_{n-1}s^{n-1} + \cdots + a_1 s + a_0}X(s) \tag{3 - 35}$$

式中：$X(s)$ 为激励信号 $x(t)$ 的象函数。

定义系统的零状态响应的象函数 $Y(s)$ 与激励的象函数 $X(s)$ 之比为系统函数，用 $H(s)$ 表示，即

$$H(s) = \frac{Y(s)}{X(s)} \tag{3 - 36}$$

则系统函数可表示为关于 s 的多项式之比，即

$$H(s) = \frac{N(s)}{D(s)} = \frac{b_m s^m + b_{m-1}s^{m-1} + \cdots + b_1 s + b_0}{a_n s^n + a_{n-1}s^{n-1} + \cdots + a_1 s + a_0} \tag{3 - 37}$$

可见，系统函数 $H(s)$ 与激励和响应的形式无关，仅取决于系统本身的特性。

当系统函数 $H(s)$ 和激励信号的象函数 $X(s)$ 已知时，系统零状态响应的象函数 $Y(s)$ 可表示为

$$Y(s) = H(s)X(s) \tag{3 - 38}$$

若激励为单位冲激信号 $\delta(t)$，其象函数 $X(s) = \mathscr{L}[\delta(t)] = 1$，则系统冲激响应的象函数为

$$Y(s) = H(s)X(s) = H(s) = \mathscr{L}[h(t)] \tag{3 - 39}$$

可见，系统函数 $H(s)$ 就是系统冲激响应 $h(t)$ 的象函数。$H(s)$ 与 $h(t)$ 构成一对拉氏变

换对。

3.3.2 系统的三种描述方式

系统函数在对信号的处理中起着十分重要的作用。由式（3-37）可知，系统函数与系统的激励和响应的形式无关，一旦系统的拓扑结构及元件参数确定，$H(s)$ 即可求出。$H(s)$ 可表示成关于 s 的实系数有理分式，其分母多项式即为描述系统的微分方程的特征多项式，分母多项式 $D(s)=0$ 的根即为系统的特征根。因此，系统函数也常常用来描述系统本身的特性。

这样，描述一个 LTI 连续时间系统可以通过以下三种形式：

(1) 系统微分方程；

(2) 系统函数；

(3) 系统冲激响应。

在这三种描述中，能够根据其中任一种形式推导出另外两种形式。

【例 3-9】 若已知系统函数 $H(s) = \dfrac{Y(s)}{X(s)} = \dfrac{5s+11}{s^2+5s+6}$，试求系统的冲激响应及微分方程描述。

解 对 $H(s)$ 做部分分式展开

$$H(s) = \frac{1}{s+2} + \frac{4}{s+3}$$

由拉普拉斯逆变换，可得系统的冲激响应为

$$h(t) = \mathscr{L}^{-1}\big[H(s)\big] = (\mathrm{e}^{-2t} + 4\mathrm{e}^{-3t})\varepsilon(t)$$

由系统函数的定义，系统的输入输出之间的关系为

$$(s^2 + 5s + 6)Y(s) = (5s + 11)X(s)$$

利用拉普拉斯变换的微分性质，可得描述系统的微分方程为

$$\frac{\mathrm{d}^2 y(t)}{\mathrm{d}t^2} + 5\frac{\mathrm{d}y(t)}{\mathrm{d}t} + 6y(t) = 5\frac{\mathrm{d}x(t)}{\mathrm{d}t} + 11x(t)$$

3.3.3 用系统函数计算系统的零状态响应

根据系统函数的定义，任意激励下，系统的零状态响应的象函数可以表示为系统函数与激励信号的象函数的乘积，即

$$Y(s) = H(s)X(s) \tag{3-40}$$

这与 3.2 节中所得结论相对应。如前所述，系统对任意给定激励的零状态响应，等于冲激响应与激励信号的卷积，即

$$y_{zs}(t) = h(t) * x(t)$$

对上式两边取拉氏变换，并应用拉氏变换的时域卷积定理，即可得到式（3-40）。

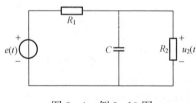

因此，我们可以利用系统函数 $H(s)$，根据式（3-40），在复频域中求得系统零状态响应的象函数 $Y(s)$，然后对其作拉普拉斯逆变换，求得时域中零状态响应的原函数 $y_{zs}(t)$。

图 3-4 例 3-10 图

【例 3-10】 如图 3-4 所示电路，激励信号 $e(t) = E\mathrm{e}^{-\alpha t}\varepsilon(t)$，求电路的零状态响应 $u_2(t)$。

解 由电路理论，可求得该系统的系统函数为

$$H(s) = \frac{U_2(s)}{E(s)} = \frac{1}{R_1 + \dfrac{1}{\dfrac{1}{R_2} + sC}} \times \frac{R_2 \dfrac{1}{sC}}{R_2 + \dfrac{1}{sC}} = \frac{1}{R_1 C \left(s + \dfrac{R_1 + R_2}{R_1 R_2 C} \right)}$$

为计算方便，令 $k = \dfrac{1}{R_1 C}$，$\beta = \dfrac{R_1 + R_2}{R_1 R_2 C}$，则

$$H(s) = \frac{k}{s + \beta}$$

又激励的象函数为

$$E(s) = \frac{E}{s + \alpha}$$

所以

$$U_2(s) = H(s)E(s) = \frac{kE}{(s+\alpha)(s+\beta)}$$

$$= \frac{kE}{\beta - \alpha}\left(\frac{1}{s+\alpha} - \frac{1}{s+\beta} \right)$$

对上式取拉氏逆变换，有

$$u_2(t) = \frac{kE}{\beta - \alpha}(e^{-\alpha t} - e^{-\beta t})\varepsilon(t)$$

3.3.4 由系统函数的零极点分布确定时域特性

1. 系统函数的零极点

由式（3-37），系统函数 $H(s)$ 可表示为 s 的实系数有理分式，即

$$H(s) = \frac{N(s)}{D(s)} = \frac{b_m s^m + b_{m-1} s^{m-1} + \cdots + b_1 s + b_0}{a_n s^n + a_{n-1} s^{n-1} + \cdots + a_1 s + a_0}$$

$$= k\frac{(s-z_1)(s-z_2)\cdots(s-z_m)}{(s-p_1)(s-p_2)\cdots(s-p_n)} = k\frac{\displaystyle\prod_{j=1}^{m}(s-z_j)}{\displaystyle\prod_{i=1}^{n}(s-p_i)} \tag{3-41}$$

式中：k 为比例常数，$k = b_m/a_n$；z_1，z_2，$\cdots$，z_m 是 $N(s) = 0$ 的根，称为 $H(s)$ 的零点；p_1，p_2，$\cdots$，p_n 是 $D(s) = 0$ 的根，称为 $H(s)$ 的极点。

系统函数 $H(s)$ 的零点和极点可能是实数、虚数或复数。由于 $N(s)$ 和 $D(s)$ 的系数均为实数，所以零极点中若有虚数或复数，则必共轭成对出现。

将系统函数的零点和极点在 s 平面上标注出来，用"○"表示零点，用"×"表示极点，得到的图称为系统函数的零极点图。从零极点图可以看出系统函数的零点和极点在 s 平面的分布情况，并由此可以预见系统的时域特性。

【例 3-11】 已知系统函数 $H(s) = \dfrac{s^3 - 4s^2 + 5s}{s^4 + 4s^3 + 5s^2 + 4s + 4}$，求 $H(s)$ 的零点和极点，并画出零极点图。

解 $H(s)$ 可表示为

$$H(s) = \frac{s\left[(s-2)^2 + 1\right]}{(s+2)^2(s^2+1)} = \frac{s(s-2-j)(s-2+j)}{(s+2)^2(s-j)(s+j)}$$

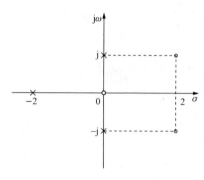

令 $H(s)$ 的分母为零，可得极点为

$$p_{1,2} = -2(\text{二重极点}), p_3 = j, p_4 = -j$$

令 $H(s)$ 的分子为零，可得零点为

$$z_1 = 0, z_2 = 2+j, z_3 = 2-j$$

其零极点图如图 3-5 所示。

2. 零极点分布与系统的时域特性

若 $H(s)$ 的极点为单极点，可将式（3-41）进行部分分式展开，则

图 3-5 $H(s)$ 的零极点图

$$H(s) = \sum_{i=1}^{n} \frac{k_i}{s - p_i} \qquad (3\text{-}42)$$

式中：k_i 为待定系数。

对式（3-42）进行拉氏逆变换，可得系统的冲激响应为

$$h(t) = \mathscr{L}^{-1}[H(s)] = \sum_{i=1}^{n} k_i e^{p_i t} \varepsilon(t) \qquad (3\text{-}43)$$

可见，系统冲激响应 $h(t)$ 的函数形式由系统函数 $H(s)$ 的极点决定。通过分析 $H(s)$ 的极点在 s 平面上的分布情况，可以预见系统冲激响应的时域特性。

$H(s)$ 的极点在 s 平面上的分布可能有三种情况：s 的左半平面、虚轴和 s 的右半平面。这里主要讨论单极点的情况。图 3-6 定性地画出了 $H(s)$ 的极点分布在 s 平面上不同位置时，对应的系统冲激响应的时域波形。

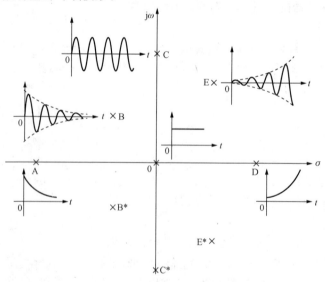

图 3-6 $H(s)$ 的极点分布对应的系统冲激响应的时域波形

（1）若 $H(s)$ 的极点位于 s 平面的坐标原点，即 $p_i = 0$，系统函数可表示为

$$H(s) = \frac{1}{s}$$

于是冲激响应为阶跃函数，即

$$h(t) = \varepsilon(t)$$

（2）$H(s)$ 的极点位于 s 的左半平面。

若极点为实数，即 $p_i = -\alpha(\alpha > 0)$ ，则 $H(s) = \dfrac{1}{s+\alpha}$ ，$h(t) = \mathrm{e}^{-\alpha t}\varepsilon(t)$ ，冲激响应为单调衰减的指数函数。

若极点为一对共轭复数，即 $p_{1,2} = -\alpha \pm \mathrm{j}\omega_0(\alpha > 0)$ ，则

$$H(s) = \frac{\omega_0}{(s+\alpha)^2 + \omega_0^2}$$

$$h(t) = \mathrm{e}^{-\alpha t}\sin\omega_0 t\varepsilon(t)$$

冲激响应呈现衰减振荡特性。

(3) 若 $H(s)$ 的极点位于虚轴上，即 $p_{1,2} = \pm \mathrm{j}\omega_0$ ，则

$$H(s) = \frac{\omega_0}{s^2 + \omega_0^2}$$

$$h(t) = \sin\omega_0 t\varepsilon(t)$$

冲激响应呈现等幅振荡特性。

(4) $H(s)$ 的极点位于 s 的右半平面。

若极点为实数，即 $p_i = \alpha(\alpha > 0)$ ，则 $H(s) = \dfrac{1}{s-\alpha}$ ，$h(t) = \mathrm{e}^{\alpha t}\varepsilon(t)$ ，冲激响应为单调增长的指数函数。

若极点为一对共轭复数，即 $p_{1,2} = \alpha \pm \mathrm{j}\omega_0(\alpha > 0)$ ，则

$$H(s) = \frac{\omega_0}{(s-\alpha)^2 + \omega_0^2}$$

$$h(t) = \mathrm{e}^{\alpha t}\sin\omega_0 t\varepsilon(t)$$

冲激响应呈现增幅振荡特性。

应该指出，$H(s)$ 的极点的实部决定了冲激响应随时间的衰减或增长情况。极点距离虚轴越远，即极点的实部的绝对值越大，冲激响应的衰减或增长越快，反之越慢。而极点的虚部决定了冲激响应随时间的正弦振荡情况。当极点距离实轴越远，即极点的虚部的绝对值越大，冲激响应正弦振荡的角频率越高，反之越低。当极点位于坐标原点时，冲激响应为一恒定不变的常数。另外，$H(s)$ 的零点分布影响冲激响应的幅度和相位，但不影响冲激响应的变化规律。

3.3.5　系统的稳定性

关于系统稳定性的含义，一般来说，一个实际系统在任何微小扰动（激励或初始状态）的情况下，只会引起系统行为（响应）的微小扰动，就称该系统是稳定的。

对于一个线性系统，如果对任意的有界输入，系统的零状态响应如果是有界的，则称该系统是有界输入、有界输出的稳定系统，简称为 BIBO（Bounded‐Input Bounded‐Output）稳定。根据该定义，对所有时间 t，当输入信号有界，设

$$|x(t)| \leqslant M \quad （M 为正实常数） \tag{3-44}$$

若输出（零状态响应）

$$|y(t)| < \infty \tag{3-45}$$

则系统稳定。

实际上根据该定义很难判断一个系统是否稳定，因为不可能由每一个可能的有界输入来求解系统的响应。由于系统的冲激响应或系统函数有效地描述了系统输入和输出之间的关

系，可由此而判断系统的稳定性。

1. 系统稳定性的时域判别法

LTI 连续时间系统稳定的充分必要条件是

$$\int_{-\infty}^{\infty} |h(\tau)| \mathrm{d}\tau < \infty \tag{3-46}$$

即要求系统的冲激响应满足绝对可积。

证明：对任意有界输入 $x(t)$，$(|x(t)| \leqslant M)$，由卷积公式，系统零状态响应的绝对值为

$$|y(t)| = \left| \int_{-\infty}^{\infty} x(\tau) h(t-\tau) \mathrm{d}\tau \right| \leqslant \int_{-\infty}^{\infty} |x(\tau)| \cdot |h(t-\tau)| \mathrm{d}\tau$$

$$\leqslant M \int_{-\infty}^{\infty} |h(t-\tau)| \mathrm{d}\tau = M \int_{-\infty}^{\infty} |h(\tau)| \mathrm{d}\tau < \infty$$

如果 $h(t)$ 绝对可积，则上式成立，即系统的输出有界，系统 BIBO 稳定。因此式（3-46）是系统稳定的充分条件，也可证明该式也是必要条件。

对因果系统，稳定性的充分必要条件可简化为

$$\int_{0}^{\infty} |h(\tau)| \mathrm{d}\tau < \infty \tag{3-47}$$

【例 3-12】　已知一个 LTI 连续因果系统的单位冲激响应 $h(t) = \mathrm{e}^{-at} \varepsilon(t)$，判断该系统的稳定性。

解　根据式（3-47），有

$$\int_{0}^{\infty} |h(\tau)| \mathrm{d}\tau = \int_{0}^{\infty} \mathrm{e}^{-a\tau} \mathrm{d}\tau = -\frac{1}{a} \mathrm{e}^{-a\tau} \Big|_{0}^{\infty}$$

当 $a > 0$ 时，$\int_{0}^{\infty} |h(\tau)| = \dfrac{1}{a} < \infty$，系统稳定。

当 $a \leqslant 0$ 时，$\int_{0}^{\infty} |h(\tau)| \mathrm{d}\tau \to \infty$，系统不稳定。

2. 系统稳定性的 s 域判别法

系统的 BIBO 稳定性也可以通过系统函数 $H(s)$ 判断。由单边拉普拉斯变换的定义

$$H(s) = \int_{0_-}^{\infty} h(t) \mathrm{e}^{-st} \mathrm{d}t$$

在 $s = \mathrm{j}\omega$ 处，有

$$|H(\mathrm{j}\omega)| = \left| \int_{0_-}^{\infty} h(t) \mathrm{e}^{-\mathrm{j}\omega t} \mathrm{d}t \right|$$

$$\leqslant \int_{0_-}^{\infty} |h(t) \mathrm{e}^{-\mathrm{j}\omega t}| \mathrm{d}t$$

$$= \int_{0_-}^{\infty} |h(t)| \mathrm{d}t$$

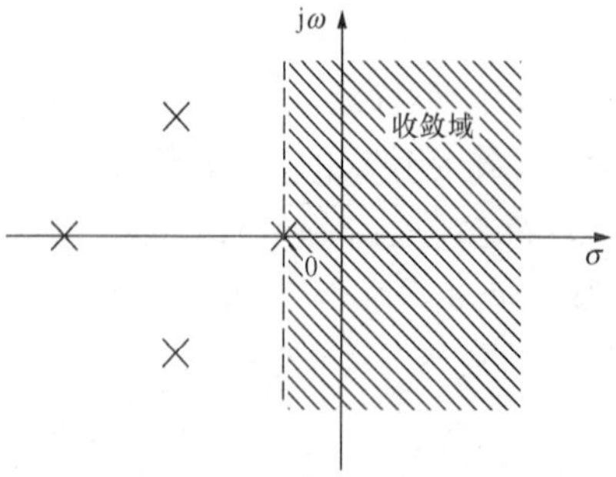

如果系统是稳定的，上式为有限值，则 $H(s)$ 在 $s = \mathrm{j}\omega$ 处是收敛的，也就是 $H(s)$ 的收敛域必须包含虚轴 $s = \mathrm{j}\omega$。对于单边拉氏变换，由于系统函数 $H(s)$ 的极点一定位于收敛域的左方，所以当系统稳定时，$H(s)$ 的所有极点必须位于 s 平面的左半平面，如图 3-7 所示。

图 3-7　稳定系统的极点分布

3.4　信号的频域处理

信号处理的时域分析和频域分析是以不同的观点对 LTI 系统进行分析的两种方法。信号的时域处理方法是在时域内进行的，它可以比较直观地得出系统响应的时域波形，而且便于进行数值计算。但在工程实际中，常常需要考察系统响应与信号频率之间的关系，如频率响应、波形失真、物理可实现等问题，这就必须借助于信号的频域处理方法，它也是信号分析与处理的重要工具。

3.4.1　系统的频率响应

由 3.2 节可知，系统的零状态响应 $y_{zs}(t)$ 等于冲激响应 $h(t)$ 与激励信号 $x(t)$ 的卷积，即

$$y_{zs}(t) = h(t) * x(t)$$

对上式作傅里叶变换，记 $Y(\omega) = \mathscr{F}[y_{zs}(t)]$，$H(\omega) = \mathscr{F}[h(t)]$，$X(\omega) = \mathscr{F}[x(t)]$，由时域卷积定理可得

$$Y(\omega) = H(\omega)X(\omega) \tag{3-48}$$

有

$$H(\omega) = \frac{Y(\omega)}{X(\omega)} \tag{3-49}$$

$H(\omega)$ 称为系统的频率响应（frequency response），或频率特性。可见，$H(\omega)$ 与 $h(t)$ 是一对傅里叶变换对。$H(\omega)$ 一般为频率的复函数，可表示成

$$H(\omega) = |H(\omega)| e^{j\varphi(\omega)} \tag{3-50}$$

式中：$|H(\omega)|$ 为频率响应的幅值，其随频率 ω 的变化关系称为系统的幅频响应或幅频特性；$\varphi(\omega)$ 为 $H(\omega)$ 的相位，其随频率 ω 的变化关系称为系统的相频响应或相频特性。

根据式（3-4），线性时不变系统的数学模型可以用 n 阶常系数线性微分方程来描述，对该式两边取傅里叶变换，并利用傅里叶变换的时域微分性质，可得频率响应 $H(\omega)$ 的一般表达式为

$$H(\omega) = \frac{Y(\omega)}{X(\omega)} = \frac{b_m(j\omega)^m + b_{m-1}(j\omega)^{m-1} + \cdots + b_1(j\omega) + b_0}{a_n(j\omega)^n + a_{n-1}(j\omega)^{n-1} + \cdots + a_1(j\omega) + a_0} \tag{3-51}$$

式中：系数 a_n，a_{n-1}，$\cdots$，a_1，a_0；b_m，b_{m-1}，$\cdots$，b_1，b_0 取决于系统本身的结构，与激励无关。

当系统函数 $H(s)$ 的极点全部位于 s 左半平面时，系统的频率响应也可以由 $H(s)$ 求出，即

$$H(\omega) = H(s)|_{s=j\omega} = |H(\omega)| e^{j\varphi(\omega)} \tag{3-52}$$

$H(\omega)$ 也可称为频域系统函数。

冲激响应表示了信号处理系统的时域特性，而频率响应表示了系统的频域特性。因此，求解线性时不变系统的响应问题也可通过傅里叶变换转换到频域中进行。根据式（3-48），信号 $x(t)$ 作用于系统时，其零状态响应的频谱等于输入信号的频谱乘以系统的频率响应，然后由傅里叶反变换可求得其时域响应。

【例 3-13】　已知某连续 LTI 系统的输入信号 $x(t) = e^{-t}\varepsilon(t)$，输出信号 $y(t) = (e^{-t} +$

$e^{-2t})\varepsilon(t)$，求该系统的频率响应 $H(\omega)$ 和单位冲激响应 $h(t)$。

解　对输入、输出信号分别进行傅里叶变换，有

$$X(\omega)=\frac{1}{1+j\omega}$$

$$Y(\omega)=\frac{1}{1+j\omega}+\frac{1}{2+j\omega}=\frac{3+j2\omega}{(1+j\omega)(2+j\omega)}$$

根据式（3-49）得

$$H(\omega)=\frac{Y(\omega)}{X(\omega)}=\frac{3+j2\omega}{2+j\omega}=2-\frac{1}{2+j\omega}$$

对 $H(\omega)$ 进行傅里叶反变换，即可得系统的单位冲激响应为

$$h(t)=2\delta(t)-e^{-2t}\varepsilon(t)$$

【例 3-14】　已知某线性系统的微分方程为

$$\frac{d^2y(t)}{dt^2}+3\frac{dy(t)}{dt}+2y(t)=3\frac{dx(t)}{dt}+4x(t)$$

若系统的输入信号为 $x(t)=e^{-3t}\varepsilon(t)$，求系统的零状态响应。

解　输入信号的频谱为

$$X(\omega)=\mathscr{F}[x(t)]=\frac{1}{j\omega+3}$$

令输出信号的频谱 $Y(\omega)=\mathscr{F}[y(t)]$，对微分方程两边取傅里叶变换，得

$$(j\omega)^2Y(\omega)+3(j\omega)+2Y(\omega)=3(j\omega)X(\omega)+4X(\omega)$$

系统的频率响应为

$$H(\omega)=\frac{Y(\omega)}{X(\omega)}=\frac{3(j\omega)+4}{(j\omega)^2+3(j\omega)+2}=\frac{j3\omega+4}{(j\omega+1)(j\omega+2)}$$

系统零状态响应的频谱为

$$Y(\omega)=H(\omega)X(\omega)=\frac{j3\omega+4}{(j\omega+1)(j\omega+2)(j\omega+3)}$$

将上式用部分分式展开，得

$$Y(\omega)=\frac{\frac{1}{2}}{j\omega+1}+\frac{2}{j\omega+2}-\frac{\frac{5}{2}}{j\omega+3}$$

由傅里叶反变换，可得系统的零状态响应为

$$y(t)=\left(\frac{1}{2}e^{-t}+2e^{-2t}-\frac{5}{2}e^{-3t}\right)\varepsilon(t)$$

3.4.2　信号的频域处理

信号的频域处理方法，是将输入信号分解为无穷多项虚指数信号 $e^{j\omega t}$ 的线性组合，实质上就是分解为正弦信号的线性组合，再由线性系统的叠加性求得系统响应的方法。当正弦信号作用于线性时不变系统，随着信号频率 ω 的变化，系统输出的零状态响应的幅度和相位将分别随 $|H(\omega)|$ 和 $\varphi(\omega)$ 变化。系统的作用相当于对输入信号的各频率分量进行加权，某些频率分量有可能增强，而另一些分量则相对削弱或保持不变。而且，经过系统的处理，信号的每一个频率分量都会产生各自的相移。因此，如果已知输入信号及频谱，要想对其进行处理，得到需要的输出信号的频谱，实际上就是对信号处理系统的 $H(\omega)$ 进行设计的过程。通

过合理设计 $H(\omega)$，系统可以完成某些特定的功能，比如保留或增强输入信号的某些频率分量，而削弱另外一些频率分量，这也是滤波器的基本原理。

【例 3 - 15】 如图 3 - 8（a）所示系统，已知乘法器的输入信号 $x_1(t) = \dfrac{\sin(2t)}{t}$，$x_2(t) = \cos(3t)$，系统的频率响应 $H(\omega) = \begin{cases} 1 & |\omega| < 3\mathrm{rad/s} \\ 0 & |\omega| > 3\mathrm{rad/s} \end{cases}$，求输出信号 $y(t)$。

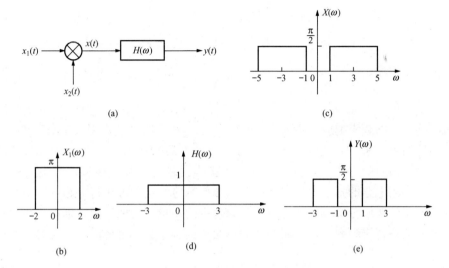

图 3 - 8 例 3 - 15 图

解 由图 3 - 8（a）可知，乘法器的输出信号 $x(t) = x_1(t)x_2(t)$，由频域卷积定理有

$$X(\omega) = \frac{1}{2\pi} X_1(\omega) * X_2(\omega) \tag{3 - 53}$$

由于

$$x_1(t) = \frac{\sin 2t}{t} = 2\frac{\sin 2t}{2t} = 2\mathrm{Sa}(2t)$$

根据式（2 - 59），$\mathscr{F}[\mathrm{Sa}(t)] = \pi R_2(\omega) = \pi[\varepsilon(\omega + 1) - \varepsilon(\omega - 1)]$，由傅里叶变换的尺度变换及线性性质，有

$$X_1(\omega) = \mathscr{F}[2\mathrm{Sa}(2t)] = \pi R_4(\omega) = \pi[\varepsilon(\omega + 2) - \varepsilon(\omega - 2)]$$

频谱图如图 3 - 8（b）所示，是宽度为 4、幅度为 π 的矩形脉冲。

根据式（2 - 70） $X_2(\omega) = \mathscr{F}[\cos(3t)] = \pi[\delta(\omega + 3) + \delta(\omega - 3)]$

将它们代入式（3 - 53），得

$$X(\omega) = \mathscr{F}\left[\frac{\sin(2t)}{t}\cos(3t)\right] = \frac{1}{2\pi}\pi R_4(\omega) * \pi[\delta(\omega + 3) + \delta(\omega - 3)]$$

$$= \frac{\pi}{2}[R_4(\omega + 3) + R_4(\omega - 3)]$$

频谱图参看图 3 - 8（c），相当于将 $X_1(\omega)$ 一分为二，分别沿频率轴向左向右搬移 $\omega_0 = 3$ 后的合成。系统的频率响应可表示为

$$H(\omega) = R_6(\omega)$$

频谱图如图 3 - 8（d）所示，是宽度为 6、幅度为 1 的矩形脉冲。则系统的输出信号 $y(t)$ 的

频谱为

$$Y(\omega) = H(\omega)X(\omega) = R_6(\omega) \times \frac{\pi}{2}[R_4(\omega+3) + R_4(\omega-3)]$$

$$= \frac{\pi}{2}[R_2(\omega+2) + R_2(\omega-2)]$$

频谱图如图 3 - 8（e）所示，是两个宽度为 2、幅度为 $\frac{\pi}{2}$ 的矩形脉冲的合成。上式也可以表示为

$$Y(\omega) = \frac{1}{2\pi} \times \pi R_2(\omega) * \pi[\delta(\omega+2) + \delta(\omega-2)]$$

对其取傅里叶反变换，得

$$y(t) = \mathrm{Sa}(t)\cos(2t) = \frac{\sin t}{t}\cos(2t)$$

分析电路系统的频率响应，主要有两种方法。一种是通过基尔霍夫定律（KCL、KVL）以及电路元件约束（VCR）建立系统的微分方程，然后利用傅里叶变换求得系统的频率响应。另一种更为简单的方法，是首先对电路的基本元件建立频域模型，得出元件的广义阻抗，然后直接利用电路的基本原理求得系统的频率响应。这种方法将电路从时域变换到频域求解，称为电路的频域分析方法。它与电路原理中的相量法类似，其区别在于相量法中是针对输入信号的某一特定频率分量，而频域分析法中的 ω 是频率轴上的连续变量（无穷多个频率分量）。

应用频域法分析线性电路的基本步骤如下：

（1）建立电路的频域模型。将输入、输出信号变换为相应的频谱函数，基尔霍夫定律及电路元件约束的频域形式为：

KCL	$\sum I(\omega) = 0$
KVL	$\sum U(\omega) = 0$
电阻	$U(\omega) = RI(\omega), Z_R = \dfrac{U(\omega)}{I(\omega)} = R$
电感	$U(\omega) = \mathrm{j}\omega L I(\omega), Z_L = \mathrm{j}\omega L$
电容	$U(\omega) = \dfrac{1}{\mathrm{j}\omega C}I(\omega), Z_C = \dfrac{1}{\mathrm{j}\omega C}$

式中：Z_R、Z_L、Z_C 分别表示电阻、电感、电容元件在频域的广义阻抗。

（2）根据 KCL、KVL 和 VCR 列出频域电路的代数方程。

（3）解代数方程求取电路响应的频谱函数。

（4）取傅里叶反变换求得零状态下的时域响应。

【例 3 - 16】　如图 3 - 9（a）所示的 RC 电路系统，若激励电压源为 $u_S(t)$，以电容两端电压 $u_C(t)$ 为输出，电路的初始状态为零。求系统的频率响应 $H(\omega)$ 和单位冲激响应 $h(t)$。

解　画出电路频域模型如图 3 - 9（b）所示，由电路的基本原理，有系统的频率响应为

$$H(\omega) = \frac{U_C(\omega)}{U_S(\omega)} = \frac{\dfrac{1}{\mathrm{j}\omega C}}{R + \dfrac{1}{\mathrm{j}\omega C}} = \frac{\dfrac{1}{RC}}{\mathrm{j}\omega + \dfrac{1}{RC}}$$

取傅里叶反变换，得系统的单位冲激响应为

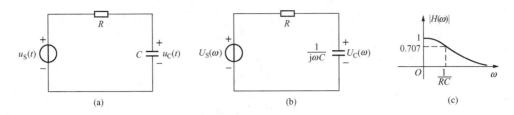

图 3 - 9　例 3 - 16 图

(a) 时域电路图；(b) 电路的频域模型；(c) 幅频响应曲线

$$h(t) = \frac{1}{RC} e^{-\frac{t}{RC}} \varepsilon(t)$$

图 3 - 9 (c) 所示为系统的幅频响应曲线。当 $\omega = 0$ 时，$|H(\omega)| = 1$，说明直流信号可以无损地通过该系统。随着频率的增加，$|H(\omega)|$ 不断减小，说明信号通过该系统的幅度损失不断增大。当 $\omega = \frac{1}{RC}$ 时，$|H(\omega)| = \frac{1}{\sqrt{2}} = 0.707$，若采用对数坐标，$|H(\omega)| = 3\text{dB}$。工程上称该频率为截止频率，通常记为 ω_c。当 $\omega > \omega_c$ 时，输出信号的幅度衰减非常快，可以认为这些频率分量的信号被削弱或抑制，所以该 RC 电路系统实际上是一个低通滤波器。

需要指出的是，通常情况下，用傅里叶反变换的方法求系统的冲激响应较为繁琐，可以通过 $H(\omega)$ 与系统函数 $H(s)$ 的关系，利用拉普拉斯反变换来求解。

若系统函数为

$$H(s) = \frac{b_1 s^m + b_2 s^{m-1} + \cdots + b_m s + b_{m+1}}{a_1 s^n + a_2 s^{n-1} + \cdots + a_n s + a_{n+1}}$$

用 MATLAB 计算系统的频率响应的调用指令为　　　h = freqs(b, a, w)

式中：b 为分子多项式系数；a 为分母多项式系数；w 为指定的频率范围向量；h 为系统函数对应的频率响应向量（复数）。

3.4.3　系统的无失真传输条件

我们可以把系统看作是信号赖以传输的信道。如果信号在传输过程中输出的波形发生了畸变，和输入信号的波形不相同，则称为失真。线性系统产生的信号失真主要有两方面因素：一方面，系统对信号各频率分量的幅度产生不同程度的衰减，使输出信号中的各频率分量的幅度比例与输入信号有很大不同，称为幅度失真；另一方面，系统对信号的各频率分量产生的相移不与频率成正比，使输出信号的各频率分量在时间轴上的相对位置发生改变，称为相位失真。线性系统的这两种失真均不产生新的频率分量，因而是一种线性失真。

通常情况下，我们希望信号在系统中的传输没有任何失真，即进行无失真传输。所谓无失真传输是指输出信号的波形与输入信号的波形完全相似，只有出现时间的不同和幅度的成比例变化。

设输入信号为 $x(t)$，输出信号为 $y(t)$，经过无失真传输后，应满足

$$y(t) = kx(t - t_0) \tag{3 - 54}$$

式中：k 为常数，表示传输放大倍数；t_0 表示出现时间的延迟量，如图 3 - 10 所示。

对式 (3 - 54) 两边进行傅里叶变换，并由傅里叶变换的时移性质得

$$Y(\omega) = kX(\omega) e^{-j\omega t_0} \tag{3 - 55}$$

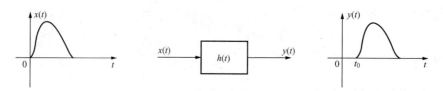

图 3 - 10   信号的无失真传输

因此无失真传输系统的频率响应为

$$H(\omega) = \frac{Y(\omega)}{X(\omega)} = k\mathrm{e}^{-\mathrm{j}\omega t_0} \tag{3 - 56}$$

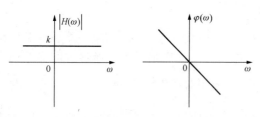

图 3 - 11   无失真传输系统的幅频响应和相频响应

系统的幅频响应和相频响应（如图 3 - 11 所示）分别为

$$\begin{cases} |H(\omega)| = k \\ \varphi(\omega) = -\omega t_0 \end{cases} \tag{3 - 57}$$

这就是系统的频率响应应满足的无失真传输条件。

因此，要使信号无失真传输，必须要求：①系统是全通系统，即系统的幅频响应是一常数；②系统是线性相位系统，即系统的相频特性是通过原点的一条直线。

3.4.4   理想低通滤波器

根据以上分析，我们可以设计系统的频率响应特性，让它满足一定的要求，可以对通过该系统的信号的某些特定频率成分进行滤波，保留希望的频率分量，滤除或衰减不希望的频率分量，这就是模拟滤波器（analog filter，AF）的基本原理。通常称希望滤除的信号频率范围为滤波器的阻带，而希望保留的信号频率范围称为滤波器的通带。根据滤波器的通带与阻带在频率轴上占据的相对位置，将滤波器分为低通、高通、带通、全通等不同类型。

理想滤波器就是将滤波网络的频率特性理想化，将信号中允许通过的频率分量无失真传输，而将信号中不允许通过的频率分量完全抑制。

具有图 3 - 12 所示的幅频和相频特性的滤波器为理想低通滤波器。其频率响应为

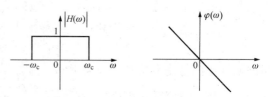

图 3 - 12   理想低通滤波器的幅频特性和相频特性

$$H(\omega) = |H(\omega)|\,\mathrm{e}^{\mathrm{j}\varphi(\omega)} = \begin{cases} \mathrm{e}^{-\mathrm{j}\omega t_0} & |\omega| \leqslant \omega_\mathrm{c} \\ 0 & |\omega| > \omega_\mathrm{c} \end{cases} \tag{3 - 58}$$

这里 ω_c 称为理想低通滤波器的截止频率。信号中所有高于 ω_c 的频率分量将被完全阻止而不能通过系统，而低于 ω_c 的频率分量会无失真地通过系统。

对式（3 - 58）进行傅里叶反变换，可得理想低通滤波器的冲激响应（如图 3 - 13 所示）为

$$h(t) = \mathscr{F}^{-1}[H(\omega)] = \frac{\omega_\mathrm{c}}{\pi}\mathrm{Sa}[\omega_\mathrm{c}(t - t_0)] \tag{3 - 59}$$

可见，理想低通滤波器的冲激响应为一个延时的 Sa 函数，其峰值较激励信号 $\delta(t)$ 延迟了 t_0 时刻。而且，整个冲激响应波形持续时间从 $-\infty$ 到 $+\infty$。由于激励信号 $\delta(t)$ 是 $t=0$ 时刻加入的，也就是说，在冲激激励加入之前，响应已经存在。因此该系统是非因果系统，是物理不可实现的，这也是"理想"二字的由来。虽然理想滤波器是物理不可实现的，但是对理想滤波器的理论研究并非没有意义，它可以指导工程实际应用中滤波器的分析与设计。事实上，实际滤波器是对理想滤波器频率特性的逼近。

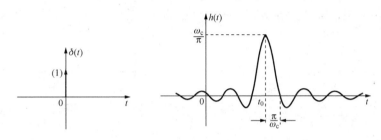

图 3 - 13　理想低通滤波器的冲激响应

3.4.5　实际模拟滤波器

在工程实际应用中，常常需要改变一个信号中各频率分量的相对大小，或者全部消除某些不需要的频率分量，这样一个对信号的处理过程，称为滤波。它可以通过适当地选取系统的频率响应，利用 LTI 系统方便地予以实现，这样的系统称为滤波器。滤波器的应用极为广泛。例如在通信系统中，幅度调制（AM）的基础就是利用许多选频滤波器把来自不同信源的各种待传送的信号，安排在彼此分开的频带内，然后组合起来一起发送；而在接收端，还是利用这类滤波器从这单一信道内提取出各路信号。它是构成任何家庭无线电和电视接收机的一个主要部分。

根据处理的是模拟信号还是数字信号，滤波器可分为模拟和数字两大类。模拟滤波器用电路实现，数字滤波器用计算机、数字信号处理芯片等完成有关数字处理，通过一定运算关系改变输入信号的频谱分布。一般来说，模拟滤波器的成本低、功耗小，目前频率可达几十兆赫。数字滤波器则精度高，稳定性好，便于实现模拟滤波器难以实现的特殊滤波功能。

根据滤波器的功能，又可以将它们分为低通滤波器（LPF）、高通滤波器（HPF）、带通滤波器（BPF）和带阻滤波器（BSF）。

前述理想低通滤波器，将信号中允许通过的频率分量无失真传输，而将信号中不允许通过的频率分量完全抑制，它是物理不可实现的。在工程实际中，滤波器系统函数的幅度在阻带内并不要求绝对为零，只要非常小就行，在通带内也不必一定为恒定值，可以在很小的范围内变化，只要其幅度相对较大；幅频响应曲线也不必在某一频率处特别陡峭。另外，由于系统函数关于 ω 具有对称性，因而可以只考虑 ω 为正值时的频率响应。下面介绍一些简单的模拟滤波器。

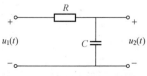

图 3 - 14　RC 低通滤波电路

1. 一阶 RC 滤波器

如图 3 - 14 所示电路为一阶 RC 低通滤波电路，输入信号为 $u_1(t)$，输出信号为 $u_2(t)$。

该电路的系统函数为

$$H(s) = \frac{U_2(s)}{U_1(s)} = \frac{\dfrac{1}{RC}}{s + \dfrac{1}{RC}}$$

其幅频特性和相频特性如图 3 - 15 所示。

从图 3 - 15 中可以看出，当 $\omega \leqslant \omega_c (\omega_c = 1/RC)$ 时，输出信号的幅值较大，可以认为这个频率范围内的信号可以通过；当 $\omega > \omega_c$ 时，输出信号的幅值衰减很快，可以认为这些频率分量的信号被抑制，所以该电路为一低通滤波器。

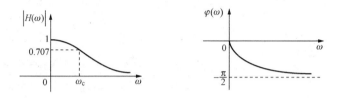

图 3 - 15　RC 低通滤波电路的幅频特性和相频特性

若取电阻 R 上的电压作为输出，电路如图 3 - 16（a）所示。该电路的系统函数为

$$H(s) = \frac{U_2(s)}{U_1(s)} = \frac{R}{R + \dfrac{1}{sC}} = \frac{s}{s + \dfrac{1}{RC}}$$

其幅频特性如图 3 - 16（b）所示。由图可知，该电路呈现出高通特性。

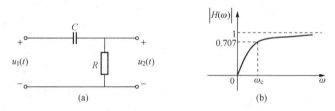

图 3 - 16　RC 高通滤波电路及其幅频特性

（a）电路；（b）幅频特性

2. 无源 LC 滤波器

仅用电感元件和电容元件实现的滤波器称为无源 LC 滤波器。这也是应用最为广泛的一类模拟滤波器。图 3 - 17 给出了两种无源 LC 滤波电路。

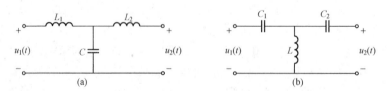

图 3 - 17　无源 LC 滤波器

（a）低通；（b）高通

3. 二阶有源 RC 滤波器

有源 RC 滤波器的电路种类很多，图 3 - 18 给出了一种 Sallen-Key 低通滤波器电路。该

电路的系统函数可表示为

$$H(s) = \frac{b}{s^2 + \dfrac{\omega_{\mathrm{p}}}{Q}s + \omega_{\mathrm{p}}^2}$$

式中：通带频率 $\omega_{\mathrm{p}} = \dfrac{1}{\sqrt{R_1 R_2 C_1 C_2}}$ ；Q 为电路的品质因数；b 为跟电路参数有关的系数。

图 3 - 19 给出了 sallen-Key 低通滤波器的 Q 分别取值 0.707、2、10 时的幅频特性。Q 值越大，曲线越尖锐。

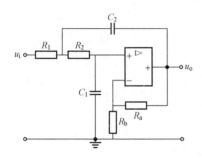

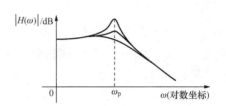

图 3 - 18　Sallen-Key 低通滤波器电路　　　　图 3 - 19　Sallen-Key 低通滤波器的幅频特性

思 考 题

3 - 1　什么叫连续 LTI 系统？它有什么特点？

3 - 2　微分方程的求解方法有哪些？

3 - 3　求线性微分方程的完全解的步骤是什么？

3 - 4　连续 LTI 系统的零输入响应和零状态响应的含义是什么？如何求解系统的全响应？

3 - 5　如何用拉普拉斯变换的方法求解连续系统的微分方程？

3 - 6　连续时间系统冲激响应 $h(t)$ 的定义是什么？它有什么意义？如何求解？

3 - 7　连续时间系统卷积的应用是什么？

3 - 8　连续 LTI 系统具有几种描述方式？它们之间有什么关系？

3 - 9　连续系统的系统函数如何定义？它有什么意义？如何求解？

3 - 10　系统函数与冲激响应有什么关系？

3 - 11　如何根据系统函数的零极点分析系统冲激响应的时域特性？

3 - 12　如何判定连续系统的稳定性？

3 - 13　什么是连续系统的频率响应？它与冲激响应有什么关系？

3 - 14　如何利用系统函数计算连续系统的频率响应？

3 - 15　如何用频域分析方法求解连续系统的零状态响应？

3 - 16　信号无失真传输的条件是什么？

3 - 17　滤波器的概念是什么？什么是理想滤波器？为什么要研究理想滤波器？

习　　题

3-1　如图 3-20 所示电路，已知 $R_1 = 2\Omega$，$R_2 = 4\Omega$，$L = 1\mathrm{H}$，$C = 0.5\mathrm{F}$，$u_S(t) = 2\mathrm{e}^{-t}\varepsilon(t)\mathrm{V}$，列出 $i(t)$ 的微分方程，求其零状态响应。

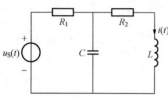

图 3-20　题 3-1 图

3-2　已知描述系统的微分方程和初始状态如下：

(1) $\dfrac{\mathrm{d}^2 y(t)}{\mathrm{d}t^2} + 4\dfrac{\mathrm{d}y(t)}{\mathrm{d}t} + 3y(t) = x(t)$，$y(0) = y'(0) = 1$，$x(t) = \varepsilon(t)$；

(2) $\dfrac{\mathrm{d}^2 y(t)}{\mathrm{d}t^2} + 4\dfrac{\mathrm{d}y(t)}{\mathrm{d}t} + 4y(t) = \dfrac{\mathrm{d}x(t)}{\mathrm{d}t} + 3x(t)$，$y(0) = 1$，$y'(0) = 2$，$x(t) = \mathrm{e}^{-t}\varepsilon(t)$。

试求系统的零输入响应、零状态响应和全响应。

3-3　已知系统微分方程

$$\frac{\mathrm{d}^2 y(t)}{\mathrm{d}t^2} + 5\frac{\mathrm{d}y(t)}{\mathrm{d}t} + 6y(t) = 2\frac{\mathrm{d}x(t)}{\mathrm{d}t} + x(t)$$

求单位冲激响应。

3-4　已知系统微分方程

$$\frac{\mathrm{d}y(t)}{\mathrm{d}t} + 2y(t) = \frac{\mathrm{d}x(t)}{\mathrm{d}t} - x(t)$$

求冲激响应和阶跃响应。

3-5　计算下列函数的卷积 $x_1(t) * x_2(t)$：

(1) $x_1(t) = \varepsilon(t)$，$x_2(t) = \mathrm{e}^{-2t}\varepsilon(t)$；

(2) $x_1(t) = t\varepsilon(t)$，$x_2(t) = \varepsilon(t) - \varepsilon(t-2)$；

(3) $x_1(t) = \mathrm{e}^{-2t}\varepsilon(t)$，$x_2(t) = \varepsilon(t) - \varepsilon(t-2)$；

(4) $x_1(t) = 2\mathrm{e}^{-2t}\varepsilon(t)$，$x_2(t) = 3\mathrm{e}^{-t}\varepsilon(t)$。

3-6　已知某 LTI 系统的冲激响应 $h(t) = \varepsilon(t) - \varepsilon(t-2)$，求输入为下列函数时的零状态响应。

(1) $x(t) = \varepsilon(t-2) - \varepsilon(t-3)$；

(2) $x(t) = t[\varepsilon(t) - \varepsilon(t-2)]$。

3-7　已知当输入 $x(t) = \mathrm{e}^{-t}\varepsilon(t)$ 时，某 LTI 系统的零状态响应为

$$y_{zs}(t) = (3\mathrm{e}^{-t} - 4\mathrm{e}^{-2t} + \mathrm{e}^{-3t})\varepsilon(t)$$

求：(1) 系统函数；

(2) 系统的冲激响应；

(3) 描述该系统的微分方程。

3-8　已知某 LTI 系统的阶跃响应 $s(t) = (1 - \mathrm{e}^{-2t})\varepsilon(t)$，欲使系统的零状态响应为

$$y_{zs}(t) = (1 - \mathrm{e}^{-2t} - t\mathrm{e}^{-2t})\varepsilon(t)$$

求系统的输入信号 $x(t)$。

3-9　如图 3-21 所示是将最平幅度型 ［巴特沃思（Butterworth）］ 三阶低通滤波器接

于电源（含内阻 r）与负载 R 之间。已知 $L=1\text{H}$，$C=2\text{F}$，$R=1\Omega$，求系统函数 $H(s)=\dfrac{U_2(s)}{U_1(s)}$ 及其阶跃响应。

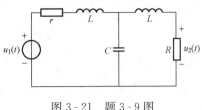

图 3 - 21　题 3 - 9 图

3 - 10　已知系统函数 $H(s)=\dfrac{Y(s)}{X(s)}=\dfrac{2(s+4)}{s^2+2s+2}$，初始值 $y(0_-)=1$，$y'(0_-)=0$，输入 $x(t)=2\cos t$，求 $t>0_-$ 时的全响应。

3 - 11　求下列系统函数的零极点，并定性绘出系统冲激响应的波形：

(1) $H(s)=\dfrac{2}{s-0.3}$；

(2) $H(s)=\dfrac{s-5}{s^2-10s+125}$；

(3) $H(s)=\dfrac{s+10}{s^2+20s+500}$。

3 - 12　已知连续时间系统的单位冲激响应，求系统的系统函数、描述系统的微分方程，并判断系统是否稳定。

(1) $h(t)=\delta(t)-\mathrm{e}^{-t}\varepsilon(t)$；

(2) $h(t)=(1-\mathrm{e}^{-t})\varepsilon(t)$；

(3) $h(t)=t\mathrm{e}^{-t}\varepsilon(t)$；

(4) $h(t)=2(\mathrm{e}^{-t}-\mathrm{e}^{-2t})\varepsilon(t)$。

3 - 13　已知连续时间系统的系统函数，求系统的冲激响应、描述系统的微分方程，并判断系统是否稳定。

(1) $H(s)=\dfrac{1}{s+2}$；

(2) $H(s)=\dfrac{1}{s^2+2s+2}$；

(3) $H(s)=\dfrac{s+1}{s^2+2s+2}$；

(4) $H(s)=\dfrac{s^2+1}{s^2+2s+2}$。

3 - 14　已知系统微分方程为 $\dfrac{\mathrm{d}^2 y(t)}{\mathrm{d}t^2}+5\dfrac{\mathrm{d}y(t)}{\mathrm{d}t}+6y(t)=x(t)-x(t-1)$，求该系统的频率响应。

3 - 15　已知某 LTI 系统的频率响应为 $H(\omega)=\dfrac{1}{\mathrm{j}\omega+5}$，输入信号为 $x(t)=\mathrm{e}^{-4t}\varepsilon(t)$，求系统的零状态响应。

3 - 16　已知某 LTI 系统的频率响应为 $H(\omega)=\dfrac{1-\mathrm{j}\omega}{1+\mathrm{j}\omega}$，当输入信号为阶跃信号时，求系统的零状态响应。

3 - 17　已知某 LTI 系统的频率响应为 $H(\omega)=\dfrac{1}{\mathrm{j}\omega+1}$，输入信号为 $x(t)=\sin t+\sin 3t$，

试求响应 $y(t)$，画出 $x(t)$ 与 $y(t)$ 的波形，并讨论经传输产生的失真问题。

3-18　已知某 LTI 系统的频率响应为 $H(\omega)=\dfrac{2-\mathrm{j}\omega}{2+\mathrm{j}\omega}$，输入信号为 $x(t)=\cos(2t)$，求该系统的响应 $y(t)$。

3-19　电路如图 3-22 所示，求电压 $u(t)$ 对输入电流 $i(t)$ 的频率响应 $H(\omega)=\dfrac{U(\omega)}{I(\omega)}$；为了能无失真地传输，试确定 R_1、R_2 的值。

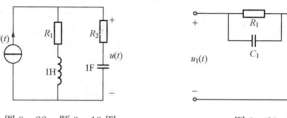 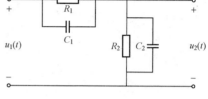

图 3-22　题 3-19 图　　　　　　　　　图 3-23　题 3-20 图

3-20　图 3-23 所示电路为由电阻 R_1、R_2 组成的分压器，分布电容并接于 R_1 和 R_2 两端，求频率响应 $H(\omega)=\dfrac{U_2(\omega)}{U_1(\omega)}$；为了能无失真地传输，电阻和电容应该满足何种关系？

3-21　理想高通滤波器的幅频和相频特性如图 3-24 所示，求该滤波器的冲激响应。

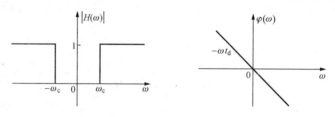

图 3-24　题 3-21 图

3-22　已知图 3-25（a）所示系统的冲激响应 $h(t)=\dfrac{\sin 5\pi t}{\pi t}$，输入信号 $x(t)$ 的频谱如图 3-25（b）所示，求输出 $y(t)$ 的频谱，并画出频谱图。

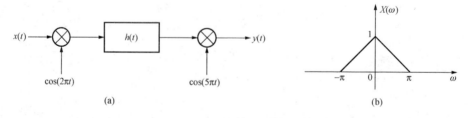

(a)　　　　　　　　　　　　　　　(b)

图 3-25　题 3-22 图

3-23　图 3-26（a）所示系统中，带通滤波器（BP）的幅频响应如图 3-26（b）所示，相频响应 $\varphi(\omega)=0$。若输入信号 $x_1(t)=\dfrac{\sin(2t)}{2\pi t}$，$x_2(t)=\cos(1000t)$，试求其输出信号 $y(t)$。

3-24　图 3-27（a）是抑制载波振幅调制的接收系统。低通滤波器（LP）的幅频响应

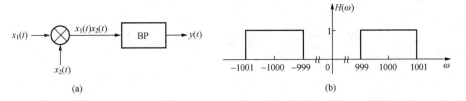

图 3 - 26 题 3 - 23 图

如图 3 - 27（b）所示，相频响应 $\varphi(\omega) = 0$。若输入信号 $x_1(t) = \dfrac{\sin t}{\pi t}\cos(1000t)$，$x_2(t) = \cos(1000t)$，试求其输出信号 $y(t)$。

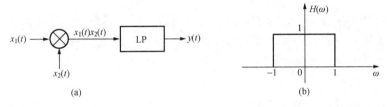

图 3 - 27 题 3 - 24 图

第 4 章　离散时间信号的分析

随着计算机技术的飞速发展、专用数字信号处理器件与算法的不断出现，不仅传统上以连续时间信号处理技术为原理的设备或系统逐渐被以离散时间信号处理技术为原理的设备或系统取代，而且还可以利用离散时间信号处理技术实现原来连续时间系统不可能实现的功能。计算机技术的发展以及数字技术的广泛应用是离散信号分析与处理理论和方法迅速发展的动力。

数字信号处理是用数值计算的方法对信号进行处理的一门科学。为了对连续信号进行处理，必然要先把连续时间信号转换为离散时间信号，如果需要还要把离散时间信号转换为连续时间信号。为了揭示这个转换的过程，就要用到采样定理。本章将对连续时间信号的时域采样和恢复问题进行较详细的讨论。

离散时间信号的分析也像连续时间信号的分析一样，包括时域分析、频域分析和复频域分析。在时域内分析信号是将离散时间信号表示成单位脉冲信号 $\delta(n)$ 的加权和。在复频域分析信号则是将离散时间信号表示为复指数信号 z^n（这里 $z = re^{i\Omega}$）的加权和，从而引入了 z 变换。在频域内分析信号是将离散时间信号表示为虚指数信号 $e^{i\Omega n}$ 的加权和，它实际上是 z 变换的一种特殊情况，即单位圆上的 z 变换。这就是离散信号的傅里叶分析，它包括非周期信号的离散时间傅里叶变换 DTFT 和周期信号的离散傅里叶级数 DFS。

4.1　连续时间信号的时域采样

大多数实际信号是连续时间信号，具有无限多个时间点的数据，而数字处理设备（计算机）的存储空间有限，只能接受并处理有限个时间点的数据。为充分利用数字信号处理技术的优势，就必须首先解决如何用有限的时间点数据（离散信号）代替无限多个时间点数据（原连续时间信号）的问题。解决这个问题的方法就是在时域对连续时间信号采样，即每隔一段时间取一个数据，而不是对所有的时间都取数据。对于时域采样所面临的问题是，采样的时间间隔取多大合适？过小会加重计算机的存储负担，还会降低计算速度；过大显然会丢失原来的连续信号的全部或部分信息。我们的目标是：在保留原连续时间信号的全部信息的条件下抽取尽可能少的数据。时域采样定理为我们解决了这个棘手的问题。时域采样包含两个部分：①信号取值时间离散化，即只保留信号在等间隔时间点处的取值；②信号样值幅度离散化，即只用固定比特位数的整数来表示信号样值，处理后的信号将是数字化了的均匀采样序列。本书只讨论第①部分问题。

4.1.1　采样定理

采样过程可以理解为利用采样脉冲序列 $p(t)$ 从连续信号 $x(t)$ 中抽取离散样值的过程，这样得到的信号通常称为采样信号，常记作 $x_S(t)$。上述采样过程是在时域进行的，称为时域采样。时域采样是用数字技术分析处理连续信号的重要环节。

1. 周期单位冲激串的傅里叶变换

若把位于 $t=0$ 处的单位冲激函数以 T 为周期延拓，可构成周期单位冲激串，如图 4 - 1 (a) 所示。该函数在研究信号的采样问题中经常用到，称为狄拉克梳状函数或理想采样函数，用数学公式表示为

$$p(t) = \sum_{n=-\infty}^{\infty} \delta(t-nT)$$

在 2.4 节中已得到，其傅里叶级数为

$$p(t) = \frac{1}{T} \sum_{k=-\infty}^{\infty} e^{jk\omega_0 t}$$

上式表明，周期单位冲激串的傅里叶级数中，只包含位于 $\omega=0$，$\pm\omega_0$，$\pm 2\omega_0$，$\cdots$，$\pm k\omega_0$，$\cdots$ 处的频率分量，每个频率分量的大小相等且都等于 $\frac{1}{T}$。

$p(t)$ 的傅里叶变换为

$$P(\omega) = \frac{2\pi}{T} \sum_{k=-\infty}^{\infty} \delta(\omega-k\omega_0) = \omega_0 \sum_{k=-\infty}^{\infty} \delta(\omega-k\omega_0) \qquad (4-1)$$

$p(t)$ 的傅里叶级数系数及傅里叶变换如图 4 - 1 (b)、(c) 所示。周期单位冲激串的傅里叶变换为强度等于 ω_0 的冲激串。

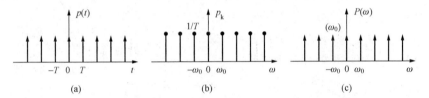

图 4 - 1　周期单位冲激串的傅里叶级数系数与傅里叶变换
(a) 周期单位冲激串；(b) 傅里叶级数系数；(c) 傅里叶变换

2. 理想采样信号的频谱

理想采样如图 4 - 2 所示，$p(t)$ 为周期单位冲激串，$x(t)$ 为连续时间信号，它们的乘积 $x_S(t) = x(t)p(t)$ 称为 $x(t)$ 的采样信号 (sampled signal)，$x_S(t)$ 中各冲激强度构成的序列则为 $x(t)$ 的样本 $x(n)$。

为获得不失真地将连续时间信号转化为离散时间信号的条件，首先讨论采样信号的频谱与连续时间信号频谱之间的关系。

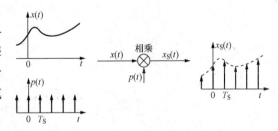

图 4 - 2　理想采样

设采样间隔为 T_S，采样角频率 $\omega_S = 2\pi f_S = \dfrac{2\pi}{T_S}$。由采样过程，有

$$x_S(t) = x(t)p(t) \qquad (4-2)$$

对式 (4 - 2) 两边取傅里叶变换，根据频域卷积定理有

$$X_S(\omega) = \mathscr{F}[x(t)p(t)] = \frac{1}{2\pi} X(\omega) * P(\omega) \qquad (4-3)$$

把式 (4 - 1) 代入式 (4 - 3)，采样信号的傅里叶变换为

$$X_S(\omega) = \frac{\omega_S}{2\pi} X(\omega) * \sum_{k=-\infty}^{\infty} \delta(\omega - k\omega_S)$$

$$= \frac{1}{T_S} \sum_{k=-\infty}^{\infty} X(\omega - k\omega_S) \tag{4-4}$$

式（4-4）表明，采样信号的频谱 $X_S(\omega)$ 是连续时间信号的频谱 $X(\omega)$ 以采样角频率 ω_S 为间隔的延拓，系数为 $1/T_S$。因此 $X_S(\omega)$ 是一个周期函数。这说明，离散信号的傅里叶变换一定是周期的，其周期为 ω_S。

3. 采样定理

时域采样定理表述为：频带为 f_M 的连续信号 $x(t)$ 可用一系列离散的采样值 $x(t_1)$，$x(t_1 \pm T_S)$，$x(t_1 \pm 2T_S)$，…来表示。只要这些采样点的时间间隔 $T_S < \frac{1}{2f_M}$，即采样角频率 $\omega_S > 2\omega_M$，便可根据各采样值完全恢复原来的信号 $x(t)$。

对最高频率为 ω_M 的带限信号 $x(t)$，频谱函数 $X(\omega)$ 在 $|\omega| > \omega_M$ 时 $X(\omega) = 0$，当采样频率 $\omega_S > 2\omega_M$ 时，图 4-3 给出了采样信号的频谱示意图。可以看出，这种情况下采样信号的频谱完整地保留了 $x(t)$ 的频谱，因此，用一个增益为 T_S、通带截止频率大于 ω_M 并小于 $\omega_S/2$ 的理想低通滤波器，就可以从抽样信号 $x_S(t)$ 中不失真地恢复出连续时间信号 $x(t)$ 频谱的副本。

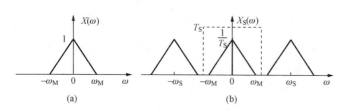

图 4-3 采样信号的频谱

(a) 连续信号；(b) 采样信号

如果 $x(t)$ 是最高频率为 ω_M 的带限信号，但采样频率 $\omega_S < 2\omega_M$，则采样信号的频谱如图 4-4 所示。由于其频谱发生混叠，则在这种情况下无法用滤波器从 $x_S(t)$ 中无失真地恢复原信号 $x(t)$。

如果 $x(t)$ 不是带限信号，无论采样周期或采样频率如何选取，则频谱混叠是不可避免的，也就不可能从 $x_S(t)$ 中无失真地恢复出原信号 $x(t)$。

由以上分析可见，若要把一个信号从其采样信号中无失真地恢复出来，首先要保证被采样的信号必须是带限信号，即其频谱范围为 $(-\omega_M \sim \omega_M)$，再就是采样频率 ω_S 必须大于被采样信号中最高频率 ω_M 的两倍，即 $\omega_S > 2\omega_M$，或采样周期 $T_S < \frac{1}{2f_M}$，这就是著名的采样定理。

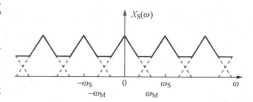

图 4-4 频谱的混叠

称最小采样频率 $\omega_{Smin} = 2\omega_M$ 或 $f_S = \frac{\omega_S}{2\pi}$ 为奈奎斯特（Nyquist）频率，最大允许采样周期 $T_{Smax} = \frac{1}{2f_M}$ 为奈奎斯特周期。

在奈奎斯特频率区间内，当满足采样定理时，模拟信号的频谱可以用采样信号的频谱来还原；若不满足采样定理，采样信号的频谱和原模拟信号的频谱之间就产生了误差，此时采样信号的频谱只是原模拟信号频谱的近似。

4.1.2　信号的内插恢复

如果按照采样定理把连续时间信号转换成离散时间信号，利用计算机进行各种运算处理后，得到的输出仍然是离散信号，而由这个离散信号是不是可以得到原来的连续输出信号呢？要回答这个问题，我们只需看一下原连续时间信号 $x(t)$ 被采样后的离散信号 $x(n) = x_S(nT_S)$ 是否可以再恢复为 $x(t)$ 即可。上面已从频域的角度分析了信号的恢复问题，这里再从时域内插的角度进一步分析信号的恢复问题。

由图 4-3（b）可以看出，如果我们从采样信号 $x_S(t)$ 的频谱 $X_S(\omega)$ 中无失真地选出在 $\omega=0$ 处的一个周期，再作反变换，即得到 $x(t)$。为了从 $X_S(\omega)$ 中无失真地选出 $X(\omega)$，用于恢复原信号的理想低通滤波器的频率特性应为

$$H(\omega) = \begin{cases} T_S & |\omega| < \omega_c \\ 0 & |\omega| > \omega_c \end{cases} \tag{4-5}$$

式中：ω_c 是滤波器的通带频率；T_S 为采样间隔。

若取 $\omega_c = \dfrac{\omega_S}{2} = \dfrac{\pi}{T_S}$，滤波器的冲激响应为

$$h(t) = T_S \frac{\omega_c}{\pi} \mathrm{Sa}(\omega_c t) = \mathrm{Sa}\left(\frac{\pi}{T_S} t\right) \tag{4-6}$$

用理想冲激采样，采样信号 $x_S(t)$ 为

$$x_S(t) = x(t)p(t) = \sum_{n=-\infty}^{\infty} x(nT_S)\delta(t - nT_S)$$

于是，根据时域求系统零状态响应的方法，理想低通滤波器的输出 $y(t)$ 为

$$y(t) = x_S(t) * h(t) = \left[\sum_{n=-\infty}^{\infty} x(nT_S)\delta(t - nT_S)\right] * \mathrm{Sa}\left(\frac{\pi}{T_S} t\right)$$

$$= \sum_{n=-\infty}^{\infty} x(nT_S)\mathrm{Sa}\left[\frac{\pi}{T_S}(t - nT_S)\right] \tag{4-7}$$

式（4-7）表明，使用理想低通滤波器从采样信号恢复原连续时间信号的过程，等效于用无限多个不同移位的 Sa 函数合成原信号，其系数等于 $x(nT_S)$。式（4-7）就是用于信号恢复的时域内插公式。图 4-5 所示的时域波形给出了这一内插过程。$y(t)$ 在采样时刻的数值就是原连续信号的采样值 $x(nT_S)$，而在非采样时刻，$y(t)$ 是无穷多个 Sa 函数的叠加。Sa 函数在这里又可以称为内插函数，因为它起着把 $x_S(nT_S)$ 在非采样时刻的数据从无到有地填充起来（内插）的作用。内插公式告诉我们，仅仅根据有限的离散数据就可以恢复对应的连续时间信号。

所以，在满足采样定理的条件下，不论从频域的角度还是从时域的角度，我们都可以把采样信号恢复为原来的连续时间信号。

4.1.3　实际采样与理想采样的差别

理想低通滤波器是物理不可实现的非因果系统，实际采样不可能完全和理想采样一样。由于实际低通滤波器的幅频特性不是陡直进入截止区的，因此除了原信号的频谱分量外，经过滤波之后还会有相邻部分的频率分量，如图 4-6 所示，使重建信号与原信号存在差别。解决的办法是提高采样频率 ω_S（详见 8.5.1 相关内容），或用更高阶（性能更好）的滤

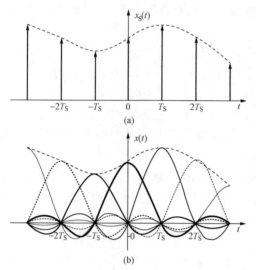

图 4-5　由采样信号恢复原信号

（a）采样信号；（b）连续时间信号

波器。

理想周期单位冲激串 $p(t)$ 是一个不可实现的信号，这是因为采样需要花费时间，而且目前还没有可以产生无穷大冲激脉冲的装置，因此实际采样是用图 4-7 所示的脉宽为 τ、振幅为 A 的矩形脉冲串代替 $p(t)$。

若信号 $x(t)$ 是带限的，最高频率为 ω_M，采样函数为周期脉冲串，且采样频率也满足 $\omega_S > 2\omega_M$ 的条件，这种情况下 $X(\omega)$ 在延拓的过程中加权系数不为恒定值（如图 4-8 所示），也能够无失真地恢复原信号 $x(t)$。

另外，实际信号的频谱一般并不是严格的带限信号，只是随着频率升高，振幅频谱 $|X(\omega)|$ 逐渐或很快衰减而已。这就是说，一般采样后的频谱总会有重叠部分，即使利用理想低通滤波器也不可能完全恢复原信号。通常

认为信号有一定的有效带宽，在某个有效频率以外的分量可以忽略不计，因此实际上在采样前先进行抗混叠预滤波，使信号在采样之前被强制处理成带限信号。处理后的信号最高频率 ω_M 由抗混叠滤波器的截止频率决定。只要采样频率 ω_S 足够高，滤波器特性又足够好，保证在一定精度条件下，原信号的恢复是可以做到的。目前实际应用中最高采样频率的上限为 10MHz。

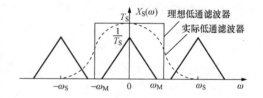

图 4-6　实际低通滤波器对信号恢复造成的影响

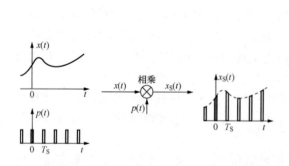

图 4-7　脉冲串采样

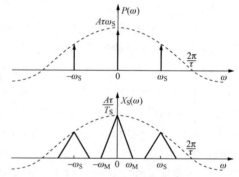

图 4-8　矩形脉冲采样序列及其采样信号的频谱

实际采样采用模数转换器。模数转换的过程包括采样和保持，然后是量化和数字化，如图 4-9 所示。采样前，模拟信号先通过低通抗混叠滤波器尽量消除混叠的影响，然后由采样保持电路进行保持采样。保持采样的过程是在采样瞬间获得信号 $x(t)$ 的样本值，然后保持这一样本值直到下一个采样瞬间为止，得到的采样信号为阶梯状。

4.1.4 离散时间信号的表示形式

1. 直接表示法

离散时间信号是在时间上不连续的"序列"。若在时间上均匀间隔为 T_S，则以函数 $x(nT_S)$ 来表示此离散时间信号，n 取整数

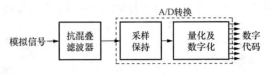

图 4 - 9 模数转换过程

（$n=0$，±1，±2，…），例如数字电话系统就是先对语音模拟信号每隔 0.125ms 进行采样，然后对得到的离散信号进行处理与传输的。计算机在处理信号时，只需要清楚是第几个数据，而并不必知道准确的时间，因此可以认为，一个离散时间信号是一组序列值的集合 $\{x(n)\}$。为书写方便，以 $x(n)$ 表示序列，不再加注外面的花括号。

$x(n)$ 可以写成一般闭合形式的表达式，例如

$$x(n) = \begin{cases} (-1)^n n & |n| \leqslant 3 \\ 0 & n \text{ 为其他} \end{cases} \tag{4-8}$$

也可逐个列出 $x(n)$ 的序列值，例如上面的序列也可以写成

$$x(n) = \{3, -2, 1, \underset{n=0}{0}, -1, 2, -3\}$$

还可以用图形表示，上面序列的图形表示如图 4 - 10 所示。

通常将对应某序号 n 的序列值称为第 n 个样点的"样值"。

2. 单位样值序列加权和表示

单位样值序列用 $\delta(n)$ 表示，定义为

$$\delta(n) = \begin{cases} 1 & n = 0 \\ 0 & n \neq 0 \end{cases} \tag{4-9}$$

图 4 - 10 序列的图形表示

序列 $\delta(n)$ 在 $n=0$ 处的值为 1，在其余 n 处的值为零，如图4 - 11所示。单位样值序列 $\delta(n)$ 在离散时间系统中的角色与连续时间系统中冲激信号 $\delta(t)$ 的类同，两者都为基本信号。

右移 m 点的单位样值序列为

$$\delta(n-m) = \begin{cases} 1 & n = m \\ 0 & n \neq m \end{cases} \tag{4-10}$$

如图 4 - 12 所示为右移 m 点的单位样值序列。

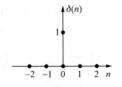

图 4 - 11 单位样值序列

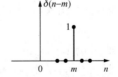

图 4 - 12 右移 m 点的单位样值序列

序列 $x(n)$ 在 $n=m$ 处的样本可用单位样值序列表示为

$$x(n)\delta(n-m) = x(m)\delta(n-m) \tag{4-11}$$

考虑所有样点，序列 $x(n)$ 可表示为

$$x(n) = \sum_{m=-\infty}^{\infty} x(m)\delta(n-m) \tag{4-12}$$

式 (4-12) 说明，任一序列可用不同加权并移位的样值序列表示。例如，序列

$$x(n) = \{ \underset{\underset{n=-3}{\uparrow}}{3}, -2, 1, 0, -1, 2, -3 \}$$

也可表示为

$$x(n) = 3\delta(n+3) - 2\delta(n+2) + \delta(n+1) - \delta(n-1) + 2\delta(n-2) - 3\delta(n-3)$$

4.2 离散时间信号的 z 域分析

早在 1730 年，英国有一位名叫棣莫弗的数学家在研究概念理论时，用到了生成函数的概念，它的形式与 z 变换是相同的。尽管如此，直到 20 世纪五六十年代，由于离散控制系统和数字计算机的研究与实践，才使 z 变换真正有了一个广阔的应用天地。

4.2.1 z 变换的定义

1. 采样信号的拉氏变换

对连续时间信号进行均匀冲激采样后可以得到离散时间信号。设连续时间信号 $x(t)$，每隔时间 T_S 采样一次，这相当于连续时间信号 $x(t)$ 乘以冲激序列 $\delta_{T_S}(t)$。利用冲激函数的采样性质，采样信号 $x_S(t)$ 可写为

$$x_S(t) = x(t)\delta_{T_S}(t) = x(t) \sum_{n=-\infty}^{\infty} \delta(t - nT_S)$$

$$= \sum_{n=-\infty}^{\infty} x(nT_S)\delta(t - nT_S) \tag{4-13}$$

取式 (4-13) 的双边拉氏变换，考虑到 $\mathscr{L}[\delta(t - nT_S)] = e^{-nsT_S}$，可得采样信号 $x_S(t)$ 的双边拉氏变换为

$$X_S(s) = \mathscr{L}[x_S(t)] = \sum_{k=-\infty}^{\infty} x(nT_S)e^{-nsT_S} \tag{4-14}$$

令 $z = e^{sT_S}$，或 $s = \dfrac{1}{T_S}\ln z$，则 $X_S(s) = X(z)$，这样，$x_S(t)$ 的拉普拉斯变换式就可以变成另一复变量 z 的变换式，即

$$X(z)|_{z=e^{sT_S}} = \sum_{n=-\infty}^{\infty} x(nT_S)z^{-n} = \sum_{n=-\infty}^{\infty} x(n)z^{-n} \tag{4-15}$$

其中，$x(n)$ 是 $x(nT_S)$ 的采样周期归一化结果，由于 $x(nT_S)$ 的离散时间是等间隔的，可以用序号 n 来代表自变量 nT_S；$X(z)$ 则是 z 的一个复变函数。

2. 双边 z 变换

设离散时间序列 $x(n)$ $(n=0, \pm1, \pm2, \cdots)$ 和复变量 $z = e^{sT_S} = e^{(\sigma+j\omega)T_S} = re^{j\Omega}$，其中 $r = e^{\sigma T_S}$，$\Omega = \omega T_S$，则定义 $x(n)$ 的双边 z 变换为

$$X(z) = \sum_{n=-\infty}^{\infty} x(n)z^{-n} = \cdots + x(-2)z^2 + x(-1)z + x(0) + x(1)z^{-1} + x(2)z^{-2} + \cdots$$

$$\tag{4-16}$$

3. 单边 z 变换

式 (4-16) 求和是在正、负 n 域进行的。如果求和只在非负 n 域进行，即

$$X(z) = \sum_{n=0}^{\infty} x(n) z^{-n} = x(0) + x(1) z^{-1} + x(2) z^{-2} + \cdots \tag{4-17}$$

称为序列 $x(n)$ 的单边 z 变换。如果 $x(n)$ 是因果序列，则它的双边 z 变换与单边 z 变换是相等的。

式（4-17）表明，序列的单边 z 变换定义式是复变量 z 的负幂级数，该级数的系数即是序列 $x(n)$ 本身。

为书写方便，对序列 $x(n)$ 取 z 变换和对 $X(z)$ 取逆 z 变换常常记作

$$X(z) = \mathscr{Z}[x(n)], x(n) = \mathscr{Z}^{-1}[X(z)] \tag{4-18}$$

$x(n)$ 与 $X(z)$ 构成一组变换对，它们间的对应关系可表示为

$$x(n) \leftrightarrow X(z) \tag{4-19}$$

4.2.2　z 变换的收敛域

由 z 变换的定义式可知，z 变换是一个复数项级数。由于 $z = |z| e^{j\Omega} = r e^{j\Omega}$，其中 $|z| = r$ 是为了表示方便。z 变换的定义又可以写成

$$X(z) = \sum_{n=-\infty}^{\infty} x(n) z^{-n} = \sum_{n=-\infty}^{\infty} x(n)(re^{j\Omega})^{-n} = \sum_{n=-\infty}^{\infty} [x(n)r^{-n}] e^{-j\Omega n} \tag{4-20}$$

只有当 $x(n)r^{-n}$ 符合绝对可和的收敛条件，即 $\sum_{n=-\infty}^{\infty} |x(n)r^{-n}| < \infty$ 时，$x(n)$ 的 z 变换才有意义。如果给定了具体的序列 $x(n)$，则序列 $x(n)$ 的 z 变换收敛的所有 z 的集合称为 z 变换 $X(z)$ 的收敛域，简记为 ROC（Region of Convergence）。

【例 4-1】　试根据 z 变换收敛域的定义指出下列序列的收敛域。

$(1) x_1(n) = \begin{cases} a^n & n \geqslant 0 \\ 0 & n < 0 \end{cases};$

$(2) x_2(n) = \begin{cases} 0 & n \geqslant 0 \\ -a^n & n < 0 \end{cases}°$

解　根据等比级数的求和方法，可求得序列的 z 变换为

$$X_1(z) = \sum_{n=-\infty}^{\infty} x_1(n) z^{-n} = \sum_{n=0}^{\infty} a^n z^{-n} \xrightarrow{|az^{-1}| < 1} \frac{1}{1-az^{-1}} = \frac{z}{z-a}$$

$X_1(z)$ 的 ROC 为 $|az^{-1}| < 1$ 或 $|z| > |a|$；

$$X_2(z) = \sum_{n=-\infty}^{\infty} x_2(n) z^{-n} = \sum_{n=-\infty}^{-1} -a^n z^{-n} = 1 - \sum_{n=-\infty}^{0} (az^{-1})^n$$

$$= 1 - \sum_{n=0}^{\infty} (a^{-1}z)^n \xrightarrow{|a^{-1}z| < 1} 1 - \frac{1}{1-a^{-1}z} = \frac{z}{z-a}$$

$X_2(z)$ 的 ROC 为 $|a^{-1}z| < 1$ 或 $|z| < |a|$。

由例 4-1 可以看出，两个不同的序列却有着相同的 z 变换结果，它们仅仅在 ROC 上有所不同。由此可见，ROC 对于序列的 z 变换是非常重要的。因此，要描述一个序列的 z 变换，必须包括 z 变换的表达式和 z 变换的收敛域 ROC 两个部分。

在正项级数中，比值法和根值法可用于判别其收敛性。对于求和 $\sum_{n=0}^{\infty} |a_n|$，有

$$\lim_{n\to\infty} \left| \frac{a_{n+1}}{a_n} \right| = \rho \begin{cases} <1 & 收敛 \\ >1 & 发散 \\ =1 & 不定 \end{cases} \qquad 或 \qquad \lim_{n\to\infty} \sqrt[n]{|a_n|} = \rho \begin{cases} <1 & 收敛 \\ >1 & 发散 \\ =1 & 不定 \end{cases}$$

1. 有限长序列的 ROC

如果序列 $x[n]$ 在 $n < n_1$ 且 $n > n_2 (n_1 < n_2)$ 时为 0，则称之为有限长序列或有始有终序列。计算机只能处理有限长序列。有限长序列的 z 变换

$$X(z) = \sum_{n=n_1}^{n_2} x(n) z^{-n}$$

一般都是收敛的，因此其收敛域至少是 $0 < |z| < \infty$。序列的左右端点只会影响其在 0 和 ∞ 处的收敛情况。当 $n_1 < 0$，$n_2 > 0$ 时，ROC 为 $0 < |z| < \infty$；当 $n_1 < 0$，$n_2 \leqslant 0$ 时，ROC 为 $0 \leqslant |z| < \infty$；当 $n_1 \geqslant 0$，$n_2 > 0$ 时，ROC 为 $0 < |z| \leqslant \infty$。

2. 右边序列的 ROC

如果序列 $x(n)$ 在 $n < n_1$ 时为 0，则称之为右边序列或有始无终序列。特别地，如果 $n_1 = 0$，则序列称为因果序列。根据根值法，右边序列的 z 变换为

$$X(z) = \sum_{n=n_1}^{\infty} x(n) z^{-n}$$

若有 $\lim_{n \to \infty} \sqrt[n]{|x(n) z^{-n}|} < 1$，即 $|z| > \lim_{n \to \infty} \sqrt[n]{|x(n)|} = r_1$，则该级数收敛。当 $n_1 \geqslant 0$ 时，ROC 为 $r_1 < |z| \leqslant \infty$；当 $n_1 < 0$ 时，ROC 为 $r_1 < |z| < \infty$。总之，右边序列的收敛域是 z 平面上某个圆外面的区域，如图 4-13（a）所示，$|z| = r_1$ 称为收敛圆。序列的左端点的具体情况只会影响其 ∞ 处的收敛情况。

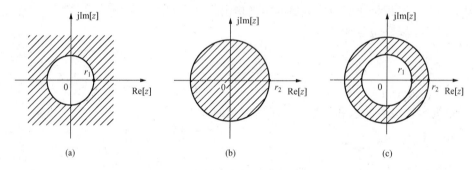

图 4-13   双边 z 变换的收敛域

（a）右边序列的收敛域；（b）左边序列的收敛域；（c）双边序列的收敛域

3. 左边序列的 ROC

如果序列 $x(n)$ 在 $n > n_2$ 时为 0，则称之为左边序列或无始有终序列。特别地，如果 $n_2 = -1$，则序列称为反因果序列。根据根值法，左边序列的 z 变换为

$$X(z) = \sum_{n=-\infty}^{n_2} x(n) z^{-n} = \sum_{n=-n_2}^{\infty} x(-n) z^n$$

若有 $\lim_{n \to \infty} \sqrt[n]{|x(-n) z^n|} < 1$，即 $|z| < \dfrac{1}{\lim_{n \to \infty} \sqrt[n]{|x(-n)|}} = r_2$，则该级数收敛。当 $n_2 > 0$ 时，ROC 为 $0 < |z| < r_2$；当 $n_2 \leqslant 0$ 时，ROC 为 $0 \leqslant |z| < r_2$。总之，右边序列的收敛域是 z 平面上某个圆内部的区域，如图 4-13（b）所示，$|z| = r_2$ 也称为收敛圆。序列的右端点的具体情况只会影响其原点处的收敛情况。

4. 双边序列的 ROC

如果序列 $x(n)$ 在整个区间都有定义，则称之为双边序列或无始无终序列。双边序列可以看成是左边序列和右边序列的组合，其 ROC 的求法可以利用上面的结论。双边序列的 z 变换可以表示为

$$X(z) = \sum_{n=-\infty}^{\infty} x(n)z^{-n} = \sum_{n=0}^{\infty} x(n)z^{-n} + \sum_{n=-\infty}^{-1} x(n)z^{-n}$$

若有 $r_1 = \lim_{n \to \infty} \sqrt[n]{|x(n)|}$ 和 $r_2 = \dfrac{1}{\lim_{n \to \infty}\sqrt[n]{|x(-n)|}}$ 存在，且 $r_2 > r_1$，则 ROC 为 $r_1 < |z| <$ r_2；否则，ROC 为空集，它表明此双边序列不存在 z 变换。总之，若双边 z 变换存在，其收敛域是 z 平面上圆环区域，如图 4 - 13（c）所示。

单边 z 变换的收敛域一定是 z 平面上某个圆外的区域，一般不特别给出。由于双边 z 变换要与其收敛域一起给出，而且不太适合非零初始状态系统的求解，本书以后不加说明仅指单边 z 变换。

4.2.3 常用序列及其 z 变换

许多序列的 z 变换可直接由 z 变换的定义式求出。

1. 单位样值序列（单位脉冲序列）

根据单边 z 变换的定义式（4 - 17），单位样值序列 $\delta(n)$ 的 z 变换为

$$\mathcal{Z}[\delta(n)] = \sum_{n=0}^{\infty} \delta(n)z^{-n} = \delta(0)z^0 = 1$$

即

$$\delta(n) \leftrightarrow 1 \qquad (4 - 21)$$

2. 单位阶跃序列

单位阶跃序列用 $\varepsilon(n)$ 表示，定义为

$$\varepsilon(n) = \begin{cases} 0 & n < 0 \\ 1 & n \geqslant 0 \end{cases} \qquad (4 - 22)$$

如图 4 - 14 所示为单位阶跃序列。

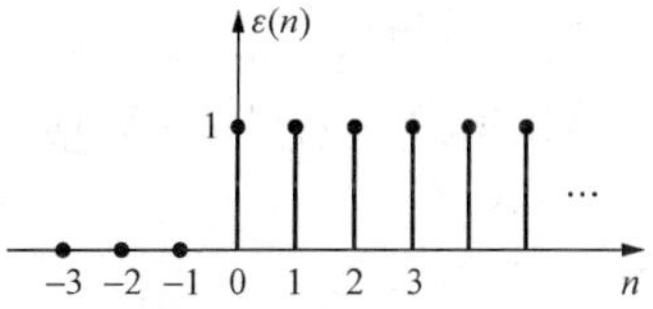

注意 $\varepsilon(n)$ 在 $n = 0$ 处的值定义为 1，而连续时间信号 $\varepsilon(t)$ 在 $t = 0$ 处没有确定的值。序列 $\varepsilon(n)$ 和 $\delta(n)$ 的关系为

$$\delta(n) = \varepsilon(n) - \varepsilon(n-1) \qquad (4 - 23)$$

$$\varepsilon(n) = \sum_{m=0}^{\infty} \delta(n-m) \qquad (4 - 24)$$

图 4 - 14 单位阶跃序列

单位样值序列是单位阶跃序列的一次差分，而单位阶跃序列是非负 n 轴上的所有单位样值序列的和。

$\varepsilon(n)$ 的 z 变换为

$$\mathcal{Z}[\varepsilon(n)] = \sum_{n=0}^{\infty} \varepsilon(n)z^{-n} = \sum_{n=0}^{\infty} z^{-n} = \frac{1}{1-z^{-1}} = \frac{z}{z-1} \qquad (|z| > 1)$$

即

$$\varepsilon(n) \leftrightarrow \frac{z}{z-1} \qquad (4 - 25)$$

3. 单位矩形序列

单位矩形序列用 $R_N(n)$ 表示，定义为

$$R_N(n) = \begin{cases} 1 & 0 \leqslant n \leqslant N-1 \\ 0 & n < 0, n \geqslant N \end{cases}$$

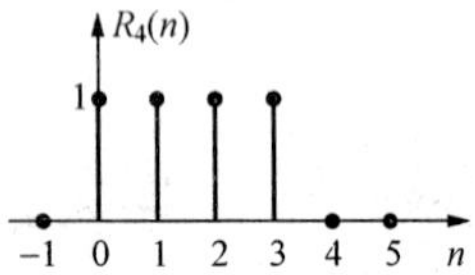

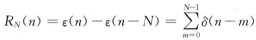

如图 4-15 所示的是 $R_4(n)$ 。

亦可用 $\varepsilon(n)$ 或 $\delta(n)$ 表示 $R_N(n)$ ，即

$$R_N(n) = \varepsilon(n) - \varepsilon(n-N) = \sum_{m=0}^{N-1} \delta(n-m)$$

图 4-15 单位矩形序列

$R_N(n)$ 的 z 变换为

$$\mathscr{L}[R_N(n)] = \sum_{n=0}^{N-1} z^{-n} = \frac{1-z^{-N}}{1-z^{-1}} \qquad (0 < |z| \leqslant \infty)$$

即

$$R_N(n) \leftrightarrow \frac{1-z^{-N}}{1-z^{-1}} \tag{4-26}$$

4. 指数序列

（1）实指数序列。实指数序列 $x(n) = a^n$ 是包络为指数函数的序列。当 $|a| > 1$ 时，序列发散；当 $|a| < 1$ 时，序列收敛；当 $a < 0$ 时，序列正、负摆动。

单边实指数序列 $a^n \varepsilon(n)$ 的 z 变换为

$$\mathscr{L}[a^n \varepsilon(n)] = \sum_{n=0}^{\infty} a^n z^{-n} = \sum_{n=0}^{\infty} (az^{-1})^n \qquad (|z| > |a|)$$

即

$$a^n \varepsilon(n) \leftrightarrow \frac{z}{z-a} \tag{4-27}$$

（2）复指数序列。有

$$x(n) = e^{(\sigma + j\Omega_0)n}$$

式中：Ω_0 为数字频率。

当 $\sigma = 0$ 时，称为虚指数序列，虚指数序列是以 2π 为周期的周期序列。

利用单边指数序列 z 变换，取 $a = e^{j\Omega_0}$ ，可以直接得到单边虚指数序列 $x(n) = e^{j\Omega_0 n}$ 的 z 变换为

$$\mathscr{L}[e^{j\Omega_0 n}] = \frac{z}{z - e^{j\Omega_0}} \qquad (|z| > |a|)$$

即

$$e^{j\Omega_0 n} \leftrightarrow \frac{z}{z - e^{j\Omega_0}} \tag{4-28}$$

用 MATLAB 进行符号 z 变换的指令为 **xz = ztrans(xn, n, z)**

式中：xn 为 $x(n)$ 的符号表达式；n 为序号 n；z 为复频率 z；xz 为 $x(n)$ 的 z 变换 $X(z)$ 。

5. 正弦序列

$$x(n) = \sin(\Omega n)$$

式中：Ω 称为正弦序列的数字角频率，单位是弧度。

如果正弦序列是由模拟信号采样得到的，那么

$$x(n) = x(t)\big|_{t=nT} = \sin(\omega t)\big|_{t=nT} = \sin(\omega nT) = \sin(\Omega n)$$

因此，数字角频率 Ω 与模拟角频率 ω 之间的关系为

$$\Omega = \omega T$$

式中：T 为采样周期。

可以看出，数字角频率 Ω 与模拟角频率 ω 之间为线性关系。正弦序列的 z 变换参看例 4 - 4。

需要指出的是，正弦（余弦）序列不一定是周期序列。周期序列的定义为：如果存在一个最小的正整数 N，使序列 $x(n) = x(n+N)$，$-\infty < n < \infty$，则序列 $x(n)$ 是周期为 N 的序列。设任意正弦序列为

$$x(n) = A\sin(\Omega_0 n + \varphi)$$

则

$$x(n+N) = A\sin[\Omega_0(n+N) + \varphi] = A\sin(\Omega_0 n + \Omega_0 N + \varphi)$$

显然，满足 $\Omega_0 N = 2\pi k$ 时，$x(n) = x(n+N)$，正弦序列为周期序列，N、k 为正整数。因此，正弦序列是周期序列的条件是：$2\pi/\Omega_0 = N/k$ 为有理数（整数和分数）。

（1）当 $2\pi/\Omega_0$ 为整数时，$k=1$，正弦序列是以 $2\pi/\Omega_0$ 为周期的周期序列。例如 $\sin(\pi/8)n$，$\Omega_0 = \pi/8$，$2\pi/\Omega_0 = 16$，该正弦序列周期为 16。

（2）当 $2\pi/\Omega_0$ 为分数时，设 $2\pi/\Omega_0 = N/k$，式中 N、k 是互为素数（意思是不可约分）的正整数，则正弦序列是以 N 为周期的周期序列。例如 $\sin(3\pi/7)n$，$\Omega_0 = 3\pi/7$，由于 $2\pi/\Omega_0 = 14/3$ 为有理数，故它的周期为 $N=14$。

（3）当 $2\pi/\Omega_0$ 是无理数（不循环的无限小数），任何整数 k 都不能使 N 为正整数，因此，此时的正弦序列不是周期序列。

一般情况下，$X(z)$ 是一个有理函数，令分子多项式为 $N(z)$，分母多项式为 $D(z)$。许多序列的 z 变换 $X(z)$ 通常可以表示为

$$X(z) = \frac{N(z)}{D(z)} = \frac{b_0 + b_1 z^{-1} + \cdots + b_M z^{-M}}{a_0 + a_1 z^{-1} + \cdots + a_N z^{-N}} \tag{4 - 29}$$

式中：a_i，b_j 为实系数（$i = 0, 1, 2, \cdots, N$；$j = 0, 1, 2, \cdots, M$）。

分母 $D(z) = 0$ 的 N 个根 p_1，p_2，$\cdots$，p_N 称为 $X(z)$ 的极点，分子 $N(z) = 0$ 的 M 个根 z_1，z_2，$\cdots$，z_M 称为 $X(z)$ 的零点。在极点处 z 变换不存在，因此收敛域中没有极点，收敛域由极点限定其边界。

【例 4 - 2】　已知 $X(z) = \dfrac{z^{-1} - 2z^{-2}}{(2 - z^{-1})(1 - 4z^{-1} + 5z^{-2})}$，在 z 平面上绘出 $X(z)$ 的极点和零点，并指出其收敛域。

解　$X(z) = \dfrac{z^{-1} - 2z^{-2}}{(2 - z^{-1})(1 - 4z^{-1} + 5z^{-2})}$

$\qquad\qquad = \dfrac{z(z-2)}{(2z-1)(z^2 - 4z + 5)}$

$X(z)$ 有两个零点为 $z_1 = 0$，$z_2 = 2$；有三个极点为 $p_1 = 0.5$，$p_{2,3} = 2 \pm j$。

$X(z)$ 的极零点图如图 4 - 16 所示。由于收敛域内是不会有极点的，因此离原点最远的极点必然在收敛域的内边界圆上，收敛域为该圆以外区域，即 $|z| > 2.236$。

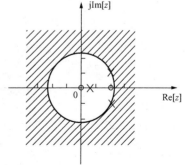

图 4 - 16　$X(z)$ 的极零点图

4.2.4　z 变换的性质

z 变换具有许多性质，这些性质在离散时间系统研究中非常重要。利用这些性质，可以方便地计算许多复杂信号的 z 变换和逆 z 变换，还可以找到 z 域与时域的关系。

1. 线性

若 $x_1(n) \leftrightarrow X_1(z), x_2(n) \leftrightarrow X_2(z)$，$a_1$ 和 a_2 为任意常数，则

$$a_1 x_1(n) + a_2 x_2(n) \leftrightarrow a_1 X_1(z) + a_2 X_2(z) \tag{4-30}$$

上述结论容易由 z 变换的定义证明。其收敛域是 $X_1(z)$ 与 $X_2(z)$ 收敛域的重叠部分。

【例 4-3】　求序列 $a^n \varepsilon(n) - a^n \varepsilon(n-1)$ 的 z 变换。

解
$$\mathscr{Z}\left[a^n \varepsilon(n)\right] = \frac{z}{z-a}$$

$$\mathscr{Z}\left[a^n \varepsilon(n-1)\right] = \sum_{n=1}^{\infty} a^n z^{-1} = \frac{a}{z-a} \quad (|z| > |a|)$$

$$\mathscr{Z}\left[a^n \varepsilon(n) - a^n \varepsilon(n-1)\right] = \frac{z}{z-a} - \frac{a}{z-a} = 1$$

可见，线性叠加后序列 z 变换的收敛域可能扩大，在此例中由 $|z| > |a|$ 扩展到全 z 平面。

【例 4-4】　求单边余弦序列 $x_1(n) = \cos(\Omega_0 n)\varepsilon(n)$ 和单边正弦序列 $x_2(n) = \sin(\Omega_0 n)\varepsilon(n)$ 的 z 变换。

解　余弦和正弦序列可分别用复指数序列表示为

$$\cos(\Omega_0 n)\varepsilon(n) = \frac{1}{2}(e^{j\Omega_0 n} + e^{-j\Omega_0 n})\varepsilon(n)$$

$$\sin(\Omega_0 n)\varepsilon(n) = \frac{1}{2j}(e^{j\Omega_0 n} - e^{-j\Omega_0 n})\varepsilon(n)$$

由于复指数序列的 z 变换为

$$e^{j\Omega_0 n}\varepsilon(n) \leftrightarrow \frac{z}{z - e^{j\Omega_0}}, e^{-j\Omega_0 n}\varepsilon(n) \leftrightarrow \frac{z}{z - e^{-j\Omega_0}}$$

则余弦序列的 z 变换为

$$X(z) = \frac{1}{2}\left(\frac{z}{z - e^{j\Omega_0}} + \frac{z}{z - e^{-j\Omega_0}}\right)$$

$$= \frac{z^2 - \cos(\Omega_0)z}{z^2 - 2\cos(\Omega_0)z + 1}$$

即

$$\cos(\Omega_0 n)\varepsilon(n) \leftrightarrow \frac{z^2 - \cos(\Omega_0)z}{z^2 - 2\cos(\Omega_0)z + 1}$$

同理可求出正弦序列的 z 变换为

$$\sin(\Omega_0 n)\varepsilon(n) \leftrightarrow \frac{\sin(\Omega_0)z}{z^2 - 2\cos(\Omega_0)z + 1}$$

2. 移位性质

若 $x(n) \leftrightarrow X(z)$，把序列 $x(n)$ 右移 N 位，则右移后的序列 $x(n-N)$ 的 z 变换为

$$x(n-1) \leftrightarrow z^{-1}X(z) + x(-1)$$

$$x(n-2) \leftrightarrow z^{-2}X(z) + x(-1)z^{-1} + x(-2)$$

$$x(n-N) \leftrightarrow z^{-N}X(z) + x(-1)z^{-(N-1)} + x(-2)z^{-(N-2)} + \cdots + x(-N) \tag{4-31}$$

证明：由单边 z 变换的定义式

$$\mathscr{L}\left[x(n-N)\right]=\sum_{n=0}^{\infty}x(n-N)z^{-n}=\sum_{n=0}^{N-1}x(n-N)z^{-n}+\sum_{n=N}^{\infty}x(n-N)z^{-n}$$

上式第二项中令 $n-N=m$，有

$$\sum_{n=N}^{\infty}x(n-N)z^{-n}=z^{-N}\sum_{n=N}^{\infty}x(n-N)z^{-(n-N)}=z^{-N}\sum_{m=0}^{\infty}x(m)z^{-m}$$

$$=z^{-N}X(z)$$

故有

$$\mathscr{L}\left[x(n-N)\right]=z^{-N}X(z)+\sum_{n=0}^{N-1}x(n-N)z^{-n}$$

$$=z^{-N}X(z)+x(-1)z^{-(N-1)}+x(-2)z^{-(N-2)}+\cdots+x(-N)$$

对因果序列，$n<0$ 时序列的值为零，因而有

$$x(n-N)\leftrightarrow z^{-N}X(z) \tag{4-32}$$

例如

$$x(n-1)\leftrightarrow z^{-1}X(z)$$

$$x(n-2)\leftrightarrow z^{-2}X(z)$$

利用此性质，可以把时域的差分方程变换为 z 域的代数方程，大大简化了计算。

【例 4-5】　已知 $\delta(n)\leftrightarrow 1$，利用移位性质求 $\varepsilon(n)$ 和 $\varepsilon(n-1)$ 的 z 变换。

解　样值序列 $\delta(n)$ 与阶跃序列 $\varepsilon(n)$ 的关系为

$$\delta(n)=\varepsilon(n)-\varepsilon(n-1)$$

对上式两边取 z 变换，由于 $\delta(n)\leftrightarrow 1$，$\varepsilon(n-1)\leftrightarrow z^{-1}\mathscr{L}\left[\varepsilon(n)\right]$，故

$$(1-z^{-1})\mathscr{L}\left[\varepsilon(n)\right]=1$$

则

$$\mathscr{L}\left[\varepsilon(n)\right]=\frac{1}{1-z^{-1}}=\frac{z}{z-1}$$

根据移位性质，$\varepsilon(n-1)$ 的 z 变换为

$$\mathscr{L}\left[\varepsilon(n-1)\right]=z^{-1}\mathscr{L}\left[\varepsilon(n)\right]=\frac{1}{z-1}$$

3. z 域微分性质

若 $x(n)\leftrightarrow X(z)$，则

$$nx(n)\leftrightarrow -z\frac{\mathrm{d}}{\mathrm{d}z}X(z) \tag{4-33}$$

证明：由于

$$X(z)=\sum_{n=0}^{\infty}x(n)z^{-n}$$

将等式两端对 z 取导数，得

$$\frac{\mathrm{d}X(z)}{\mathrm{d}z}=\frac{\mathrm{d}}{\mathrm{d}z}\sum_{n=0}^{\infty}x(n)z^{-n}=\sum_{n=0}^{\infty}x(n)\frac{\mathrm{d}}{\mathrm{d}z}z^{-n}=-z^{-1}\sum_{n=0}^{\infty}nx(n)z^{-n}=-z^{-1}\mathscr{L}\left[nx(n)\right]$$

所以

$$\mathscr{L}\left[nx(n)\right]=-z\frac{\mathrm{d}}{\mathrm{d}z}X(z)$$

【例 4 - 6】　已知 $X(z) = \mathscr{Z}[a^n\varepsilon(n)] = \dfrac{z}{z-a}$，求序列 $na^n\varepsilon(n)$ 的 z 变换。

解　利用 z 域微分性质可得

$$\mathscr{Z}[na^n\varepsilon(n)] = -z\frac{\mathrm{d}}{\mathrm{d}z}X(z) = -z \times \frac{-a}{(z-a)^2} = \frac{az}{(z-a)^2}$$

当 $a=1$ 时，$na^n\varepsilon(n)$ 即为斜变序列 $r(n) = n\varepsilon(n)$，因此 $r(n)$ 的 z 变换为

$$\mathscr{Z}[r(n)] = \frac{z}{(z-1)^2}$$

4. z 域尺度变换

若 $x(n) \leftrightarrow X(z)$，则

$$a^n x(n) \leftrightarrow X\left(\frac{z}{a}\right) \tag{4-34}$$

式中：a 为非零复常数。

证明

$$\mathscr{Z}[a^n x(n)] = \sum_{n=0}^{\infty} a^n x(n) z^{-n} = \sum_{n=0}^{\infty} x(n)\left(\frac{z}{a}\right)^{-n} = X\left(\frac{z}{a}\right)$$

同理可得

$$a^{-n} x(n) \leftrightarrow X(az)$$
$$(-1)^n x(n) \leftrightarrow X(-z)$$

5. 时域卷积定理

若 $x(n)$ 和 $h(n)$ 均为因果序列，$x(n) \leftrightarrow X(z)$，$h(n) \leftrightarrow H(z)$，则

$$x(n) * h(n) \leftrightarrow X(z)H(z) \tag{4-35}$$

证明：两个序列的卷积定义为 $x(n) * h(n) = \sum\limits_{m=0}^{\infty} x(m)h(n-m)$

由 z 变换定义和卷积公式有

$$\mathscr{Z}[x(n) * h(n)] = \sum_{n=0}^{\infty}[x(n) * h(n)]z^{-n} = \sum_{n=0}^{\infty}\sum_{m=0}^{\infty} x(m)h(n-m)z^{-n}$$

$$= \sum_{m=0}^{\infty} x(m)\left[\sum_{n=0}^{\infty} h(n-m)z^{-n}\right]$$

$$= \sum_{m=0}^{\infty} x(m)z^{-m}H(z)$$

$$= X(z)H(z)$$

利用卷积定理求解离散时间系统的零状态响应，可以把在时域的卷积计算转化为 z 域的乘积计算。关于卷积的概念及应用详见第 5 章。

【例 4 - 7】　求下列两个单边指数序列的卷积。

$$x(n) = 2^n\varepsilon(n)$$
$$h(n) = 3^n\varepsilon(n)$$

解　由于

$$X(z) = \frac{z}{z-2}$$

$$H(z) = \frac{z}{z-3}$$

应用卷积定理得

$$Y(z) = X(z)H(z) = \frac{z^2}{(z-2)(z-3)}$$

把 $Y(z)$ 展开成部分分式，得

$$Y(z) = \frac{-2z}{z-2} + \frac{3z}{z-3}$$

其逆变换则为

$$y(n) = (-2^{n+1} + 3^{n+1})\varepsilon(n)$$

常见序列的 z 变换及性质请参见附录 B 的常用信号单边 z 变换表。

4.2.5　逆 z 变换

单边逆 z 变换的计算公式为

$$x(n) = \frac{1}{j2\pi} \oint_c X(z)z^{n-1}\mathrm{d}z \qquad n \geqslant 0 \qquad\qquad (4-36)$$

其中，c 是在 $X(z)$ 收敛域中逆时针（正向）围绕原点的闭合曲线，如图 4-17 所示。式 (4-36) 涉及复变函数积分，直接计算比较复杂。

对于一些典型的离散时间信号的 z 变换 $X(z)$，可以通过查附录 B 的 z 变换表得到，如 $\delta(n) \leftrightarrow 1$、$\varepsilon(n) \leftrightarrow \frac{z}{z-1}$、$a^n\varepsilon(n) \leftrightarrow \frac{z}{z-a}$ 等。对于不能在 z 变换表中直接查到的其他形式的 $X(z)$，可以采用幂级数展开法、部分分式展开法和留数法来计算 z 逆变换。

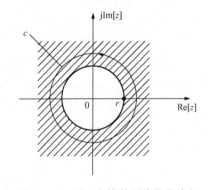

图 4-17　逆 z 变换的围线积分路径

1. 幂级数展开法（长除法）

根据单边 z 变换的定义 $X(z) = \sum\limits_{n=0}^{\infty} x(n)z^{-n}$，序列 $x(n)$ 的 z 变换实际上可以视为 z^{-1} 的幂级数。因此，序列的取值用作了对应幂次项的系数。反过来说就是，把相应的幂次项"收集"起来，就组成了 z 变换对应的序列，这就是所谓幂级数展开法的基本思想。

【例 4-8】　设 $X(z) = 3z^{-1} + 5z^{-3} - 2z^{-4}$，求 $x(n)$。

解　$x(n)$ 为移位样值序列的和，由下式给出

$$x(n) = 3\delta(n-1) + 5\delta(n-3) - 2\delta(n-4)$$

该序列也可表示为

$$x(n) = \{\underset{n=0}{0}, 3, 0, 5, -2\}$$

根据式 (4-29)，一般情况下，序列的 z 变换 $X(z)$ 通常可以表示为如下形式的有理函数

$$X(z) = \frac{N(z)}{D(z)} = \frac{b_0 + b_1 z^{-1} + \cdots + b_M z^{-M}}{a_0 + a_1 z^{-1} + \cdots + a_N z^{-N}} \qquad\qquad (4-37)$$

式中：a_i、b_j 为实系数（$i = 0, 1, \cdots, N$；$j = 0, 1, \cdots, M$）。

如果 $X(z)$ 的收敛域是 $|z|>r_1$，即 $x(n)$ 是因果序列，则 $N(z)$ 和 $D(z)$ 要按照 z 的降幂（或 z^{-1} 的升幂）次序进行排列。当 $X(z)$ 的分子的次数 M 小于等于分母的次数 N 时，用长除法将分子除以分母可得 z 的负幂级数，进而可求得 $x(n)$。

【例 4 - 9】　求 $X(z)=\dfrac{5z^{-1}}{1-3z^{-1}+2z^{-2}}$ 的逆 z 变换。

解　将 $X(z)$ 的分子和分母按 z 的降幂排列，用长除法有

$$
\begin{array}{r}
5z^{-1}+15z^{-2}+35z^{-3}+\cdots \\[2pt]
\hline
1-3z^{-1}+2z^{-2}\,{\big)}\,5z^{-1} \\
5z^{-1}-15z^{-2}+10z^{-3} \\ \hline
15z^{-2}-10z^{-3} \\
15z^{-2}-45z^{-3}+30z^{-4} \\ \hline
35z^{-3}-30z^{-4} \\
\cdots
\end{array}
$$

则

$$X(z)=5z^{-1}+15z^{-2}+35z^{-3}+\cdots$$
$$x(n)=\{\underset{n=1}{5},15,35,\cdots\}$$

利用幂级数展开法求解逆 z 变换，方法比较直观和简单，但有时难以归纳出 $x(n)$ 的闭式解。

在 MATLAB 中，用幂级数展开法求 z 逆变换的指令是 impz。在计算之前，应先把有理分式 $X(z)$ 的分子、分母多项式如式（4-37）那样用 z 的负幂形式表示。式中，$a_0\neq0$，但 b_0、b_1 等有可能为零。利用分子系数向量 b 和分母系数向量 a 求逆变换 $x(n)$ 在各 n 处值的指令格式为 **[xn, n] = impz(b, a)** 或 **impz(b, a)**

式中：a$=[a_0, a_1, \cdots, a_N]$；b$=[b_0, b_1, \cdots, b_M]$；xn 为存储 $x(n)$ 的列向量；n 为独立变量的列向量，n$=[0:N-1]'$；注意，在建立式（4-37）的系数向量时，即使常数项 b_0 为零，也要在 b 中输入。

2. 部分分式展开法

由于序列的 z 变换通常是有理函数，与拉普拉斯变换中部分分式展开法类似，这里也可将 $X(z)$ 展开为一些逆变换已知的部分分式的和，然后分别求出各部分分式的逆变换，再相加即可得到 $x(n)$。

需要注意的是，z 变换的基本形式为 $\dfrac{z}{z-a}$，它对应于 a^n，而拉氏变换的基本形式是 $\dfrac{1}{s-a}$。因此，对于有理真分式 $X(z)$，在利用第 2 章的部分分式法求有理真分式 $X(z)$ 的逆变换时，通常是先将 $\dfrac{X(z)}{z}$ 进行部分分式展开为

$$\frac{X(z)}{z}=\sum_{m=1}^{N}\frac{A_m}{z-p_m} \tag{4-38}$$

式中：p_m 是 $\dfrac{X(z)}{z}$ 的极点。

系数 A_m 的求解式为

$$A_m=\left[(z-p_m)\frac{X(z)}{z}\right]\Big|_{z=p_m} \tag{4-39}$$

然后将每个分式再乘以 z。这样对具有一阶极点的 $X(z)$，便可展开成 $\dfrac{z}{z-a}$ 的求和形式

$$X(z) = \sum_{m=1}^{N} \frac{A_m z}{z - p_m} \tag{4-40}$$

取逆变换得

$$x(n) = \sum_{m=1}^{N} A_m (p_m)^n \varepsilon(n) \tag{4-41}$$

【例 4-10】　用部分分式法求 $X(z) = \dfrac{0.6z^{-2}}{1 - 0.5z^{-1} + 0.06z^{-2}}$ 的逆 z 变换。

解　先把 $X(z)$ 写成 z 的正幂形式

$$X(z) = \frac{0.6z^{-2}}{1 - 0.5z^{-1} + 0.06z^{-2}} = \frac{0.6}{z^2 - 0.5z + 0.06}$$

对 $\dfrac{X(z)}{z}$ 进行部分分式展开

$$\frac{X(z)}{z} = \frac{0.6}{z(z^2 - 0.5z + 0.06)} = \frac{0.6}{z(z - 0.2)(z - 0.3)} = \frac{A_1}{z} + \frac{A_2}{z - 0.2} + \frac{A_3}{z - 0.3}$$

式中

$$A_1 = \left[z \frac{X(z)}{z} \right]\Big|_{z=0} = 10$$

$$A_2 = \left[(z - 0.2) \frac{X(z)}{z} \right]\Big|_{z=0.2} = \frac{0.6}{z(z - 0.3)}\Big|_{z=0.2} = -30$$

$$A_3 = \left[(z - 0.3) \frac{X(z)}{z} \right]\Big|_{z=0.3} = \frac{0.6}{z(z - 0.2)}\Big|_{z=0.3} = 20$$

所以

$$X(z) = 10 - \frac{30z}{z - 0.2} + \frac{20z}{z - 0.3}$$

取逆变换，得

$$x(n) = 10\delta(n) - 30(0.2)^n \varepsilon(n) + 20(0.3)^n \varepsilon(n)$$

3. 留数法

由逆 z 变换的定义式，若被积函数 $X(z)z^{n-1}$ 是有理分式，一般可采用留数定理来求解。参看图 4-17，如果 $X(z)z^{n-1}$ 在围线 c 内的极点用 p_k 表示，根据留数定理

$$x(n) = \frac{1}{j2\pi} \oint_c X(z) z^{n-1} \mathrm{d}z = \sum_k \mathrm{Res}[X(z) z^{n-1}, p_k] \tag{4-42}$$

式中：$\mathrm{Res}[X(z)z^{n-1}, p_k]$ 表示被积函数 $X(z)z^{n-1}$ 在极点 p_k 的留数，逆 z 变换即是 c 内所有极点的留数之和。

若 p_k 是单阶极点，根据留数定理

$$\mathrm{Res}[X(z) z^{n-1}, p_k] = (z - p_k) X(z) z^{n-1} \big|_{z=p_k} \tag{4-43}$$

若 p_k 是 N 阶极点，根据留数定理

$$\mathrm{Res}[X(z) z^{n-1}, p_k] = \frac{1}{(N-1)!} \frac{\mathrm{d}^{N-1}}{\mathrm{d}z^{N-1}} \left[(z - p_k)^N X(z) z^{n-1} \right]\Big|_{z=p_k} \tag{4-44}$$

实际上部分分式展开法中的系数 A_m，即是 $\dfrac{X(z)}{z}$ 在单阶极点 p_m 处的留数。

【例 4 - 11】　已知 $X(z) = \dfrac{1}{1 - az^{-1}}$，$|z| > a$，求其逆 z 变换 $x(n)$。

解　由于收敛域 $|z| > a$，原序列 $x(n)$ 一定是因果序列，$n \geq 0$。

$$x(n) = \frac{1}{j2\pi} \oint_c \frac{1}{(1 - az^{-1})} z^{n-1} dz$$

$$F(z) = X(z)z^{n-1} = \frac{1}{1 - az^{-1}} z^{n-1} = \frac{z^n}{z - a}$$

$F(z)$ 有一阶极点 $p = a$。根据留数定理，有

$$x(n) = \text{Res}[X(z)z^{n-1}, a] = (z - a)\frac{z^n}{z - a}\Big|_{z=a} = a^n$$

所以原序列为

$$x(n) = a^n \varepsilon(n)$$

在 MATLAB 中用部分分式求 z 逆变换的指令是 residuez，其格式为 **[r, p, k] = residuez(b, a)**。它可求得 $X(z)$ 部分分式的各个系数。其中，b = $[b_0, b_1, \cdots, b_M]$ 和 a = $[a_0, a_1, \cdots, a_N]$ 是式（4 - 37）中分子和分母多项式的系数。如果 $X(z)$ 的部分分式展开为

$$X(z) = \frac{r_1}{1 - p_1 z^{-1}} + \frac{r_2}{1 - p_2 z^{-1}} + \frac{r_3}{1 - p_3 z^{-1}} + k_1 + k_2 z^{-1}$$

则 residuez 的返回参数 r，p，k 分别为 r = $[r_1, r_2, r_3]$，p = $[p_1, p_2, p_3]$，k = $[k_1, k_2]$。

4.3　离散信号的傅里叶分析

通过前面的学习可以看到，连续信号的傅里叶变换、拉普拉斯变换和离散信号的 z 变换之间有着密切的联系，在一定的条件下可以互相转换。本节通过它们之间的关系引出离散时间信号的傅里叶分析。

4.3.1　离散信号的 z 变换与傅里叶变换的关系

1. s 平面与 z 平面的映射关系

对模拟信号 $x(t)$ 以抽样间隔 T_S 进行冲激抽样得到抽样信号 $x_S(t) = x(nT_S)$，进行拉普拉斯变换，引入了新的复变量 $z = e^{sT_S}$，即

$$X_S(s) = X(z)\big|_{z=e^{sT_S}} \quad \text{或} \quad X(z) = X_S(s)\big|_{s=\frac{1}{T_S}\ln z}$$

上式分别给出了序列 $x(n)$ 的 z 变换 $X(z)$ 与冲激采样信号 $x_S(t)$ 的拉普拉斯变换 $X_S(s)$ 之间的变换关系。

考察复变量 $z = e^{sT_S}$，这是一个 s 域到 z 域的变换。复变量（直角坐标形式）$s = \sigma + j\omega$ 经变换后也是一个复变量（极坐标形式）$z = e^{sT_S} = e^{(\sigma+j\omega)T_S} = e^{\sigma T_S} e^{j\omega T_S} = re^{j\Omega}$，其中 $r = e^{\sigma T_S}$，$\Omega = \omega T_S$；重复频率为 $\omega_S = 2\pi / T_S$。

由此可得 s—z 平面有如下的映射关系：

（1）s 平面的整个虚轴映射到 z 平面是单位圆；s 平面的右半平面映射到 z 平面是单位圆的圆外；s 平面的左半平面映射到 z 平面是单位圆的圆内。

（2）s 平面的整个实轴映射到 z 平面是正实轴；s 平面平行于实轴（$\omega = \omega_0$ 是常数）的直线映射到 z 平面是始于原点的辐射线，当 $\omega_0 = k\omega_S/2$（$k = \pm 1, \pm 3, \cdots$）时，平行于实轴的直线映射到 z 平面的是负实轴。

s—z 平面的映射关系如表 4 - 1 所示。

（3）由于 $e^{j\Omega}$ 是以 $\Omega_S = \omega_S T_S = (2\pi/T_S)T_S = 2\pi$ 为周期的周期函数，因此在 s 平面上沿虚轴水平移动每增加一个 ω_S，在 z 平面上 Ω 就增加 2π，即重复旋转一周。所以，s 平面与 z 平面的映射关系相当于把 s 平面分割成无穷多条宽度为 $\omega_S = 2\pi/T_S$ 的水平带面，这些水平带面都互相重叠地映射到整个 z 平面上。因此，s 平面和 z 平面的映射关系不是单值的。

2. z 变换与傅里叶变换的关系

由于 $z = e^{sT_S}$，则 s 平面的虚轴 $s = j\omega$ 映射到 z 平面的单位圆 $|z| = e^0 = r = 1$。正像虚轴上的拉普拉斯变换对应于连续时间信号的傅里叶变换一样，单位圆上的 z 变换对应于离散时间信号的傅里叶变换。因此，若一个离散时间信号的傅里叶变换存在，则它在 z 平面的收敛域应包含单位圆。

表 4 - 1　　　　　　　　　　　　　　　s—z 平面的映射关系

s 平面（$s = \sigma + j\omega$）		z 平面（$z = re^{j\Omega}$）	
虚轴 $\left(\begin{array}{l}\sigma = 0 \\ s = j\omega\end{array}\right)$			单位圆 $\left(\begin{array}{l}r = 1 \\ \Omega \text{ 任意}\end{array}\right)$
左半平面 $(\sigma < 0)$			单位圆内 $\left(\begin{array}{l}r < 1 \\ \Omega \text{ 任意}\end{array}\right)$
右半平面 $(\sigma > 0)$			单位圆外 $\left(\begin{array}{l}r > 1 \\ \Omega \text{ 任意}\end{array}\right)$
平行于虚轴的直线 （σ 为常数）			圆 $\left(\begin{array}{l}\sigma > 0, r > 1 \\ \sigma < 0, r < 1\end{array}\right)$
整个实轴 $\left(\begin{array}{l}\omega = 0 \\ s = \sigma\end{array}\right)$			正实轴 $\left(\begin{array}{l}\Omega = 0 \\ r \text{ 任意}\end{array}\right)$
平行于实轴的直线 （ω 为常数）			始于原点的射线 $\left(\begin{array}{l}\Omega = \text{常数} \\ r \text{ 任意}\end{array}\right)$
通过 $j\dfrac{k\omega_S}{2}$ 平行于实轴的直线 （$k = \pm 1, \pm 3, \cdots$）			负实轴 $\left(\begin{array}{l}\Omega = \pi \\ r \text{ 任意}\end{array}\right)$

4.3.2　离散时间傅里叶变换（DTFT）

1. 离散时间傅里叶变换的定义

为了从离散信号 $x(n)$ 的 z 变换引入其傅里叶变换，把双边 z 变换和反变换重写如下

$$X(z) = \sum_{n=-\infty}^{\infty} x(n)z^{-n}$$

$$x(n) = \frac{1}{j2\pi} \oint_c X(z)z^{n-1} dz$$

当 z 只在 z 平面的单位圆上取值，即 $z = e^{j\Omega}$ 时，可以得到

$$X(e^{j\Omega}) = \sum_{n=-\infty}^{\infty} x(n)e^{-j\Omega n} = \text{DTFT}[x(n)] \qquad (4\text{-}45)$$

$$x(n) = \frac{1}{2\pi} \int_{-\pi}^{\pi} X(e^{j\Omega})e^{j\Omega n} d\Omega = \text{IDFT}[X(e^{j\Omega})] \qquad (4\text{-}46)$$

式（4-45）被称为离散时间序列 $x(n)$ 的傅里叶变换，即 DTFT（Discrete Time Fourier Transformation）；式（4-46）被称为序列 $X(e^{j\Omega})$ 的傅里叶反变换，即 IDTFT，两者构成一对离散时间傅里叶变换对。

序列 $x(n)$ 的傅里叶变换 $X(e^{j\Omega})$ 是幅角 Ω 的复函数。为了与连续时间信号的模拟角频率 ω 相区别，称 $\Omega = \omega T_S$ 为数字角频率，它的单位为弧度。这样，$X(e^{j\Omega})$ 又可以写成

$$X(e^{j\Omega}) = |X(e^{j\Omega})| e^{j\varphi(\Omega)} \qquad (4\text{-}47)$$

式中：$X(e^{j\Omega})$ 表示序列 $x(n)$ 的频域特性，又称为 $x(n)$ 的频谱；$|X(e^{j\Omega})|$ 称为幅度频谱；$\varphi(\Omega)$ 称为相位频谱；两者都是 Ω 的连续函数。

DTFT 成立的充分必要条件是序列 $x(n)$ 满足绝对可和条件，即满足下式

$$\sum_{n=-\infty}^{\infty} |x(n)| < \infty \qquad (4\text{-}48)$$

一些不满足绝对可和条件的序列，例如周期序列，其 DTFT 不存在，但如果引入奇异函数，就可以用奇异函数表示它们的 DTFT。

由于 $e^{j\Omega}$ 是变量 Ω 以 2π 为周期的周期性函数，在式（4-45）中，n 为整数，所以下式成立

$$X(e^{j\Omega}) = \sum_{n=-\infty}^{\infty} x(n)e^{-j(\Omega+2\pi l)n} = X[e^{j(\Omega+2\pi l)}], \quad l \text{ 为整数} \qquad (4\text{-}49)$$

因此 $X(e^{j\Omega})$ 也是以 2π 为周期的周期性函数，即 $x(n)$ 的频谱都是随 Ω 周期变化的。由于 DTFT 的周期性，一般只需分析 $[0, 2\pi]$ 或 $[-\pi, \pi]$ 区间的 DTFT。

【例 4-12】　求 $x(n) = a^n \varepsilon(n)$ 的离散时间傅里叶变换，其中 $|a| < 1$。

解　根据式（4-45）可求出离散时间单边指数信号的傅里叶变换为

$$X(e^{j\Omega}) = \sum_{n=0}^{\infty} a^n e^{-j\Omega n} = \sum_{n=0}^{\infty} (ae^{-j\Omega})^n = \frac{1}{1 - ae^{-j\Omega}}$$

显然，要使上式成立，必须有 $|a| < 1$。

$a^n \varepsilon(n)$ 的离散时间傅里叶变换也可用单边 z 变换求解，由于

$$X(z) = \frac{z}{z - a}$$

当 $|a| < 1$ 时 z 变换的收敛域包含单位圆，这时

$$X(\mathrm{e}^{\mathrm{j}\Omega}) = X(z)\big|_{z=\mathrm{e}^{\mathrm{j}\Omega}} = \frac{\mathrm{e}^{\mathrm{j}\Omega}}{\mathrm{e}^{\mathrm{j}\Omega} - a} = \frac{1}{1 - a\mathrm{e}^{-\mathrm{j}\Omega}}$$

图 4 - 18（a）和（b）给出了 $a = 0.8$ 时 $X(\mathrm{e}^{\mathrm{j}\Omega})$ 的幅度频谱和相位频谱。由于频谱的周期性，一般只需要给出 $0 \leqslant \Omega \leqslant 2\pi$ 或 $-\pi \leqslant \Omega \leqslant \pi$ 区间的频谱，如图 4 - 18（c）和（d）所示。

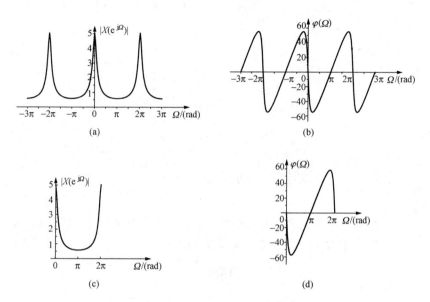

图 4 - 18　$x(n) = (0.8)^n \varepsilon(n)$ 的频谱

（a）幅度频谱；（b）相位频谱；（c）幅度频谱的一
个周期；（d）相位频谱的一个周期

【例 4 - 13】　求序列 $x(n) = \delta(n)$ 的傅里叶变换。

解　由定义式得

$$X(\mathrm{e}^{\mathrm{j}\Omega}) = \sum_{n=-\infty}^{\infty} \delta(n)\mathrm{e}^{-\mathrm{j}n\Omega} = \delta(n)\mathrm{e}^{-\mathrm{j}n\Omega} = 1$$

【例 4 - 14】　求序列 $x(n) = 1$ 的傅里叶变换。

解　显然，$x(n) = 1$ 的信号不满足绝对可和的条件，但可以仿照连续时间信号的情况，在变换中引入冲激函数。由于离散时间信号的傅里叶变换是以 2π 为周期的，考察下式给出的等间隔冲激频谱函数

$$X(\mathrm{e}^{\mathrm{j}\Omega}) = \sum_{k=-\infty}^{\infty} 2\pi\delta(\Omega + 2\pi k)$$

利用逆变换公式得

$$x(n) = \frac{1}{2\pi} \int_{-\pi}^{\pi} 2\pi\delta(\Omega)\mathrm{e}^{\mathrm{j}\Omega n}\,\mathrm{d}\Omega = 1$$

因此

$$1 \leftrightarrow \sum_{k=-\infty}^{\infty} 2\pi\delta(\Omega + 2\pi k) \tag{4 - 50}$$

【例 4 - 15】　若 $x(n) = R_5(n) = \varepsilon(n) - \varepsilon(n-5)$，求此序列的傅里叶变换 $X(\mathrm{e}^{\mathrm{j}\Omega})$。

解　由定义式得

$$X(\mathrm{e}^{\mathrm{j}\Omega}) = \sum_{n=0}^{4} \mathrm{e}^{-\mathrm{j}\Omega n} = \frac{1-\mathrm{e}^{-\mathrm{j}5\Omega}}{1-\mathrm{e}^{-\mathrm{j}\Omega}} = \frac{\mathrm{e}^{-\mathrm{j}\frac{5}{2}\Omega}}{\mathrm{e}^{-\mathrm{j}\frac{1}{2}\Omega}}\left(\frac{\mathrm{e}^{\mathrm{j}\frac{5}{2}\Omega}-\mathrm{e}^{-\mathrm{j}\frac{5}{2}\Omega}}{\mathrm{e}^{\mathrm{j}\frac{1}{2}\Omega}-\mathrm{e}^{-\mathrm{j}\frac{1}{2}\Omega}}\right)$$

$$= \mathrm{e}^{-\mathrm{j}2\Omega}\left[\frac{\sin\left(\frac{5}{2}\Omega\right)}{\sin\left(\frac{\Omega}{2}\right)}\right] = \mid X(\mathrm{e}^{\mathrm{j}\Omega}) \mid \mathrm{e}^{\mathrm{j}\varphi(\Omega)}$$

其中，幅频特性为

$$\mid X(\mathrm{e}^{\mathrm{j}\Omega}) \mid = \left|\frac{\sin\left(\frac{5}{2}\Omega\right)}{\sin\left(\frac{\Omega}{2}\right)}\right|$$

相频特性为

$$\varphi(\Omega) = -\mathrm{j}2\Omega + \arg\left[\frac{\sin\left(\frac{5}{2}\Omega\right)}{\sin\left(\frac{\Omega}{2}\right)}\right]$$

式中：$\arg[\cdot]$ 表示方括号内表达式引入的相移，此处，其值在不同 Ω 区间分别为 0，π，2π，3π，…。图 4-19 绘出了 $R_5(n)$ 及其幅频和相频特性。

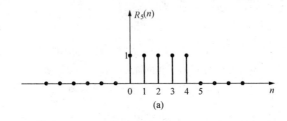

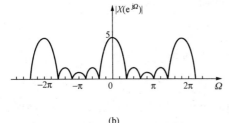

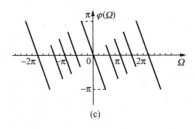

图 4-19 序列 $R_5(n)$ 及其傅里叶变换

(a) 序列 $R_5(n)$；(b) 幅频特性；(c) 相频特性

2. 离散时间傅里叶变换 DTFT 的基本性质

由于离散时间信号的傅里叶变换可以通过 z 变换在单位圆上取值得到，因此，它的基本性质与 z 变换的基本性质有许多相同之处。

(1) 线性。设 $x_1(n)$、$x_2(n)$ 的傅里叶变换分别为 $X_1(\mathrm{e}^{\mathrm{j}\Omega})$ 及 $X_2(\mathrm{e}^{\mathrm{j}\Omega})$，则

$$a_1 x_1(n) + a_2 x_2(n) \leftrightarrow a_1 X_1(\mathrm{e}^{\mathrm{j}\Omega}) + a_2 X_2(\mathrm{e}^{\mathrm{j}\Omega}) \tag{4-51}$$

式中：a_1、a_2 为任意常数。上述结论容易由离散时间傅里叶变换的定义证明。

(2) 移位。若 $x(n) \leftrightarrow X(\mathrm{e}^{\mathrm{j}\Omega})$ 是傅里叶变换对，则有

时域移位 $\qquad\qquad x(n-n_0) \leftrightarrow \mathrm{e}^{-\mathrm{j}\Omega n_0} X(\mathrm{e}^{\mathrm{j}\Omega}) \tag{4-52}$

频域移位 $\qquad\qquad\qquad\qquad e^{j\Omega_0 n}x(n)\leftrightarrow X[e^{j(\Omega-\Omega_0)}]$ $\qquad\qquad$ (4 - 53)

由式（4 - 52）与式（4 - 53）可以看出，时域的移位对应频域的相移；频域的移位对应于时域的调制。

证明：$\mathrm{DTFT}[x(n-n_0)]=\sum\limits_{n=-\infty}^{\infty}x(n-n_0)e^{-j\Omega n}\underline{\quad 令\ n'=n-n_0\quad}\sum\limits_{n'=-\infty}^{\infty}x(n')e^{-j\Omega(n'+n_0)}$

$$=e^{-j\Omega n_0}\sum\limits_{n'=-\infty}^{\infty}x(n')e^{-j\Omega n'}=e^{-j\Omega n_0}X(e^{j\Omega})$$

$$\mathrm{DTFT}[e^{j\Omega_0 n}x(n)]=\sum\limits_{n=-\infty}^{\infty}e^{j\Omega_0 n}x(n)e^{-j\Omega n}$$

$$=\sum\limits_{n=-\infty}^{\infty}x(n)e^{-j(\Omega-\Omega_0)n}$$

$$=X[e^{j(\Omega-\Omega_0)}]$$

（3）时域信号的线性加权。若 $x(n)\leftrightarrow X(e^{jn})$ 是傅里叶变换对，则

$$nx(n)\leftrightarrow j\left[\frac{\mathrm{d}}{\mathrm{d}\Omega}X(e^{j\Omega})\right]$$ $\qquad\qquad$ (4 - 54)

即时域的线性加权对应频域的微分。

证明：$\dfrac{\mathrm{d}}{\mathrm{d}\Omega}X(e^{j\Omega})=\dfrac{\mathrm{d}}{\mathrm{d}\Omega}\sum\limits_{n=-\infty}^{\infty}x(n)e^{-j\Omega n}=\sum\limits_{n=-\infty}^{\infty}x(n)\dfrac{\mathrm{d}}{\mathrm{d}\Omega}e^{-j\Omega n}=-j\sum\limits_{n=-\infty}^{\infty}nx(n)e^{-j\Omega n}$

所以

$$\mathrm{DTFT}[nx(n)]=j\frac{\mathrm{d}}{\mathrm{d}\Omega}X(e^{j\Omega})$$

（4）反转与对称性。若 $x(n)\leftrightarrow X(e^{j\Omega})$ 是傅里叶变换对，则

$$x(-n)\leftrightarrow X(e^{-j\Omega})$$ $\qquad\qquad$ (4 - 55)

时域反转，对应频域也反转。

由反转性质可得

$$\mathrm{Even}\{x(n)\}\leftrightarrow\mathrm{Re}\{X(e^{j\Omega})\}$$ $\qquad\qquad$ (4 - 56)

$$\mathrm{Odd}\{x(n)\}\leftrightarrow j\mathrm{Im}\{X(e^{j\Omega})\}$$ $\qquad\qquad$ (4 - 57)

式中：Even 和 Odd 分别表示取偶部和奇部。由此得出，若 $x(n)$ 为实偶对称函数，则 $X(e^{j\Omega})$ 也为实偶对称函数。

若 $x(n)$ 为实序列，由离散时间傅里叶变换的定义式可得

$$X(e^{j\Omega})=X^*(e^{-j\Omega})$$ $\qquad\qquad$ (4 - 58)

即 $X(e^{j\Omega})$ 的模是 Ω 的偶对称函数，$X(e^{j\Omega})$ 的相位是 Ω 的奇对称函数。

（5）卷积定理。若 $x(n)\leftrightarrow X(e^{j\Omega})$，$h(n)\leftrightarrow H(e^{j\Omega})$，则

时域卷积 $\qquad\qquad\qquad x(n)*h(n)\leftrightarrow X(e^{j\Omega})H(e^{j\Omega})$ $\qquad\qquad$ (4 - 59)

频域卷积 $\qquad\qquad\qquad x(n)h(n)\leftrightarrow\dfrac{1}{2\pi}X(e^{j\Omega})*H(e^{j\Omega})$ $\qquad\qquad$ (4 - 60)

即时域的卷积对应频域的相乘，频域的卷积对应于时域相乘。

证明：时域卷积定理

$$\mathrm{DTFT}[x(n)*h(n)]=\sum\limits_{n=-\infty}^{\infty}\sum\limits_{m=-\infty}^{\infty}x(m)h(n-m)e^{-j\Omega n}$$

令 $k = n - m$，则

$$\text{DTFT}[x(n) * h(n)] = \sum_{k=-\infty}^{\infty}\sum_{m=-\infty}^{\infty} x(m)h(k)\mathrm{e}^{-\mathrm{j}\Omega k}\mathrm{e}^{-\mathrm{j}\Omega m} = \sum_{k=-\infty}^{\infty} h(k)\mathrm{e}^{-\mathrm{j}\Omega k}\sum_{m=-\infty}^{\infty} x(m)\mathrm{e}^{-\mathrm{j}\Omega m}$$
$$= H(\mathrm{e}^{\mathrm{j}\Omega})X(\mathrm{e}^{\mathrm{j}\Omega})$$

频域卷积定理

$$\text{DTFT}[x(n)h(n)] = \sum_{n=-\infty}^{\infty} x(n)h(n)\mathrm{e}^{-\mathrm{j}\Omega n} = \sum_{n=-\infty}^{\infty} x(n)\left[\frac{1}{2\pi}\int_{-\pi}^{\pi} H(\mathrm{e}^{\mathrm{j}\theta})\mathrm{e}^{\mathrm{j}\theta n}\,\mathrm{d}\theta\right]\mathrm{e}^{-\mathrm{j}\Omega n}$$
$$= \frac{1}{2\pi}\int_{-\pi}^{\pi} H(\mathrm{e}^{\mathrm{j}\theta})\left[\sum_{n=-\infty}^{\infty} x(n)\mathrm{e}^{-\mathrm{j}(\Omega-\theta)n}\right]\mathrm{d}\theta$$
$$= \frac{1}{2\pi}\int_{-\pi}^{\pi} H(\mathrm{e}^{\mathrm{j}\theta})X[\mathrm{e}^{\mathrm{j}(\Omega-\theta)}]\mathrm{d}\theta$$
$$= \frac{1}{2\pi}X(\mathrm{e}^{\mathrm{j}\Omega}) * H(\mathrm{e}^{\mathrm{j}\Omega})$$

4.3.3　离散周期信号的傅里叶级数 DFS

与连续时间周期信号 $\tilde{x}(t)$ 的傅里叶级数 $\tilde{x}(t) = \sum_{n=-\infty}^{\infty} X_k \mathrm{e}^{\mathrm{j}k\omega_0 t}$ 相对应，设 $\tilde{x}(n)$ 是以 N 为周期的周期序列，因为序列是周期的，也可以展开成傅里叶级数，即

$$\tilde{x}(n) = \sum_{k=0}^{N-1} X_k \mathrm{e}^{\mathrm{j}\frac{2\pi}{N}kn} \tag{4-61}$$

式中：X_k 为傅里叶级数的系数。

$k\omega_0 t = k\dfrac{2\pi}{T}nT_S = k\dfrac{2\pi}{NT_S}nT_S = \dfrac{2\pi}{N}kn$，由于 $\mathrm{e}^{\mathrm{j}\frac{2\pi}{N}kn}$ 以 N 为周期重复变化，且离散信号的傅里叶系数也是以 N 为周期重复变化的，因此式（4-61）求和只局限于 N 项。

为求系数 X_k，将式（4-61）两边乘以 $\mathrm{e}^{-\mathrm{j}\frac{2\pi}{N}mn}$，并对 n 在一个周期 N 中求和，得到

$$\sum_{n=0}^{N-1} \tilde{x}(n)\mathrm{e}^{-\mathrm{j}\frac{2\pi}{N}mn} = \sum_{n=0}^{N-1}\left[\sum_{k=0}^{N-1} X_k \mathrm{e}^{\mathrm{j}\frac{2\pi}{N}kn}\right]\mathrm{e}^{-\mathrm{j}\frac{2\pi}{N}mn}$$

将上式右边的两个求和号互换位置，得到

$$\sum_{n=0}^{N-1} \tilde{x}(n)\mathrm{e}^{-\mathrm{j}\frac{2\pi}{N}mn} = \sum_{k=0}^{N-1} X_k \sum_{n=0}^{N-1} \mathrm{e}^{\mathrm{j}\frac{2\pi}{N}(k-m)n}$$

式中

$$\sum_{n=0}^{N-1} \mathrm{e}^{\mathrm{j}\frac{2\pi}{N}(k-m)n} = \frac{1-\mathrm{e}^{\mathrm{j}\frac{2\pi}{N}(k-m)N}}{1-\mathrm{e}^{\mathrm{j}\frac{2\pi}{N}(k-m)}} = \frac{1-\mathrm{e}^{\mathrm{j}2\pi(k-m)}}{1-\mathrm{e}^{\mathrm{j}\frac{2\pi}{N}(k-m)}} = \begin{cases} N & k = m \\ 0 & k \neq m \end{cases}$$

因此得到

$$X_k = \frac{1}{N}\sum_{n=0}^{N-1} \tilde{x}(n)\mathrm{e}^{-\mathrm{j}\frac{2\pi}{N}kn} \qquad (-\infty < k < \infty) \tag{4-62}$$

式中：k 和 n 均取整数。

当 k 变化时，$\mathrm{e}^{-\mathrm{j}\frac{2\pi}{N}kn}$ 是周期为 N 的周期函数，故 X_k 是以 N 为周期的周期序列，即

$$X_k = X_{k+lN} \quad (l\text{ 为整数})$$

令

$$\tilde{X}(k) = NX_k \tag{4-63}$$

将式（4-62）代入式（4-63），得到

$$\widetilde{X}(k) = \sum_{n=0}^{N-1} \widetilde{x}(n) \mathrm{e}^{-\mathrm{j}\frac{2\pi}{N}kn} \qquad (-\infty < k < \infty) \qquad (4\text{-}64)$$

这里 $\widetilde{X}(k)$ 是以 N 为周期的周期序列。一般称 $\widetilde{X}(k)$ 为 $\widetilde{x}(n)$ 的离散傅里叶级数系数，用 DFS（Discrete Fourier Series）表示，即 $\widetilde{X}(k) = \mathrm{DFS}[\widetilde{x}(n)]$。

由式（4-61）和式（4-64）得到

$$\widetilde{x}(n) = \frac{1}{N}\sum_{k=0}^{N-1} \widetilde{X}(k) \mathrm{e}^{\mathrm{j}\frac{2\pi}{N}kn} = \mathrm{IDFS}[\widetilde{X}(k)] \qquad (-\infty < n < \infty) \qquad (4\text{-}65)$$

将式（4-64）和（4-65）写在一起，构成一组变换对，称为离散周期信号的离散傅里叶级数对。常表示为

$$\widetilde{X}(k) = \mathrm{DFS}[\widetilde{x}(n)] = \sum_{n=0}^{N-1} \widetilde{x}(n) \mathrm{e}^{-\mathrm{j}\frac{2\pi}{N}kn} \qquad (-\infty < k < \infty) \qquad (4\text{-}66)$$

$$\widetilde{x}(n) = \mathrm{IDFS}[\widetilde{X}(k)] = \frac{1}{N}\sum_{k=0}^{N-1} \widetilde{X}(k) \mathrm{e}^{\mathrm{j}\frac{2\pi}{N}kn} \qquad (-\infty < n < \infty) \qquad (4\text{-}67)$$

$\widetilde{X}(k)$ 和 $\widetilde{x}(n)$ 均是以 N 为周期的序列。式（4-66）和式（4-67）表明，一个周期序列可以分解为有限个成谐波关系的指数序列之和，第 k 次谐波的频率为 $\Omega_k = \dfrac{2\pi}{N}k$，总谐波数为 N。$\widetilde{X}(k)$ 是各谐波分量的复振幅，它反映了每一个谐波分量的幅度和相位，称为离散时间周期信号的频谱。它是一个以 N 为周期的离散频谱，谱线间隔为 $\Omega_1 = 2\pi/N$。离散傅里叶级数由于是有限项求和，故它总是收敛的。

【例 4-16】　图 4-20（a）所示序列的周期 $N = 10$，求其频谱。

解　根据式（4-66），有

$$\widetilde{X}(k) = \sum_{n=0}^{N-1} \widetilde{x}(n) \mathrm{e}^{-\mathrm{j}\frac{2\pi}{N}kn} = \sum_{n=0}^{4} \mathrm{e}^{-\mathrm{j}\frac{2\pi}{10}kn}$$

$$= \frac{1 - (\mathrm{e}^{-\mathrm{j}\frac{2\pi}{10}k})^5}{1 - \mathrm{e}^{-\mathrm{j}\frac{2\pi}{10}k}} = \mathrm{e}^{-\mathrm{j}\frac{4\pi k}{10}} \frac{\sin\left(\dfrac{\pi k}{2}\right)}{\sin\left(\dfrac{\pi k}{10}\right)}$$

图 4-20（b）为周期序列对应的幅度频谱。

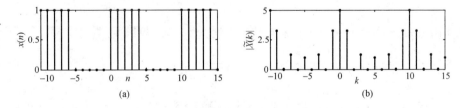

图 4-20　周期序列信号及其频谱
(a) 周期序列信号；(b) 幅度频谱

上面的例子进一步表明时域以 N 为周期的序列，其频谱是以 N 为周期的离散频谱。即离散傅里叶级数对周期重复的序列实现了时域离散与频域离散的对应关系。同时，离散傅里叶级数的分析与综合（或正、逆变换）关系也具有与其他变换相类似的性质。

4.3.4 离散周期信号的傅里叶变换

对于连续时间系统，在 2.4 节中讨论了虚指数信号 $x(t)=\mathrm{e}^{\mathrm{j}\omega_0 t}$ 的傅里叶变换，是在 $\omega=\omega_0$ 处强度为 2π 的冲激函数，即

$$X(\omega)=\mathscr{F}[\mathrm{e}^{\mathrm{j}\omega_0 t}]=2\pi\delta(\omega-\omega_0) \tag{4-68}$$

对于离散时间系统，虚指数序列 $x(n)=\mathrm{e}^{\mathrm{j}\Omega_0 n}$，$2\pi/\Omega_0$ 为有理数，假设其 DTFT 的形式与式（4-68）一样，也是在 $\Omega=\Omega_0$ 处强度为 2π 的冲激函数，而且由于 n 取整数，下式成立

$$\mathrm{e}^{\mathrm{j}\Omega_0 n}=\mathrm{e}^{\mathrm{j}(\Omega_0+2\pi l)n} \quad (l \text{ 为整数})$$

因此虚指数序列的 DTFT 可表示为

$$X(\mathrm{e}^{\mathrm{j}\Omega})=\mathrm{DTFT}[\mathrm{e}^{\mathrm{j}\Omega_0 n}]=\sum_{l=-\infty}^{\infty}2\pi\delta(\Omega-\Omega_0-2\pi l) \tag{4-69}$$

式（4-69）表示虚指数序列的 DTFT 是在 $\Omega=\Omega_0+2\pi l$ 处强度为 2π 的冲激函数，如图 4-21所示。

如果这种假设成立，要求其逆变换必须存在，且唯一等于 $\mathrm{e}^{\mathrm{j}\Omega_0 n}$，下面进行证明。根据逆变换的定义

$$x(n)=\mathrm{IDTFT}[X(\mathrm{e}^{\mathrm{j}\Omega})]=\frac{1}{2\pi}\int_{-\pi}^{\pi}X(\mathrm{e}^{\mathrm{j}\Omega})\mathrm{e}^{\mathrm{j}\Omega n}\mathrm{d}\Omega$$

$$=\frac{1}{2\pi}\int_{-\pi}^{\pi}\sum_{l=-\infty}^{\infty}2\pi\delta(\Omega-\Omega_0-2\pi l)\mathrm{e}^{\mathrm{j}\Omega n}\mathrm{d}\Omega$$

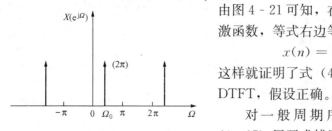

图 4-21 虚指数序列的 DTFT

由图 4-21 可知，在 $[-\pi,\pi]$ 区间，只包含一个冲激函数，等式右边等于 $\mathrm{e}^{\mathrm{j}\Omega_0 n}$，因此下式成立

$$x(n)=\mathrm{IDTFT}[X(\mathrm{e}^{\mathrm{j}\Omega})]=\mathrm{e}^{\mathrm{j}\Omega_0 n}$$

这样就证明了式（4-69）确实是虚指数序列 $\mathrm{e}^{\mathrm{j}\Omega_0 n}$ 的 DTFT，假设正确。

对一般周期序列 $\tilde{x}(n)$，按式（4-66）、式（4-67）展开成傅里叶级数如下

$$\tilde{x}(n)=\frac{1}{N}\sum_{k=0}^{N-1}\tilde{X}(k)\mathrm{e}^{\mathrm{j}\frac{2\pi}{N}kn}$$

$$\tilde{X}(k)=\sum_{n=0}^{N-1}\tilde{x}(n)\mathrm{e}^{-\mathrm{j}\frac{2\pi}{N}kn}$$

第 k 次谐波为 $\frac{1}{N}\tilde{X}(k)\mathrm{e}^{\mathrm{j}\frac{2\pi}{N}kn}$，与虚指数序列 $\mathrm{e}^{\mathrm{j}\Omega_0 n}$ 的 DTFT 类似，其 DTFT 应为 $\frac{2\pi\tilde{X}(k)}{N}\sum_{l=-\infty}^{\infty}\delta\left(\Omega-\frac{2\pi}{N}k-2\pi l\right)$，因此 $\tilde{x}(n)$ 的 DTFT 可表示为

$$X(\mathrm{e}^{\mathrm{j}\Omega})=\mathrm{DTFT}[\tilde{x}(n)]=\sum_{k=0}^{N-1}\frac{2\pi\tilde{X}(k)}{N}\sum_{l=-\infty}^{\infty}\delta\left(\Omega-\frac{2\pi}{N}k-2\pi l\right)$$

$$=\frac{2\pi}{N}\sum_{l=-\infty}^{\infty}\sum_{k=0}^{N-1}\tilde{X}(k)\delta\left(\Omega-\frac{2\pi}{N}k-2\pi l\right)$$

由于 $\tilde{X}(k)=\tilde{X}(k+lN)$，上式可简化为

$$X(\mathrm{e}^{\mathrm{j}\Omega})=\mathrm{DTFT}[\tilde{x}(n)]=\frac{2\pi}{N}\sum_{k=-\infty}^{\infty}\tilde{X}(k)\delta\left(\Omega-\frac{2\pi}{N}k\right) \tag{4-70}$$

式（4 - 70）即是周期序列的离散时间傅里叶变换。应该指出，上面公式中 $\delta(\Omega)$ 表示单位冲激函数，而 $\delta(n)$ 表示单位样值序列，自变量不同含义不同。

【例 4 - 17】　求例 4 - 16 中周期 $N = 10$ 的周期矩形序列的傅里叶变换。

解　将例 4 - 16 中得到的 DFS 系数 $\widetilde{X}(k)$ 代入式（4 - 70）中，得到周期矩形序列的 DTFT 为

$$X(\mathrm{e}^{\mathrm{j}\Omega}) = \frac{2\pi}{N} \sum_{k=-\infty}^{\infty} \widetilde{X}(k) \delta\left(\Omega - \frac{2\pi}{N}k\right)$$

$$= \frac{\pi}{5} \sum_{k=-\infty}^{\infty} \mathrm{e}^{-\mathrm{j}\frac{4\pi k}{10}} \frac{\sin\left(\frac{\pi k}{2}\right)}{\sin\left(\frac{\pi k}{10}\right)} \delta\left(\Omega - \frac{\pi}{5}k\right)$$

图 4 - 22 所示为周期矩形序列及其幅度频谱。

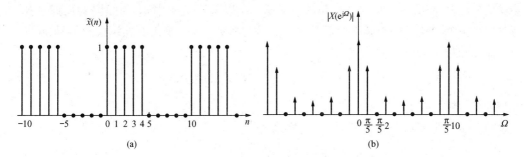

图 4 - 22　周期矩形序列及其幅度频谱

(a) 周期矩形序列；(b) 幅度频谱

对比图 4 - 20 可知，周期序列的 DTFT 与 DFS 的频谱形状相同，不同的是 DTFT 用单位冲激函数表示。

4.3.5　离散时间傅里叶变换与连续信号傅里叶变换的关系

1. 模拟频率与数字频率的关系

在前面提到，如果离散时间信号或称序列由连续模拟信号采样产生，则序列的数字角频率 Ω 与连续信号的模拟角频率 ω 之间成线性关系，满足下式

$$\Omega = \omega T = \frac{2\pi f}{f_{\mathrm{S}}} \tag{4 - 71}$$

式中：T 为采样周期；f_{S} 为采样频率，$T = \dfrac{1}{f_{\mathrm{S}}}$。

当 $\Omega = \pi$ 和 $\omega = \dfrac{2\pi f}{2}$ 时，$f = \dfrac{f_{\mathrm{S}}}{2}$。根据采样定理，信号中的最高频率 $f_{\mathrm{M}} \leqslant \dfrac{f_{\mathrm{S}}}{2}$，故 $\Omega = \pi$ 对应数字频率的最高频率。

有时常使用归一化频率 $f' = \dfrac{f}{f_{\mathrm{S}}}$，或 $\omega' = \dfrac{\omega}{\omega_{\mathrm{S}}}$，$\Omega' = \dfrac{\Omega}{2\pi}$，当 $f = f_{\mathrm{S}}$、$\omega = \omega_{\mathrm{S}}$、$\Omega = 2\pi$ 时，归一化频率 f'、ω' 和 Ω' 都等于 1。f'、ω' 和 Ω' 都无量纲，刻度是一样的，将 f、ω、Ω、f'、ω' 和 Ω' 的定标值对应关系用图 4 - 23 表示。

2. 离散时间傅里叶变换（DTFT）与连续信号傅里叶变换（FT）的关系

在第 2 章中，连续模拟信号 $x(t)$ 的一对傅里叶变换（FT）式为

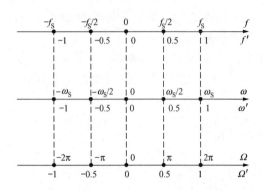

图 4-23 模拟频率与数字频率之间的定标关系

$$\begin{cases} X(\omega) = \mathscr{F}[x(t)] = \displaystyle\int_{-\infty}^{\infty} x(t)\mathrm{e}^{-\mathrm{j}\omega t}\,\mathrm{d}t \\ x(t) = \mathscr{F}^{-1}[X(\omega)] = \dfrac{1}{2\pi}\displaystyle\int_{-\infty}^{\infty} X(\omega)\mathrm{e}^{\mathrm{j}\omega t}\,\mathrm{d}\omega \end{cases}$$

在 4.1 节中提到用周期单位冲激串 $p(t)$ 与连续信号 $x(t)$ 相乘得到采样信号 $x_{\mathrm{S}}(t)$，即

$$x_{\mathrm{S}}(t) = x(t)p(t) = \sum_{n=-\infty}^{\infty} x(nT)\delta(t-nT)$$

采样信号 $x_{\mathrm{S}}(t)$ 与连续信号 $x(t)$，它们分别的傅里叶变换之间的关系为

$$X_{\mathrm{S}}(\omega) = \frac{1}{T}\sum_{k=-\infty}^{\infty} X(\omega-k\omega_{\mathrm{S}})$$

即采样信号的频谱 $X_{\mathrm{S}}(\omega)$ 是连续信号的频谱 $X(\omega)$ 以采样角频率 ω_{S} 为间隔的周期延拓，系数为 $1/T$。下面讨论，如果离散时间信号（或称序列）$x(n)$，是由对连续模拟信号 $x(t)$ 采样产生，即在数值上有下面关系式成立

$$x(n) = x(t)\Big|_{t=nT} = x(nT)$$

式中：n 取整数。

序列 $x(n)$ 的一对离散时间傅里叶变换式为

$$\begin{cases} X(\mathrm{e}^{\mathrm{j}\Omega}) = \mathrm{DTFT}[x(n)] = \displaystyle\sum_{n=-\infty}^{\infty} x(n)\mathrm{e}^{-\mathrm{j}\Omega n} \\ x(n) = \mathrm{IDFT}[X(\mathrm{e}^{\mathrm{j}\Omega})] = \dfrac{1}{2\pi}\displaystyle\int_{-\pi}^{\pi} X(\mathrm{e}^{\mathrm{j}\Omega})\mathrm{e}^{\mathrm{j}\Omega n}\,\mathrm{d}\Omega \end{cases}$$

那么，$X(\mathrm{e}^{\mathrm{j}\Omega})$ 与 $X(\omega)$ 之间有什么关系？序列的 DTFT 是否包含原连续信号的频谱？这在模拟信号数字处理中是很重要的问题。

由于 $t=nT$，采样信号 $x_{\mathrm{S}}(t)$ 的傅里叶变换还可表示为

$$X_{\mathrm{S}}(\omega) = \mathscr{F}[x(t)p(t)] = \mathscr{F}\Big[\sum_{n=-\infty}^{\infty} x(nT)\delta(t-nT)\Big]$$

$$= \sum_{n=-\infty}^{\infty} x(nT)\mathscr{F}[\delta(t-nT)]$$

$$= \sum_{n=-\infty}^{\infty} x(nT)\mathrm{e}^{-\mathrm{j}\omega nT}$$

对比 $x(n)$ 的 DTFT 表达式，所以

$$X(\mathrm{e}^{\mathrm{j}\Omega})\,|_{\Omega=\omega T} = X_{\mathrm{S}}(\omega) = \frac{1}{T}\sum_{k=-\infty}^{\infty} X(\omega-k\omega_{\mathrm{S}}) \tag{4-72}$$

将 $\omega = \Omega/T$ 代入上式，得

$$X(\mathrm{e}^{\mathrm{j}\Omega}) = \frac{1}{T}\sum_{k=-\infty}^{\infty} X\Big(\frac{\Omega}{T} - \frac{2\pi}{T}k\Big) \tag{4-73}$$

式（4-72）表明离散时间信号的 DTFT 与连续信号的 FT 之间的关系，也是 $X(\omega)$ 以周期 $\omega_{\mathrm{S}}=2\pi/T$ 进行周期延拓，离散信号的 DTFT 包含原模拟信号的频谱。这也说明离散信号的频谱一定是 Ω 的周期函数。

思　考　题

4-1　为什么要进行信号的采样?

4-2　采样定理的内容是什么? 有什么意义?

4-3　离散时间信号有哪些描述方法?

4-4　z 变换是如何定义的? 它和拉普拉斯变换有什么关系?

4-5　不同离散时间信号的 z 变换的收敛域各具有什么特点?

4-6　如何利用 z 变换的性质计算离散信号的 z 变换?

4-7　求逆 z 变换的不同方法各有什么特点?

4-8　在什么条件下可以通过 z 变换得到离散时间信号的傅里叶变换?

4-9　非周期离散时间信号的 DTFT 即频谱具有什么特点?

4-10　周期离散时间信号的 DFS 即频谱具有什么特点?

4-11　模拟频率与数字频率之间有什么关系?

4-12　离散时间信号的 DTFT 与连续时间信号的 FT 之间有什么关系?

习　　　题

4-1　确定下列信号的最低采样频率。

(1) $\sin(100t)$;

(2) $\sin(100t) + \sin(50t)$;

(3) $\sin^2(100t)$;

(4) $\sin(100t) + \sin^2(60t)$。

4-2　有限频带信号 $x(t)$ 的最高频率为 $100\,\mathrm{Hz}$，若对下列信号进行时域采样，求最小采样频率 f_s。

(1) $x(3t)$;

(2) $x^2(t)$;

(3) $x(t) * x(2t)$;

(4) $x(t) + x^2(t)$。

4-3　两信号 $x_1(t)$ 与 $x_2(t)$ 的傅里叶变换为

$$X_1(\omega) = \begin{cases} \cos(\omega) & |\omega| < \dfrac{\pi}{2} \\[2mm] 0 & |\omega| > \dfrac{\pi}{2} \end{cases}$$

$$X_2(\omega) = X_1(\omega - \omega_0) + X_1(\omega + \omega_0)$$

(1) 求 $x_1(t)$ 和 $x_2(t)$;

(2) 试确定对 $x_2(t)$ 抽样应满足的奈奎斯特采样频率;

(3) 解调系统如图 4-24 所示，欲使 $y(t) = x_1(t)$，试求 A，ω_1 和 ω_2 (提示选取 $\omega_2 = \omega_0$)。

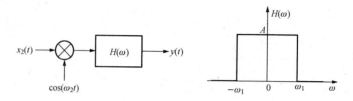

图 4-24　题 4-3 图

4-4　图 4-25 所示系统中，$x_1(t)$ 和 $x_2(t)$ 相乘得 $y(t)$，再被周期冲激串 $p(t)$ 采样。设 $x_1(t)$ 和 $x_2(t)$ 都是带限信号，即

$$X_1(\omega) = 0 \quad |\omega| > \omega_1$$
$$X_2(\omega) = 0 \quad |\omega| > \omega_2$$

试决定采样信号 $y_S(t)$ 经过理想低通滤波器重现 $y(t)$ 时的最大采样周期 T_S。

4-5　若连续信号 $x(t)$ 的频谱 $X(\omega)$ 如图 4-26 所示。

（1）利用卷积定理说明当 $\omega_2 = 2\omega_1$ 时，最低采样频率只要等于 ω_2 就可以使采样信号不产生频谱混叠；

（2）证明带通采样定理，该定理要求最低采样频率 ω_S 满足关系式

$$\omega_S = \frac{2\omega_2}{m}$$

式中：m 为不超过 $\dfrac{\omega_2}{\omega_2 - \omega_1}$ 的最大整数。

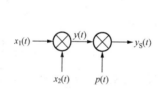

图 4-25　题 4-4 图

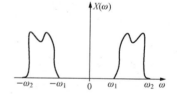

图 4-26　题 4-5 图

4-6　写出图 4-27 所示各序列的闭合形式表示式和逐个列出序列值的表示式。

4-7　用单位样值序列 $\delta(n)$ 的加权和表示图 4-28 所示的序列。

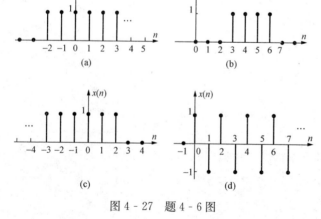

图 4-27　题 4-6 图

4-8　试分别绘出下列各序列的时域图形。

（1）$x(n) = a^n \varepsilon(n)$（提示：讨论 a 的可能取值）；

（2）$x(n) = 2^{n-1}[\varepsilon(n-1) - \varepsilon(n-3)]$；

（3）$x(n) = 2\delta(n) - \varepsilon(n)$。

4-9　确定下面每个序列的 z 变换，画出极零点图，并指出收敛域。

（1）$\delta(n) + \delta(n-1)$；

（2）$x(n) = \{\underset{n=0}{1}, 2, 0, -3, 1\}$；

(3) $\left(\dfrac{1}{2}\right)^n \varepsilon(n)$;

(4) $\left(\dfrac{1}{2}\right)^{n-1} \varepsilon(n-1)$ 。

4 - 10　用 z 变换的性质求下列信号的 z 变换。

(1) $\left(\dfrac{1}{2}\right)^n \varepsilon(n) + 2^n \varepsilon(n-1)$;

(2) $(n-1)\varepsilon(n-1)$;

(3) $\sin\left(\dfrac{n\pi}{2}\right)\varepsilon(n)$;

(4) $(2^{-n} - 3^n)\varepsilon(n-1)$ 。

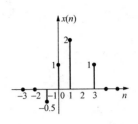

图 4 - 28　题 4 - 7 图

4 - 11　用幂级数展开法求在 $n = 0$，1，2，3 处的 $x(n)$ 。

(1) $X(z) = \dfrac{z+1}{z^2+2}$;

(2) $X(z) = \dfrac{1 - 0.5z^{-1}}{1 + 0.5z^{-1}}$ 。

4 - 12　用部分分式法求下列 $X(z)$ 的逆 z 变换。

(1) $X(z) = \dfrac{0.5z}{(z-1)(z-0.5)}$;

(2) $X(z) = \dfrac{z(z-0.5)}{z^2+0.25}$;

(3) $X(z) = \dfrac{z}{z^2-z+1}$;

(4) $X(z) = \dfrac{z^{-1} - 3z^{-2}}{(2-z^{-1})(1-2z^{-1}+2z^{-2})}$ 。

4 - 13　分别用幂级数展开法和部分分式法求下列 $X(z)$ 的逆 z 变换。

(1) $X(z) = \dfrac{1 - \dfrac{1}{2}z^{-1}}{1 + \dfrac{3}{4}z^{-1} + \dfrac{1}{8}z^{-2}}$;

(2) $X(z) = \dfrac{z^3 + 2z^2 + 1}{z^3 - 1.5z^2 + 0.5z}$ 。

4 - 14　若序列 $x(n) = \varepsilon(n) - \varepsilon(n-5)$，求此序列的离散时间傅里叶变换 $X(e^{j\Omega})$ 。

4 - 15　求余弦序列的离散时间傅里叶变换 DTFT，已知 $x(n) = \cos(\Omega_0 n)$，$2\pi/\Omega_0$ 为有理数。

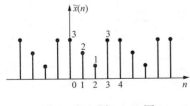

图 4 - 29　题 4 - 17 图

4 - 16　用卷积定理确定下式的逆傅里叶变换 $x(n)$ 。
$$X(e^{j\Omega}) = \dfrac{1}{(1 - ae^{-j\Omega})^2} \quad (|a| < 1)$$

4 - 17　周期序列 $\tilde{x}(n)$ 如图 4 - 29 所示，周期 $N = 4$，试求 $x(n)$ 的离散傅里叶级数，并画出 $\tilde{X}(k)$ 的幅度谱和相位谱。

4 - 18　已知周期序列

$$\tilde{x}(n) = \begin{cases} 5 & 2 \leqslant n \leqslant 6 \\ 0 & n = 0,1,7 \end{cases}$$

周期 $N=8$，试求 $\tilde{X}(k) = \mathrm{DFS}[\tilde{x}(n)]$。

4-19 如果 $\tilde{x}(n)$ 是一个周期为 N 的序列，同时 $2N$ 也是其周期。设 $\tilde{X}_1(k)$ 表示 $\tilde{x}(n)$ 周期为 N 时的 DFS 系数，$\tilde{X}_2(k)$ 表示 $\tilde{x}(n)$ 周期为 $2N$ 时的 DFS 系数。请给出以 $\tilde{X}_1(k)$ 表示 $\tilde{X}_2(k)$ 的关系。

4-20 设

$$x(n) = \begin{cases} 1 & n = 0,1 \\ 0 & \text{其他} \end{cases}$$

将 $x(n)$ 以 $N=4$ 为周期进行周期延拓，形成周期序列 $\tilde{x}(n)$，画出 $x(n)$ 和 $\tilde{x}(n)$ 的图形，求出 $\tilde{x}(n)$ 的 DFS 和 DTFT。

4-21 设 $x(t) = \cos(2\pi f_0 t)$，$f_0 = 50\mathrm{Hz}$，以采样频率 $f_\mathrm{S} = 200\mathrm{Hz}$ 对 $x(t)$ 进行采样，得到采样信号 $x_\mathrm{S}(t)$ 和离散时间信号 $x(n)$，求 $x(t)$ 和 $x_\mathrm{S}(t)$ 的傅里叶变换以及 $x(n)$ 的 DTFT。

第 5 章　离散时间信号处理基础

与用连续时间系统进行信号处理相比，用离散时间系统进行离散时间信号处理的主要优点有下面四方面。

（1）精度高。离散系统的精度高，更确切地说是精度可控制。因为精度取决于系统的字长（位数），字长越长，精度越高。根据实际情况适当改变字长，可以获得所要求的精度。

（2）灵活。数字处理系统的性能主要由乘法器的各系数决定。只要改变乘法器的系数，系统的性能就改变了，方便设计。

（3）稳定性及可靠性好。离散系统的基本运算是加法、乘法，采用的是二进制，所以工作稳定，受环境影响小，抗干扰能力强，且数据可以存储。

（4）数字系统的集成化程度高、体积小、功耗低、功能强，且价格越来越便宜。

基于以上这些优点，离散时间信号处理得以广泛应用。

本章首先介绍线性时不变离散系统差分方程的建立，及其时域经典解法和 z 变换求解法；然后着重介绍计算离散时间系统的零状态响应的卷积和方法，包括解析法、图解法和 z 变换法等。像在连续系统中利用拉氏变换引入系统函数 $H(s)$ 一样，在离散系统中利用 z 变换也可以引入系统函数 $H(z)$，它是输出信号的 z 变换 $Y(z)$ 与输入信号的 z 变换 $X(z)$ 的比值，也是单位样值响应 $h(n)$ 的 z 变换。利用系统函数，可以分析系统的时域特性、频率特性、稳定性和因果性。

5.1　线性时不变离散系统的时域数学模型——差分方程

连续时间信号处理是用连续时间系统来完成的，而离散信号的处理是用离散时间系统完成的。离散时间系统的作用是将输入序列转变为输出序列，即系统的功能是完成输入 $x(n)$ 转变为输出 $y(n)$ 的运算，记为

$$y(n) = \mathrm{T}[x(n)] \qquad (5-1)$$

5.1.1　线性时不变离散系统的数学模型和基本运算单元

离散时间系统的输入与输出是离散的时间序列，它们的关系常用差分方程来描述。对于在输入序列 $x(n)$ 激励下的输出响应 $y(n)$ 系统，其数学模型是差分方程，即

$$a_0 y(n) + a_1 y(n-1) + a_2 y(n-2) + \cdots + a_N y(n-N)$$
$$= b_0 x(n) + b_1 x(n-1) + \cdots + b_M x(n-M) \qquad (5-2)$$

描述离散系统的差分方程是由延迟、倍乘、相加 3 种基本运算单元组合而成的。常用的基本运算单元如图 5-1 所示。

利用这些离散系统的基本单元，可以组成各种运算功能的数学模型，进而形成各种算法，最终用计算机来实现系统的各种功能。

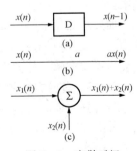

图 5-1　离散时间系统基本运算单元
(a) 延迟；(b) 倍乘；
(c) 相加

5.1.2　差分方程的建立

列出系统的差分方程是系统分析的第一步。差分方程中构成方程的各项包含有未知的离散变量 $y(n)$，以及 $y(n-1)$，$y(n-2)$，…。下面通过举例说明如何列差分方程。

【例 5 - 1】　系统方框图如图 5 - 2 所示，写出其差分方程。

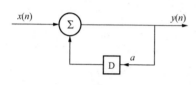

图 5 - 2　例 5 - 1 图

解　根据系统框图，输出 $y(n)$ 是由输入 $x(n)$ 与输出 $y(n)$ 的一个延迟相加得出的，即

$$y(n) = ay(n-1) + x(n)$$

或 $y(n) - ay(n-1) = x(n)$

等式左边由未知序列 $y(n)$ 及其移位序列 $y(n-1)$ 构成，因为仅有一个移位序列，所以是一阶差分方程。

【例 5 - 2】　已知一个离散 LTI 系统如图 5 - 3 所示，写出系统的差分方程。

解　围绕加法器，利用延迟算子 D 滞后作用，可方便地写出系统的差分方程为

$$y(n) = y(n-1) - 0.5y(n-2) + x(n)$$

或 $y(n) - y(n-1) + 0.5y(n-2) = x(n)$

等式左边由未知序列 $y(n)$ 及其移位序列 $y(n-1)$ 和 $y(n-2)$ 构成，因为最高与最低值之差相差两个移位序列，所以是二阶差分方程。

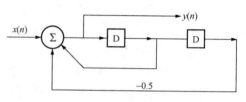

图 5 - 3　例 5 - 2 图

如果系统的激励为 $x(n)$，响应为 $y(n)$，则描述线性时不变离散系统的 N 阶差分方程的一般形式为

$$a_0 y(n) + a_1 y(n-1) + \cdots + a_N y(n-N) = b_0 x(n) + b_1 x(n-1) + \cdots + b_M x(n-M)$$

上式可写成

$$\sum_{k=0}^{N} a_k y(n-k) = \sum_{k=0}^{M} b_k x(n-k) \tag{5 - 3}$$

式中：a_0，a_1，…，a_N，b_0，b_1，…，b_M 为实常数；N 为方程的阶数。

根据式（5 - 3）可以用迭代的方法计算出输出 $y(n)$。假设系统是因果的，可以把式（5 - 3）中的 $y(n)$ 明确地表示为 $x(n)$ 的函数，即

$$y(n) = -\sum_{k=1}^{N} \frac{a_k}{a_0} y(n-k) + \sum_{k=0}^{M} \frac{b_k}{a_0} x(n-k) \tag{5 - 4}$$

式中：$a_0 \neq 0$。

如果已知 $x(n)$ 和初始条件 $y(1)$，$y(2)$，…，$y(N-1)$，则可以计算出 $n \geqslant 0$ 时的所有输出 $y(n)$。这种方法概念清楚，也比较简单，适合计算机编程求解，但不能给出解答的解析表达式。求解差分方程的方法还有时域经典法、z 变换法等。

5.1.3　差分方程的时域经典解法

与微分方程的经典解相类似，形如式（5 - 3）差分方程的解由齐次解和特解两部分组成。齐次方程的解即为齐次解，用 $y_h(n)$ 表示；非齐次方程的特解用 $y_p(n)$ 表示；通解用 $y(n)$ 表示。

$$y(n) = y_h(n) + y_p(n) \tag{5 - 5}$$

1. 齐次解

当一般差分方程式（5 - 3）中的 $x(n)$ 及其移位项的系数 b_k 均为零时，那么该差分方程

就成为齐次方程，其形式为

$$\begin{cases} a_0 y(n) + a_1 y(n-1) + \cdots + a_N y(n-N) = 0 \\ y(0), y(1), \cdots, y(N-1) \end{cases} \tag{5-6}$$

它的解称为齐次解。其中 $y(0), y(1), \cdots, y(N-1)$ 为初始条件。

设一阶齐次方程的形式为 $y(n) - ay(n-1) = 0$，如果把它改为分数形式为

$$\frac{y(n)}{y(n-1)} = a \tag{5-7}$$

由等比数列公式可以得到 $y(n) = Ca^n$，其中 C 为常数，由初始条件可得到其值的大小。与求解齐次常微分方程一样，对于 N 阶齐次差分方程，有

$$\sum_{k=0}^{N} a_k y(n-k) = 0 \tag{5-8}$$

也是先求出其所对应的特征方程 $\sum_{k=0}^{N} a_k \lambda^k = 0$ 的特征根，然后依据特征根的特点得到它的齐次解。

（1）特征根均为单根。如果 N 个特征根 λ_0，λ_1，λ_2，$\cdots$，λ_{N-2}，λ_{N-1} 都互不相同，则差分方程的齐次解为

$$y_h(n) = \sum_{i=1}^{N} C_i \lambda_i^n \tag{5-9}$$

式中：常数 $C_i(i = 1, 2, 3, \cdots, N)$ 由初始条件确定。

【例 5 - 3】　已知差分方程和系统的初始条件 $\begin{cases} y(n) + 5y(n-1) + 6y(n-2) = 0 \\ y(0) = 3, y(1) = 1 \end{cases}$，试求齐次解。

解　该齐次差分方程的特征方程为 $\lambda^2 + 5\lambda + 6 = 0$，可求得其解为 $\lambda_1 = -2$，$\lambda_2 = -3$，它们都是单根，由式（5 - 9）得该方程的齐次解应为

$$y_h(n) = C_1(-2)^n + C_2(-3)^n$$

代入初始条件

$$y(0) = y_h(0) = C_1 + C_2 = 3$$
$$y(1) = y_h(1) = -2C_1 - 3C_2 = 1$$

所以，$C_1 = 10$，$C_2 = -7$，于是方程的齐次解为

$$y_h(n) = [10(-2)^n - 7(-3)^n] \varepsilon(n)$$

（2）特征根有重根。如果 λ_1 是特征方程的 r 重根，即有 $\lambda_1 = \lambda_2 = \lambda_3 = \cdots = \lambda_r$，则差分方程的齐次解为

$$y_h(n) = \sum_{i=1}^{r} C_i n^{r-i} \lambda^n \tag{5-10}$$

式中：常数 C_i 由初始条件确定。

【例 5 - 4】　已知差分方程 $y(n) - 6y(n-1) + 9y(n-2) = 0$ 和初始条件 $y(0) = 3$，$y(1) = 3$，试求它的齐次解。

解　方程的特征方程为，$\lambda^2 - 6\lambda + 9 = 0$，解之得 $\lambda_1 = \lambda_2 = 3$；其特征根为二重根，于是由式（5 - 10）可得该方程的齐次解应为

$$y_h(n) = (C_2 + C_1 n)3^n$$

代入初始条件

$$y(0) = y_h(0) = C_2 = 3$$
$$y(1) = y_h(1) = (C_2 + C_1) \times 3 = 3$$

所以 $C_1 = -2$，$C_2 = 3$，于是方程的齐次解为

$$y_h(n) = (3 - 2n)3^n \varepsilon(n)$$

如果 λ_1 是特征方程的 r 重根，即有 $\lambda_1 = \lambda_2 = \lambda_3 = \cdots = \lambda_r$，而其余 $N-r$ 个根是单根，则差分方程的齐次解为

$$y_h(n) = \sum_{i=1}^{r} C_i n^{r-i} \lambda_1^n + \sum_{j=r+1}^{N} C_j \lambda_j^n \tag{5-11}$$

（3）特征方程有复根。与连续时间系统类似，对实系数的特征方程，若有复根必为共轭成对出现，形成振荡（增、减、等幅）序列。一般共轭复根既可当单根处理，最后整理成实序列，亦可看作整体因子。当特征方程有共轭复根时，齐次解的形式可以是增幅、等幅或衰减形式的正弦或余弦序列。

2. 非齐次方程的特解

与常系数微分方程特解的求法相类似，差分方程特解的形式也与激励函数的形式有关。选定特解后，把它代入到原差分方程，求出其待定系数，就得出方程的特解。表 5-1 列出各种输入信号对应的特解，供大家参考。

表 5-1　　　　　　　　　　　各种输入信号对应的特解

输入信号 $x(n)$	特解 $y_p(n)$	
1	k　所有特征根均不等于1，k 为常数	
	$n^r k$　　有 r 重等于1的特征根，k 为常数	
n^m	$C_0 + C_1 n + \cdots + C_{m-1} n^{m-1} + C_m n^m$	所有特征根均不等于1
	$n^r (C_0 + C_1 n + \cdots + C_{m-1} n^{m-1} + C_m n^m)$	有 r 重等于1的特征根
		$C_0, C_1 \cdots C_{m-1}, C_m$ 为常数
a^n	$C_0 a^n$	（a 不等于特征根）
	$(C_0 + C_1 n) a^n$	（a 等于单特征根）
	$(C_0 + C_1 n + \cdots + C_{r-1} n^{r-1} + C_r n^r) a^k$	（a 等于 r 重特征根）
$\cos(\Omega_0 n)$ 或 $\sin(\Omega_0 n)$	$C\cos(\Omega_0 n) + Q\sin(\Omega_0 n)$　所有特征根均不等于 $e^{\pm j\Omega}$	
	或 $A\cos(\Omega_0 n - \theta)$，其中 $Ae^{j\theta} = C + jQ$	
$a^n \cos(\Omega_0 n)$ 或 $a^n \sin(\Omega_0 n)$	$a^n [C\cos(\Omega_0 n) + Q\sin(\Omega_0 n)]$	

3. 完全解

求线性差分方程的完全解的一般步骤如下：

（1）写出与该方程相对应的特征方程；求出特征根，并写出其齐次解通式。

（2）根据原方程的激励函数的形式，写出其特解的通式。

（3）将特解通式代入原方程求出待定系数，确定特解形式。

（4）写出原方程的通解的一般形式（即齐次解＋特解）。

（5）把初始条件代入，求出齐次解的待定系数值。

【例 5 - 5】　解差分方程 $y(n) + 4y(n-1) + 4y(n-2) = x(n)$，其中 $x(n) = 2^n \varepsilon(n)$，$y(0) = 0, y(1) = -1$。

解　先求方程 $y(n) + 4y(n-1) + 4y(n-2) = 0$ 的齐次解，特征方程为

$$\lambda^2 + 4\lambda + 4 = 0$$

可解得特征根 $\lambda_1 = \lambda_2 = -2$，为二重根，因此

$$y_h(n) = C_1(-2)^n + C_2 n(-2)^n$$

再根据表 5 - 1 得出其特解形式为　　　$y_p(n) = C2^n \quad (n \geq 0)$

将其带入原方程有　　　　　　　　$C2^n + 4C2^{n-1} + 4C2^{n-2} = 2^n$

解出 $C = \dfrac{1}{4}$，于是特解为　　　$y_p(n) = \dfrac{1}{4}(2)^n \quad (n \geq 0)$

差分方程的全解为　　　$y(n) = C_1(-2)^n + C_2 n(-2)^n + \dfrac{1}{4}(2)^n \quad (n \geq 0)$

将已知的初始条件代入上式，有

$$C_2 = 1, C_1 = -\frac{1}{4}$$

$$y(n) = \underbrace{-\frac{1}{4}(-2)^n + n(-2)^n}_{\text{自由响应}} + \underbrace{\frac{1}{4}(2)^n}_{\text{强迫响应}} \quad (n \geq 0)$$

由例 5 - 5 可以分析，差分方程的齐次解也称为系统的自由响应，此时系统没有输入信号，完全由系统的初始状态所决定；特解也称为强迫响应，由输入信号决定，而此时不考虑系统的初始状态；其完全解称为全响应。

5.1.4　用 z 变换求解差分方程

应用 z 变换求解差分方程，是根据 z 变换的线性性质和移位性质，把差分方程转化为代数方程。线性时不变离散系统差分方程的一般形式为

$$\sum_{k=0}^{N} a_k y(n-k) = \sum_{k=0}^{M} b_k x(n-k) \tag{5-12}$$

设输入 $x(n)$ 为因果信号，对式（5-12）两边取单边 z 变换，并利用移位性质，则得到

$$\sum_{k=0}^{N} a_k [z^{-k} Y(z) + y(-1)z^{-(k-1)} + y(-2)z^{-(k-2)} + \cdots + y(-k)] = \sum_{k=0}^{M} b_k z^{-k} X(z) \tag{5-13}$$

由式（5-13）解出 $Y(z)$，然后再取逆变换可得输出序列 $y(n)$。

【例 5 - 6】　已知差分方程

$$y(n) - 0.3y(n-1) = x(n)$$

初始值 $y(-1) = 5$，输入 $x(n) = (0.6)^n \varepsilon(n)$，求响应 $y(n)$。

解　对方程两边分别取 z 变换，并利用移位性质，有

$$Y(z) - 0.3[z^{-1}Y(z) + y(-1)] = \frac{z}{z - 0.6}$$

$$Y(z) = \frac{z(2.5z - 0.9)}{(z - 0.6)(z - 0.3)}$$

用部分分式法得

$$\frac{Y(z)}{z} = \frac{2}{z-0.6} + \frac{0.5}{z-0.3}$$

$$Y(z) = \frac{2z}{z-0.6} + \frac{0.5z}{z-0.3}$$

取逆变换，得

$$y(n) = 2(0.6)^n + 0.5(0.3)^n$$

5.2 卷 积 和

5.2.1 零输入响应和零状态响应

与连续信号的时域分析相类似，线性时不变离散系统的完全响应除了可以分为自由响应和强迫响应外，还可以分为零输入响应和零状态响应。

（1）零输入响应。所谓零输入响应是指激励为零时仅由初始状态所引起的响应，用 $y_{zi}(n)$ 表示。在零输入情况下，式（5-2）等号右边的各项均为零，化为齐次方程为

$$\sum_{k=0}^{N} a_k y(n-k) = 0$$

若其特征根均为单根，则其零输入响应为

$$y_{zi}(n) = \sum_{i=1}^{n} C_{zi} \lambda_i^n \tag{5-14}$$

式中：C_{zi} 为待定系数，用初始状态 $y(-1)$，$y(-2)$，…来确定。

（2）零状态响应。零状态响应是指初始状态为零时仅由输入信号所引起的响应，用 $y_{zs}(n)$ 表示。在零状态输入时，差分方程仍然是非齐次方程，只是其初始状态 $y_{zs}(-1) = y_{zs}(-2) = \cdots 0$，若其特征根为单根，则零状态响应为

$$y_{zs}(n) = \sum_{i=1}^{n} C_{zs} \lambda_i^n + y_p(n) \tag{5-15}$$

式中：C_{zs} 为待定系数。

求系统的零状态响应可直接使用 MATLAB 提供的指令 filter，其格式为 y = filter(b,a, x)，其中 x 为输入信号的行向量，为输入序列。

（3）全响应。线性时不变系统的全响应是零输入响应与零状态响应之和，即

$$y(n) = y_{zi}(n) + y_{zs}(n) \tag{5-16}$$

各种响应之间的关系是

$$y(n) = \underbrace{\sum_{i=1}^{n} C_i \lambda_i^n}_{\text{自由响应}} + \underbrace{y_p(n)}_{\text{强迫响应}} = \underbrace{\sum_{i=1}^{n} C_{zi} \lambda_i^n}_{\text{零输入响应}} + \underbrace{\sum_{i=1}^{n} C_{zs} \lambda_i^n + y_p(n)}_{\text{零状态响应}} \tag{5-17}$$

其中

$$\sum_{i=1}^{n} C_i \lambda_i^n = \sum_{i=1}^{n} C_{zi} \lambda_i^n + \sum_{i=1}^{n} C_{zs} \lambda_i^n \tag{5-18}$$

需要注意的是，虽然自由响应与零输入响应都是齐次解的形式，但它们的系数并不相同，C_{zi} 仅由系统初始状态决定，而 C_i 是由初始状态和激励共同决定的。两种分解方式有明显区别。

【例 5-7】　用 z 变换求例 5-6 的零输入响应、零状态响应和全响应。

解　输入为零时,差分方程右端为零,初始值 $y_{zi}(-1)=y(-1)=5$。对方程两边取 z 变换后有

$$Y_{zi}(z)-0.3[z^{-1}Y_{zi}(z)+y(-1)]=0$$

$$Y_{zi}(z)=\frac{1.5z}{z-0.3}$$

显然,零输入响应为

$$y_{zi}(n)=1.5(0.3)^n$$

对零状态响应,初始状态为零,即 $y_{zs}(-1)=0$。对方程两边取 z 变换后有

$$Y_{zs}(z)-0.3z^{-1}Y_{zs}(z)=\frac{z}{z-0.6}$$

$$Y_{zs}(z)=\frac{z^2}{(z-0.6)(z-0.3)}$$

把它用部分分式展开,得

$$Y_{zs}(z)=\frac{2z}{z-0.6}-\frac{z}{z-0.3}$$

则零状态响应为

$$y_{zs}(n)=2(0.6)^n-(0.3)^n$$

将零输入响应与零状态响应相加,全响应为

$$y(n)=y_{zi}(n)+y_{zs}(n)=2(0.6)^n+0.5(0.3)^n$$

5.2.2　离散系统的单位脉冲响应

如果系统的输入为单位样值信号 $\delta(n)$,初始状态 $y(-1),y(-2),\cdots,y(-N)$ 均为零,由 $\delta(n)$ 产生的系统零状态响应定义为单位脉冲响应(也可以称为单位样值响应),记为 $h(n)$。研究单位脉冲响应的意义在于单位样值信号是一种基本信号,系统在任一信号激励下的零状态响应能够用单位脉冲响应求解。此外,单位脉冲响应还可用于研究系统的性质,它也表征了系统本身的特性。

由差分方程计算系统的单位脉冲响应通常采用递推法。当描述系统的差分方程右端只有 $\delta(n)$ 项时,由于 $\delta(n)$ 在 $n=0$ 处值为 1,在 $n\geqslant 1$ 处值均为零,也可采用递推方法求出 $h(0)$,当 $n\geqslant 1$ 时,差分方程右端变为零,则可按求解零输入响应的经典方法求出 $h(n)$。还可以利用 z 变换的方法计算单位脉冲响应。

【例 5-8】　已知某系统的差分方程 $y(n)+\frac{1}{2}y(n-1)=x(n)$,分别用递推法、经典法和 z 变换法求单位脉冲响应 $h(n)$。

解　当 $x(n)=\delta(n)$ 时,$y(n)=h(n)$,所以有

$$h(n)+\frac{1}{2}h(n-1)=\delta(n)$$

(1) 递推法。

递推公式为

$$h(n)=-\frac{1}{2}h(n-1)+\delta(n)$$

$$h(0)=-\frac{1}{2}h(-1)+\delta(0)=1$$

$$h(1) = -\frac{1}{2}h(0) = -\frac{1}{2}$$

$$h(2) = -\frac{1}{2}h(1) = \left(-\frac{1}{2}\right)^2$$

$$\vdots$$

$$h(n) = \left(-\frac{1}{2}\right)^n \varepsilon(n)$$

（2）经典法。

先用递推公式求得 $\quad h(0) = \delta(0) - \frac{1}{2}h(-1) = 1$

显然，差分方程的特征根 $z = -\frac{1}{2}$ ，则 $n \geqslant 1$ 时的单位脉冲响应为

$$h(n) = C\left(-\frac{1}{2}\right)^n$$

根据 $h(0) = 1$ 可确定出 $C = 1$，故

$$h(n) = \left(-\frac{1}{2}\right)^n$$

上式当然也适合 $n = 0$，由于 $n < 0$ 时 $h(n) = 0$，因此，单位脉冲响应的完整表达式为

$$h(n) = \left(-\frac{1}{2}\right)^n \varepsilon(n)$$

（3）z 变换法。

对差分方程 $h(n) + \frac{1}{2}h(n-1) = \delta(n)$ 两边取 z 变换，得

$$H(z)\left(1 + \frac{1}{2}z^{-1}\right) = 1$$

即

$$H(z) = \frac{1}{1 + \frac{1}{2}z^{-1}} = \frac{z}{z + \frac{1}{2}}$$

取 z 逆变换得

$$h(n) = \left(-\frac{1}{2}\right)^n \varepsilon(n)$$

当差分方程右端还有激励的移位信号时，可以利用系统的线性时不变性质求解。即若差分方程 $\sum\limits_{k=0}^{N} a_k y(n-k) = x(n)$ 的解是 $y_0(n)$ ，则差分方程

$$\sum_{k=0}^{N} a_k y(n-k) = \sum_{k=0}^{M} b_k x(n-k) \tag{5-19}$$

的解是 $y(n) = \sum\limits_{k=0}^{M} b_k y_0(n-k)$。因此对于一般差分方程式（5-19）的单位脉冲响应的求解可以分为两步计算。首先用上面的方法先求出单位脉冲响应 $h_0(n)$，然后计算式（5-19）的单位脉冲响应为 $h(n) = \sum\limits_{k=0}^{M} b_k h_0(n-k)$。

【例 5-9】　求二阶差分方程

$$y(n) - 3y(n-1) + 2y(n-2) = x(n) + 3x(n-2)$$

的单位脉冲响应 $h(n)$。

解　先求 $y(n) - 3y(n-1) + 2y(n-2) = x(n)$ 的单位脉冲响应 $h_0(n)$。

令输入为 $\delta(n)$ 时，有 $h(n) - 3h(n-1) + 2h(n-2) = \delta(n)$。

递推公式则为
$$h(n) = 3h(n-1) - 2h(n-2) + \delta(n)$$

令 $n=0$，1，得
$$h_0(0) = 1，h_0(1) = 3 \times h_0(0) = 3$$

特征根 $z_1 = 1$，$z_2 = 2$，故
$$h_0(n) = C_1 + C_2(2)^n$$

根据 $h_0(0) = 1$ 和 $h_0(1) = 3$ 确定 C_1 和 C_2，有

$$\begin{cases} C_1 + C_2 = 1 \\ C_1 + 2C_2 = 3 \end{cases}$$

解得 $C_1 = -1$，$C_2 = 2$。故

$$h_0(n) = (-1 + 2 \times 2^n)\varepsilon(n)$$

原方程的单位脉冲响应为

$$\begin{aligned} h(n) &= h_0(n) + 3h_0(n-2) = [-1 + 2 \times 2^n]\varepsilon(n) + 3[-1 + 2 \times 2^{n-2}]\varepsilon(n-2) \\ &= [-1 + 2 \times 2^n]\delta(n) + [-1 + 2 \times 2^n]\varepsilon(n-1) - 3[-1 + 2 \times 2^{n-2}]\delta(n-1) \\ &\quad + 3[-1 + 2 \times 2^{n-2}]\varepsilon(n-1) \\ &= \delta(n) + (-4 + 3.5 \times 2^n)\varepsilon(n-1) \end{aligned}$$

MATLAB 提供了求解单位脉冲响应的指令，它将绘出由 b，a 描述的差分方程的系统的单位脉冲响应的时域离散图形和序列值。调用格式为

$$h = impz(b, a)$$

计算离散系统的单位脉冲响应的序列值，取样点个数由 MATLAB 自动选取；

$$h = impz(b, a, n)$$

计算指定范围内（0：n－1）的离散系统的单位脉冲响应的序列值；

$$impz(b, a)$$

绘出由 b，a 描述的差分方程的系统的单位脉冲响应的时域离散图形。

式中：函数变元 a 和 b 为系统的有关系数向量，$a = \begin{bmatrix} a_0 & a_1 & \cdots & a_N \end{bmatrix}$，$b = \begin{bmatrix} b_0 & b_1 & \cdots & b_M \end{bmatrix}$。

5.2.3　卷积和

由于任一离散时间信号可以表示为移位单位样值序列的加权和，即

$$x(n) = \cdots + x(-1)\delta(n+1) + x(0)\delta(0) + x(1)\delta(n-1) + x[2]\delta[n-2] + \cdots$$

$$= \sum_{k=-\infty}^{\infty} x(k)\delta(n-k) \tag{5-20}$$

对线性时不变系统，单位脉冲响应用 $h(n)$ 表示，则以下各种输入情况的零状态响应分别为

$$\delta(n) \to h(n)$$

$$\delta(n-k) \to h(n-k)$$

$$x(k)\delta(n-k) \to x(k)h(n-k)$$

$$\sum_{k=-\infty}^{\infty} x(k)\delta(n-k) \to \sum_{k=-\infty}^{\infty} x(k)h(n-k)$$

即输入为 $x(n)$ 时的零状态响应 $y(n)$ 为

$$y(n) = \sum_{k=-\infty}^{\infty} x(k)h(n-k) \qquad (5-21)$$

式（5-21）给出的运算称为 $x(n)$ 与 $h(n)$ 的卷积求和，简称为卷积。更一般地，可定义任两个序列 $x(n)$ 与 $h(n)$ 的卷积为

$$x(n) * h(n) = \sum_{k=-\infty}^{\infty} x(k)h(n-k) \qquad (5-22)$$

注意，这里的符号" $*$ "表示作卷积求和运算。

卷积符合交换律、分配律和结合律，即

$$x(n) * h(n) = h(n) * x(n) \qquad (5-23)$$

$$x(n) * [h_1(n) + h_2(n)] = x(n) * h_1(n) + x(n) * h_2(n) \qquad (5-24)$$

$$x(n) * [h_1(n) * h_2(n)] = [x(n) * h_1(n)] * h_2(n) = [x(n) * h_2(n)] * h_1(n)$$
$$\qquad (5-25)$$

任一信号 $x(n)$ 与延迟 n_0 时间的单位样值信号 $\delta(n-n_0)$ 的卷积为

$$x(n) * \delta(n-n_0) = x(n-n_0) \qquad (5-26)$$

两个延迟的单位样值信号间的卷积为

$$\delta(n-n_1) * \delta(n-n_2) = \delta(n-n_1-n_2) \qquad (5-27)$$

5.2.4　用卷积和计算系统的零状态响应

由于任意输入 $x(n)$ 时的零状态响应 $y(n)$ 可以表示成单位脉冲响应 $h(n)$ 和 $x(n)$ 的卷积和

$$y(n) = \sum_{k=-\infty}^{\infty} x(k)h(n-k) = x(n) * h(n) \qquad (5-28)$$

因此，只要可以先求出离散系统的单位脉冲响应 $h(n)$，就可以利用卷积和的方法计算离散系统的零状态响应。卷积和的运算有很多方法，基本上可分为解析法、列表法、图解法、竖式法和变换域法等。本节将举例对卷积和的运算进行说明，重点介绍解析法、图解法、竖式法和 z 域法。

1. 解析法

如果给定激励信号 $x(n)$ 和单位脉冲响应 $h(n)$，根据式（5-28）的卷积定义，利用离散序列的卷积性质，通过级数求和公式，可以方便地求出结果。

【例5-10】　已知激励信号序列 $x(n) = 2^n$，单位脉冲响应 $h(n) = \left(\dfrac{1}{3}\right)^n \varepsilon(n)$，求零状态响应 $y_{zs}(n)$ 。

解　由卷积和定义，考虑单位阶跃序列 $\varepsilon(n)$ 特性，有

$$y_{zs}(n) = h(n) * x(n)$$

$$= \sum_{k=0}^{\infty} h(k)x(n-k)$$

$$= \sum_{k=0}^{\infty} \left(\frac{1}{3}\right)^k \times 2^{n-k} = 2^n \sum_{k=0}^{\infty} \left(\frac{1}{6}\right)^k$$

由无穷等比级数求和公式，可得

$$y_{zs}(n) = 2^n \frac{1}{1-\dfrac{1}{6}} = \frac{6}{5}(2)^n$$

为了计算方便，将常用序列卷积和公式列于表 5 - 2，供大家参考。

表 5 - 2　　　　　　　　　　　　　　　常用序列的卷积和公式

序号	$x_1(n)$	$x_2(n)$	$x_1(n) * x_2(n) = x_2(n) * x_1(n)$
1	$\delta(n)$	$x(n)$	$x(n)$
2	$\varepsilon(n)$	$x(n)$	$\sum\limits_{k=0}^{\infty} x(k)$
3	a^n	$\varepsilon(n)$	$\dfrac{1-a^{n+1}}{1-a}$
4	$\varepsilon(n)$	$\varepsilon(n)$	$(n+1)\varepsilon(n)$
5	a^n	a^n	$(n+1)a^n$
6	a_1^n	a_2^n	$\dfrac{a_1^{n+1} - a_2^{n+1}}{a_1 - a_2}(a_1 \neq a_2)$

2. 图解法

与卷积运算一样，用图解法求两序列的卷积和运算也包括信号的反转、移位、相乘、求和 4 个基本步骤。

【例 5 - 11】　已知离散信号和单位脉冲响应

$$x_1(n) = \begin{cases} 1 & n=0 \\ 3 & n=1 \\ 2 & n=2 \\ 0 & \text{其他} \end{cases}$$

$$h(n) = x_2(n) = \begin{cases} 4-n & n=0,1,2,3 \\ 0 & \text{其他} \end{cases}$$

求卷积和 $x_1(n) * x_2(n)$。

解　第一步，画出 $x_1(k)$、$x_2(k)$ 图形，分别如图 5 - 4 (a)、(b) 所示。

第二步，将 $x_2(k)$ 图形以纵坐标为轴线反转 180°，得到 $x_2(-k)$ 图形，如图 5 - 4 (c) 所示。

第三步，将 $x_2(-k)$ 图形沿水平轴左移 $(n<0)$ 或右移 $(n>0)$ $|n|$ 个单位。当 $n=-1$、$n=1$、$n=2$ 和 $n=3$ 时，$x_2(n-k)$ 图形分别如图 5 - 4(d)、图 5 - 4 (e)、图 5 - 4(f) 和图 5 - 4 (g) 所示。

第四步，在不同的 n 值情况下，对 $x_1(k)$ 和 $x_2(n-k)$ 进行相乘、求和运算，得到序号为 n 的卷积和序列值 $x(n)$。若令 k 由 $-\infty$ 至 ∞ 变化，$x_2(n-k)$ 图形将从 $-\infty$ 处开始沿水平轴自左向右移动，计算求得卷积和序列 $x(n)$。对于本例中给定的 $x_1(n)$ 和 $x_2(n)$，具体计算过程如下：

$n<0$ 时，由于乘积项 $x_1(k)x_2(n-k)$ 均为零，故 $x(n)=0$。

$n=0$ 时，$x(0) = \sum\limits_{k=-\infty}^{\infty} x_1(k)x_2(n-k) = \sum\limits_{k=0}^{0} x_1(k)x_2(-k) = x_1(0)x_2(0) = 1 \times 4 = 4$。

$n=1$ 时，$x(1) = \sum\limits_{k=0}^{1} x_1(k)x_2(1-k) = x_1(0)x_2(1) + x_1(0)x_2(1) + x_1(1)x_2(0) = 3+12 = 15$。

$n=2$ 时，$x(2) = \sum\limits_{k=0}^{2} x_1(k)x_2(2-k) = x_1(0)x_2(2) + x_1(1)x_2(1) + x_1(2)x_2(0) = 2+$
$9+8=19$。

同理可得 $x(3)=13$，$x(4)=7$，$x(5)=2$，以及 $x>5$ 时 $x(n)=0$。

$$x(n) = \{\; \underset{\underset{n=0}{\uparrow}}{4} \quad 15 \quad 19 \quad 13 \quad 7 \quad 2\;\}$$

$x(n)$ 的图形如图 5-4（h）所示。

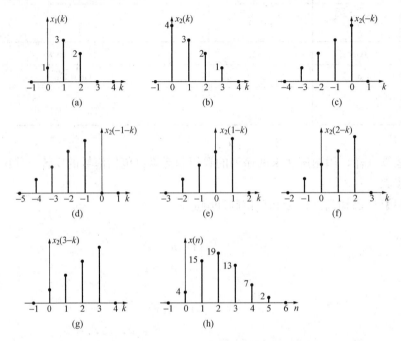

图 5-4 例 3-11 的卷积和图解法计算

(a) $x_1(k)$ 图形；(b) $x_2(k)$ 图形；(c) $x_2(-k)$ 图形；(d) $x_2(-1-k)$ 图形；

(e) $x_2(1-k)$ 图形；(f) $x_2(2-k)$ 图形；(g) $x_2(3-k)$ 图形；(h) $x(n)$ 图形

3. 竖式法

对于两个有限长序列的卷积和计算，可以采用下面介绍的更为简便实用的竖式法（对位相乘求和）计算。这种方法不需要画出序列图形，只要把两个序列排成两行，按普通乘法运算进行相乘，但中间结果不进位，最后将位于同一列的中间结果相加得到卷积和序列。

【例 5-12】 在例 5-11 中给定的 $x_1(n)$ 和 $x_2(n)$，为了方便，将 $x_2(n)$ 写在第一行，$x_1(n)$ 写在第二行，将两序列样值以各自 n 的最低位按左端对齐如下排列，求 $x(n)$。

$$
\begin{array}{lrrrrrr}
x_2\,(n) & 4 & 3 & 2 & 1 & & \\
x_1\,(n) & 1 & 3 & 2 & & & \\
\hline
 & 4 & 3 & 2 & 1 & & \\
 & & 12 & 9 & 6 & 3 & \\
+ & & & 8 & 6 & 4 & 2 \\
\hline
 & 4 & 15 & 19 & 13 & 7 & 2
\end{array}
$$

解 把样值逐个对应相乘但不要进位，然后把同一列上的乘积相加运算，即可得到各位上的卷积结果，最后把各位卷积值按顺序排列，起始 n 值应为 $x_1(n)$ 的首位序号加 $x_2(n)$ 的首位序号。本例的 $x(n)$ 起始于 $n=0+0=0$。即

$$x(n) = \{\underset{\underset{n=0}{\uparrow}}{4}\quad 15\quad 19\quad 13\quad 7\quad 2\}$$

【例 5 - 13】　对图 5 - 5 所示的离散 LTI 系统，已知输入信号为

$$x(n) = \delta(n+1) + 2\delta(n) + 3\delta(n-2)$$

求响应 $y(n)$。

解　首先求解系统的单位脉冲响应。根据系统的框图可写出输入输出差分方程为

$$y(n) = x(n) - 2x(n-1) + 5x(n-2)$$

则单位脉冲响应 $h(n)$ 为

$$h(n) = \delta(n) - 2\delta(n-1) + 5\delta(n-2)$$

$h(n)$ 也可表示成

$$h(n) = \{\underset{\underset{n=0}{\uparrow}}{1}\quad -2\quad 5\}$$

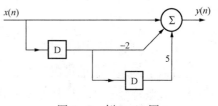

图 5 - 5　例 5 - 13 图

已知条件

$$x(n) = \{\underset{\underset{n=-1}{\uparrow}}{1}\quad 2\quad 0\quad 3\}$$

可用算式表示如下

$x(n)$	1	2	0	3		
$h(n)$	1	-2	5			
	1	2	0	3		
		-2	-4	0	-6	
			5	10	0	15
$y(n)$	1	0	1	13	-6	15

注意，$y(n)$ 起始于 $n=-1+0=-1$，于是

$$y(n) = \{\underset{\underset{n=-1}{\uparrow}}{1}\quad 0\quad 1\quad 13\quad -6\quad 15\}$$

不难发现，这种方法实质上是将作图过程的反转与移位两步骤以对位排列方式巧妙取代得到的。

4. z 域法

利用 z 变换的时域卷积性质，即

$$y_{zs}(n) = h(n) * x(n) \leftrightarrow Y_{zs}(z) = H(z)X(z)$$

可以把在时域的卷积问题转化为 z 域的相乘问题。

【例 5 - 14】　系统的单位脉冲响应为 $h(n) = b^n\varepsilon(n)$，求系统在激励 $x(n) = a^n\varepsilon(n)$ 作用下的零状态响应。

解　单位脉冲响应的 z 变换为

$$H(z) = \mathscr{Z}[h(n)] = \frac{z}{z-b} \quad (|z| > |b|)$$

激励信号的 z 变换为

$$X(z) = \mathscr{Z}[X(n)] = \frac{z}{z-a} \quad (\,|z|>|a|\,)$$

利用卷积定理得

$$Y(z) = \mathscr{Z}[y(n)] = \mathscr{Z}[h(n) * x(n)] = H(z)X(z)$$

于是

$$Y(z) = \frac{z^2}{(z-b)(z-a)} = \frac{\dfrac{b}{b-a}z}{(z-b)} + \frac{\dfrac{a}{a-b}z}{(z-a)}$$

取逆变换

$$y(n) = \left(\frac{b}{b-a}b^n + \frac{a}{a-b}a^n\right)\varepsilon(n) = \frac{b^{n+1}-a^{n+1}}{b-a}\varepsilon(n)$$

　　通过以上例题，我们可以看出：解析法通过数学运算能得到闭和形式解；图解法比较麻烦但非常直观；竖式法按序从左到右逐项将竖式相乘的积对应相加，这种方法对有限长序列计算较为方便；z 域法把在时域的卷积问题转化为 z 域的相乘问题，可以使计算简化。

　　MATLAB 计算有限长序列卷积的指令格式为 **y＝conv（h，x）**，其中 h 和 x 是存储 $h(n)$ 和 $x(n)$ 的行向量。然而，指令 conv 并不给出 $y(n)$ 的区间，而这个区间是有意义的，因此，在求出 $y(n)$ 样本的同时，还必须给出对应的区间。

5.3　离散系统的系统函数

5.3.1　系统函数的定义

1. 系统函数的引出

　　若用 $h(n)$ 表示系统的单位脉冲响应，则系统在任一输入 $x(n)$ 时的零状态响应 $y(n)$ 用卷积公式表示为

$$y(n) = h(n) * x(n) \tag{5-29}$$

　　卷积是一种运算量比较大的运算，程序实现也比普通的四则运算要复杂得多。不过由于卷积运算在 z 域变为相乘关系，则有

$$Y(z) = H(z)X(z)$$

或

$$H(z) = \frac{Y(z)}{X(z)} \tag{5-30}$$

把式（5-30）中的 $H(z)$ 定义为系统函数，它是单位脉冲响应 $h(n)$ 的 z 变换，或是 z 域零状态响应与激励的比值。

　　当系统的差分方程给出时，设为

$$y(n) + a_1 y(n-1) + \cdots + a_N y(n-N) = b_0 x(n) + b_1 x(n-1) + \cdots + b_M x(n-M) \tag{5-31}$$

在零状态条件下，对上式两边取 z 变换，系统函数为

$$H(z) = \frac{Y(z)}{X(z)} = \frac{b_0 + b_1 z^{-1} + \cdots + b_M z^{-M}}{1 + a_1 z^{-1} + \cdots + a_N z^{-N}} \tag{5-32}$$

可见，系统函数是 z 的多项式之比。

显然，只要有了系统的单位脉冲响应 $h(n)$ 的 z 变换 $H(z)$，那么，对于任意的输入序列 $x(n)$，可以求出它对应的 z 变换 $X(z)$，再将它与 $H(z)$ 相乘，即可得到系统在 $x(n)$ 的激励下产生的输出 $y(n)$ 的 z 变换 $Y(z)$。

2. 线性时不变离散系统的三种描述方式

可以用以下三种方式描述线性时不变离散系统：差分方程，脉冲响应，系统函数，它们之间可以相互转换。例如，给定脉冲响应 $h(n)$，利用 z 变换可以得到系统函数 $H(z)$，若将 $H(z)$ 表示为式（5-32）形式，交叉相乘后，取逆变换可得式（5-31）形式的差分方程。

【例 5-15】 已知 $h(n) = \delta(n) - 0.4(0.5)^n \varepsilon(n)$，求系统函数和差分方程。

解 对 $h(n)$ 取 z 变换，传递函数为

$$H(z) = 1 - \frac{0.4z}{z - 0.5} = \frac{0.6z - 0.5}{z - 0.5}$$

给分子和分母同乘以 z^{-1}，上式又可写成

$$H(z) = \frac{Y(z)}{X(z)} = \frac{0.6 - 0.5z^{-1}}{1 - 0.5z^{-1}}$$

交叉相乘得

$$(1 - 0.5z^{-1})Y(z) = (0.6 - 0.5z^{-1})X(z)$$

则差分方程为

$$y(n) - 0.5y(n-1) = 0.6x(n) - 0.5x(n-1)$$

3. 系统的 z 域框图

在实际应用中，往往根据系统的技术指标要求，首先确定出系统函数 $H(z)$，再选用一种框图实现 $H(z)$，最后，根据框图编写数据处理的算法和程序。z 域框图与时域框图只在延迟环节的表示上有区别，如图 5-6 所示。为了便于比较，把图 5-1 重画在图 5-6 中。

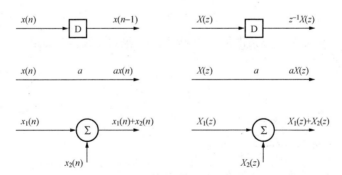

图 5-6 离散时间系统的时域和 z 域基本运算单元框图

(a) 时域基本运算单元框图；(b) z 域基本运算单元框图

【例 5-16】 已知系统函数

$$H(z) = \frac{Y(z)}{X(z)} = \frac{0.6 - 0.5z^{-1}}{1 - 0.5z^{-1}}$$

试给出实现 $H(z)$ 的框图及数据处理算法。

解 根据给定的系统函数，$Y(z)$ 可表示为

$$Y(z) = 0.5z^{-1}Y(z) + (0.6 - 0.5z^{-1})X(z)$$

与该式对应的一种系统的 z 域框图如图 5 - 7 所示。

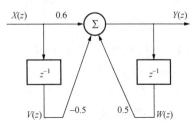

图 5 - 7 $H(z)$ 的框图实现

设两个延迟单元的输出分别为 $v(n)$ 和 $w(n)$，则有

$$v(n) = x(n-1) \Rightarrow v(n+1) = x(n)$$
$$w(n) = y(n-1) \Rightarrow w(n+1) = y(n)$$

在编写数据处理程序时，对每一给定的输入 $x(n)$，按以下算法重复计算

$$y(n) = 0.5w(n) + 0.6x(n) - 0.5v(n)$$
$$v(n+1) = x(n)$$
$$w(n+1) = y(n)$$

5.3.2　系统的稳定性和因果性

1. 系统稳定性的时域判别法

与连续时间系统类似，离散时间系统的单位脉冲响应 $h(n)$ 或系统函数 $H(z)$ 决定了系统的特性。

如果对任一有界输入 $x(n)$ 只能产生有界输出 $y(n)$，则称系统在有界输入有界输出意义下是稳定的。根据该定义，对所有 n，当 $|x(n)| < M$ 时（其中 M 为实常数），若有 $|y(n)| < \infty$，则系统稳定。

证明：根据卷积公式

$$|y(n)| = \left| \sum_{m=-\infty}^{\infty} x(n-m)h(m) \right| \leqslant \sum_{m=-\infty}^{\infty} |x(n-m)h(m)|$$
$$= \sum_{m=-\infty}^{\infty} |x(n-m)||h(m)| \leqslant M \sum_{m=-\infty}^{\infty} |h(m)|$$

因此，系统稳定的充分条件（也可证明是必要条件）为

$$\sum_{n=-\infty}^{\infty} |h(n)| < \infty \tag{5-33}$$

即离散时间系统稳定的充分必要条件是脉冲响应 $h(n)$ 绝对可和。对因果系统，式（5 - 33）求和从 $n=0$ 开始，即

$$\sum_{n=0}^{\infty} |h(n)| < \infty \tag{5-34}$$

2. 系统稳定性的 z 域判别法

根据 z 变换的定义

$$H(z) = \sum_{n=0}^{\infty} h(n)z^{-n}$$

在 $z = e^{j\Omega}$ 处，有

$$|H(e^{j\Omega})| = \left| \sum_{n=0}^{\infty} h(n)e^{-j\Omega n} \right| \leqslant \sum_{n=0}^{\infty} |h(n)e^{-j\Omega n}| = \sum_{n=0}^{\infty} |h(n)|$$

如果系统是稳定的，上式为有限值，则 $H(z)$ 在 $z = e^{j\Omega}$（也即 $|z|=1$）处必收敛。鉴于 z 平面上 $|z|=1$ 的重要性，把该圆取名为单位圆。因此，离散线性时不变系统是稳定系统的充要条件是：系统函数的收敛域必须包含单位圆。对单边 z 变换，$H(z)$ 的所有极点在收敛域的圆以内，因而系统稳定时 $H(z)$ 的所有极点必须位于单位圆内，如图 5 - 8 所示。

3. 系统函数的零极点与时域响应的关系

如果从系统函数的极点与时域响应之间的对应关系考虑，对单极点 p，其 z 域和时域响应分量分别为

$$H_\mathrm{p}(z) = \frac{Az}{z - p}$$
$$h_\mathrm{p}(n) = Ap^n\varepsilon(n) \tag{5-35}$$

如果极点 p 是二阶的，则有

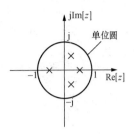

图 5-8　稳定系统
的极点分布

$$H_\mathrm{p}(z) = \frac{A_1 z}{(z - p)^2} + \frac{A_2 z}{z - p}$$
$$h_\mathrm{p}(n) = \left(\frac{A_1}{p}n + A_2\right)p^n\varepsilon(n) \tag{5-36}$$

当 $|p| < 1$ 时，式（5-35）和式（5-36）响应分量的总趋势随 n 增大而衰减，$h(\infty) = 0$，满足绝对可和条件。

当 $|p| > 1$ 时，响应分量的总趋势随 n 增大而增大，$|h(\infty)| = \infty$，不满足绝对可和条件。

当 $|p| = 1$ 时，也不满足绝对可和条件。

综上所述，只有当 $H(z)$ 的所有极点在单位圆内时系统才是稳定的。

【例 5-17】　系统的差分方程为
$$y(n) + 0.4y(n-1) - 0.32y(n-2) = x(n) + x(n-1)$$
（1）求系统函数 $H(z)$；
（2）分析此因果系统 $H(z)$ 的稳定性；
（3）求单位脉冲响应 $h(n)$。

解　（1）对差分方程两边取 z 变换，得
$$(1 + 0.4z^{-1} - 0.32z^{-2})Y(z) = (1 + z^{-1})X(z)$$
因此
$$H(z) = \frac{Y(z)}{X(z)} = \frac{1 + z^{-1}}{1 + 0.4z^{-1} - 0.32z^{-2}} = \frac{z(z+1)}{(z-0.4)(z+0.8)}$$

（2）$H(z)$ 的两个极点为 $p_1 = 0.4$，$p_2 = -0.8$，它们都在单位圆内，因此系统是稳定的。

（3）将 $H(z)/z$ 展成部分分式，得
$$H(z) = \frac{\frac{7}{6}z}{z - 0.4} - \frac{\frac{1}{6}z}{z + 0.8}$$

取逆变换，得单位脉冲响应为
$$h(n) = \left[\frac{7}{6}(0.4)^n - \frac{1}{6}(-0.8)^n\right]\varepsilon(n)$$

4. 系统函数的收敛域与系统的因果性

对于线性时不变系统，如果它是因果系统，则要求它的单位脉冲响应满足条件
$$h(n) = 0 \quad (n < 0) \tag{5-37}$$
这实际上是要求系统的单位脉冲响应 $h(n)$ 为因果信号。由于系统函数 $H(z)$ 是 $h(n)$ 的 z 变换，所以，根据 z 变换的性质，$h(n)$ 是否为因果信号，与 $H(z)$ 收敛域的情况有直接的关

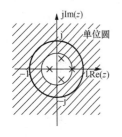

图 5 - 9　系统函数的 ROC 与其极点的相对关系

系，即离散线性时不变系统是因果系统的充要条件是：系统函数的 ROC 是某个圆外部的区域，且包括无穷远点。

通常，我们希望离散线性时不变系统既是稳定的，又是因果的。由于因果系统已经要求 ROC 是圆外部分，而稳定系统又要求 ROC 含有单位圆，所以至少要求单位圆外的部分是在 ROC 中。而由 z 变换的收敛域特性可知，ROC 是以极点为边界的，且不能含任何的极点，因此，系统函数的所有极点都必须在单位圆内，这样的系统才能同时满足稳定性与因果性的要求。这时，系统函数的 ROC 与其极点的相对关系如图 5 - 9 所示。

5.3.3　系统的频率特性

1. 离散系统的频率响应

实际遇到的绝大多数离散时间信号可以用数量非常大乃至无限个不同角频率的正弦离散时间信号的线性组合来表示。因此如果可以确定线性时不变系统对于正弦信号或指数信号的响应，利用其线性和时不变特性就可以确定系统对于更加复杂的信号的响应。

首先分析离散时间系统在指数序列 $x(n) = z_0^n = e^{j\Omega_0 n}(-\infty < n < \infty)$ 输入下的响应。设系统是因果的，单位脉冲响应为 $h(n)$，根据卷积公式，响应为

$$y(n) = \sum_{m=0}^{\infty} h(m)x(n-m) = \sum_{m=0}^{\infty} h(m)z_0^{n-m}$$
$$= \Big[\sum_{m=0}^{\infty} h(m)z_0^{-m}\Big]z_0^n = \Big[\sum_{m=0}^{\infty} h(m)e^{-j\Omega_0 m}\Big]e^{j\Omega_0 n} \quad (5 - 38)$$

式（5 - 38）中括号中的项为 $H(z)$ 在 $z = z_0$ 处的值，设 $H(z_0)$ 存在，于是

$$y(n) = H(z_0)z_0^n = H(e^{j\Omega_0})e^{j\Omega_0 n} \quad (5 - 39)$$

这里

$$H(e^{j\Omega_0}) = \sum_{m=0}^{\infty} h(m)e^{-j\Omega_0 m} \quad (5 - 40)$$

式（5 - 40）说明，系统在指数序列输入条件下，响应也为指数序列，其权值为 $H(e^{j\Omega_0})$。由于输入序列的计时起点为负无限大，按式（5 - 39）求得的响应应该是有始输入 $x(n) = e^{j\Omega_0 n}\varepsilon(n)$ 的稳态解。$H(e^{j\Omega_0})$ 一般为复数，可用幅度和相位表示为

$$H(e^{j\Omega_0}) = \big| H(e^{j\Omega_0}) \big| e^{j\varphi(\Omega_0)} \quad (5 - 41)$$

于是，输出为

$$y(n) = \big| H(e^{j\Omega_0}) \big| e^{j\Omega_0 n + j\varphi(\Omega_0)} \quad (5 - 42)$$

式（5 - 42）表明，系统引入的幅度改变因子为 $\big| H(e^{j\Omega_0}) \big|$，相位改变量为 $\varphi(\Omega_0)$。

令 $z = e^{j\Omega}$，即当 z 在单位圆（$0 \leqslant \Omega \leqslant 2\pi$）上变化时，可得

$$y(n) = H(e^{j\Omega})e^{j\Omega n} \quad (5 - 43)$$

这里

$$H(e^{j\Omega}) = \sum_{m=0}^{\infty} h(m)e^{-j\Omega m} \quad (5 - 44)$$

$H(e^{j\Omega})$ 一般为复函数，可用幅度和相位表示为

$$H(e^{j\Omega}) = H(z)\big|_{z = e^{j\Omega}} = \big| H(e^{j\Omega}) \big| e^{j\varphi(\Omega)} \quad (5 - 45)$$

$H(e^{j\Omega})$ 随频率 Ω 的变化称为离散时间系统的频率响应，它给出了系统的频域描述。由式（5 - 44）可知，$H(e^{j\Omega})$ 正好是该系统单位脉冲响应的离散时间傅里叶变换，同时它

又是该系统的系统函数取 z 在单位圆上变化的结果。$|H(e^{j\Omega})|$ 称为幅频特性，而 $\varphi(\Omega)$ 称为相频特性。由于 $e^{j\Omega}$ 为 Ω 的周期函数，周期为 2π，因而 $H(e^{j\Omega})$ 也是 Ω 的周期函数。

注意，以上结论成立的条件是，$H(e^{j\Omega})$ 必须存在，即 $H(z)$ 的收敛域必须包含单位圆，或者说 $H(z)$ 的全部极点要在单位圆内。

2. 系统幅频特性与选频滤波器

由于在 z 域，$Y(z) = X(z)H(z)$，当 $z = e^{j\Omega}$ 时，可以得到系统在不同频率信号作用下响应的幅度为

$$|Y(e^{j\Omega})| = |X(e^{j\Omega})||H(e^{j\Omega})|$$

当 $|H(e^{j\Omega})|$ 在某些频率范围内幅值较大时，这个频率范围的输入信号就会被传递到输出，这样的频率范围就叫做频率通带；当 $|H(e^{j\Omega})|$ 在某些频率范围内幅值很小时，这个频率范围的输入信号就不能被传递到输出，即 $|Y(e^{j\Omega})| \approx 0$，这样的频率范围就叫做频率阻带。所以离散系统像连续系统一样，也具有对不同频率的选择能力，我们常把这种离散系统称作选频数字滤波器，简称为数字滤波器。根据数字滤波器通带与阻带在频率轴上占据的相对位置，它也分为低通、高通、带通、全通等不同类型。关于数字滤波器的详细内容将在第 7 章介绍。

用 MATLAB 计算频率响应可直接使用指令：

freqz（b，a）或 freqz（b，a，n）

式中：b 和 a 分别为系统函数分子、分母的系数向量；n 为频率的计算点数，常取 2 的整数次幂；绘制的频率特性的横坐标 Ω 的范围 0 到 π。

【例 5 - 18】　描述某一离散时间系统的系统函数为 $H(z) = 1 - z^{-1}$，求系统的频率响应。

解　频率响应函数为

$$H(e^{j\Omega}) = 1 - e^{-j\Omega} = 1 - \cos\Omega + j\sin\Omega$$

其幅度函数为

$$|H(e^{j\Omega})| = |1 - e^{j\Omega}| = 2\left|\sin\frac{\Omega}{2}\right|$$

其相位函数为

$$\varphi(\Omega) = \arctan\frac{\sin\Omega}{1 - \cos\Omega}$$

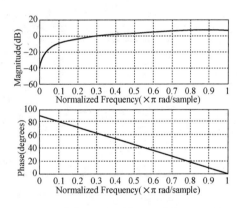

图 5 - 10　例 5 - 18 图

用 MATLAB 绘制的频率特性如图 5 - 10 所示。从图中的幅频特性可以看出，当输入信号为低频时，频率响应的幅度很小，系统阻止了低频信号的通过。所以此系统是一高通滤波器。

【例 5 - 19】　若系统函数为 $H(z) = \dfrac{z}{z - 0.8} = \dfrac{1}{1 - 0.8z^{-1}}$，求频率特性。

解　频率响应函数为

$$H(e^{j\Omega}) = \frac{e^{j\Omega}}{e^{j\Omega} - 0.8} = \frac{1}{1 - 0.8e^{-j\Omega}} = \frac{1}{1 - 0.8\cos\Omega + j0.8\sin\Omega}$$

幅度函数和相位函数分别为

$$|H(e^{j\Omega})| = \frac{1}{\sqrt{1 - 2 \times 0.8\cos\Omega + 0.8^2}}$$

$$\varphi(\Omega) = -\arctan\frac{0.8\sin\Omega}{1-0.8\cos\Omega}$$

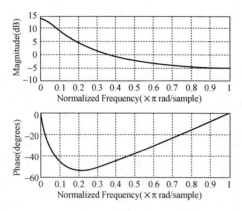

图 5 - 11　例 5 - 19 图

用 MATLAB 绘制的频率特性如图 5 - 11 所示。从图中的幅频特性可以看出，当输入信号为高频时，频率响应的幅度很小，系统阻止了高频信号的通过。所以此系统是一低通滤波器。

【例 5 - 20】　若离散时间系统的理想低通滤波器频率特性 $H(\mathrm{e}^{\mathrm{j}\Omega})$ 如图 5 - 12（b）所示，当它的输入信号是图 5 - 12（c）所示的 $\delta(n)$〔其频谱如图 5 - 12（a）所示〕时，其输出 $y(n)$ 的频谱即为 $Y(\mathrm{e}^{\mathrm{j}\Omega}) = H(\mathrm{e}^{\mathrm{j}\Omega})$，求它的逆傅里叶变换即系统的单位脉冲响应 $h(n)$。

解　由求解逆傅里叶变换的公式有

$$h(n) = \frac{1}{2\pi}\int_{-\pi}^{\pi} H(\Omega)\mathrm{e}^{\mathrm{j}\Omega n}\,\mathrm{d}\Omega = \frac{1}{2\pi}\int_{-\Omega_C}^{\Omega_C} \mathrm{e}^{\mathrm{j}\Omega n}\,\mathrm{d}\Omega = \frac{\sin(n\Omega_C)}{n\pi}$$

当 $\Omega_C = \dfrac{\pi}{4}$ rad 时，脉冲响应如图 5 - 12（d）所示。从图中可以看出，离散时间系统的理想低通滤波器的脉冲响应，与连续时间系统的理想低通滤波器的冲激响应类似，即在输入没有加入前就已有了响应。这说明，离散时间系统的理想低通滤波器也是一个非因果系统。

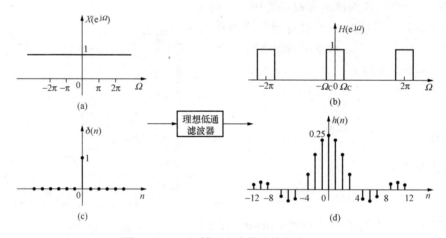

图 5 - 12　理想低通滤波器及其脉冲响应

（a）频谱；（b）频率特性；（c）输入信号；（d）脉冲响应

思　考　题

5 - 1　什么叫离散 LTI？

5 - 2　离散时间系统和连续时间系统相比较有什么特点？

5 - 3　差分方程的求解方法有几种？

5 - 4　求线性差分方程的完全解的步骤是什么？

5 - 5　差分方程齐次解的含义是什么？

5-6　线性时不变离散系统零输入响应和零状态响应的含义是什么?

5-7　离散时间系统单位脉冲响应 $h(n)$ 的定义是什么?

5-8　离散时间系统卷积和的求法有几种?

5-9　如何用 z 变换求解离散系统的差分方程?

5-10　线性时不变离散系统具有几种描述方式? 它们之间有什么关系?

5-11　什么叫离散系统的系统函数?

5-12　系统函数满足什么条件时离散系统是因果且稳定的?

5-13　系统函数与单位脉冲响应是什么关系?

5-14　如何根据系统函数的零极点分析单位脉冲响应的时域特性?

5-15　如何利用系统函数计算离散系统的频率响应?

习　　　题

5-1　求下列齐次差分方程的解。

(1) $y(n) - 0.5y(n-1) = 0, y(0) = 1$;

(2) $y(n) - 2y(n-1) = 0, y(0) = 2$;

(3) $y(n) + 3y(n-1) = 0, y(1) = 1$;

(4) $y(n) + \dfrac{1}{3}y(n-1) = 0, y(-1) = -1$。

5-2　试求解下列齐次差分方程。

(1) $y(n) - 6y(n-1) + 9y(n-2) = 0, y(0) = 0, y(1) = 3$;

(2) $y(n) - 7y(n-1) + 16y(n-2) - 12y(n-3) = 0, y(0) = 0, y(1) = -1, y(2) = -3$。

5-3　已知下列系统的差分方程以及初始条件,求系统的零输入响应。

(1) $y(n) + 2y(n-1) + y(n-2) = 0, y(0) = y(-1) = 2$;

(2) $y(n) + 3y(n-1) + 2y(n-2) = 0, y(-1) = 2, y(-2) = 1$。

5-4　用 z 变换方法计算下列系统的零输入响应和零状态响应。

(1) $y(n) - 0.25y(n-1) = 3^{-n}\varepsilon(n), y(-1) = 8$;

(2) $y(n) + y(n-1) + 0.25y(n-2) = 4(0.5)^n\varepsilon(n), y(-1) = 6, y(-2) = -12$。

5-5　用 z 变换方法计算系统的响应 $y(n)$ 。

(1) $y(n) - 0.4y(n-1) = 3x(n), x(n) = \varepsilon(n), y(-1) = 0$;

(2) $y(n) - 0.4y(n-1) = 2x(n) + x(n-1), x(n) = 0.5^n\varepsilon(n), y(-1) = 5$;

(3) $y(n) + 4y(n-1) + 3y(n-2) = 2\varepsilon(n), y(-1) = 0, y(-2) = 1$;

(4) $y(n) - y(n-1) - 2y(n-2) = \varepsilon(n), y(-1) = -1, y(-2) = \dfrac{1}{4}$。

5-6　求图 5-13 所示各系统的单位脉冲响应。

5-7　试用解析法和 z 变换法计算下列离散信号的卷积和。

(1) $y(n) = A * 0.5^n\varepsilon(n)$;

(2) $y(n) = 3^n\varepsilon(n-1) * 2^n\varepsilon(n+1)$;

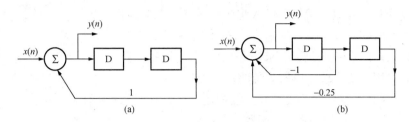

图 5-13　题 5-6 图

(3) $y(n) = \varepsilon(n-1) * 3^n \varepsilon(n)$。

5-8　用图解法和竖式法求图 5-14 所示离散序列的卷积和。

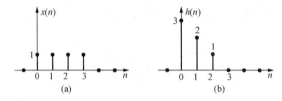

图 5-14　题 5-8 图

5-9　根据差分方程求系统函数及单位脉冲响应。

(1) $y(n) - \dfrac{1}{2} y(n-1) = x(n)$；

(2) $y(n) - 1.3y(n-1) + 0.2y(n-2) + 0.1y(n-3) = x(n)$。

5-10　一离散时间系统的系统函数为

$$H(z) = \frac{z^2 - \dfrac{1}{2}}{\left(z - \dfrac{1}{2}\right)\left(z - \dfrac{1}{4}\right)}$$

(1) 求系统单位脉冲响应；

(2) 确定输入输出差分方程。

5-11　描述某离散系统的差分方程为

$$y(n) - 0.7y(n-1) + 0.1y(n-2) = 7x(n) - 2x(n-1)$$

(1) 求系统函数 $H(z)$；

(2) 求单位脉冲响应 $h(n)$；

(3) 若 $y(-2) = y(-1) = 4, x(n) = \varepsilon(n)$，分别求此系统的零输入响应 $y_{zi}(n)$ 和零状态响应 $y_{zs}(n)$。

5-12　已知一离散系统的差分方程为

$$y(n) - \frac{3}{4} y(n-1) + \frac{1}{8} y(n-2) = x(n) + \frac{1}{3} x(n-1)$$

求：(1) 系统函数；

(2) 单位脉冲响应；

(3) 画系统函数的极零点分布图；

(4) 粗略画出幅频特性曲线；

(5) 画出系统的结构框图。

5-13 因果系统的系统函数 $H(z)$ 如下所示，试说明这些系统是否稳定。

(1) $H(z) = \dfrac{z+2}{(z-1)(z-0.9)}$；

(2) $H(z) = \dfrac{3(z+0.9)}{z(z-1.2)(z-0.9)}$；

(3) $H(z) = \dfrac{z+2}{8z^2 - 2z - 3}$；

(4) $H(z) = \dfrac{3(z-1)^2}{z^3 - 1.8z^2 + 0.81z}$。

5-14 某因果二阶系统的系统函数 $H(z)$ 为

$$H(z) = \frac{1}{1 - 1.845\,000z^{-1} + 0.850\,586z^{-2}}$$

(1) 试说明该系统是否稳定；

(2) 当系统函数 $H(z)$ 各系数只取两位小数，即 $H(z) = \dfrac{1}{1 - 1.85z^{-1} + 0.85z^{-2}}$ 时，系统是否还稳定？并说明计算机的量化误差对系统稳定性的影响。

5-15 已知某离散时间系统的差分方程为

$$y(n) - (\beta+1)y(n-1) = x(n-1)$$

试问 β 为何值时，该系统稳定？

5-16 用 MATLAB 绘出以下系统的幅频特性和相频特性。

(1) $H(z) = \dfrac{z-2}{z-0.5}$；

(2) $h(n) = \delta(n) - \delta(n-2)$；

(3) $H(z) = \dfrac{z+2}{z+0.5}$；

(4) $y(n) = 0.5x(n) - 0.5x(n-1)$；

(5) $H(z) = \dfrac{z^2 + 2z + 3}{3z^2 + 2z + 1}$；

(6) $y(n) - y(n-1) + 0.25y(n-2) = x(n) + x(n-1)$。

第 6 章 离 散 傅 里 叶 变 换

第 4 章和第 5 章介绍的离散信号的频域分析和处理，虽然在理论上是完美的，但是无法在计算机上实现。有限长序列的离散傅里叶变换在时间和频率上都是离散的，特别适合计算机处理。本章讨论离散傅里叶变换 DFT 及其性质，用 DFT 实现信号的线性卷积，DFT 的应用，DFT 的快速算法及其实现方法。

6.1 离 散 傅 里 叶 变 换

离散时间傅里叶变换 DTFT 可以反映离散信号的全部频谱，理论上有重要意义。但在它的变换对中，时间 n 是离散的，频率 Ω 是连续的，从数字处理的角度来说，为了能够用计算机（数字设备）对它进行计算，频率也应该是离散的，故在计算机上实现离散时间傅里叶变换有困难。离散傅里叶级数（DFS）是按傅里叶分析严格定义的，它的变换对虽是离散时间 n 和离散频率 Ω 的周期函数，但是无限长序列。因此为了能在计算机上实现频谱分析，一种时间和频率都是离散的有限长序列离散傅里叶变换应运而生，这就是离散傅里叶变换（Discrete Fourier Transformation），简称 DFT。由于 DFT 具有快速计算方法，即快速傅里叶变换（FFT），使其更具有实际意义。

6.1.1 离散傅里叶变换的定义

离散傅里叶变换 DFT 可以由多种方法导出，根据离散傅里叶级数 DFS 导出，物理意义明确，现重写出 DFS 变换对，即

$$\widetilde{X}(k) = \mathrm{DFS}[\widetilde{x}(n)] = \sum_{n=0}^{N-1} \widetilde{x}(n) e^{-j\frac{2\pi}{N}kn} \quad (-\infty < k < \infty)$$

$$\widetilde{x}(n) = \mathrm{IDFS}[\widetilde{X}(k)] = \frac{1}{N}\sum_{k=0}^{N-1} \widetilde{X}(k) e^{j\frac{2\pi}{N}kn} \quad (-\infty < n < \infty)$$

由于 $e^{j\frac{2\pi}{N}kn}$ 对 k 和 n 都是以 N 为周期的，所以当 $\widetilde{x}(n)$ 是以 N 为周期时，$\widetilde{X}(k)$ 也一定是以 N 为周期的，与连续周期函数的傅里叶级数不同，DFS 只有 N 项，也就是说，$\widetilde{x}(n)$ 最多可以分解成 N 个独立的值。虽然 $\widetilde{x}(n)$，$\widetilde{X}(k)$ 是无限长的，但在计算序列的频谱和其本身时，可以利用 DFS 的周期性，只需要在时域和频域各取一个周期，计算一个周期，将所得结果进行周期延拓，即可以得到它们。由于在 DFS 中，只用到 $\widetilde{x}(n)$，$\widetilde{X}(k)$ 一个周期的 N 个值，取它们的主值序列：$x(n)(0 \leqslant n \leqslant N-1)$ 和 $X(k)(0 \leqslant k \leqslant N-1)$，等式依然成立，这就是离散傅里叶变换，即

$$X(k) = \mathrm{DFT}[x(n)] = \sum_{n=0}^{N-1} x(n) e^{-j\frac{2\pi}{N}kn} = \sum_{n=0}^{N-1} x(n) W_N^{nk} \quad (k = 0,1,\cdots,N-1) \quad (6-1)$$

和

$$x(n) = \mathrm{IDFT}[X(k)] = \frac{1}{N}\sum_{k=0}^{N-1} X(k) e^{j\frac{2\pi}{N}kn} = \frac{1}{N}\sum_{k=0}^{N-1} X(k) W_N^{-nk} \quad (n = 0,1,\cdots,N-1)$$

$$(6-2)$$

式（6-1）与式（6-2）中：$W_N = \mathrm{e}^{-\mathrm{j}\frac{2\pi}{N}}$。

对于有限长序列 $x(n)(0 \leqslant n \leqslant N-1)$，可以将其以 N 为周期进行延拓，得到周期序列 $\tilde{x}(n) = \sum_{r=-\infty}^{\infty} x(n+rN)$，同样可以展开成离散傅里叶级数 DFS，也可以按上式进行离散傅里叶变换。可以看出，DFT 并不是一个新的傅里叶变换形式，只不过是将 DFS 变换对中的序列取主值，就得到了 DFT，将 DFT 进行周期延拓就得到 DFS，因此 DFT 隐含周期性。有限长序列 $x(n)$ 是非周期的，其频谱应该是连续的，但用 DFT 得到的 $x(n)$ 的频谱是离散频谱，这是由于将有限长序列 $x(n)$ 延拓成周期序列而造成的。

6.1.2　离散傅里叶变换与 DTFT 和 z 变换的关系

实际上离散傅里叶变换 DFT 也可以根据离散时间傅里叶变换 DTFT 导出，设 $x(n)$ 是一个长度为 N 的有限长序列，则 $x(n)$ 的离散时间傅里叶变换为

$$X(\mathrm{e}^{\mathrm{j}\Omega}) = \sum_{n=-\infty}^{\infty} x(n)\mathrm{e}^{-\mathrm{j}\Omega n} = \sum_{n=0}^{N-1} x(n)\mathrm{e}^{-\mathrm{j}\Omega n}$$

将 Ω 离散化，在 $0 \sim 2\pi$ 上从 0 开始，每隔 $2\pi/N$ 取一个点，共取 N 个点，对 $X(\mathrm{e}^{\mathrm{j}\Omega})$ 均匀采样，即可得到离散傅里叶变换 DFT。因此，可以得到 DFT 与 DTFT 的关系为

$$X(\mathrm{e}^{\mathrm{j}\Omega_k})\Big|_{\Omega_k = \frac{2\pi}{N}k} = \sum_{n=0}^{N-1} x(n)\mathrm{e}^{-\mathrm{j}\frac{2\pi}{N}kn} = X(k) \quad (k=0,1,\cdots,N-1)$$

即 $X(k)$ 是离散时间傅里叶变换 $X(\mathrm{e}^{\mathrm{j}\Omega})$ 在区间 $[0,2\pi]$ 上的 N 点等间隔采样值。

也可以用另一种方法证明离散傅里叶逆变换 IDFT 的唯一性。为求离散傅里叶变换的逆变换，将离散傅里叶变换两边乘以 W_N^{-nk} 并对 k 从 0 到 $N-1$ 求和，得

$$\sum_{k=0}^{N-1} X(k)W_N^{-nk} = \sum_{k=0}^{N-1}\Big[\sum_{m=0}^{N-1} x(m)W_N^{km}\Big]W_N^{-kn} = \sum_{m=0}^{N-1} x(m)\sum_{k=0}^{N-1} W_N^{k(m-n)}$$

由于 $\sum_{k=0}^{N-1} W_N^{k(m-n)} = \sum_{k=0}^{N-1} \mathrm{e}^{-\mathrm{j}\frac{2\pi}{N}k(m-n)} = \begin{cases} N, m=n \\ 0, m \neq n \end{cases}$，故上式右边只有 $m=n$ 一项不为 0，为 $Nx(n)$，可得 $X(k)$ 的离散傅里叶逆变换为

$$x(n) = \frac{1}{N}\sum_{n=0}^{N-1} X(k)W_N^{-nk} \quad (n=0,1,\cdots,N-1)$$

$x(n)$ 的 z 变换为

$$X(z) = \sum_{n=0}^{N-1} x(n)z^{-n}$$

在 z 平面的单位圆上，对 $X(z)$ 均匀采样，取 $z = \mathrm{e}^{\mathrm{j}\frac{2\pi}{N}k}$，$k$ 从 0 开始到 $N-1$，每隔 $\mathrm{e}^{\mathrm{j}\frac{2\pi}{N}}$ 取一个点，共取 N 个点，即可得到离散傅里叶变换 DFT。因此，可以得到 DFT 与 z 变换的关系为

$$X(z)\Big|_{z=\mathrm{e}^{\mathrm{j}\frac{2\pi}{N}k}} = \sum_{n=0}^{N-1} x(n)\mathrm{e}^{-\mathrm{j}\frac{2\pi}{N}kn} = X(k) \quad (k=0,1,\cdots,N-1)$$

即 $X(k)$ 是 z 变换在单位圆上的 N 点等间隔采样值。

【例 6-1】　求 $x(n) = R_4(n)$ 的 DTFT 及 16 点和 32 点的 DFT。

解　根据 DTFT 的定义得

$$X(\mathrm{e}^{\mathrm{j}\Omega}) = \sum_{n=-\infty}^{\infty} R_4(n)\mathrm{e}^{-\mathrm{j}\Omega n} = \sum_{n=0}^{3} \mathrm{e}^{-\mathrm{j}\Omega n}$$

$$= \frac{1 - e^{-j4\Omega}}{1 - e^{-j\Omega}} = \frac{e^{-j2\Omega}(e^{j2\Omega} - e^{-j2\Omega})}{e^{-j\Omega/2}(e^{j\Omega/2} - e^{-j\Omega/2})}$$

$$= e^{-j3\Omega/2} \frac{\sin(2\Omega)}{\sin(\Omega/2)}$$

其频谱为连续的，如图 6-1（b）所示。

根据 DFT 的定义得

$$X(k) = \sum_{n=0}^{15} R_4(n) W_{16}^{kn} = \sum_{n=0}^{3} e^{-j\frac{2\pi}{16}kn}$$

$$= \frac{1 - e^{-j\frac{2\pi}{16}k \cdot 4}}{1 - e^{-j\frac{2\pi}{16}k}} = \frac{e^{-j\pi k/4}(e^{j\pi k/4} - e^{-j\pi k/4})}{e^{-j\pi k/16}(e^{j\pi k/16} - e^{-j\pi k/16})}$$

$$= e^{-j\frac{3\pi}{16}k} \frac{\sin(\pi k/4)}{\sin(\pi k/16)} (k = 0, 1, \cdots, 15)$$

图 6-1（c）为 16 点 DFT 的频谱（实线），是离散的，实际上是对 DTFT 连续频谱离散化的结果，虚线是 DTFT 的频谱。图 6-1（d）为 32 点 DFT 的频谱。

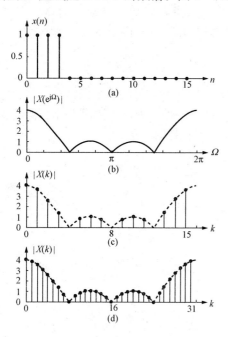

图 6-1   DFT 与 DTFT 的关系

(a) $x(n)$；(b) DTFT$[x(n)]$；

(c) 16 点 DFT 的频谱；(d) 32 点 DFT 的频谱

【例 6-2】   求 $x(n) = \sin\left(\frac{\pi}{4}n\right)$ 的 8 点 DFT。

解   根据 DFT 的定义得

$$X(k) = \text{DFT}\left[\sin\left(\frac{\pi}{4}n\right) R_8(n)\right] = \sum_{n=0}^{7} \sin\left(\frac{\pi}{4}n\right) W_8^{kn}$$

$$= \sum_{n=0}^{7} \sin\left(\frac{\pi}{4}n\right) e^{-j\frac{2\pi}{8}kn} = \sum_{n=0}^{7} \frac{e^{j\frac{\pi}{4}n} - e^{-j\frac{\pi}{4}n}}{2j} e^{-j\frac{2\pi}{8}kn}$$

$$= \frac{1}{2j} \sum_{n=0}^{7} e^{j\frac{2\pi}{8}(1-k)n} - \frac{1}{2j} \sum_{n=0}^{7} e^{-j\frac{2\pi}{8}(1+k)n}$$

由于 $e^{j2\pi(1-k)} = 1$，故当 $k \neq 1$ 时

$$\sum_{n=0}^{7} e^{j\frac{2\pi}{8}(1-k)n} = \frac{1 - e^{j\frac{2\pi}{8}(1-k)8}}{1 - e^{j\frac{2\pi}{8}(1-k)}} = 0$$

当 $k \neq 7$ 时

$$\sum_{n=0}^{7} e^{-j\frac{2\pi}{8}(1+k)n} = \frac{1 - e^{-j\frac{2\pi}{8}(1+k)8}}{1 - e^{-j\frac{2\pi}{8}(1+k)}} = 0$$

当 $k = 1$ 时

$$X(1) = \frac{1}{2j} \sum_{n=0}^{7} e^{j\frac{2\pi}{8}(1-1)n} + 0 = -j8/2 = -j4$$

当 $k = 7$ 时

$$X(7) = 0 - \frac{1}{2j} \sum_{n=0}^{7} e^{-j\frac{2\pi}{8}(1+7)n} = j8/2 = j4$$

当 k 为其他值时，$X(0) = X(2) = X(3) = X(4) = X(5) = X(6) = 0$。

即 $X(k) = \{0, -j4, 0, 0, 0, 0, 0, j4\}$

需要注意的是，$X(7)$ 并不是新信息。根据 $X(k)$ 是离散时间傅里叶变换 $X(e^{j\Omega})$ 在区间 $[0, 2\pi]$ 上的 N 点等间隔采样以及 $X(e^{j\Omega})$ 的周期性可知，$X(e^{j\Omega})$ 在区间 $[\pi, 2\pi]$ 上的频谱实际上是 $X(e^{j\Omega})$ 在区间 $[-\pi, 0]$ 上的频谱，负频率频谱是变换出来的。

【例 6 - 3】　求 $X(k) = \begin{cases} 4, & k=1,7 \\ 0, & \text{其他 } k \end{cases}$ 的 IDFT，即 $x(n)$ 。

解　根据 IDFT 的定义得

$$
\begin{aligned}
x(n) = \text{IDFT}[X(k)] &= \frac{1}{N} \sum_{k=0}^{N-1} X(k) W_N^{-kn} \\
&= \frac{1}{8} \sum_{k=0}^{7} X(k) e^{-(-j\frac{2\pi}{8}kn)} = \frac{1}{8} \sum_{k=0}^{7} X(k) e^{j\frac{2\pi}{8}kn} \\
&= \frac{1}{8} X(1) e^{j\frac{2\pi}{8}n} + \frac{1}{8} X(7) e^{j\frac{2\pi}{8}7n} \\
&= \frac{1}{8} (4 e^{j\frac{2\pi}{8}n} + 4 e^{j\frac{2\pi}{8}7n}) = \frac{1}{2} (e^{j\frac{2\pi}{8}n} + e^{j\frac{2\pi}{8}(8-1)n}) \\
&= \frac{1}{2} (e^{j\frac{2\pi}{8}n} + e^{-j\frac{2\pi}{8}n} e^{j\frac{2\pi}{8}8n}) = \frac{1}{2} (e^{j\frac{2\pi}{8}n} + e^{-j\frac{2\pi}{8}n}) = \cos\frac{\pi}{4}n
\end{aligned}
$$

6.2　离散傅里叶变换的性质

离散傅里叶变换可以理解为离散时间傅里叶变换 DTFT 的频域采样形式，它又可以从离散傅里叶级数 DFS 派生而来，因此 DFT 的性质与傅里叶变换和傅里叶级数的性质存在相似之处。

6.2.1　线性性质

设 $x_1(n)$ 和 $x_2(n)$ 均为长度为 N 的有限长序列，其 DFT 分别为 $X_1(k)$，$X_2(k)$，则

$$\text{DFT}[a x_1(n) + b x_2(n)] = a X_1(k) + b X_2(k)$$

式中：a 和 b 为任意常数。如果 $x_1(n)$ 和 $x_2(n)$ 的长度不相同，需要将短的序列补零至相同长度。

6.2.2　循环移位性质

1. 序列的循环移位

为了书写方便，周期序列 $\tilde{x}(n)$ 可以表示为 $x((n))_N$，即 $\tilde{x}(n) = x((n))_N$，$((n))_N$ 表示 n 除以 N 的余数。例如，$N=8$ 时，$\tilde{x}(9) = x((9))_8 = x(1)$。

设 $x(n)$ 为有限长序列，长度为 N，将 $x(n)$ 的周期延拓序列 $x((n))_N$ 移位 m 位，得 $x((n+m))_N$，取 $0 \leqslant n \leqslant N-1$ 范围内的样点，就是循环移位。$x(n)$ 的循环移位可以定义为

$$y(n) = x((n+m))_N R_N(n)$$

从图 6 - 2 可见，循环移位的实质是将 $x(n)$ 左移 m 位，而移出主值区的 m 个序列值又从右边依次进入主值区，填补了空位。

2. 时域循环移位定理

设 $x(n)$ 是长度为 N 的有限长序列，将 $x(n)$ 左移或右移 m 位，则

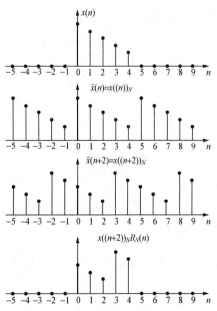

图 6 - 2　循环移位过程示意图

$$\text{DFT}[x((n+m))_N R_N(n)] = W_N^{-km} X(k) \qquad (6\text{-}3)$$

或
$$\text{DFT}[x((n-m))_N R_N(n)] = W_N^{km} X(k) \qquad (6\text{-}4)$$

式中：$X(k) = \text{DFT}[x(n)]$，$0 \leqslant k \leqslant N-1$。

证明：设 $Y(k) = \text{DFT}[x((n+m))_N R_N(n)]$，由 DFT 的定义得

$$Y(k) = \sum_{n=0}^{N-1} x((n+m))_N R_N(n) W_N^{kn} = \sum_{n=0}^{N-1} x((n+m))_N W_N^{kn}$$

令 $n+m=n'$，则有

$$Y(k) = \sum_{n'=m}^{N-1+m} x((n'))_N W_N^{k(n'-m)} = W_N^{-km} \sum_{n'=m}^{N-1+m} x((n'))_N W_N^{kn'}$$

由于上式中求和项 $x((n'))_N W_N^{kn'}$ 以 N 为周期，所以对其在任意起点开始的一个周期上的求和都相等。将上式的求和区间改在主值区，则得

$$Y(k) = W_N^{-km} \sum_{n'=0}^{N-1} x((n'))_N W_N^{kn'}$$
$$= W_N^{-km} \sum_{n'=0}^{N-1} x(n') W_N^{kn'} = W_N^{-km} X(k)$$

同理可证明式（6-4）。

3. 频域循环移位定理

如果 $X(k) = \text{DFT}[x(n)]$，$0 \leqslant k \leqslant N-1$，$Y(k)$ 为 $X(k)$ 的循环移位，即
$$Y(k) = X((k+l))_N R_N(k)$$
则
$$y(n) = \text{IDFT}[Y(k)] = W_N^{nl} x(n) \qquad (6\text{-}5)$$

仿照时域循环移位定理的证明方法，利用 IDFT 的定义可以证明频域循环移位定理。

6.2.3　时域循环卷积定理

有限长序列 $x_1(n)$ 和 $x_2(n)$，长度分别为 N_1 和 N_2，取 $N=\max[N_1, N_2]$。$x_1(n)$ 和 $x_2(n)$ 的 N 点 DFT 分别为

$$X_1(k) = \text{DFT}[x_1(n)]$$
$$X_2(k) = \text{DFT}[x_2(n)]$$

如果
$$X(k) = X_1(k) X_2(k)$$

则
$$x(n) = \text{IDFT}[X(k)] = \sum_{m=0}^{N-1} x_1(m) x_2((n-m))_N R_N(n) \qquad (6\text{-}6)$$

或
$$x(n) = \text{IDFT}[X(k)] = \sum_{m=0}^{N-1} x_2(m) x_1((n-m))_N R_N(n) \qquad (6\text{-}7)$$

也就是说，两个序列循环卷积的 DFT 等于两个序列对应的 DFT 之积。该定理表明，循环卷积可以用 DFT 来进行快速计算。

证明：设 $X(k) = \text{DFT}[x(n)] = \sum_{n=0}^{N-1} \Big[\sum_{m=0}^{N-1} x_1(m) x_2((n-m))_N R_N(n) \Big] W_N^{kn}$
$$= \sum_{m=0}^{N-1} x_1(m) \sum_{n=0}^{N-1} x_2((n-m))_N W_N^{kn}$$

令 $n-m=n'$，则有

$$X(k) = \sum_{m=0}^{N-1} x_1(m) \sum_{n'=-m}^{N-1-m} x_2((n'))_N W_N^{k(n'+m)}$$

$$= \sum_{m=0}^{N-1} x_1(m) W_N^{km} \sum_{n'=-m}^{N-1-m} x_2((n'))_N W_N^{kn'}$$

$$= \sum_{m=0}^{N-1} x_1(m) W_N^{km} \sum_{n'=0}^{N-1} x_2(n') W_N^{kn'}$$

$$= X_1(k) X_2(k)$$

同理可以证明循环卷积满足交换率，即

$$x(n) = \text{IDFT}[X(k)] = \sum_{m=0}^{N-1} x_2(m) x_1((n-m))_N R_N(n)$$

由于 $x_2((n-m))_N R_N(n)$ 实际上就是 $x_2(n)$ 的循环移位，故称 $\sum_{m=0}^{N-1} x_1(m) x_2((n-m))_N R_N(n)$ 为"循环卷积"，习惯上常用符号"$\otimes$"表示循环卷积，以区别于线性卷积，即

$$\text{IDFT}[X_1(k) X_2(k)] = x_1(n) \otimes x_2(n) = x_2(n) \otimes x_1(n)$$

循环卷积的计算步骤为：①循环反转；②循环移位；③相乘；④相加。循环卷积过程可以参考图 6-3 来理解，在循环卷积中，求和变量为 m，n 为待求序列值对应的序列号。先将 $x_2(m)$ 延拓成周期序列 $x_2((m))_N$，再将 $x_2((m))_N$ 循环反转，即反转后取主值序列得到 $x_2((-m))_N R_N(m)$，将该序列循环移 n 位得 $x_2((n-m))_N R_N(m)$，对 m 在 $[0, N-1]$ 区间上将 $x_1(m)$ 与 $x_2((n-m))_N R_N(m)$ 逐项相乘并求和，便得到 $x_1(n) \otimes x_2(n)$。

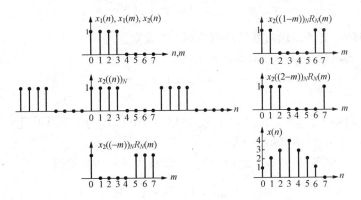

图 6-3 循环卷积过程示意图

6.2.4 复共轭序列的 DFT

设 $x^*(n)$ 是 $x(n)$ 的复共轭序列，长度为 N，若

$$X(k) = \text{DFT}[x(n)]$$

则

$$\text{DFT}[x^*(n)] = X^*(N-k) \qquad (0 \leqslant k \leqslant N-1)$$

且

$$X(N) = X(0)$$

证明：

$$X^*(N-k) = \left[\sum_{n=0}^{N-1} x(n) W_N^{(N-k)n} \right]^* = \sum_{n=0}^{N-1} x^*(n) W_N^{-(N-k)n}$$

$$= \sum_{n=0}^{N-1} x^*(n) W_N^{kn} W_N^{-Nn} = \sum_{n=0}^{N-1} x^*(n) W_N^{kn} = \text{DFT}[x^*(n)] \qquad (6-8)$$

式中：$W_N^{-Nn} = \mathrm{e}^{(-j\frac{2\pi}{N})(-Nn)} = \mathrm{e}^{j2\pi n} = 1$。

由 $X(k)$ 的隐含周期性可知，$X(N) = X(0)$，即它的末点就是它的起始点。用同样的方法可以证明

$$\mathrm{DFT}[x^*(N-n)] = X^*(k) \tag{6-9}$$

6.2.5 共轭对称性

由于 $x(n)$ 和 $X(k)$ 均是定义在区间 $[0, N-1]$ 上的有限长序列，所以这里的对称性不能是关于原点的对称性，而是关于 $N/2$ 点的对称性。

有限长共轭对称序列的定义为

$$x_{\mathrm{ep}}(n) = x_{\mathrm{ep}}^*(N-n) \qquad (0 \leqslant n \leqslant N-1)$$

有限长共轭反对称序列的定义为

$$x_{\mathrm{op}}(n) = -x_{\mathrm{op}}^*(N-n) \qquad (0 \leqslant n \leqslant N-1)$$

任何有限长序列 $x(n)$ 都可以表示成其共轭对称部分和共轭反对称部分之和，即

$$x(n) = x_{\mathrm{ep}}(n) + x_{\mathrm{op}}(n) \tag{6-10}$$

将式（6-10）中的 n 换成 $N-n$，并取复共轭，可得

$$x^*(N-n) = x_{\mathrm{ep}}^*(N-n) + x_{\mathrm{op}}^*(N-n) = x_{\mathrm{ep}}(n) - x_{\mathrm{op}}(n) \tag{6-11}$$

由式（6-10）和式（6-11）可以求得

$$x_{\mathrm{ep}}(n) = \frac{1}{2}[x(n) + x^*(N-n)] \tag{6-12}$$

$$x_{\mathrm{op}}(n) = \frac{1}{2}[x(n) - x^*(N-n)] \tag{6-13}$$

需要指出的是，上述讨论对频域序列 $X(k)$ 也成立。

1. 序列表示为共轭对称部分和共轭反对称部分时的 DFT

设

$$x(n) = x_{\mathrm{ep}}(n) + x_{\mathrm{op}}(n)$$

则

$$\begin{aligned}\mathrm{DFT}[x(n)] &= \mathrm{DFT}[x_{\mathrm{ep}}(n) + x_{\mathrm{op}}(n)] = \mathrm{DFT}[x_{\mathrm{ep}}(n)] + \mathrm{DFT}[x_{\mathrm{op}}(n)] \\ &= X_{\mathrm{R}}(k) + jX_I(k)\end{aligned}$$

对式（6-12）和式（6-13）进行 DFT 并计及式（6-9）可得

$$\mathrm{DFT}[x_{\mathrm{ep}}(n)] = \frac{1}{2}\mathrm{DFT}[x(n) + x^*(N-n)]$$

$$= \frac{1}{2}[X(k) + X^*(k)] = \mathrm{Re}[X(k)] = X_{\mathrm{R}}(k) \tag{6-14}$$

$$\mathrm{DFT}[x_{\mathrm{op}}(n)] = \frac{1}{2}\mathrm{DFT}[x(n) - x^*(N-n)]$$

$$= \frac{1}{2}[X(k) - X^*(k)] = j\mathrm{Im}[X(k)] = jX_I(k) \tag{6-15}$$

即序列 $x(n)$ 共轭对称部分的 DFT 对应于 $X(k)$ 的实部，而共轭反对称部分的 DFT 对应于 $X(k)$ 的虚部（包括 j）。

2. 序列表示为实部和虚部时的 DFT

设

$$x(n) = x_{\mathrm{r}}(n) + jx_{\mathrm{i}}(n)$$

$$x_{\mathrm{r}}(n) = \frac{1}{2}[x(n) + x^*(n)] \tag{6-16}$$

$$\mathrm{j}x_\mathrm{i}(n) = \frac{1}{2}[x(n) - x^*(n)] \qquad (6\text{-}17)$$

则

$$\mathrm{DFT}[x(n)] = \mathrm{DFT}[x_\mathrm{r}(n) + \mathrm{j}x_\mathrm{i}(n)] = \mathrm{DFT}[x_\mathrm{r}(n)] + \mathrm{DFT}[\mathrm{j}x_\mathrm{i}(n)]$$
$$= X_\mathrm{ep}(k) + X_\mathrm{op}(k)$$

对式（6-16）和式（6-17）进行 DFT 并计及式（6-8）、式（6-12）、式（6-13）可得

$$\mathrm{DFT}[x_\mathrm{r}(n)] = \frac{1}{2}\mathrm{DFT}[x(n) + x^*(n)]$$
$$= \frac{1}{2}[X(k) + X^*(N-k)] = X_\mathrm{ep}(k) \qquad (6\text{-}18)$$
$$\mathrm{DFT}[\mathrm{j}x_\mathrm{i}(n)] = \frac{1}{2}\mathrm{DFT}[x(n) - x^*(n)]$$
$$= \frac{1}{2}[X(k) - X^*(N-k)] = X_\mathrm{op}(k) \qquad (6\text{-}19)$$

即序列 $x(n)$ 实部的 DFT 对应于 $X(k)$ 的共轭对称部分，而虚部连同虚数单位 j 的 DFT 对应于 $X(k)$ 的共轭反对称部分。如果 $x(n) = x_\mathrm{r}(n)$ 为实序列，则 $X(k) = X_\mathrm{ep}(k) = X_\mathrm{ep}^*(N-k)$，所以有 $X(k) = X^*(N-k)$。

DFT 的共轭对称性在实际应用中有重要意义，利用该性质可以减少运算量。例如进行一次 DFT 可以变换两个实序列，设两个实序列分别为 $x_1(n)$ 和 $x_2(n)$，用它们构成一个新序列 $x(n) = x_1(n) + \mathrm{j}x_2(n)$，对 $x(n)$ 进行 DFT 得 $X(k)$，利用共轭对称性可以得到

$$\mathrm{DFT}[x_1(n)] = X_1(k) = \frac{1}{2}[X(k) + X^*(N-k)]$$

$$\mathrm{DFT}[x_2(n)] = X_2(k) = \frac{1}{2\mathrm{j}}[X(k) - X^*(N-k)]$$

对于实序列只需要计算一半的 $X(k)$，利用 $X(k) = X^*(N-k)$ 就可求得另一半（后一半不是新信息）。

6.3　用 DFT 计算线性卷积

6.3.1　用 DFT 计算循环卷积

设有限长因果序列 $x_1(n)$ 和 $x_2(n)$ 的长度均为 N，$x_1(n)$ 和 $x_2(n)$ 的 N 点 DFT 分别为 $X_1(k) = \mathrm{DFT}[x_1(n)]$ 和 $X_2(k) = \mathrm{DFT}[x_2(n)]$，根据时域循环卷积定理可以用 DFT 计算循环卷积，即

$$x_1(n) \otimes x_2(n) = \mathrm{IDFT}[X_1(k)X_2(k)]$$

由于 DFT 具有快速计算形式 FFT（快速傅里叶变换），当序列点数很多时，用 DFT 在频域计算循环卷积，可以大大提高运算速度。但在实际问题中，大多数情况是求解线性卷积。例如信号 $x(n)$ 通过系统 $h(n)$，其输出与输入的关系为线性卷积 $y(n) = x(n) * h(n)$，能否用 DFT 计算线性卷积？答案是肯定的。

6.3.2　循环卷积等于线性卷积的条件

设有限长因果序列 $x(n)$ 和 $h(n)$ 的长度分别为 M 和 N，其线性卷积 $y(n)$ 为

$$y(n) = h(n) * x(n) = \sum_{m=0}^{N-1} h(m)x(n-m)$$

为了通过循环卷积计算线性卷积，将 $x(n)$ 延拓成周期为 L 的序列，即

$$\widetilde{x}(n) = x((n))_L = \sum_{q=-\infty}^{\infty} x(n+qL)$$

有限长序列 $x(n)$ 为

$$x(n) = \widetilde{x}(n)R_L(n) = \Big[\sum_{q=-\infty}^{\infty} x(n+qL)\Big]R_L(n)$$

$h(n)$ 与 $x(n)$ 的循环卷积为

$$
\begin{aligned}
y_c(n) = h(n) \otimes x(n) &= \sum_{m=0}^{L-1} h(m)x((n-m))_L R_L(n) \\
&= \sum_{m=0}^{L-1} h(m)\Big[\sum_{q=-\infty}^{\infty} x(n-m+qL)\Big]R_L(n) \\
&= \sum_{m=0}^{L-1} h(m)\Big[\sum_{q=-\infty}^{\infty} x(n+qL-m)\Big]R_L(n) \\
&= \Big\{\sum_{q=-\infty}^{\infty}\Big[\sum_{m=0}^{L-1} h(m)x(n+qL-m)\Big]\Big\}R_L(n) \\
&= \Big[\sum_{q=-\infty}^{\infty} y(n+qL)\Big]R_L(n)
\end{aligned}
\tag{6-20}
$$

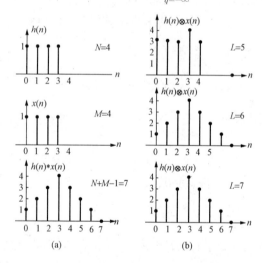

图 6-4　线性卷积与循环卷积的比较

(a) 线性卷积；(b) 循环卷积

式（6-20）说明 $y_c(n)$ 等于 $y(n)$ 以 L 为周期的周期延拓序列的主值序列。由于线性卷积后的长度为 $N+M-1$，因此，若循环卷积的长度 $L < N+M-1$，那么，$y(n)$ 以 L 为周期进行周期延拓后，必然有一部分非零序列值重叠，出现混叠现象。只有 $L \geqslant N+M-1$ 时，才不会产生混叠，此即循环卷积等于线性卷积的条件。线性卷积与循环卷积的比较如图 6-4 所示。

6.3.3　用 DFT 计算线性卷积的方法

如果两个序列 $h(n)$ 和 $x(n)$ 的长度分别为 N 和 M，取 $L = N+M-1$ 作为循环卷积的长度，在 $h(n)$ 后补上 $L-N$ 个零值点，在 $x(n)$ 后补上 $L-M$ 个零值点，便可利用时域循环卷积定理计算线性卷积了。

6.4　频率域采样

我们已经知道，在对时域信号进行采样时，如果不满足时域采样定理，其频谱会失真。那么能否由频域采样信号 $X(k)$ 不失真地恢复原来的信号 $x(n)$？对 $X(z)$ 采样多少点才能由 $X(k)$ 恢复 $x(n)$？本节将讨论由频域采样信号 $X(k)$ 不失真地恢复 $x(n)$ 的条件。

设一个非周期序列 $x(n)$，它的 z 变换为

$$X(z) = Z[x(n)] = \sum_{n=-\infty}^{+\infty} x(n)z^{-n}$$

如果其收敛域包含单位圆，即 $x(n)$ 存在傅里叶变换，在单位圆上对 $X(z)$ 等间隔采样 N 点，得

$$X(k) = \sum_{n=-\infty}^{\infty} x(n)e^{-j\frac{2\pi}{N}kn} \qquad (0 \leqslant k \leqslant N-1)$$

$$x_N(n) = \text{IDFT}[X(k)] \qquad (0 \leqslant n \leqslant N-1)$$

下面求 $x_N(n) = x(n)$ 的条件，也就是采样点数 N 为多少时，才能由 $X(k)$ 得到 $x(n)$？根据 IDFT 无法直观得到答案，这可以由 DFS 来解决。根据 DFT 与 DFS 的关系，$x_N(n)$ 可以看成是 $x((n))_N$ 的主值序列，即

$$x_N(n) = \text{IDFS}[\widetilde{X}(k)]R_N(n) = \widetilde{x}(n)R_N(n)$$

$X(k)$ 可以看成是 $\widetilde{X}(k)$ 的主值序列，即

$$X(k) = \widetilde{X}(k)R_N(k)$$

将 $X(k)$ 延拓成周期序列 $\widetilde{X}(k)$ 并求其 IDFS 得

$$\widetilde{x}(n) = \frac{1}{N}\sum_{k=0}^{N-1}\widetilde{X}(k)e^{j\frac{2\pi}{N}kn} = \frac{1}{N}\sum_{k=0}^{N-1}X(k)W_N^{-kn}$$

$$= \frac{1}{N}\sum_{k=0}^{N-1}\Big[\sum_{m=-\infty}^{\infty}x(m)W_N^{km}\Big]W_N^{-kn}$$

$$= \frac{1}{N}\sum_{m=-\infty}^{\infty}x(m)\sum_{k=0}^{N-1}W_N^{k(m-n)}$$

由于

$$\frac{1}{N}\sum_{k=0}^{N-1}W_N^{k(m-n)} = \begin{cases} 1 & m = n+rN \\ 0 & \text{其他} \end{cases}$$

所以

$$\widetilde{x}(n) = \sum_{r=-\infty}^{\infty}x(n+rN)$$

上式表明，在单位圆上对 $X(z)$ 等间隔采样 N 点，再将 $X(k)$ 延拓成周期序列 $\widetilde{X}(k)$，将导致时域的周期延拓，其主值序列为

$$x_N(n) = \widetilde{x}(n)R_N(n) = \sum_{r=-\infty}^{\infty}x(n+rN)R_N(n)$$

如果序列 $x(n)$ 为有限长序列，其长度为 M，则只有当频域采样点数 $N \geqslant M$ 时，才有

$$x_N(n) = \text{IDFT}[X(k)] = x(n)$$

即可以由频域采样 $X(k)$ 恢复原序列 $x(n)$，否则将产生时域混叠现象，这就是所谓的频域采样定理。

6.5 DFT 的 应 用

6.5.1 用 DFT 对连续非周期信号进行谱分析

工程实际中，经常遇到连续非周期信号 $x_a(t)$，其频谱函数 $X_a(j\omega)$ 也是连续函数。设连续信号 $x_a(t)$ 持续时间为 T_p，最高频率为 f_M，则 $x_a(t)$ 的傅里叶变换对为

$$X_a(\mathrm{j}f) = \mathrm{FT}[x_a(t)] = \int_{-\infty}^{\infty} x_a(t)\mathrm{e}^{-\mathrm{j}2\pi ft}\,\mathrm{d}t$$

$$x_a(t) = \mathrm{IFT}[X_a(\mathrm{j}f)] = \int_{-\infty}^{\infty} X_a(\mathrm{j}f)\mathrm{e}^{\mathrm{j}2\pi ft}\,\mathrm{d}f$$

对 $x_a(t)$ 以采样间隔 $T \leqslant 1/(2f_\mathrm{M})$（即 $f_\mathrm{s} = 1/T \geqslant 2f_\mathrm{M}$）采样得 $x_a(nT)$。设共采样 N 点，将积分 $X_a(\mathrm{j}f)$ 用求和代替（$t = nT$，$\mathrm{d}t = T$）得

$$X(\mathrm{j}f) \approx T\sum_{n=0}^{N-1} x_a(nT)\mathrm{e}^{-\mathrm{j}2\pi fnT}$$

在区间 $[0, f_\mathrm{s}]$ 上对 $X_a(\mathrm{j}f)$ 等间隔采样 N 点，采样间隔为 F，即

$$F = \frac{f_\mathrm{s}}{N} = \frac{1}{NT}$$

F 称为频率分辨率，而 $NT = T_\mathrm{p}$，称为观察时间，所以将 $f = kF = k/(NT)$ 代入 $X(\mathrm{j}f)$ 中可得 $X_a(\mathrm{j}f)$ 的采样值为

$$X(\mathrm{j}kF) = T\sum_{n=0}^{N-1} x_a(nT)\mathrm{e}^{-\mathrm{j}\frac{2\pi}{N}kn}$$

$$= T\sum_{n=0}^{N-1} x(n)\mathrm{e}^{-\mathrm{j}\frac{2\pi}{N}kn} = T\mathrm{DFT}[x(n)] = TX(k)$$

也就是说，连续非周期信号的频谱可以通过对连续信号采样并进行 DFT 再乘以 T 的近似方法得到，利用 DFT 可以对连续非周期信号频谱进行近似分析。同理可得

$$x_a(t)_{t=nT} = x(nT) \approx F\sum_{k=0}^{N-1} X(\mathrm{j}kF)\mathrm{e}^{\mathrm{j}\frac{2\pi}{N}kn} = f_\mathrm{s} \times \frac{1}{N}\sum_{k=0}^{N-1} X(\mathrm{j}kF)\mathrm{e}^{\mathrm{j}\frac{2\pi}{N}kn}$$

$$= f_\mathrm{s}\mathrm{IDFT}[X(\mathrm{j}kF)] = \frac{1}{T}\mathrm{IDFT}[X(\mathrm{j}kF)]$$

6.5.2　用 DFT 对连续周期信号进行谱分析

对于连续周期信号 $x(t)$，其频谱 $X(\mathrm{j}k\omega)$ 是离散函数。设连续周期信号 $x(t)$ 的周期为 T_1，角频率 $\omega_1 = \dfrac{2\pi}{T_1}$，频率 $f_1 = \dfrac{1}{T_1}$，其傅里叶级数对为

$$x(t) = \sum_{k=-\infty}^{\infty} a_k\mathrm{e}^{\mathrm{j}k\omega_1 t}$$

$$a_k = X(\mathrm{j}k\omega_1) = \frac{1}{T_1}\int_0^{T_1} x(t)\mathrm{e}^{-\mathrm{j}k\omega_1 t}\,\mathrm{d}t$$

对 $x(t)$ 以采样间隔 T 进行采样并加以截断，截取长度正好等于一个周期，得 $x(nT)$，设一个周期的样点数为 N，$T_1 = NT$，将积分 $X(\mathrm{j}k\omega_1)$ 用求和代替（$t = nT$，$\mathrm{d}t = T$）得

$$X(\mathrm{j}k\omega_1) \approx \frac{T}{T_1}\sum_{n=0}^{N-1} x(nT)\mathrm{e}^{-\mathrm{j}2\pi f_1 knT} = \frac{1}{N}\sum_{n=0}^{N-1} x(nT)\mathrm{e}^{-\mathrm{j}\frac{2\pi}{N}kn}$$

$$= \frac{1}{N}\mathrm{DFS}[x(n)]$$

也就是说，连续周期信号的频谱可以通过对连续信号采样并进行 DFS 再除以 N 的近似方法得到，利用 DFS（DFT）可以对连续周期信号的频谱进行分析，但时域的离散化造成频域的周期延拓。

由于时域离散周期序列，最多可以分解成 N 个独立的值，对 $x(t)$ 离散化后，其傅里叶级数的反变换可以写成

$$x(t)_{t=nT} = x(nT) = \sum_{k=0}^{N-1} X(jk\omega_1)e^{jk\omega_1 nT} = \sum_{k=0}^{N-1} X(jk\omega_1)e^{j\frac{2\pi}{N}kn}$$

$$= N \times \frac{1}{N}\sum_{k=0}^{N-1} X(jk\omega_1)e^{j\frac{2\pi}{N}kn} = N\mathrm{IDFS}[X(jk\omega_1)]$$

如果对周期为 N 的周期序列 $\tilde{x}(n)$ 的截取长度 M 有 m 个周期，m 为正整数，即 $M=mN$，则

$$x_M(n) = \tilde{x}(n)R_M(n)$$

其 DFT 为

$$X_M(k) = \mathrm{DFT}[\tilde{x}(n)R_M(n)] = \sum_{n=0}^{M-1} \tilde{x}(n)R_M(n)e^{-j\frac{2\pi}{M}kn}$$

$$= \sum_{n=0}^{M-1} \tilde{x}(n)e^{-j\frac{2\pi}{M}kn} = \sum_{n=0}^{mN-1} \tilde{x}(n)e^{-j\frac{2\pi}{mN}kn}$$

把上式写成 m 个 N 项和相加，得

$$X_M(k) = \sum_{n=0}^{N-1} \tilde{x}(n+0N)e^{-j\frac{2\pi}{mN}kn} + \sum_{n=0}^{N-1} \tilde{x}(n+N)e^{-j\frac{2\pi}{mN}k(n+N)}$$

$$+ \cdots + \sum_{n=0}^{N-1} \tilde{x}[n+(m-1)N]e^{-j\frac{2\pi}{mN}k[n+(m-1)N]}$$

$$= \sum_{r=0}^{m-1}\sum_{n=0}^{N-1} \tilde{x}(n+rN)e^{-j\frac{2\pi}{mN}(n+rN)k}$$

$$= \sum_{r=0}^{m-1}\Big[\sum_{n=0}^{N-1} x(n)e^{-j\frac{2\pi}{mN}nk}\Big]e^{-j\frac{2\pi}{m}rk}$$

$$= \sum_{r=0}^{m-1} X\Big(\frac{k}{m}\Big)e^{-j\frac{2\pi}{m}rk} = X\Big(\frac{k}{m}\Big)\sum_{r=0}^{m-1} e^{-j\frac{2\pi}{m}rk}$$

由于

$$\sum_{r=0}^{m-1} e^{-j\frac{2\pi}{m}rk} = \begin{cases} m & k/m = \text{整数} \\ 0 & k/m \neq \text{整数} \end{cases}$$

所以

$$X_M(k) = \begin{cases} mX\Big(\frac{k}{m}\Big) & k/m = \text{整数} \\ 0 & k/m \neq \text{整数} \end{cases}$$

可见，$X_M(k)$ 可以表示 $\tilde{x}(n)$ 的频谱结构，谐波幅值的计算方法与截取一个周期的计算方法相同，即

$$\frac{2}{M}X_M(k) = \frac{2}{mN}X_M(rm) = \frac{2}{mN}mX(r) = \frac{2}{N}X(r)$$

截取一个周期时，第 r 条谱线就是 r 次谐波 $X(r)$，截取 m 个周期时，原来 r 次谐波 $X(r)$ 出现在 $k=mr$ 处，如图 6-5(a)、(c) 所示。

6.5.3 利用 DFT 进行谱分析时出现的问题

1. 混叠失真

我们已经知道，连续信号 $x_a(t)$ 经等间隔 T 采样得到的离散信号 $x(n)$ 的频谱是周期函数，即

$$X(e^{j\Omega})\mid_{\Omega=\omega T}=\frac{1}{T}\sum_{k=-\infty}^{\infty}X_a(j\omega-jk\omega_s)$$

可以看出，它是原连续信号 $x_a(t)$ 的频谱 $X_a(j\omega)$ 以 $\omega_s=2\pi f_s$ 为周期进行移位后再叠加，并除以 T，如果 $X_a(j\omega)$ 不是有限带宽的，部分频谱就会叠加在一起，发生频谱混叠。为了避免发生频谱混叠现象，要求采样频率 f_s 必须大于等于信号中最高频率 f_c 的两倍，即

$$f_s \geqslant 2f_c$$

而离散傅里叶变换（DFT）是对 $X(e^{j\Omega})$ 均匀采样，因此，在 DFT 运算中也必须满足采样定理，否则会出现混叠失真现象。对于非有限带宽信号，在实际应用中，可以在模拟量输入通道加低通滤波器将高于 $f_s/2$ 的频率成分滤掉，使之成为有限带宽信号，来满足采样定理，消除混叠失真，提高频谱分析的精度。

2. 栅栏效应

N 点 DFT 的实质是在频率区间 $[0,2\pi]$ 上对信号的连续频谱进行 N 点等间隔采样，得到的是 N 个离散的频谱点 $X(k)$，且把它们限制在基频的整数倍上，看不到连续频谱 $X_a(jf)$ 的全部频谱特性，这就好像在栅栏的一边通过缝隙看另一边的景物一样，只能在离散点处看到真实的景物，其余频谱成分被遮挡，所以称之为栅栏效应，如图 6 - 1（c）所示。

减小栅栏效应的方法就是要减小离散谱线的间隔，或者说是栅栏的间距（频率分辨率 F）的大小，F 越小，谱线越密，频率分辨率越高，如果只是要得到原信号（不改变时域数据）更多的频谱分量，可以采取在时域数据尾部补零的方法来减小栅栏效应，尾部补零增大了观测时间，F 变小，使谱线数量增多，如图 6 - 1（d）所示。

由于 N 点 DFT 只能得到以 N 为周期的基频及其高次谐波的频谱，因此，用 DFT 分析周期信号的频谱时，为了得到（看到）精确的频谱，采样点数 N 必须等于被测信号周期的整倍数（或采样频率等于 N 倍信号频率），才能不受栅栏效应的影响。图 6 - 5 所示为被截断的信号 $\cos(2\pi\times50t)$ 的几种频谱（DTFT 和 DFT），图 6 - 5（a）和（c）分别是对 $\cos(2\pi\times50t)$ 截取 1 个和 2 个周期频谱，信号的离散频谱正好在栅栏的缝隙处，可以得到（看到）精确的频谱。图 6 - 5（b）是对 $\cos(2\pi\times50t)$ 截取 1 个半周期的频谱，由于信号的频谱在连续频谱的最大值附近，不在栅栏的缝隙处，故通过 DFT 无法获得（看到）其频谱。

3. 频谱泄漏

DFT 是对有限长序列进行的变换，如果信号 $x(n)$ 持续时间无限长，就需要进行截断处理，截断的结果相当于信号 $x(n)$ 乘上了一时间窗函数，如矩形窗函数 $R_N(n)$，即

$$y(n)=x(n)R_N(n)$$

显然截断后，信号发生了变化，其频谱也必将发生变化。设 $\text{DTFT}[x(n)]=X(e^{j\Omega})$，对上式两边进行 DTFT，根据频域卷积定理，得

$$Y(e^{j\Omega})=\text{DTFT}[y(n)]=\text{DTFT}[x(n)R_N(n)]=\frac{1}{2\pi}X(e^{j\Omega})*R_N(e^{j\Omega})$$

$$=\frac{1}{2\pi}\int_{-\pi}^{\pi}X(e^{j\theta})R_N(e^{j(\Omega-\theta)})d\theta$$

其中，矩形窗函数 $R_N(n)$ 的傅里叶变换为

$$\text{DTFT}[R_N(n)]=R_N(e^{j\Omega})=\frac{\sin(\Omega N/2)}{\sin(\Omega/2)}e^{-j\Omega\frac{N-1}{2}}$$

例如，周期序列 $x(n)=\cos(\omega_0 n)$，$\omega_0=\pi/4$，该周期序列的频谱函数为

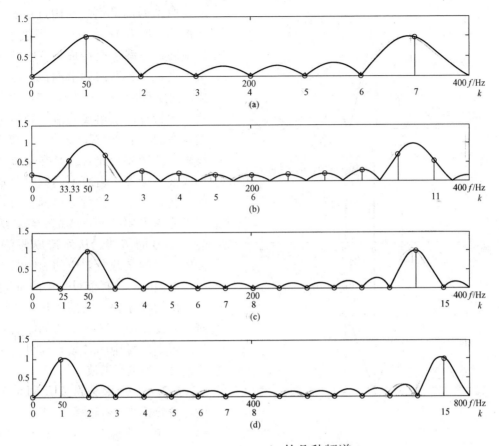

图 6 - 5 $\cos\left(2\pi\times50t\right)$ 的几种频谱

(a) 对 $\cos\left(2\pi\times50t\right)$ 每个周期采样 8 个点，截取 1 个周期（8 个点）的频谱；

(b) 对 $\cos\left(2\pi\times50t\right)$ 每个周期采样 8 个点，截取 1 个半周期（12 个点）的频谱；

(c) 对 $\cos\left(2\pi\times50t\right)$ 每个周期采样 8 个点，截取 2 个周期（16 个点）的频谱；

(d) 对 $\cos\left(2\pi\times50t\right)$ 每个周期采样 16 个点，截取 1 个周期（16 个点）的频谱

$$X(e^{j\Omega}) = \mathrm{DTFT}\left[\cos\left(\frac{\pi}{4}n\right)\right] = \pi\sum_{r=-\infty}^{\infty}\left[\delta\left(\Omega-\frac{\pi}{4}-2\pi r\right)+\delta\left(\Omega+\frac{\pi}{4}-2\pi r\right)\right]$$

其频谱（只画出一个周期）如图 6 - 6（b）所示，现对该无限长序列 $x(n)$ 加矩形窗 $R_8(n)$ 截断，$R_8(n)$ 的频谱如图 6 - 6（a）所示，一般地，$R_N(e^{j\Omega})$ 在 $\Omega=0$ 两边第一个过零点之间的部分称为主瓣，其宽度为 $4\pi/N$，主瓣以外的部分（$|\Omega|>2\pi/N$）称为旁瓣，显然当 N 增大时，主瓣宽度减小。截断后 $y(n)=x(n)R_N(n)$ 的频谱为

$$\begin{aligned}Y(e^{j\Omega}) &= \frac{1}{2\pi}\int_{-\pi}^{\pi}X(e^{j\theta})R_N(e^{j(\Omega-\theta)})\mathrm{d}\theta\\ &= \frac{\pi}{2\pi}\int_{-\pi}^{\pi}\left[\delta\left(\theta-\frac{\pi}{4}\right)+\delta\left(\theta+\frac{\pi}{4}\right)\right]R_N(e^{j(\Omega-\theta)})\mathrm{d}\theta\\ &= \frac{1}{2}\left[R_N(e^{j(\Omega-\frac{\pi}{4})})+R_N(e^{j(\Omega+\frac{\pi}{4})})\right]\end{aligned}$$

$Y(e^{j\Omega})$ 实际上是矩形窗函数的频谱 $R_N(e^{j\Omega})$ 分别左移和右移 $\pi/4$ 的叠加，如图 6 - 6（c）所示，从图中可以看出，无限长序列 $x(n)$ 加窗截断后，对其频谱会产生两个方面的影响：

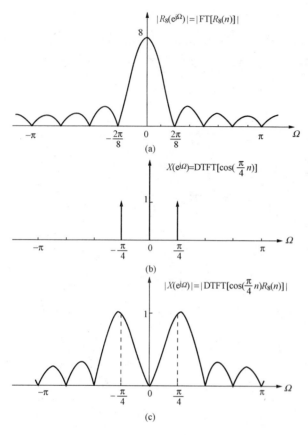

图 6-6 截断效应

(a) $R_8(n)$ 的幅度谱；(b) $\cos(\omega_0 n)$ 的频谱；

(c) $\cos(\omega_0 n)$ 加矩形窗截断后的频谱

一是原来的离散谱线向附近展宽，其主瓣的宽度为 $4\pi/N$，这个现象称为频谱泄漏，泄漏也会造成频率响应的混叠失真，因为泄漏频谱的最高频率如果超过折叠频率（$f_s/2$），将产生混叠失真。另外，主谱线的泄漏频谱为主瓣宽度的一半 $2\pi/N$，这会湮没离散谱线附近的频率分量。二是在主瓣两边形成很多旁瓣，引起不同频率分量间的干扰，这个现象称为谱间干扰，旁瓣可能湮没弱信号；或把旁瓣认为是另一信号的谱线，从而造成假信号。需要指出的是截断效应的影响只能减小不能消除，选择能量集中的窗函数，例如使用汉宁窗，它的能量集中在主瓣，旁瓣较小，减小了谱间干扰，能将多频率信号中的各频率成分完全分开，可用来测量谐波。

6.5.4 频率分辨率及利用 DFT 进行谱分析的参数选择

1. 频率分辨率

频率分辨率是用 DFT 进行谱分析时的重要参数，它是指 DFT（或 DTFT）能将信号中两个靠得很近的频率成分分开的能力，频率分辨率 F 是离散谱线的间隔大小，或者说是栅栏的间距，它等于信号的基波频率（信号中可能没有基波成分），对一个 N 点长、采样间隔为 T（$=1/f_s$）的序列，其 DFT 谱线的间隔或频率分辨率为

$$F = \frac{f_s}{N} = \frac{1}{NT} = \frac{1}{T_p}$$

从上式可以看出，增大观察时间 $T_p = NT$，可以提高频率分辨率，增大观察时间相当于增加矩形窗函数的长度 N，这可以减小泄漏频谱的主瓣宽度（$4\pi/N$），使得主瓣中心附近被 $2\pi/N$ 宽的泄漏频谱所湮没的频率分量能够分辨出来，提高了频率分辨率。

例如，对 $x(t) = \cos(2\pi \times 50t) + 0.5\cos(2\pi \times 75t)$ 进行 DFT（或 DTFT），信号中的最高频率为 75Hz，现以采样频率 $f_s = 400\mathrm{Hz}$ 对 $x(t)$ 进行采样，得

$$x(n) = \cos\left(\frac{\pi}{4}n\right) + 0.5\cos\left(\frac{3\pi}{8}n\right)$$

这是一个周期为 8 点的周期序列，截取一个周期 $N=8$ 个点，其 DTFT 为

$$\mathrm{DTFT}[x(n)R_8(n)] = \mathrm{DTFT}\left\{\left[\cos\left(\frac{\pi}{4}n\right) + 0.5\cos\left(\frac{3\pi}{8}n\right)\right]R_8(n)\right\}$$

频谱曲线如图 6-7（a）所示，从图中可以看出，由于频谱泄漏的影响，信号中 75Hz 的分

量无法分辨出来。

如果保持采样频率不变，为减小频率分辨率，增大观察时间，截取 $N=16$ 个点，其 DTFT 为

$$\text{DTFT}[x(n)R_{16}(n)] = \text{DTFT}\left\{\left[\cos\left(\frac{\pi}{4}n\right) + 0.5\cos\left(\frac{3\pi}{8}n\right)\right]R_{16}(n)\right\}$$

频谱曲线如图 6-7（b）所示，从图中可以看出，由于 $2\pi/N$ 减小，泄漏的频谱不能湮没信号中 75Hz 的分量，可以准确分辨出来。

如果保持采样频率不变，增大观察时间至 $N=32$ 个点，其 DTFT 为

$$\text{DTFT}[x(n)R_{32}(n)] = \text{DTFT}\left\{\left[\cos\left(\frac{\pi}{4}n\right) + 0.5\cos\left(\frac{3\pi}{8}n\right)\right]R_{32}(n)\right\}$$

频谱曲线如图 6-7（c）所示，从图中可以看出，由于 $2\pi/N$ 更小，对信号中两个靠得很近的频率成分的分开能力更强。

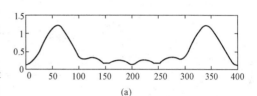

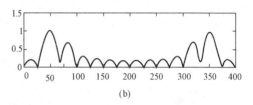

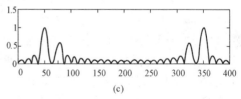

图 6-7　频率分辨率的研究
(a) $N=8$；(b) $N=16$；(c) $N=32$

需要指出的是，在有效数据后补零并不能提高 DFT 的频率分辨能力，或称"物理分辨率"，只能提高"计算分辨率"。如果序列 $x(n)$ 的长度为 N，在其后补 L 个零，则

$$X(\text{e}^{\text{j}\Omega}) = \sum_{n=0}^{N-1+L} x(n)\text{e}^{-\text{j}\omega n} = \sum_{n=0}^{N-1} x(n)\text{e}^{-\text{j}\omega n}$$

可以看出，在有效数据后补零并不能改变 $X(\text{e}^{\text{j}\Omega})$，即频谱的波形未改变，但频率分辨率的提高（$F$ 减小），使谱线 $X(k)$ 的数量增多，可以得到原频谱 $X(\text{e}^{\text{j}\Omega})$ 中更多的频谱值。

由信号的观察时间 $T_p = NT$ 可知，提高频率分辨率的方法（减小 F）有：

(1) 保持 f_S 不变，增加 N。

(2) 保持 N 不变，减小 f_S。

在给定 T_p 的情况下，靠减小 T 来增加 N 不能提高频率分辨率，设 m 是正整数，则

$$F = \frac{1}{T_p} = \frac{f_S}{N} = \frac{1}{NT} = \frac{1}{mN\dfrac{T}{m}} = \frac{1}{NT}$$

可以看出，频率分辨率 F 没有改变，但增加 N 可以减小采样间隔 T，提高采样频率 f_S，能够扩大频谱分析的范围，得到更多的频率分量。如图 6-5（d）所示，对 $\cos(2\pi \times 50t)$ 截取 1 个周期，每个周期采样 16 个点，与图 6-5（a）比较，增加了 8 个采样点，虽然观察时间没有改变，频率分辨率仍为 50Hz，但可以多得到 5、6、7 次谐波（因信号中只有基波，故高次谐波的幅值均为零）。

2. 利用 DFT 进行频谱分析的参数选择

由以上分析可见，利用 DFT 进行信号的频谱分析时，可能会由于频谱混叠、栅栏效应和频谱泄漏的影响，而无法得到需要的频率成分。频谱混叠与采样频率有关，栅栏效应与 DFT 的点数有关，频谱泄漏的影响与频率分辨率有关。因此，利用 DFT 进行频谱分析的参

数选择非常重要，下面通过一个例题来说明利用 DFT 进行频谱分析的参数选择方法。

【例 6-4】 对实信号进行频谱分析，要求频谱分辨率 $F \leqslant 50\text{Hz}$，信号最高频率 $f_C = 250\text{Hz}$，试确定最小记录时间 T_{pmin}，最大的采样间隔 T_{max}，最少的采样点数 N_{min}。

解 根据要求频谱分辨率 $F \leqslant 50\text{Hz}$，得

$$T_p \geqslant \frac{1}{F} = \frac{1}{50} = 0.02(\text{s})$$

因此 $T_{\text{pmin}} = 0.02\text{s}$。

为了避免频谱混叠，根据采样定理 $f_S \geqslant 2f_C$ 得最小的采样频率为

$$f_S \geqslant 2f_C = 2 \times 250 = 500(\text{Hz})$$

由于 f_S 与 T 互为倒数，最小的采样频率对应最大的采样周期，即

$$T_{\text{max}} = \frac{1}{2f_C} = \frac{1}{500} = 0.002(\text{s}) = 2(\text{ms})$$

由 $T_p = TN = T_{\text{max}}N_{\text{min}}$ 可知，T_p 一定，T 最大时，N 最小，T_p 的倒数为 F，T_{max} 的倒数为 $2f_C$，故

$$N_{\text{min}} = \frac{T_p}{T_{\text{max}}} = \frac{2f_C}{F} = \frac{500}{50} = 10$$

6.6 快速傅里叶变换 (FFT)

虽然频谱分析和 DFT 运算很重要，但在很长一段时间里，由于 DFT 运算量大，并没有得到真正的运用，直到 1965 年库利（T. W. Cooley）和图基（J. W. Tukey）首次提出 DFT 运算的一种快速算法以后，情况才发生了根本变化，人们开始认识到 DFT 运算的一些内在规律，从而很快地发展和完善了一套高速有效的运算方法——快速傅里叶变换 FFT（Fast Fourier Transform）算法。FFT 的出现，使 DFT 的运算大大简化，运算速度提高了 $1 \sim 2$ 个数量级，使 DFT 运算在实际中得到广泛应用，此后，又相继出现了许多 DFT 的快速算法。本节重点介绍 FFT 算法的基本思想和基 2 时域抽取法 FFT 算法。

6.6.1 减少 DFT 运算量的基本途径

1. 有限长序列 $x(n)$ 进行一次 DFT 运算所需的运算量

长度为 N 的有限长序列 $x(n)$ 的 DFT 为

$$X(k) = \text{DFT}[x(n)] = \sum_{n=0}^{N-1} x(n)W_N^{nk} \qquad (k = 0, 1, \cdots, N-1)$$

一般来说，$x(n)$ 和 W_N^{nk} 都是复数，因此，每计算一个 $X(k)$ 值，要进行 N 次复数乘法，和 $N-1$ 次复数加法，$X(k)$ 一共有 N 个点，故完成全部 DFT 运算，需要 N^2 次复数乘法和 $N(N-1) \approx N^2$ 次复数加法。由此可见，在 N 点 DFT 的计算中，不论是乘法还是加法，运算量均与 N^2 成正比。因此，当 N 较大时，运算量十分可观。例如，计算 $N = 16$ 点的 DFT，需要 256 次复数乘法，而 $N = 1024$ 点时，需要 1048576（一百多万）次复数乘法，如果要求实时处理，则要求有很高的计算速度才能完成上述计算量。所以，减少 DFT 的运算量，对 DFT 的广泛应用至关重要。反变换 IDFT 与 DFT 的运算结构相同，只是多乘一个常数$1/N$，所以两者的计算量相同。

2. 减少运算量的基本途径

（1）利用 $W_N^{nk} = \mathrm{e}^{-\mathrm{j}\frac{2\pi}{N}nk}$ 的周期性和对称性减少 W_N^{nk} 的重复计算量。

由周期性可得

$$W_N^{m+LN} = \mathrm{e}^{-\mathrm{j}\frac{2\pi}{N}(m+LN)} = \mathrm{e}^{-\mathrm{j}\frac{2\pi}{N}m} = W_N^m$$

对称性如图 6 - 8 所示（$N = 8$），其中 W_N^{N-m} 与 W_N^m 关于实轴对称，即

$$W_N^{N-m} = \mathrm{e}^{-\mathrm{j}\frac{2\pi}{N}(N-m)} = \mathrm{e}^{\mathrm{j}\frac{2\pi}{N}m} = (W_N^m)^* = W_N^{-m}$$

$W_N^{m+\frac{N}{2}}$ 与 W_N^m 关于原点对称，由 $W_N^{N/2} = \mathrm{e}^{-\mathrm{j}\pi} = -1$ 可以得到

$$W_N^{m+\frac{N}{2}} = \mathrm{e}^{-\mathrm{j}\frac{2\pi}{N}(m+\frac{N}{2})} = \mathrm{e}^{-\mathrm{j}\frac{2\pi}{N}m-\mathrm{j}\pi} = \mathrm{e}^{-\mathrm{j}\frac{2\pi}{N}m}\mathrm{e}^{-\mathrm{j}\pi} = -W_N^m$$

（2）把 N 点 DFT 分解为几个较短的 DFT，可使复数乘法和加法次数大大减少。由于 DFT 的运算量与 N^2 成正比，因此若把长序列的 DFT 分解为短序列的 DFT 可以减少运算量，短序列的点数越少，运算量越小。

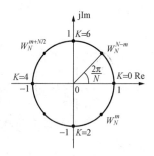

图 6 - 8　W_N^m 的对称性

6.6.2　基 2 时域抽取法 FFT 算法

设序列 $x(n)$ 的长度为 N，所谓基 2 是指 N 满足 $N = 2^M$，M 为正整数。FFT 算法基本上分为两大类：时域抽取法 FFT（Decimation In Time FFT，简称 DIT—FFT）和频域抽取法 FFT（Decimation In Frequency FFT，简称 DIF—FFT）。本节只介绍基 2 时域抽取法 FFT 算法。

1. 算法的推导

首次分解（最后一级运算）将序列 $x(n)$ 按 n 的奇偶分解为两组，一组为偶数项 $x(2r) = x_1(r)$，一组为奇数项 $x(2r+1) = x_2(r)$，而 $r = 0, 1, \cdots, N/2-1$。当 $N = 8$ 时，$x(n)$ 为 $\{x(0), x(1), x(2), x(3), x(4), x(5), x(6), x(7)\}$，经过第一次分解，$x(n)$ 被分解为 $x_1(r)$ 和 $x_2(r)$，它们分别为 $\{x(0), x(2), x(4), x(6)\}$ 和 $\{x(1), x(3), x(5), x(7)\}$。$x(n)$ 按 n 的奇偶分解后，其 DFT 可以分解为

$$\begin{aligned}
X(k) &= \mathrm{DFT}[x(n)] = \sum_{n=0}^{N-1} x(n)W_N^{nk} \\
&= \sum_{r=0}^{N/2-1} x(2r)W_N^{2rk} + \sum_{r=0}^{N/2-1} x(2r+1)W_N^{(2r+1)k} \\
&= \sum_{r=0}^{N/2-1} x_1(r)W_N^{2rk} + W_N^k \sum_{r=0}^{N/2-1} x_2(r)W_N^{2rk}
\end{aligned}$$

由于

$$W_N^{2rk} = \mathrm{e}^{-\mathrm{j}\frac{2\pi}{N}2rk} = \mathrm{e}^{-\mathrm{j}\frac{2\pi}{N/2}rk} = W_{N/2}^{rk}$$

所以

$$\begin{aligned}
X(k) &= \sum_{r=0}^{N/2-1} x_1(r)W_{N/2}^{rk} + W_N^k \sum_{r=0}^{N/2-1} x_2(r)W_{N/2}^{rk} \\
&= X_1(k) + W_N^k X_2(k) \qquad (k = 0, 1, \cdots, N/2-1) \qquad (6 - 21)
\end{aligned}$$

可以看出 $X_1(k)$ 和 $X_2(k)$ 都是 $N/2$ 点的 DFT。如果用式（6 - 21）计算所有的 N 个 $X(k)$，运算量不会减小。实际计算时，前一半的 $X(k)$ 用式（6 - 21）计算，后一半 $X(k)$ 利用 $X_1(k)$ 和 $X_2(k)$ 的周期性（为 $N/2$）和 W_N^k 的对称性，用前一半的结果计算，从而可以减小运算量。

将式（6 - 21）中的 k 用 $k+N/2$ 代替得后一半 $X(k)$ 为

$$
\begin{aligned}
X\left(k+\frac{N}{2}\right) &= X_1\left(k+\frac{N}{2}\right)+W_N^{k+\frac{N}{2}}X_2\left(k+\frac{N}{2}\right)\\
&= \sum_{r=0}^{N/2-1} x_1(r)W_{N/2}^{r(k+N/2)} + W_N^{k+N/2}\sum_{r=0}^{N/2-1} x_2(r)W_{N/2}^{r(k+N/2)}\\
&= \sum_{r=0}^{N/2-1} x_1(r)W_{N/2}^{rk} - W_N^k\sum_{r=0}^{N/2-1} x_2(r)W_{N/2}^{rk}\\
&= X_1(k)-W_N^kX_2(k) \qquad (k=0,1,\cdots,N/2-1) \qquad (6-22)
\end{aligned}
$$

式中：$W_N^{k+\frac{N}{2}}=e^{-j\frac{2\pi}{N}\left(k+\frac{N}{2}\right)}=e^{-j\frac{2\pi}{N}k-j\pi}=-W_N^k$ 。

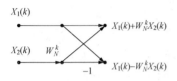

图 6 - 9　蝶形运算流图符号

用式（6 - 21）和式（6 - 22）计算 DFT，可以减小 DFT 运算量，这被称为蝶形运算，它常用图 6 - 9 所示的符号表示。从图 6 - 10 可以看出，用式（6 - 21）和式（6 - 22）计算一个 N 点 DFT，需要计算两个 $N/2$ 点 DFT 和 $N/2$ 个蝶形运算。两个 $N/2$ 点 DFT 共需要 $2\times(N/2)^2$ 次复数乘法和 $2\times N/2\ (N/2-1)$ 次复数加法。每个蝶形运算需要一次复数乘法、两次复数加法，$N/2$ 个蝶形运算需要 $N/2$ 次复数乘法和 $N/2\times 2$ 次复数加法。

复数乘法总数为

$$
2\left(\frac{N}{2}\right)^2+\frac{N}{2}=\frac{N(N+1)}{2}\approx\frac{N^2}{2}
$$

复数加法总数为

$$
2\times\frac{N}{2}\left(\frac{N}{2}-1\right)+\frac{N}{2}\times 2=\frac{N^2}{2}
$$

仅经过一次分解，运算量减少了一半。

由于 $X_1(k)$ 和 $X_2(k)$ 是 $N/2$ 点的 DFT，还可以进一步将它们分解为 $N/4$ 点的 DFT，将序列 $x_1(r)$ 按 r 的奇偶分解成两个 $N/4$ 长的子序列 $x(4l)=x_1(2l)=x_3(l)$ 和 $x(4l+2)=x_1(2l+1)=x_4(l)$，$l=0$，1，…，$N/4-1$。当 $N=8$ 时，$x_1(r)$ 被分解为 $x_3(l)$ 和 $x_4(l)$，它们分别为 $\{x(0),x(4)\}$ 和 $\{x(2),x(6)\}$。$X_1(k)$ 可以进一步分解为

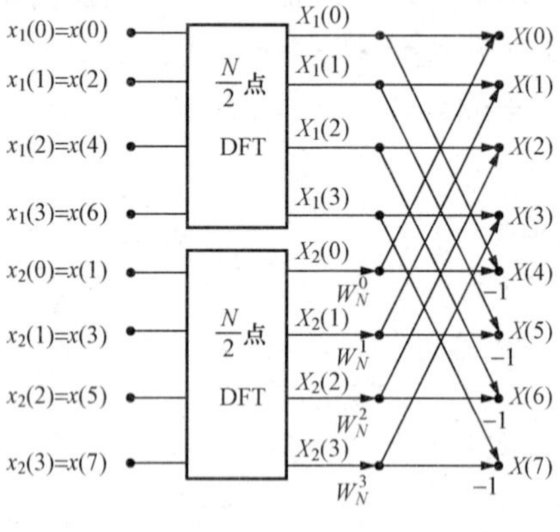

图 6 - 10　N（8）点 DFT 分解成两个 $N/2$（4）点 DFT

$$
\begin{aligned}
X_1(k) &= \sum_{l=0}^{N/4-1} x(4l)W_{N/2}^{2kl} + \sum_{l=0}^{N/4-1} x(4l+2)W_{N/2}^{k(2l+1)}\\
&= \sum_{l=0}^{N/4-1} x_1(2l)W_{N/4}^{kl} + W_{N/2}^{k}\sum_{l=0}^{N/4-1} x_1(2l+1)W_{N/4}^{kl}\\
&= \sum_{l=0}^{N/4-1} x_3(l)W_{N/4}^{kl} + W_{N/2}^{k}\sum_{l=0}^{N/4-1} x_4(l)W_{N/4}^{kl}\\
&= X_3(k)+W_{N/2}^kX_4(k) \qquad (k=0,1,\cdots,N/4-1)
\end{aligned}
$$

$X_3(k)$ 和 $X_4(k)$ 都是 $N/4$ 点的 DFT，利用其周期性（为 $N/4$）和 $W_{N/2}^k$ 的对称性，得

$$
X_1\left(k+\frac{N}{4}\right)=X_3(k)-W_{N/2}^kX_4(k) \qquad (k=0,1,\cdots,N/4-1)
$$

将序列 $x_2(r)$ 按 r 的奇偶分解成两个 $N/4$ 长的子序列 $x(4l+1)=x_2(2l)=x_5(l)$ 和

$x(4l+3)=x_2(2l+1)=x_6(l)$，$l=0$，1，$\cdots$，$N/4-1$。当 $N=8$ 时，$x_2(r)$ 被分解为 $x_5(l)$ 和 $x_6(l)$，它们分别为 $\{x(1),x(5)\}$ 和 $\{x(3),x(7)\}$。$X_2(k)$ 可以进一步分解为

$$
\begin{aligned}
X_2(k) &= \sum_{l=0}^{N/4-1} x(4l+1)W_{N/2}^{2kl} + \sum_{l=0}^{N/4-1} x(4l+3)W_{N/2}^{k(2l+1)} \\
&= \sum_{l=0}^{N/4-1} x_2(2l)W_{N/4}^{kl} + W_{N/2}^{k}\sum_{l=0}^{N/4-1} x_2(2l+1)W_{N/4}^{kl} \\
&= \sum_{l=0}^{N/4-1} x_5(l)W_{N/4}^{kl} + W_{N/2}^{k}\sum_{l=0}^{N/4-1} x_6(l)W_{N/4}^{kl} \\
&= X_5(k) + W_{N/2}^{k}X_6(k) \qquad (k=0,1,\cdots,N/4-1)
\end{aligned}
$$

$X_5(k)$ 和 $X_6(k)$ 也是 $N/4$ 点的 DFT，利用其周期性（为 $N/4$）和 $W_{N/2}^{k}$ 的对称性，得

$$
X_2\left(k+\frac{N}{4}\right) = X_5(k) - W_{N/2}^{k}X_6(k) \qquad (k=0,1,\cdots,N/4-1)
$$

经过第二次分解，又将两个 $N/2$ 点 DFT 分解为 4 个 $N/4$ 点 DFT 和 $N/2$ 个蝶形运算，如图 6-11 所示。如果 $N=8$，$X_3(k)$、$X_4(k)$、$X_5(k)$ 和 $X_6(k)$ 都是两点的 DFT，不能再分了。图 6-12 所示为 8 点按时间抽取 FFT 的运算流图，从图中可以看出，每一个两点 DFT 实际上也是一个蝶形运算。如果 $N=2^M>8$，则继续分解下去，直到经 $M-1$ 次分解，将 N 点 DFT 分解成 $N/2$ 个两点 DFT 为止。

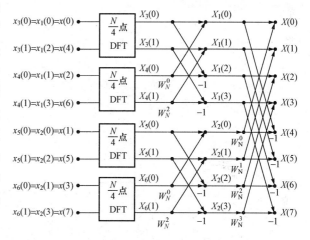

图 6-11　N 点 DFT 分解成 4 个 $N/4$ 点 DFT（$N=8$）

2. 算法的运算量

由 $N=8$ 的 DIT—FFT 的流图推广到 $N=2^M$ 可知，基 2 的 FFT 算法共有 M 级运算，每级都有 $N/2$ 个蝶形运算。每个蝶形运算需一次复数乘法和两次复数加法，则每一级运算需要 $N/2$ 次复数乘法和 N 次复数加法，这样 M 级运算总共需要的运算量为

复数乘法总数为

$$
M\times\frac{N}{2}=\frac{N}{2}\log_2 N
$$

复数加法总数为

$$
M\times N = N\log_2 N
$$

与直接 DFT 算法相比，当 N 比较大时，运算量大大减少，例如当 $N=1024$ 时，采用直接 DFT 算法的复数乘法次数为 $N^2=1\,048\,576$，基 2 的 FFT 算法的复数乘

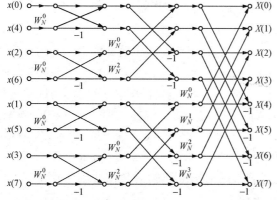

图 6-12　$N=8$ 按时间抽取 FFT 的运算流图

法次数为 5120，直接 DFT 算法的复数乘法次数是基 2 的 FFT 算法复数乘法次数的 204.8 倍，FFT 显然要比直接法快得多。

3. 算法的特点

（1）原位计算。如图 6 - 12 所示，基 2 的 FFT 算法的每一个蝶形运算只与它自己的输入数据有关，与其他蝶形无关。当数据输入到存储单元中以后，每一级蝶形运算的结果仍然储存在原输入数据所占用的存储单元中，直到最后输出，中间无需其他存储单元，这种蝶形计算输入和输出数据共占同一存储单元的方法叫原位计算。原位计算可节省存储单元，降低设备成本，还可节省寻址时间。

（2）旋转因子的变化规律。寻找旋转因子的变化规律，是编制 FFT 程序的关键。如上所述，N 点 DIT—FFT 运算流图中，每级都有 $N/2$ 个蝶形，每个蝶形都要乘以因子 $W_{2^L}^J$，由于复数 $W_{2^L}^J$ 的模是 1，与其他复数相乘只影响复角，故称其为旋转因子。观察图 6 - 12 不难发现，第 L 级共有 2^{L-1} 个不同的旋转因子，$L=1$，2，…，M。以下以 $N=2^3=8$ 为例，分析旋转因子的变化规律。

$L=1$ 级　　　　$W_{N/4}^J=W_{2^1}^J=W_{2^L}^J$ 　　　　　　$(J=0)$

$L=2$ 级　　　　$W_{N/2}^J=W_4^J=W_{2^2}^J=W_{2^L}^J$ 　　　$(J=0,1)$

$L=3$ 级　　　　$W_N^J=W_8^J=W_{2^3}^J=W_{2^L}^J$ 　　　　$(J=0,1,2,3)$

可以看出，对 $N=2^M$ 的一般情况，第 L 级的旋转因子为 $W_{2^L}^J$。一般将其变成 W_N^p，编程较方便。旋转因子的分布规律为

$$W_{2^L}^J = W_{2^M \cdot 2^{L-M}}^J = W_{N \cdot 2^{L-M}}^J$$

$$= \mathrm{e}^{-\mathrm{j}\frac{2\pi}{N \cdot 2^{L-M}}J} = \mathrm{e}^{-\mathrm{j}\frac{2\pi}{N} \cdot J \cdot 2^{M-L}} = W_N^{J \times 2^{M-L}} = W_N^p \tag{6 - 23}$$

$$p = J \cdot 2^{M-L} \tag{6 - 24}$$

J 的取值也与级数 L 有关，$J=0$，1，…，$2^{L-1}-1$。

（3）蝶形运算规律。从图 6 - 10 中可以发现，第 L 级中，每个蝶形的两个输入数据相距 $B=2^{L-1}$，即

$$X_L(J) = X_{L-1}(J) + X_{L-1}(J+B)W_N^p$$

$$X_L(J+B) = X_{L-1}(J) - X_{L-1}(J+B)W_N^p$$

式中：$p=J \cdot 2^{M-L}$；$J=0$，1，…，$2^{L-1}-1$；$L=1$，2，…，M。

第 L 级中，不同的旋转因子数也是 $B=2^{L-1}$，相邻相同旋转因子的蝶形单元间的距离为 2^L，相邻不同旋转因子的蝶形单元间的距离为 1。

（4）序列的倒序。对于按时间抽取的 FFT 运算，如果运算完毕时希望 $X(k)$ 依照自然顺序排列，如正好顺序地存放着 $X(0),X(1),X(2),…,X(7)$，则输入序列 $x(n)$ 就不能按这种自然顺序存入存储单元中，而是按 $x(0),x(4),x(2),x(6),x(1),x(5),x(3),x(7)$ 的顺序存入存储单元，这种排列顺序称为序列的倒序数，这正是由于对 $x(n)$ 做奇偶分开所产生的。为了使 FFT 的输出排列为自然顺序排列，编程序时需要将输入数据按倒序数排列，序列的倒序数表面看起来很乱，但实际上是很有规律的。表 6 - 1 列出了 $N=8$ 时的自然顺序数与倒序数的关系，由表中可以看出，$N=8$ 时，顺序和倒序二进制数的关系是将顺序二进制数 $(n_2n_1n_0)$ 倒置，即最高位与最低位对换，便可得到倒序二进制数 $(n_0n_1n_2)$。

| 表 6 - 1 | | 自然顺序与倒序二进制数对照表（N＝8） | |
| 自然顺序 | | 倒 序 | |
十进制数	二进制数	二进制数	十进制数
0	000	000	0
1	001	100	4
2	010	010	2
3	011	110	6
4	100	001	1
5	101	101	5
6	110	011	3
7	111	111	7

实际应用时，常利用前一个倒序数得到下一个倒序数。从倒序二进制数产生倒序二进制数的方法是：从 0 开始，在 M 位二进制数最高位加 1，逢二向右进位，即可得到下一个倒序数。用此方法，可以由当前倒序数求得下一个倒序数。用高级语言编程时采用十进制数，因此需要找出产生倒序十进制数的运算规律。用 J 表示当前倒序数，二进制数各位的权值分别为

$$\frac{N}{2}, \frac{N}{4}, \frac{N}{8}, \cdots, 2, 1$$

二进制数各位加 1，相当于十进制运算加上各位的权值；二进制数各位减 1，相当于十进制运算减去各位的权值。因此，M 位二进制数最高位加 1 相当于十进制运算 $J+N/2$，如果最高位为 0，$J+N/2$ 就是下一个倒序数；如果最高位为 1（$J>N/2$），$J=J-N/2$，即将最高位变为 0，次高位加 1，即 $J+N/4$，继续进行次高位是 0 还是 1 的判断，依次类推，直到完成 M 位的运算得到下一个倒序数。注意，倒序数的第一个数和最后一个数可以不参与调换，因为它们与自然顺序数相同。图 6 - 13 所示为倒序程序框图，由于第一个和最后一个输入不参与调换，程序是从第二个倒序数 $N/2$ 开始，在倒序数最高位加 1，逢二向右进位，实现由前一个倒序数得到后一个倒序数并进行内容的调换。J 中是倒序数，初值是 $N/2$；I 中是顺序数，初值是 1；只在 $I<J$ 时，才进行内容的调换，避免再次调换已调换过的一对数据；K 中存放当前位的权值，$J=J-K$ 是将本位变为 0，$K/2$ 是求本位右边位的权值，$J=J+K$ 是加上本位的权值得到下一个倒序数。

　4. 编程思想

（1）第 L 级中，不同的旋转因子数为 2^{L-1}，每一种旋转因子的个数都是 2^{M-L}，它也是同一旋转因子对应的蝶形单元数。例如，当 $N=8$，$L=2$ 级时，不同的旋转因子数为 $2^{L-1}=2$，每一种旋转因子的个数都是 $2^{M-L}=2$。

（2）每一级中，蝶形数也是旋转因子总数，它等于不同的旋转因子数乘以每一种旋转因子数，即

$$2^{L-1} \times 2^{M-L} = 2^M/2 = N/2$$

（3）第 L 级中，每个蝶形的两个输入数据相距 $B=2^{L-1}$。

（4）第 L 级中，相邻相同旋转因子蝶形单元间的距离为 2^L，相邻不同旋转因子的蝶形

单元间的距离为 1。

（5）从第 1 级开始，逐级进行，共进行 M 级运算，在进行第 L 级运算时，依次求出 2^{L-1} 个不同的旋转因子及它们对应的所有 2^{M-L} 个蝶形。

图 6 - 14 所示为基 2DIT—FFT 程序框图，程序由 3 个嵌套循环构成，最外层循环控制运算级数，从 1 到 M 级，$B=2^{L-1}$ 是每个蝶形的两个输入数据间距；第二层循环控制计算不同旋转因子的蝶形单元；p 为旋转因子的指数，步长为不同旋转因子间距离 1；最内层循环进行同一旋转因子的蝶形单元运算，步长为相同旋转因子蝶形单元间距离 2^L。

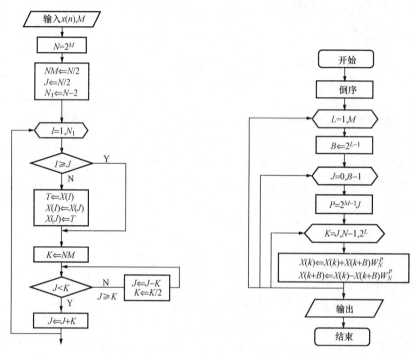

图 6 - 13　倒序程序框图　　　　图 6 - 14　基 2DIT—FFT 程序框图

6.6.3　实序列的 FFT 算法

以上讨论的 FFT 算法都是复数运算，包括序列 $x(n)$ 也认为是复数，但大多数场合，信号是实数序列，它可以看成虚部为零的复数。例如，求某实信号 $x(n)$ 的频谱，可认为是将实信号加上数值为零的虚部变成的复信号 $[x(n)+\mathrm{j}0]$，再用 FFT 求其离散傅里叶变换。这种作法增加了运算时间和存储量，因为把实信号变成复信号，存储单元要增加一倍，且计算机运行时，即使虚部为零，也要进行涉及虚部的运算，浪费了运算量。合理的解决方法是利用复数据 FFT 对实数据进行有效计算，下面介绍两种方法。

（1）用一个 N 点 FFT 同时计算两个 N 点实序列的 DFT。设 $x_1(n)$、$x_2(n)$ 是彼此独立的两个 N 点实序列，将它们作为一复序列的实部及虚部，构成新序列 $x(n)$，即

$$x(n) = x_1(n) + \mathrm{j}x_2(n)$$

对 $x(n)$ 进行 DFT，得到

$$X(k) = \mathrm{DFT}[x(n)] = X_{\mathrm{ep}}(k) + X_{\mathrm{op}}(k)$$

利用共轭对称性可以得到

$$\mathrm{DFT}[x_1(n)] = X_1(k) = \frac{1}{2}[X(k) + X^*(N-k)]$$

$$\mathrm{DFT}[x_2(n)] = X_2(k) = \frac{1}{2\mathrm{j}}[X(k) - X^*(N-k)]$$

（2）用一个 $N/2$ 点的 FFT 计算 N 点实序列的 DFT。设 $x(n)$ 为 N 点实序列，取 $x(n)$ 的偶数点和奇数点分别作为新构造序列 $y(n)$ 的实部和虚部，即

$$x_1(n) = x(2n) \qquad\qquad (n = 0, 1, \cdots, N/2 - 1)$$

$$x_2(n) = x(2n+1) \qquad\qquad (n = 0, 1, \cdots, N/2 - 1)$$

然后将 $x_1(n)$ 及 $x_2(n)$ 组成一个复序列

$$y(n) = x_1(n) + \mathrm{j}x_2(n)$$

对 $y(n)$ 进行 $N/2$ 点 FFT，输出为 $Y(k)$，则

$$X_1(k) = \mathrm{DFT}[x_1(n)] = \frac{1}{2}[Y(k) + Y^*(N-k)]$$

$$X_2(k) = -\mathrm{j}\mathrm{DFT}[\mathrm{j}x_2(n)] = -\mathrm{j}\frac{1}{2}[Y(k) - Y^*(N-k)]$$

根据基 2DIT—FFT 的思想可得

$$X(k) = X_1(k) + W_N^k X_2(k) \qquad\qquad (k = 0, 1, \cdots, N/2)$$

根据 $x(n)$ 为实序列，得

$$X(k) = X^*(N-k)$$

由此可得剩余 $X(k)$ 的值为

$$X(N-k) = X^*(k) \qquad\qquad (k = 1, 2, \cdots, N/2 - 1)$$

6.6.4　IDFT 的快速算法（IFFT）

上述 FFT 算法流图也可以用于离散傅里叶逆变换 IDFT，比较 DFT 和 IDFT 的运算公式

$$X(k) = \mathrm{DFT}[x(n)] = \sum_{n=0}^{N-1} x(n) W_N^{nk} \qquad\qquad (k = 1, 2, \cdots, N-1)$$

和

$$x(n) = \mathrm{IDFT}[X(k)] = \frac{1}{N}\sum_{k=0}^{N-1} X(k) W_N^{-nk} \qquad (n = 1, 2, \cdots, N-1)$$

可以看出，只要把 DFT 中的每一个旋转因子 W_N^{kn} 改为 W_N^{-kn}，最后再乘以常数 $1/N$，则以上所讨论的时间抽取的 FFT 运算可直接用于 IDFT 运算。

除此之外，还可以直接利用 FFT 进行 IDFT。我们对 IDFT 两边取共轭得

$$x^*(n) = \frac{1}{N}\sum_{k=0}^{N-1} X^*(k) W_N^{nk}$$

两边再取共轭得

$$x(n) = \frac{1}{N}\Bigg[\sum_{k=0}^{N-1} X^*(k) W_N^{nk}\Bigg]^* = \frac{1}{N}\{\mathrm{DFT}[X^*(k)]\}^*$$

也就是说，先将 $X(k)$ 取共轭，就可以直接利用 FFT 对 $X^*(k)$ 进行变换，最后再将计算结果取一次共轭并乘以 $1/N$，就得到了原序列 $x(n)$，即 IFFT 可以与 FFT 共用一个程序。

思　考　题

6-1　无限长序列 $x(n)$ 加窗截断后，对其频谱会产生什么影响？

6-2　为什么在有效数据后补零并不能提高 DFT 的频率分辨能力？

6-3　对实信号进行频谱分析，要求频谱分辨率 $F \leqslant 50\text{Hz}$，信号最高频率 $f_\mathrm{c} = 1000\text{Hz}$，试确定最小记录时间 T_{pmin}，最大的采样间隔 $T_{\max}$，最少的采样点数 $N_{\min}$。

6-4　DFT 的共轭对称性有何意义？

6-5　设 $x(n)$ 是长度为 $2N$ 的实序列，$X(k)$ 是 $x(n)$ 的 $2N$ 点 DFT，试用一个 N 点 FFT 运算来求 $X(k)$。

6-6　减少 DFT 运算量的基本途径有哪些？

6-7　简述由倒序数得到倒序数的方法。

习　　　题

6-1　计算一下诸序列的 N 点 DFT，变换区间在 $0 \leqslant n \leqslant N-1$ 内，序列定义为

(1) $x(n) = 1$；

(2) $x(n) = 3\delta(n)$；

(3) $x(n) = \delta(n-n_0), 0 < n_0 < N$；

(4) $x(n) = R_m(n), 0 < m < N$；

(5) $x(n) = e^{\mathrm{j}\frac{2\pi}{N}mn}, 0 < m < N$。

6-2　求 $x(n) = \sin\left(\dfrac{\pi}{4}n + \dfrac{\pi}{6}\right)$ 的 8 点 DFT。

6-3　求 $x(n) = \cos\left(\dfrac{\pi}{4}n\right) + \cos\left(\dfrac{\pi}{2}n\right)$ 的 8 点 DFT。

6-4　求 $x(n) = \cos\left(\dfrac{\pi}{4}n\right)$ 的 16 点 DFT。

6-5　求 $x(n) = \mathrm{IDFT}\left[X(k)\right]$，已知 $X(k)$ 为

$$X(k) = \begin{cases} \dfrac{N}{2}e^{\mathrm{j}\theta} & k = m \\ \dfrac{N}{2}e^{-\mathrm{j}\theta} & k = N-m \\ 0 & \text{其他 } k \end{cases}$$

式中：m 为正整数，$0 \leqslant m \leqslant N/2$。

6-6　已知 $N=12$ 点的 DFT 计算结果为 $X(1)=3$，$X(11)=3$，其余 $X(k)=0(k=0, 2, 3, 4, 5, 6, 7, 8, 9, 10)$，求反变换 $x(n) = \mathrm{IDFT}[X(k)]$。

6-7　已知 $x(n) = [1, 2, 3, 4, 5, 6, 6, 5, 4, 3, 2, 1]$。

(1) 求出 $x(n)$ 的离散时间傅里叶变换 $X(e^{\mathrm{j}\Omega})$，画出幅频特性和相频特性曲线。

(2) 计算 $x(n)$ 的 N（$N \geqslant 12$）点离散傅里叶变换 $X(k)$，画出幅频特性和相频特性曲线。

(3) 将 $X(e^{\mathrm{j}\Omega})$ 和 $X(k)$ 的幅频特性和相频特性分别画在同一幅图中，验证 $X(k)$ 是 $X(e^{\mathrm{j}\Omega})$ 的等间隔采样，采样间隔为 $2\pi/N$。

(4) 计算 $X(k)$ 的 N 点离散傅里叶逆变换，验证 DFT 和 IDFT 的唯一性。

6-8　试利用 DFT 和 IDFT 的定义证明离散 Paseval 定理：

$$\sum_{n=0}^{N-1} |x(n)|^2 = \frac{1}{N}\sum_{k=0}^{N-1} |X(k)|^2$$

式中：$X(k) = \mathrm{DFT}[x(n)]_N$。

6-9　设 $x(n)$ 为复序列，长度为 N，若

$$X(k) = \mathrm{DFT}[x(n)]$$

试证明

$$\mathrm{DFT}[x^*(N-n)] = X^*(k)$$

6-10　给定两个序列：$x_1(n) = [2,1,1,2]$，$x_2(n) = [1,-1,-1,1]$。

（1）直接在时域计算 $x_1(n)$ 和 $x_2(n)$ 的卷积；

（2）用 DFT 计算 $x_1(n)$ 和 $x_2(n)$ 的卷积，验证 DFT 的时域循环卷积定理。

6-11　对模拟信号 $x_a(n) = 2\sin(4\pi t) + 5\cos(8\pi t)$ 等间隔采样 N 点，得到一个长度为 N 的序列 $x(n)$，采样频率为 100Hz。用 $x(n)$ 的 N 点 FFT 估计 $x_a(n)$ 的频谱。从下面给定的 N 值中选择一个能提供 $x_a(n)$ 的精确频谱的值，调用 MATLAB 函数 fft 计算 $x(n)$ 的 N 点 FFT，画出幅度谱和相位谱，并解释 $|X(k)|$ 中的四根谱线与 $x_a(n)$ 中两项正弦函数的对应关系以及你选择 N 值的理由。

（1）$N = 40$；

（2）$N = 50$；

（3）$N = 60$。

普通高等教育"十二五"规划教材　信号分析与处理（第二版）

第7章　数字滤波器

本章介绍数字滤波器的原理、分类、结构和实现。数字滤波器通常分为无限脉冲响应滤波器和有限脉冲响应滤波器。这两种滤波器的设计方法和性能特点截然不同，本章将分别介绍它们的设计方法。

7.1　数字滤波器的概念

在对科学研究和工程实际中的信号进行分析和处理时，常常会遇到有用信号上叠加有无用的成分或干扰信号的问题，这就需要用到滤波。滤波是信号处理的基本而重要的任务之一，它是由能完成滤波功能的特定系统来完成的，如用数字信号处理技术实现滤波，就是数字滤波器。数字滤波器是通过一定的运算关系来改变输入数字序列所含频率成分的相对比例，从而消除无用或噪声信号。数字滤波器可以由数字信号处理硬件实现，也可以由计算机软件实现，或采用软件和硬件结合的方法来实现。数字滤波器是数字信号处理中使用得最广泛的一种线性系统，是数字信号处理的重要内容。

7.1.1　数字滤波器的分类

如果数字滤波器的单位脉冲响应 $h(n)$ 的 DTFT 为 $\mathrm{DTFT}[h(n)] = H(\mathrm{e}^{\mathrm{j}\Omega})$，输入序列 $x(n)$ 的 DTFT 为 $\mathrm{DTFT}[x(n)] = X(\mathrm{e}^{\mathrm{j}\Omega})$，则数字滤波器频域输入与输出的关系为

$$Y(\mathrm{e}^{\mathrm{j}\Omega}) = H(\mathrm{e}^{\mathrm{j}\Omega})X(\mathrm{e}^{\mathrm{j}\Omega}) \tag{7-1}$$

在时域，数字滤波器输入与输出的关系可以由 DTFT 的时域卷积定理得到，即

$$y(n) = h(n) * x(n) \tag{7-2}$$

数字滤波器按频率特性划分为低通、高通、带通、带阻数字滤波器。对于理想低通数字滤波器，在 $\Omega > \Omega_c$（Ω_c 称为截止频率）时，$|H(\mathrm{e}^{\mathrm{j}\Omega})| = 0$，如图 7-1（a）所示，输入信号 $x(n)$ 通过该滤波器后，输出信号 $y(n)$ 中不再含有 $\Omega > \Omega_c$ 的频率成分。因此，通过设计不同频率特性的 $|H(\mathrm{e}^{\mathrm{j}\Omega})|$，就可以得到不同滤波效果的数字滤波器，如图 7-1（b）、（c）、（d）所示。

需要指出的是，$H(\mathrm{e}^{\mathrm{j}\Omega})$ 以 2π 为周期，低通处在 2π 的整数倍附近，高通处在 π 的奇数倍附近。

数字滤波器可以用差分方程来表示，即

$$y(n) = \sum_{i=1}^{N} a_i y(n-i) + \sum_{i=0}^{M} b_i x(n-i) \tag{7-3}$$

对应的系统函数为

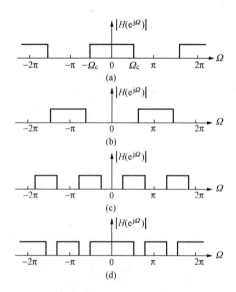

图 7-1　理想低通、高通、带通、带阻滤波器幅度特性

（a）低通；（b）高通；（c）带通；（d）带阻

$$H(z) = \frac{\sum_{i=0}^{M} b_i z^{-i}}{1 - \sum_{i=1}^{N} a_i z^{-i}} \tag{7-4}$$

一般 $M \leqslant N$。若 $a_i = 0$，则数字滤波器的差分方程可表示为

$$y(n) = \sum_{i=0}^{M} b_i x(n-i) \tag{7-5}$$

此时对应的系统函数为

$$H(z) = \sum_{i=0}^{M} b_i z^{-i} \tag{7-6}$$

按单位脉冲响应划分，数字滤波器分为无限脉冲响应滤波器和有限脉冲响应滤波器两种。式（7-4）表示的数字滤波器其输出不仅与 n 时刻及以前的输入有关，而且还与 n 时刻以前的输出有关，存在输出到输入的反馈，即滤波器是递归型结构，如式（7-3）所示。当 a_i 不全为零时，稳定数字系统的系统函数 $H(z)$ 在单位圆内至少包含一个极点，其单位脉冲响应有无限多项。例如 $H(z) = \dfrac{b_0}{1-a_1 z^{-1}}$，$|a_1| < 1$，则其单位脉冲响应 $h(n) = b_0 a_1^n \varepsilon(n)$ 是一个无限长序列，因此，把这种数字滤波器称为无限脉冲响应滤波器，简称 IIR（Infinite Impulse Response）滤波器。式（7-6）表示的数字滤波器其输出只与 n 时刻及以前的输入有关，不存在输出到输入的反馈，即滤波器是非递归型结构（频率采样结构除外），如式（7-5）所示，其单位脉冲响应为有限项，即

$$h(n) = y(n)\,\big|_{x(n)=\delta(n)} = \sum_{i=0}^{M} b_i \delta(n-i)$$

当 $0 \leqslant n \leqslant M$ 时，$h(n)$ 有有限个非零值，最多有 $M+1$ 项，因此，这种数字滤波器称为有限脉冲响应滤波器，简称 FIR（Finite Impulse Response）滤波器。有限脉冲响应数字滤波器只有一个 M 阶单极点 $z=0$ 在单位圆内，故有限脉冲响应数字滤波器是稳定的。

7.1.2 数字滤波器的技术要求

如果 $H(z)$ 取单位圆上的值，可以得到数字滤波器的频率响应为

$$H(e^{j\Omega}) = H(z)\,\big|_{z=e^{j\Omega}} = |H(e^{j\Omega})| e^{j\varphi(\Omega)}$$

式中：$|H(e^{j\Omega})|$ 为数字滤波器的幅频特性，反映信号通过该滤波器后各频率成分的衰减情况；$\varphi(\Omega)$ 为数字滤波器的相频特性，反映各频率成分通过滤波器后在时间上的延迟情况。

当不同频率成分的正弦信号通过滤波器的延迟相同时，也就是说滤波器的相移与频率成正比时，则该滤波器具有线性相位特性，如果幅频特性没有畸变，输出合成后的时域波形就不会产生任何失真。如果不同频率成分的正弦信号通过滤波器时的延迟不相同，输出合成后的时域波形就会产生失真。例如序列

$$x(n) = \cos(\omega_0 n) + \cos(2\omega_0 n)$$

通过一数字滤波器后变为

$$x(n) = \cos\left(\omega_0 n - \frac{\pi}{6}\right) + \cos\left(2\omega_0 n - \frac{\pi}{2}\right)$$

显然，不同频率成分的延迟不同，因此输出合成后的时域波形将产生失真。

为了度量滤波器的平均延迟，定义系统的群延迟为

$$\tau(e^{j\Omega}) = -\frac{d\varphi(\Omega)}{d\Omega} \tag{7 - 7}$$

如果系统具有线性相位，即 $\varphi(\Omega) = -k\Omega$，则其群延迟为一常数 k。在设计滤波器时，一般只考虑满足幅频特性，但某些情况，如语音合成、波形传输等应用领域，则要求滤波器具有严格的线性相位特性。如果因果稳定系统 $H(z)$ 的零点都在单位圆内部，系统的相位变化最小，称为最小相位系统；如果因果稳定系统 $H(z)$ 的零点都在单位圆外部，系统的相位变化最大，称为最大相位系统。

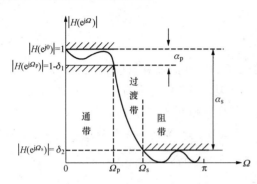

图 7 - 2　实际低通数字滤波器的典型幅度特性

图 7 - 2 所示为一实际低通数字滤波器的幅频特性，Ω_p 和 Ω_s 分别称为通带截止频率和阻带截止频率，它们表明了通带、过渡带及阻带的频率范围。通带内允许的最大衰减用 α_p 表示，阻带内允许的最小衰减用 α_s 表示，它们决定了通带和阻带内幅频特性幅度的波动范围。这几个技术指标十分重要，它们决定了低通数字滤波器的幅频特性。为了设计方便，数字滤波器的幅频特性一般采用对数单位 dB(decibel) 来表示，即 $20\lg|H(e^{j\Omega})|$，与对数刻度不同，

dB 刻度是线性的。当幅频特性采用对数单位时，可以得到通带内允许的最大衰减 α_p 和阻带内允许的最小衰减 α_s 为

$$\alpha_p = 20\lg|H(e^{j0})| - 20\lg|H(e^{j\Omega_p})| = 20\lg\frac{|H(e^{j0})|}{|H(e^{j\Omega_p})|} \tag{7 - 8}$$

$$\alpha_s = 20\lg|H(e^{j0})| - 20\lg|H(e^{j\Omega_s})| = \lg20\lg\frac{|H(e^{j0})|}{|H(e^{j\Omega_s})|} \tag{7 - 9}$$

如将 $|H(e^{j0})|$ 归一化为 1，则式（7 - 8）与式（7 - 9）可表示为

$$\alpha_p = -20\lg|H(e^{j\Omega_p})| = -20\lg(1 - \delta_1) \tag{7 - 10}$$

$$\alpha_s = -20\lg|H(e^{j\Omega_s})| = -20\lg\delta_2 \tag{7 - 11}$$

式中：δ_1 和 δ_2 为通带的容限和阻带的容限。

当 $|H(e^{j\Omega_p})| = 1/\sqrt{2} = 0.707$ 时，$\alpha_p = -20\lg1/\sqrt{2} = 20\lg\sqrt{2} = 3\text{dB}$，对应的频率称为 3dB 截止频率，用 Ω_c 表示。

7.1.3　数字滤波器的结构

分析研究数字滤波器的结构是重要的，结构的不同将会影响数字滤波器的运算速度（乘法次数）、误差、稳定性和所需的存储单元大小。由式（7 - 3）和式（7 - 5）可以看出，实现一个数字滤波器只需要加法器、乘法器和延迟器 3 种基本运算单元，这些基本运算单元可以有方框图法和信号流图法两种表示方法，如图 7 - 3 所示。用方框图表示较直观，用信号流图表示简单方便。

1. IIR 数字滤波器的结构

（1）直接 I 型。IIR 数字滤波器的差分方程为

$$y(n) = \sum_{i=1}^{N} a_i y(n-i) + \sum_{i=0}^{M} b_i x(n-i) \tag{7 - 12}$$

对式（7 - 12）取 z 变换可得

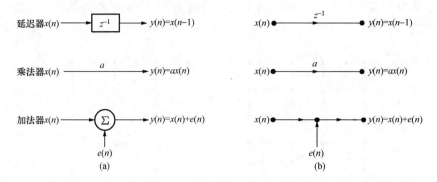

图 7 - 3 基本运算单元的表示方法

(a) 方框图表示法；(b) 信号流图表示法

$$H(z) = \frac{1}{1 - \sum\limits_{i=1}^{N} a_i z^{-i}} \sum\limits_{i=0}^{M} b_i z^{-i} = H_1(z) H_2(z) = \frac{Y(z)}{X(z)} \qquad (7 - 13)$$

式中

$$H_1(z) = \frac{1}{1 - \sum\limits_{i=1}^{N} a_i z^{-i}}, H_2(z) = \sum\limits_{i=0}^{M} b_i z^{-i}$$

式（7 - 13）表明，IIR 数字滤波器的系统函数可以分解为子系统 $H_1(z)$ 和 $H_2(z)$ 的级联。由该公式可以得到

$$Y(z) = H_1(z) [H_2(z) X(z)] \qquad (7 - 14)$$

根据与式（7 - 14）对应的差分方程式（7 - 12）可以得到 IIR 数字滤波器的直接 I 型结构，如图 7 - 4 所示。

（2）直接 II 型。如果改变式（7 - 14）中子系统 $H_1(z)$ 和 $H_2(z)$ 的顺序，不会改变 $H(z)$，可得

$$Y(z) = H_2(z) [H_1(z) X(z)] = H_2(z) W(z)$$
$$(7 - 15)$$

式中

$$W(z) = H_1(z) X(z) \qquad (7 - 16)$$

由式（7 - 16）可以得到 $H_1(z)$ 对应的差分方程

$$w(n) = \sum\limits_{i=1}^{N} a_i w(n-i) + x(n) \qquad (7 - 17)$$

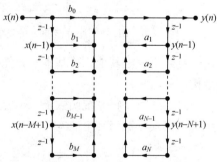

图 7 - 4 IIR 数字滤波器的直接 I 型结构

由式（7 - 15）可以得到 $H_2(z)$ 对应的差分方程

$$y(n) = \sum\limits_{i=0}^{M} b_i w(n-i) \qquad (7 - 18)$$

结合式（7 - 17）和式（7 - 18）可以得到 IIR 数字滤波器的直接 II 型结构，如图 7 - 5（a）所示。可以看出，两个延迟支路的输入都是 $w(n)$，可以合并起来（$M=N$），如图 7 - 5（b）所示，因此直接 II 型要比直接 I 型节省 N 个（一半）延迟器。直接型的主要缺点是系数 a_i 和 b_i 对滤波器的特性控制作用不直接，调整每一个系数 a_i 都会影响系统所有的极点，

调整每一个系数 b_i 都会影响系统所有的零点，通过系数 a_i 和 b_i 调整系统的零极点较困难。另外，这种结构的频率响应对系数的变化过于敏感，容易出现不稳定或产生较大的误差。

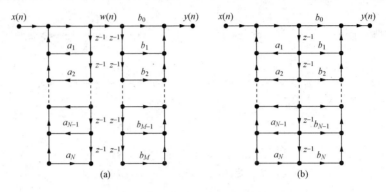

图 7 - 5　IIR 数字滤波器的直接Ⅱ型结构

(a) 直接Ⅱ型结构；(b) 合并两个延迟支路

（3）级联型。滤波器系统函数 $H(z)$ 的系数都是实数，其实数零、极点可以分解成为一阶实系数因子，复数零、极点一定是共轭成对出现，可以分解为二阶的实系数因子。因此，$H(z)$ 的分子和分母多项式可以分解成一阶因子和二阶因子的乘积形式，如果把一阶因子看成二阶因子的特例，即二阶项系数为零，则系统函数可以写成如下形式

$$H(z) = A \prod_{i=1}^{M} \frac{1 + \beta_{1i}z^{-1} + \beta_{2i}z^{-2}}{1 - \alpha_{1i}z^{-1} - \alpha_{2i}z^{-2}} = A \prod_{i=1}^{M} H_i(z) \tag{7-19}$$

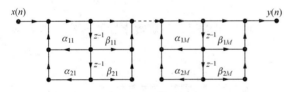

图 7 - 6　IIR 数字滤波器的级联型结构

式中：A 为常数；$H_i(z)$ 为滤波器的二阶基本节，一般采用直接Ⅱ型结构来实现。

整个滤波器由 M 个二阶基本节的级联构成，如图 7 - 6 所示。级联结构的优点是每个二阶基本节都是独立的，调整某一个二阶基本节的系数只影响一对零点或极点，不影响其他二阶基本节，便于调节整个滤波器的零、极点，这种结构是一种常用的结构。

（4）并联型。将系统函数 $H(z)$ 展成部分分式之和的形式，得到 IIR 数字滤波器的并联型结构，当式（7-4）中的 $M < N$ 时，$H(z)$ 可以表示为

$$H(z) = \sum_{i=1}^{N_1} \frac{A_i}{1 - \lambda_i z^{-1}} + \sum_{i=1}^{N_2} \frac{\beta_{i0} + \beta_{i1}z^{-1}}{1 - \alpha_{i1}z^{-1} - \alpha_{i2}z^{-2}} \tag{7-20}$$

由式（7 - 20）可以看出，该并联型结构共有 N_1 个一阶系统和 N_2 个二阶系统，每个子系统有着相同的输入 $x(n)$，所有子系统的输出之和就是系统的输出 $y(n)$，并联型 IIR 数字滤波器的一阶基本节和二阶基本节结构如图 7 - 7所示。

根据式（7 - 20）和图 7 - 7 可以画出并联型 IIR 数字滤波器的信

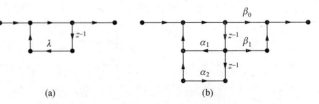

图 7 - 7　并联型的一阶基本节和二阶基本节结构

(a) 一阶基本节；(b) 二阶基本节

号流图，如图 7 - 8 所示。并联型结构的每一个子系统都是独立的，各子系统的运算误差对其他子系统没有影响，不会产生累积误差，还可以单独调整系统极点的位置，但子系统的零点不是系统的零点，不能像级联结构那样单独调节零点。

2. FIR 数字滤波器的结构

FIR 数字滤波器的单位脉冲响应 $h(n)$ 是有限长的，结构上一般没有输出到输入的反馈（频率采样结构除外），是非递归型。设 $h(n)$ 的长度为 N，对应的滤波器的系统函数为

$$H(z) = \sum_{n=0}^{N-1} h(n)z^{-n}$$

实现滤波后的输出 $y(n)$ 可以由以下卷积和（也是系统的差分方程）计算，即

$$y(n) = \sum_{m=0}^{N-1} h(m)x(n-m)$$

（1）直接型。根据卷积和公式可以直接画出直接型的信号流图，如图 7 - 9 所示，实现直接型结构需要 N 个乘法器和 $N-1$ 个加法器。

（2）级联型。将 $H(z)$ 分解成实系数的二阶因子乘积的形式

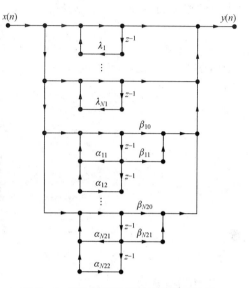

图 7 - 8 IIR 数字滤波器的并联型结构

$$H(z) = \sum_{n=0}^{N-1} h(n)z^{-n} = \prod_{i=1}^{L} (\beta_{0i} + \beta_{1i}z^{-1} + \beta_{2i}z^{-2}) \tag{7-21}$$

式中：当 N 为偶数时，$L = N/2$，当 N 为奇数时，L 等于 $N/2$ 取整加 1。

由于复数零点一定是共轭成对出现，当系统零点数为奇数时，必然有奇数个实根，这时式（7-21）中相应的系数 β_{2i} 为零。级联结构的每一个二阶因子控制一对零点，调整系统的零点较方便，不影响系统其他的零点分布。但实现它的乘法次数比直接型多，相应的运算时间也比直接型长。

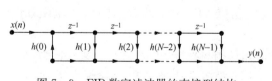

图 7 - 9 FIR 数字滤波器的直接型结构

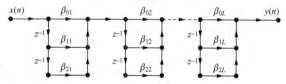

图 7 - 10 FIR 数字滤波器的级联型结构

（3）线性相位 FIR 数字滤波器的结构。如果 FIR 数字滤波器的单位脉冲响应 $h(n)$ 为实数，$0 \leqslant n \leqslant N-1$，且满足条件

$$h(n) = \pm h(N-n-1)$$

则称 FIR 数字滤波器具有严格的线性相位。也就是说，线性相位 FIR 数字滤波器的 $h(n)$ 关于 $n = (N-1)/2$ 对称。

当 N 为偶数时

$$H(z) = \sum_{n=0}^{N-1} h(n)z^{-n} = \sum_{n=0}^{N/2-1} h(n)z^{-n} + \sum_{n=N/2}^{N-1} h(n)z^{-n}$$

令第二项中的 $n=N-m-1$，再将 m 换成 n，则有

$$H(z) = \sum_{n=0}^{N/2-1} h(n)z^{-n} + \sum_{n=0}^{N/2-1} h(N-1-n)z^{-(N-1-n)}$$

代入线性相位的条件 $h(n) = \pm h(N-n-1)$，得

$$H(z) = \sum_{n=0}^{N/2-1} h(n)[z^{-n} \pm z^{-(N-1-n)}] \tag{7-22}$$

根据式（7-22）可以画出 N 为偶数时，线性相位 FIR 数字滤波器的信号流图如图 7-11所示。

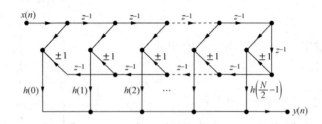

图 7-11 N 为偶数时，线性相位 FIR 数字滤波器的直接型结构

当 N 为奇数时

$$H(z) = \sum_{n=0}^{N-1} h(n)z^{-n} = \sum_{n=0}^{\frac{N-1}{2}-1} h(n)z^{-n} + h\left(\frac{N-1}{2}\right)z^{-\frac{N-1}{2}} + \sum_{n=\frac{N-1}{2}+1}^{N-1} h(n)z^{-n}$$

令第三项中的 $n=N-m-1$，再将 m 换成 n，则有

$$H(z) = \sum_{n=0}^{N-1} h(n)z^{-n} = \sum_{n=0}^{\frac{N-1}{2}-1} h(n)z^{-n} + h\left(\frac{N-1}{2}\right)z^{-\frac{N-1}{2}} + \sum_{n=0}^{\frac{N-1}{2}-1} h(N-1-n)z^{-(N-1-n)}$$

代入线性相位的条件 $h(n) = \pm h(N-n-1)$，得

$$H(z) = \sum_{n=0}^{\frac{N-1}{2}-1} h(n)[z^{-n} \pm z^{-(N-1-n)}] + h\left(\frac{N-1}{2}\right)z^{-\frac{N-1}{2}} \tag{7-23}$$

根据式（7-23）可以画出 N 为奇数时，线性相位 FIR 数字滤波器的信号流图如图 7-12所示。

由图 7-12 可以看出，线性相位 FIR 数字滤波器结构与直接型结构相比，乘法次数可以节省一半，加法次数几乎不变。另外，FIR 数字滤波器还有快速卷积型和频率采样型等结构。

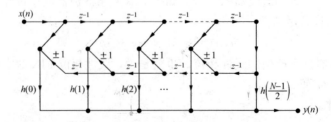

图 7-12 N 为奇数时，线性相位 FIR 数字滤波器的直接型结构

7.2 IIR 数字滤波器的设计

7.2.1 模拟低通滤波器的设计

模拟滤波器的理论和设计方法已发展得相当成熟，有若干典型的模拟滤波器可供我们选择，并且这些滤波器都有严格的设计公式、现成的曲线和图表供设计人员使用。典型的模拟滤波器有：巴特沃思（Butterworth）滤波器、切比雪夫（Chebyshev）滤波器、椭圆（Cauer）滤波器和贝塞尔（Bessel）滤波器等。限于篇幅，下面仅介绍巴特沃思滤波器和切比雪夫 I 型滤波器。

1. 模拟低通滤波器的技术指标及逼近方法

模拟滤波器按频率特性划分为低通、高通、带通、带阻滤波器，在设计滤波器时，通常先设计低通滤波器，然后通过频率变换，将低通滤波器转换为所需类型的滤波器。与数字滤波器的技术指标类似，模拟低通滤波器的技术指标有 ω_p 和 ω_s，分别称为通带截止频率和阻带截止频率，它们表明了通带（$0 \sim \omega_p$）、过渡带（$\omega_p \sim \omega_s$）及阻带（$> \omega_s$）的频率范围。通带内允许的最大衰减用 α_p 表示，阻带内允许的最小衰减用 α_s 表示，它们决定了通带和阻带内幅频特性幅度的波动范围。通常用幅度平方函数 $|H_a(j\omega)|^2$ 计算 α_p 和 α_s，并用 dB 数表示。根据图 7-13 中各参数之间的关系，α_p 和 α_s 可表示为

$$\alpha_p = 20\lg|H_a(j0)| - 20\lg|H_a(j\omega_p)| = 10\lg\frac{|H_a(j0)|^2}{|H_a(j\omega_p)|^2}$$

$$\alpha_s = 20\lg|H_a(j0)| - 20\lg|H_a(j\omega_s)| = 10\lg\frac{|H_a(j0)|^2}{|H_a(j\omega_s)|^2}$$

如果 $\omega=0$ 处的幅度已归一化到 1，即 $|H_a(j0)|=1$ 时，则有

$$\alpha_p = -20\lg|H_a(j\omega_p)| = -10\lg|H_a(j\omega_p)|^2 \tag{7-24}$$

$$\alpha_s = -20\lg|H_a(j\omega_s)| = -10\lg|H_a(j\omega_s)|^2 \tag{7-25}$$

图 7-13 中的 ω_c 称为 3dB 截止频率。

设计模拟滤波器的方法是由幅度平方函数 $|H_a(j\omega)|^2$ 逼近理想低通滤波器的幅度特性，一般由给定指标 α_p 和 α_s，计算幅度平方函数 $|H_a(j\omega)|^2$，再根据 $|H_a(j\omega)|^2$ 求模拟滤波器的系统函数 $H_a(s)$。如果不含有源器件，滤波器应该是一个因果稳定的物理可实现系统，它必须满足以下条件：

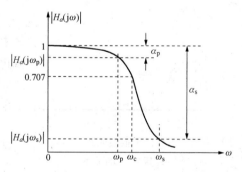

图 7-13 模拟低通滤波器的幅度特性

（1）$H_a(s)$ 是一个具有实系数的有理函数。

（2）$H_a(s)$ 的极点必须全部分布在左半平面。

（3）$H_a(s)$ 分子多项式的阶次不大于分母多项式的阶次。

由幅度平方函数 $|H_a(j\omega)|^2$ 求系统函数 $H_a(s)$，可以利用实函数 $h_a(t)$ 的傅里叶变换的共轭对称性，即

$$H_a^*(j\omega) = \left(\int_{-\infty}^{\infty} h_a(t)e^{-j\omega t}\,dt\right)^* = \int_{-\infty}^{\infty} h_a(t)e^{-(-j\omega)t}\,dt = H_a(-j\omega)$$

所以有

$$|H_a(j\omega)|^2 = H_a(j\omega)H_a^*(j\omega) = H_a(j\omega)H_a(-j\omega) = H_a(s)H_a(-s)|_{s=j\omega} \qquad (7-26)$$

根据式（7-26），由幅度平方函数确定滤波器系统函数 $H_a(s)$ 的方法如下：

（1）将 $s=j\omega$ 代入 $|H_a(j\omega)|^2 = H_a(j\omega)H_a(-j\omega)$ 得 $H_a(s)H_a(-s)$，并求其零极点。

（2）为了保证 $H_a(s)$ 的稳定性，应选用 $H_a(s)H_a(-s)$ 在 s 左半平面的极点作为 $H_a(s)$ 的极点。

（3）零点的选择和滤波器的相位特性有关，如果要求是最小相位系统，则应选左半平面的零点作为 $H_a(s)$ 的零点，如无特殊要求，则选对称零点的一半（应为共轭对）作为 $H_a(s)$ 的零点。

（4）按照 $H_a(j\omega)$ 与 $H_a(s)$ 的低频特性或高频特性的对比确定增益常数。

【例 7-1】 已知幅度平方函数为

$$|H_a(j\omega)|^2 = \frac{(1-\omega^2)^2}{(9+\omega^2)(25+\omega^2)}$$

求滤波器的系统函数 $H_a(s)$。

解 根据式（7-26），并用 $-s^2$ 代替 ω^2，有

$$H_a(s)H_a(-s) = |H_a(j\omega)|^2|_{\omega^2=-s^2} = \frac{(1+s^2)^2}{(9-s^2)(25-s^2)}$$

其极点为 $s=\pm3$，$s=\pm5$，零点为 $s=\pm j$（二阶重零点），取左半平面极点 $s=-3$，$s=-5$ 及 $j\omega$ 轴上的一对共轭零点，并设常数增益为 K_0，由 $H_a(s)|_{s=0} = H_a(j\omega)|_{\omega=0}$ 得 $K_0=1$，则得滤波器的系统函数 $H(s)$ 为

$$H_a(s) = \frac{1+s^2}{(s+3)(s+5)} = \frac{1+s^2}{s^2+8s+15}$$

2. 巴特沃思低通滤波器的设计方法

巴特沃思低通滤波器的幅度平方函数定义为

$$|H_a(j\omega)|^2 = \frac{1}{1+\left(\dfrac{\omega}{\omega_c}\right)^{2N}} \qquad (7-27)$$

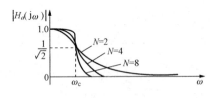

图 7-14　巴特沃思低通滤波器的幅度
特性及其与 N 的关系

式中：N 为滤波器阶次，按实际需要选取；ω_c 为 3dB 截止频率。图 7-14 示出了不同阶次的巴特沃思低通滤波器的幅度特性。由图 7-14 可以看出，幅度特性是单调下降的，在 $\omega=0$ 处，$|H_a(j\omega)|=1$；在 $\omega=\omega_c$ 处，$|H_a(j\omega)|=0.707$；当 $\omega>\omega_c$ 时，幅度随 ω 增大而迅速下降，下降的速度与阶次 N 有关，N 越大，通带幅度特性越平，过渡带越窄，下降的速度越快，幅度特性越趋于理想低通滤波器特性。

由幅度平方函数可以求得系统函数 $H_a(s)$，即

$$|H_a(j\omega)|^2|_{\omega=\frac{s}{j}} = H_a(s)H_a(-s) = \frac{1}{1+\left(\dfrac{s}{j\omega_c}\right)^{2N}} \qquad (7-28)$$

式（7-28）表明，巴特沃思幅度平方函数只有 $2N$ 个极点，为求极点，令式（7-28）分母为零，即

$$s^{2N} + (j\omega_c)^{2N} = 0$$

得

$$s_k = (-1)^{\frac{1}{2N}}(j\omega_c)$$

计及 $(-1) = e^{j(2k-1)\pi}$ 和 $j = e^{j\frac{\pi}{2}}$，可以解得

$$s_k = \omega_c e^{j\pi(\frac{1}{2}+\frac{2k-1}{2N})} = \omega_c e^{j\frac{\pi}{N}\frac{2k+N-1}{2}} \qquad (k=1,2,\cdots,2N) \qquad (7-29)$$

$2N$ 个极点均匀地分布在半径为 ω_c 的圆（称为巴特沃思圆）上，极点的间隔是 $\pi/N\,\mathrm{rad}$，这些极点对称于虚轴，虚轴上没有极点，因而滤波器是稳定的。N 为奇数时，实轴上有极点，N 为偶数时，实轴上没有极点。$N=3$ 时，$H_a(s)H_a(-s)$ 的极点分布如图 7-15 所示。

为了获得稳定的滤波器，取 $H_a(s)H_a(-s)$ 在左半平面的 N 个极点构成 $H_a(s)$，即

$$H_a(s) = A\frac{1}{\displaystyle\prod_{k=1}^{N}(s-s_k)}$$

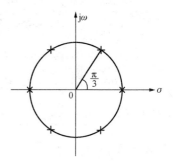

图 7-15 三阶巴特沃思低通滤波器的极点分布

为保证 $\omega=0$ 时，$|H_a(j\omega)|=1$，由 $H_a(0)=1$，无论 N 为奇数（实轴上有极点 $-\omega_c$）还是偶数，都可以得到

$$A = \omega_c^N$$

这是因为 N 为偶数时，极点均为共轭极点，则

$$H_a(s) = A\frac{1}{\displaystyle\prod_{k=0}^{N/2-1}(s-s_k)(s-s_k^*)}$$

$$H_a(0) = A\frac{1}{\displaystyle\prod_{k=0}^{N/2-1}s_ks_k^*} = A\frac{1}{\displaystyle\prod_{k=0}^{N/2-1}|s_k|^2} = A\frac{1}{\displaystyle\prod_{k=0}^{N/2-1}\omega_c^2} = \frac{A}{\omega_c^N}$$

N 为奇数时，共轭极点数为 $(N-1)/2$，另有一个单阶极点，则

$$H_a(s) = A\frac{1}{(s-s_p)\displaystyle\prod_{k=0}^{\frac{N-1}{2}-1}(s-s_k)(s-s_k^*)}$$

$$H_a(0) = A\frac{1}{-s_p\displaystyle\prod_{k=0}^{\frac{N-1}{2}-1}s_ks_k^*} = A\frac{1}{-(-\omega_c)\displaystyle\prod_{k=0}^{\frac{N-1}{2}-1}|s_k|^2} = A\frac{1}{\omega_c\displaystyle\prod_{k=0}^{\frac{N-1}{2}-1}\omega_c^2} = \frac{A}{\omega_c \times \omega_c^{2\times\frac{N-1}{2}}} = \frac{A}{\omega_c^N}$$

巴特沃思低通滤波器的系统函数为

$$H_a(s) = \frac{\omega_c^N}{\displaystyle\prod_{k=1}^{N}(s-s_k)} \qquad (7-30)$$

由于各滤波器的幅频特性不同，为使设计统一，将所有的频率归一化。这里采用 3dB 截止频率 ω_c 归一化，归一化后的 $H_a(s)$ 表示为

$$H_a(p) = \frac{1}{\displaystyle\prod_{k=1}^{N}(p-p_k)} = \frac{1}{1+b_1p+b_2p^2+\cdots+b_{N-1}p^{N-1}+p^N} \qquad (7-31)$$

式中：$p=s/\omega_c$；$p_k=s_k/\omega_c$；$H_a(p)$ 的分母称为巴特沃思多项式；系数 b_k，$k=0,1,\cdots$，

$N-1$，可以通过查表求得，见表 7-1。另外，表 7-2 给出了 $H_a(p)$ 的因式分解形式。因此，只要求得 N，就可以通过查表得到 $H_a(p)$，再将 $p=s/\omega_c$ 代入 $H_a(p)$ 中去归一化，便可得到 $H_a(s)$。

表 7-1　　　　　　　　　　　　巴特沃思多项式系数

N	b_1	b_2	b_3	b_4	b_5	b_6	b_7	b_8
2	1.4142							
3	2.0000	2.0000						
4	2.6131	3.4142	2.6131					
5	3.2361	5.2361	5.2361	3.2361				
6	3.8637	7.4641	9.1416	7.4641	3.8637			
7	4.4940	10.0978	14.5918	14.5918	10.0978	4.4940		
8	5.1258	13.1371	21.8462	25.6884	21.8462	13.1371	5.1258	
9	5.7588	16.5817	31.1634	41.9864	41.9864	31.1634	16.5817	5.7588

表 7-2　　　　　　　　　　　　巴特沃思多项式的因式分解形式

N	巴特沃思多项式
1	$p+1$
2	$p^2+1.4142p+1$
3	$(p^2+p+1)(p+1)$
4	$(p^2+0.7654p+1)(p^2+1.8478p+1)$
5	$(p^2+0.6180p+1)(p^2+1.6180p+1)(p+1)$
6	$(p^2+0.5176p+1)(p^2+1.4142p+1)(p^2+1.9319p+1)$
7	$(p^2+0.4450p+1)(p^2+1.2470p+1)(p^2+1.8019p+1)(p+1)$
8	$(p^2+0.3902p+1)(p^2+1.1111p+1)(p^2+1.6629p+1)(p^2+1.9616p+1)$
9	$(p^2+0.3473p+1)(p^2+p+1)(p^2+1.5321p+1)(p^2+1.8794p+1)(p+1)$

用巴特沃思低通滤波器逼近给定技术指标要求的低通滤波器，就是要根据技术指标 ω_p，α_p，ω_s 和 α_s，确定阶次 N。将幅度平方函数式（7-27）代入 $\alpha_p=-10\lg|H_a(j\omega_p)|^2$ 得

$$\alpha_p=-10\lg\frac{1}{1+\left(\dfrac{\omega_p}{\omega_c}\right)^{2N}}$$

化简得

$$1+\left(\frac{\omega_p}{\omega_c}\right)^{2N}=10^{\frac{\alpha_p}{10}} \tag{7-32}$$

同理，将幅度平方函数式（7-27）代入 $\alpha_s=-10\lg|H_a(j\omega_s)|^2$ 得

$$1+\left(\frac{\omega_s}{\omega_c}\right)^{2N}=10^{\frac{\alpha_s}{10}} \tag{7-33}$$

将式（7-32）和式（7-33）中的 1 移项后，两式相除再开平方，得

$$\left(\frac{\omega_\mathrm{p}}{\omega_\mathrm{s}}\right)^N = \sqrt{\frac{10^{\alpha_\mathrm{p}/10} - 1}{10^{\alpha_\mathrm{s}/10} - 1}}$$

则可以求得阶次 N 为

$$N = -\frac{\lg\sqrt{\dfrac{10^{\alpha_\mathrm{p}/10} - 1}{10^{\alpha_\mathrm{s}/10} - 1}}}{\lg\dfrac{\omega_\mathrm{s}}{\omega_\mathrm{p}}} \tag{7-34}$$

用式（7-34）求出的 N 可能有小数部分，应取大于等于 N 的最小整数。关于 3dB 截止频率 ω_c，如果技术指标中没有给出，可以由式（7-32）求得

$$\omega_\mathrm{c} = \omega_\mathrm{p}(10^{\frac{\alpha_\mathrm{p}}{10}} - 1)^{-\frac{1}{2N}}$$

或由式（7-33）求得

$$\omega_\mathrm{c} = \omega_\mathrm{s}(10^{\frac{\alpha_\mathrm{s}}{10}} - 1)^{-\frac{1}{2N}}$$

【例 7-2】 已知通带截止频率 $f_\mathrm{p} = f_\mathrm{c} = 6\mathrm{kHz}$，通带最大衰减 $\alpha_\mathrm{p} = 3\mathrm{dB}$，阻带截止频率 $f_\mathrm{s} = 12\mathrm{kHz}$，阻带最小衰减 $\alpha_\mathrm{s} = 30\mathrm{dB}$，按照以上技术指标设计巴特沃思低通滤波器。

解　（1）确定阶数 N。

$$N = -\frac{\lg\sqrt{\dfrac{10^{\alpha_\mathrm{p}/10} - 1}{10^{\alpha_\mathrm{s}/10} - 1}}}{\lg\dfrac{\omega_\mathrm{s}}{\omega_\mathrm{p}}} = -\frac{\lg 0.031563}{\lg 2} = 4.98562$$

取 $N = 5$，得归一化巴特沃思的系统函数为

$$H_a(p) = \frac{1}{p^5 + b_4 p^4 + b_3 p^3 + b_2 p^2 + b_1 p + 1}$$

由 $N = 5$，直接查表 7-1 得

$$H_a(p) = \frac{1}{p^5 + 3.2361 p^4 + 5.2361 p^3 + 5.2361 p^2 + 3.2361 p + 1}$$

将 $p = s/\omega_\mathrm{c}$ 代入 $H_a(p)$ 去归一化得

$$H_a(s) = \frac{\omega_\mathrm{c}^5}{s^5 + 3.2361\omega_\mathrm{c} s^4 + 5.2361\omega_\mathrm{c}^2 s^3 + 5.2361\omega_\mathrm{c}^3 s^2 + 3.2361\omega_\mathrm{c}^4 s + \omega_\mathrm{c}^5}$$

（2）用 MATLAB 设计例 7-2 要求的模拟低通滤波器的程序如下：

```
fp = 6000;fs = 12000;
rp = 3;rs = 30;                       %通带、阻带衰减
wp = 2 * pi * fp;ws = 2 * pi * fs;    %通带、阻带截止频率
[n,wn] = buttord(wp,ws,rp,rs,'s');    %'s'是确定巴特沃思模拟滤波器阶次和3dB
                                        截止模拟频率
[z,p,k] = buttap(n);                  %设计归一化巴特沃思模拟低通滤波器,z为
                                        极点,p为零点和k为增益
[bp,ap] = zp2tf(z,p,k)                %转换为Ha(p),bp为分子系数,ap为分母
                                        系数
[bs,as] = lp2lp(bp,ap,wp)             %Ha(p)转换为低通Ha(s)并去归一化,bs
                                        为分子系数,as为分母系数
```

```
    freqs(bs,as)                                        % 画模拟高通滤波器的频率响应和相位响应
```
运行结果如下：

bp = 0   0   0   0   0   1

ap = 1.00000000000000   3.23606797749979   5.23606797749979   5.23606797749979

     3.23606797749979   1.00000000000000

bs = 7.61475 × 10²²

as = 1.00000000000000   1.21998 × 10⁵   7.44166 × 10⁹   2.80544 × 10¹⁴

     6.5365 × 10¹⁸   7.61475 × 10²²

3. 切比雪夫滤波器的设计方法

用巴特沃思滤波器逼近低通滤波器时，其频率特性在通带和阻带内都随频率而单调变化，与理想低通滤波器相比较，误差分布非常不均匀，靠近频带边缘误差最大，如果在频带边缘满足指标，则在通带内就会有富裕量，因而是不经济的。切比雪夫滤波器在通带和阻带内具有等波纹特性，可以使通带最大衰减和阻带最小衰减分布均匀，设计出阶数较低的滤波器。在通带中是等波纹的，在阻带中是单调的滤波器称为切比雪夫Ⅰ型滤波器；在通带中是单调的，在阻带中是等波纹的滤波器称为切比雪夫Ⅱ型滤波器。下面我们以切比雪夫Ⅰ型为例来讨论切比雪夫低通滤波器的设计。图 7 - 16 所示为 N 为奇数和 N 为偶数时的切比雪夫Ⅰ型滤波器的幅度特性。

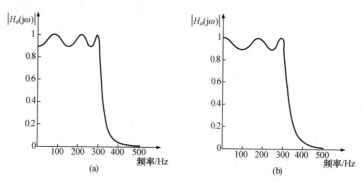

图 7 - 16   切比雪夫Ⅰ型滤波器的幅度特性（通带波纹 1dB）
(a) N 为偶数；(b) N 为奇数

切比雪夫Ⅰ型滤波器的幅度平方函数定义为

$$|H_a(\mathrm{j}\omega)|^2 = \frac{1}{1 + \varepsilon^2 C_N^2\left(\dfrac{\omega}{\omega_\mathrm{p}}\right)} \tag{7-35}$$

式中：ε 是小于 1 的正数，表示波纹的大小；ω_p 为通带截止频率；$C_N(x)$ 称为 N 阶切比雪夫多项式。

$C_N(x)$ 的定义式为

$$C_N(x) = \begin{cases} \cos(N\arccos x) & |x| \leqslant 1 \\ \cosh(N\mathrm{arcosh}\, x) & |x| > 1 \end{cases}$$

令 $\arccos x = \Phi$，则 $\cos\Phi = x$，当 $|x| \leqslant 1$ 时，有

$$C_N(x) = \cos N\Phi$$

$$C_{N+1}(x) = \cos(N+1)\varPhi = \cos N\varPhi\cos\varPhi - \sin N\varPhi\sin\varPhi$$

$$C_{N-1}(x) = \cos(N-1)\varPhi = \cos N\varPhi\cos\varPhi + \sin N\varPhi\sin\varPhi$$

$$C_{N+1}(x) + C_{N-1}(x) = 2\cos N\varPhi\cos\varPhi = 2C_N(x)\cos\varPhi = 2xC_N(x)$$

于是得切比雪夫多项式的递推公式为

$$C_{N+1}(x) = 2xC_N(x) - C_{N-1}(x)$$

当 $N=0$，1，2，3，4，5，6 时，有

$$C_0(x) = \cos 0\varPhi = 1$$

$$C_1(x) = x$$

$$C_2(x) = 2xC_1(x) - C_0(x) = 2x^2 - 1$$

$$C_3(x) = 2xC_2(x) - C_1(x) = 4x^3 - 3x$$

$$C_4(x) = 2xC_3(x) - C_2(x) = 8x^4 - 8x^2 + 1$$

$$C_5(x) = 2xC_4(x) - C_3(x) = 16x^5 - 20x^3 + 5x$$

$$C_6(x) = 2xC_5(x) - C_4(x) = 32x^6 - 48x^4 + 18x^2 - 1$$

……

当 $|x| \leqslant 1$ 时，$C_N(x)$ 是余弦函数，当 $|x| > 1$ 时，$C_N(x)$ 是双曲余弦函数，因此，切比雪夫多项式的过零点都在 $|x| \leqslant 1$ 的范围内，且在 $|x| \leqslant 1$ 时，$|C_N(x)| \leqslant 1$。因此，在 $|x| \leqslant 1$ 的范围内，$C_N(x)$ 具有等波纹的幅度特性，当 $|x| > 1$ 时，$C_N(x)$ 随 x 增大而单调上升。

切比雪夫滤波器的幅度函数 $|H_a(\mathrm{j}\omega)|$ 的特点为：

(1) 当 $\omega = 0$ 时，$C_N(0) = 1$，若 N 为偶数，则 $|H_a(\mathrm{j}0)| = \dfrac{1}{\sqrt{1+\varepsilon^2}}$；若 N 为奇数，则 $|H_a(\mathrm{j}0)| = 1$。

(2) 当 $\omega = \omega_\mathrm{p}$ 时，$C_N(1) = 1$，则 $|H_a(\mathrm{j}\omega)| = \dfrac{1}{\sqrt{1+\varepsilon^2}}$，即所有幅度函数曲线都通过 $\dfrac{1}{\sqrt{1+\varepsilon^2}}$ 点。

(3) 当 $\omega < \omega_\mathrm{p}$ 时，$|H_a(\mathrm{j}\omega)|$ 在 $1 \sim \dfrac{1}{\sqrt{1+\varepsilon^2}}$ 之间等幅波动，ε 越大，波动幅度也越大。

(4) 当 $\omega > \omega_\mathrm{p}$ 时，随着 ω 的增大，$C_N(x)$ 快速增大，$|H_a(\mathrm{j}\omega)|$ 迅速下降，N 越大，下降越快。

由切比雪夫滤波器的幅度平方函数可以看出，切比雪夫滤波器由 3 个参数决定：波纹起伏参数 ε、通带截止频率 ω_p 和切比雪夫多项式的阶数 N。其中通带截止频率 ω_p 是预先给出的，因此，切比雪夫滤波器的设计主要是要求出 ε 和 N。ε 可以由通带内允许的最大衰减 α_p 和通带截止频率 ω_p 确定，根据通带内允许的最大衰减 α_p 和切比雪夫滤波器的幅度平方函数可以得到

$$\alpha_\mathrm{p} = -10\lg|H_a(\mathrm{j}\omega)|^2 = 10\lg\left[1 + \varepsilon^2 C_N^2\left(\frac{\omega_\mathrm{p}}{\omega_\mathrm{p}}\right)\right] = 10\lg(1 + \varepsilon^2)$$

其中：$C_N(1) = 1$。根据上式可以求得波纹起伏参数 ε 为

$$\varepsilon = \sqrt{10^{\alpha_\mathrm{p}/10} - 1}$$

再由波纹起伏参数 ε、阻带截止频率 ω_s 和阻带内允许的最小衰减 α_s，确定切比雪夫滤波

器的阶数 N。根据阻带内允许的最小衰减 α_s 和切比雪夫滤波器的幅度平方函数可以得到

$$\alpha_s = -10\lg \mid H_a(j\omega_s) \mid^2 = 10\lg\left[1 + \varepsilon^2 C_N^2\left(\frac{\omega_s}{\omega_p}\right)\right]$$

由对数的定义可得

$$10^{\frac{\alpha_s}{10}} = 1 + \varepsilon^2 C_N^2\left(\frac{\omega_s}{\omega_p}\right)$$

整理并两边开方得

$$C_N\left(\frac{\omega_s}{\omega_p}\right) = \frac{1}{\varepsilon}\sqrt{10^{\frac{\alpha_s}{10}} - 1} = \cosh\left[N\,\mathrm{arcosh}\left(\frac{\omega_s}{\omega_p}\right)\right]$$

根据反双曲余弦的定义可得

$$\mathrm{arcosh}\left(\frac{1}{\varepsilon}\sqrt{10^{\frac{\alpha_s}{10}} - 1}\right) = N\,\mathrm{arcosh}\left(\frac{\omega_s}{\omega_p}\right)$$

可以求出阶数 N 为

$$N \geqslant \frac{\mathrm{arcosh}\left(\frac{1}{\varepsilon}\sqrt{10^{\frac{\alpha_s}{10}} - 1}\right)}{\mathrm{arcosh}\left(\frac{\omega_s}{\omega_p}\right)} \tag{7-36}$$

波纹起伏参数 ε、通带截止频率 ω_p 和切比雪夫多项式的阶数 N 求出后，就可以求得滤波器的系统函数 $H_a(s)$，为此，需先求出系统函数 $H_a(s)$ 的极点分布。将 $\omega = s/j$ 代入式（7-35）得

$$\mid H_a(s)\mid^2 = H_a(s)H_a(-s) = \frac{1}{1 + \varepsilon^2 C_N^2\left(\frac{s}{j\omega_p}\right)} \tag{7-37}$$

令分母多项式等于零，即

$$1 + \varepsilon^2 C_N^2\left(\frac{s}{j\omega_p}\right) = 0$$

可以求出极点为

$$s_k = \sigma_k + j\omega_k$$

其中

$$\sigma_k = -\omega_p \sin\left(\frac{2k-1}{2N}\pi\right)\sinh\left(\frac{1}{N}\mathrm{arsinh}\frac{1}{\varepsilon}\right) \tag{7-38}$$

$$\omega_k = \omega_p \cos\left(\frac{2k-1}{2N}\pi\right)\cosh\left(\frac{1}{N}\mathrm{arsinh}\frac{1}{\varepsilon}\right) \tag{7-39}$$

$$k = 1,2,\cdots,2N$$

显然极点分布满足

$$\frac{\sigma_k^2}{\omega_p^2\sinh^2\left(\frac{1}{N}\mathrm{arsinh}\frac{1}{\varepsilon}\right)} + \frac{\omega_k^2}{\omega_p^2\cosh^2\left(\frac{1}{N}\mathrm{arsinh}\frac{1}{\varepsilon}\right)} = 1$$

这是一个椭圆方程，也就是说，切比雪夫Ⅰ型滤波器幅度平方函数的极点分布在 s 平面的一个椭圆上。

取左半平面的极点，即式（7-38）和式（7-39）中的 k 取 1，2，$\cdots$，N，可以得到切比雪夫Ⅰ型滤波器的系统函数为

$$H_a(s) = \frac{A}{\prod\limits_{k-1}^{N}(s-s_k)}$$

考虑到 $C_N\left(\frac{s}{j\omega_p}\right)$ 是 $\left(\frac{s}{j\omega_p}\right)$ 的多项式，最高阶的系数是 2^{N-1}，可求出常数 A 为

$$A = \frac{\omega_p^N}{\varepsilon 2^{N-1}}$$

因此得到切比雪夫 I 型滤波器的系统函数为

$$H_a(s) = \frac{\dfrac{\omega_p^N}{\varepsilon 2^{N-1}}}{\prod\limits_{k-1}^{N}(s-s_k)}$$

令 $p=s/\omega_p$，对 $H_a(s)$ 进行归一化，得

$$H_a(p) = \frac{1}{\varepsilon 2^{N-1}\prod\limits_{k-1}^{N}(p-p_k)}$$

$$H_a(p) = \frac{\dfrac{1}{\varepsilon 2^{N-1}}}{p^N + a_{N-1}p^{N-1} + \cdots + a_1 p + a_0}$$

最后将 $H_a(p)$ 用 $p=s/\omega_p$ 去归一化，便可得到 $H_a(s)$。

【例 7-3】 设计一个切比雪夫 I 型低通滤波器，技术指标为：通带截止频率是 300Hz，阻带截止频率是 500Hz，采样频率是 1000Hz，通带波纹 1dB，阻带衰减 30dB。

解 波纹起伏参数 ε 为

$$\varepsilon = \sqrt{10^{a_p/10}-1} = \sqrt{10^{0.1}-1} = 0.50885$$

阶数 N 为

$$N \geqslant \frac{\mathrm{arcosh}\left(\dfrac{1}{\varepsilon}\sqrt{10^{\frac{a_s}{10}}-1}\right)}{\mathrm{arcosh}\left(\dfrac{\omega_s}{\omega_p}\right)} = \frac{\mathrm{arcosh}62.114496}{\mathrm{arcoh}1.6667} = \frac{4.822}{1.0986} = 4.389$$

取 $N=5$，查表 7-3，可得归一化系统函数为

表 7-3　　　　切比雪夫 I 型低通滤波器归一化分母多项式的系数（$a_N=1$）

N	a_0	a_1	a_2	a_3	a_4	a_5	a_6	a_7	a_8
\multicolumn{10}{c}{1dB 波纹（$\varepsilon=0.5088471$，$\varepsilon^2=0.2589254$）}
1	1.9652267								
2	1.1025103	1.0977343							
3	0.4913067	1.2384092	0.9883412						
4	0.2756276	0.7426194	1.4539248	0.9528114					
5	0.1228267	0.5805342	0.9743961	1.6888160	0.9368201				
6	0.0689069	0.3070808	0.9393461	1.2021409	1.9308256	0.9282510			
7	0.0307066	0.2136712	0.5486192	1.3575440	1.4287930	2.1760778	0.9231228		
8	0.0172267	0.1073447	0.4478257	0.8468243	1.8369024	1.6551557	2.4230264	0.9198113	
9	0.0076767	0.0706048	0.2441864	0.7863100	1.2016071	2.3781188	1.8814798	2.6709468	0.9175476

$$H_a(p) = \frac{0.1228259}{p^5 + 0.9368201p^4 + 1.6888160p^3 + 0.9743961p^2 + 0.5805342p + 0.1228259}$$

用 $p = s/\omega_p$ 代入去归一化，得系统函数为

$$H_a(s) = \frac{2.92276 \times 10^{15}}{s^5 + 1770s^4 + 6000460s^3 + 6525877160s^2 + 732.879 \times 10^{10}s + 2.92279 \times 10^{15}}$$

该滤波器的幅度特性如图 7 - 16（b）所示。用 MATLAB 设计例 7 - 3 要求的模拟低通滤波器的程序如下：

```
wp = 2 * pi * 300;ws = 2 * pi * 500;
Rp = 1;Rs = 30;
fs = 1000;
[N,wn] = cheb1ord(wp,ws,Rp,Rs,'s');      %选择滤波器的最小阶数
[z,p,k] = cheb1ap(N,Rp);                 %创建切比雪夫Ⅰ型模拟低通滤波器
[b,a] = zp2tf(z,p,k);                    %系统零极点增益模型转换成系统函数(归一
                                          化)模型
[bt,at] = lp2lp(b,a,wn);                 %低通到低通的变换,去归一化
[h,w] = freqs(bt,at,300);                %获得模拟低通滤波器的复频响应 h,300 个
                                          频率点存在 w

subplot(1,2,1);plot(w/pi/2,abs(h));      %画模拟低通滤波器的频率响应
axis([0,500,0,1.4]);                     %设置坐标
```

运行结果如下：

极点 p 为

```
- 0.08945836220019 + 0.99010711200339i
- 0.23420503281800 + 0.61191984772109i
- 0.28949334123561 + 0.00000000000000i
- 0.23420503281800 - 0.61191984772109i
- 0.08945836220019 - 0.99010711200339i
```

归一化系统函数的参数为

```
b = 0                  0                  0                  0
    0                  0.12282667052252
a = 1.00000000000000   0.93682013127199   1.68881597917823   0.97439607307168
    0.58053415132206   0.12282667052252
```

系统函数的参数为

```
bt =
    2.922794590769879e + 015
at =
    1.0e + 015 *
    0.00000000000000   0.00000000000177   0.00000000600046   0.00000652587716
    0.00732878979768   2.92279459076987
```

4. 模拟滤波器的频率变换

低通滤波器的设计很成熟，模拟高通、带通、带阻滤波器都可以利用低通滤波器的设计

公式、现成的图表，而无需再各搞一套计算公式和图表。模拟高通、带通、带阻滤波器的设计方法都是先将要设计的滤波器的技术指标通过频率变换关系转换为低通滤波器的技术指标，根据这些技术指标设计出低通滤波器的系统函数，最后再依据频率变换关系转换成所要设计的滤波器的系统函数。为了防止符号上的混淆，低通滤波器的系统函数记为 $G(s)$，归一化的系统函数记为 $G(j\lambda)=G(p)$，高通、带通和带阻滤波器的系统函数记为 $H(s)$，归一化的系统函数记为 $H(j\eta)=H(q)$。

（1）低通到高通的频率变换。低通滤波器的频率 $\lambda=0$ 时，$G(j\lambda)=1$，高通滤波器则在频率 $\eta=\infty$ 时，$H(j\eta)=1$。因此 λ 和 η 之间的关系为

$$\lambda = \frac{1}{\eta}$$

从而有 $\lambda_p=\dfrac{1}{\eta_p}$，$\lambda_s=\dfrac{1}{\eta_s}$，归一化的低通滤波器幅度特性 $|G(j\lambda)|$ 如图 7 - 17（a）所示，归一化高通滤波器幅度特性 $|H(j\eta)|$ 如图 7 - 17（b）所示。

在复平面上 q 与 p 的关系为

$$q = j\eta = j\frac{1}{\lambda} = -\frac{1}{j\lambda} = -\frac{1}{p}$$

由于 $|G(j\lambda)|$ 的对称性，取左边的频率特性仍可以得到高通滤波器，因此取左边的频率有

$$q = \frac{s}{\omega_p} = \frac{1}{p} = \frac{1}{\omega_p/s}$$

如果已知低通滤波器 $G(j\lambda)$，高通滤波器 $H(j\eta)$ 则用下式转换，即

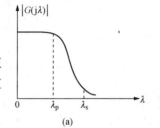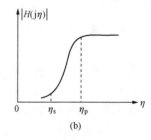

图 7 - 17　低通滤波器到高通滤波器的转换

(a) 归一化的低通滤波器幅度特性；(b) 归一化的高通滤波器幅度特性

$$H(j\eta) = G(j\lambda) \mid_{\lambda=\frac{1}{\eta}} \quad \text{和} \quad H(q) = G(p) \mid_{p=\frac{1}{q}}$$

所以为去归一化，将 $p=\omega_p/s$ 代入 $G(p)$ 中得

$$H(s) = G(p) \mid_{p=\frac{\omega_p}{s}} \tag{7 - 40}$$

【例 7 - 4】　设计模拟高通滤波器，$f_p=200\text{Hz}$，$f_s=100\text{Hz}$，幅度特性单调下降，f_p 处最大衰减为 $\alpha_p=3\text{dB}$，阻带最小衰减 $\alpha_s=20\text{dB}$。

解　（1）确定高通技术要求。

$$f_p = 200\text{Hz}, \alpha_p = 3\text{dB}; f_s = 100\text{Hz}, \alpha_s = 20\text{dB}$$

归一化频率

$$\eta_p = \frac{f_p}{f_c} = 1, \eta_s = \frac{f_s}{f_c} = 0.5$$

（2）将高通滤波器的边界频率转换成低通滤波器的边界频率。

低通技术要求　　$\lambda_p = 1, \lambda_s = \dfrac{1}{\eta_s} = 2, \alpha_p = 3\text{dB}, \alpha_s = 20\text{dB}$

（3）设计归一化低通滤波器 $G(p)$。采用巴特沃思滤波器，故

$$N = -\frac{\lg\sqrt{\dfrac{10^{0.3}-1}{10^2-1}}}{\lg\dfrac{\omega_s}{\omega_p}} = -\frac{\lg 0.1002654}{\lg 2} = \frac{0.99885}{0.301} = 3.3$$

取 $N=4$

$$G(p) = \frac{1}{p^4 + 2.6131p^3 + 3.4142p^2 + 2.6131p + 1}$$

（4）求模拟高通 $H(s)$。

$$H(s) = G(p)\,|_{p=\frac{\omega_c}{s}} = \frac{s^4}{s^4 + 2.6131\omega_c s^3 + 3.4142\omega_c^2 s^2 + 2.6131\omega_c^3 s + \omega_c^4}$$

其中：$\omega_c = \omega_p$。

用 MATLAB 设计例 7-4 要求的模拟高通滤波器的程序如下：

```
fp = 200;
fs = 100;
rp = 3;rs = 20;                          %通带、阻带衰减
wp = 2 * pi * fp;ws = 2 * pi * fs;       %通带、阻带截止频率
[n,wn] = buttord(wp/200,ws/200,rp,rs,'s');   %'s'是确定巴特沃思模拟滤波器阶次和
                                             3dB 截止模拟频率
[z,p,k] = buttap(n);                     %设计归一化巴特沃思模拟低通滤波器，
                                          z 极点,p 零点和 k 增益
[bp,ap] = zp2tf(z,p,k)                   %转换为 Ha(p),bp 分子系数,ap 分母
                                          系数
[bs,as] = lp2hp(bp,ap,wp)                % Ha(p) 转换为高通 Ha(s) 并去归一
                                          化,bs 分子系数,as 分母系数
freqs(bs,as)                             %画模拟高通滤波器的频率响应和相位
                                          响应
```

运行结果如下：

```
bp = 0          0          0          0          1
ap = 1.00000000000000   2.61312592975275   3.41421356237309   2.61312592975275
1.00000000000000
bs = 1.00000000000000   0.00000000000012   -0.00000010408951   0.00000042268093
0.00000000001119
as = 1.0e + 012 *
     0.00000000000100   0.00000000328375   0.00000539150995   0.00518549155702
2.49367273047047
```

（2）低通到带通的频率变换。带通滤波器的技术指标有：ω_u 称为带通滤波器的通带上限频率，ω_l 称为带通滤波器的通带下限频率，ω_{s1} 称为带通滤波器的下阻带上限频率，ω_{s2} 称为带通滤波器的上阻带下限频率。$B=\omega_u-\omega_l$ 称为带通宽度，$\omega_0^2=\omega_l\omega_u$ 称为通带中心频率。

相应的归一化边界频率为 $\eta_u=\omega_u/B$，$\eta_l=\omega_l/B$，$\eta_{s1}=\omega_{s1}/B$，$\eta_{s2}=\omega_{s2}/B$，$\eta_0^2=\eta_u\eta_l$。归一化的低通滤波器幅度特性 $|G(j\lambda)|$ 如图 7-18（a）所示，归一化带通滤波器幅度特性 $|H(j\eta)|$ 如图 7-18（b）所示。从图中可以看出，低通的频率 $\lambda=0$ 对应带通的频率 $\eta=\eta_0$，低通的频率 $\lambda=-\infty$ 对应带通的频率 $\eta=0$，低通的频率 $\lambda=\infty$ 对应带通的频率 $\eta=\infty$。由 $\eta_0^2=\eta_u\eta_l$ 得 $\eta_l=\eta_0^2/\eta_u$，η_0^2/η_u 关于 η_0 的对称点是 η_u，η_0^2/η 关于 η_0 的对称点是 η，因此有

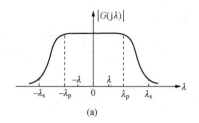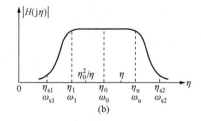

图 7-18 低通滤波器到带通滤波器的转换

(a) 归一化低通滤波器幅度特性；(b) 归一化带通滤波器幅度特性

$$\frac{\eta - \eta_0^2/\eta}{\eta_u - \eta_l} = \frac{\lambda - (-\lambda)}{\lambda_p - (-\lambda_p)} = \frac{\lambda}{\lambda_p}$$

由于 $\eta_u - \eta_l = \dfrac{\omega_u - \omega_l}{B} = 1$，当 $\omega_p = \omega_c$ 时，$\lambda_p = \dfrac{\omega_p}{\omega_c} = 1$，则得带通到低通的频率变换公式为

$$\lambda = \frac{\eta^2 - \eta_0^2}{\eta}$$

利用该式可将带通的边界频率转换成低通的边界频率，即

$$\lambda_p = \frac{\eta_u^2 - \eta_0^2}{\eta_u} = \eta_u - \eta_l = 1, \lambda_s = \frac{\eta_{s2}^2 - \eta_0^2}{\eta_{s2}} \text{ 和} -\lambda_s = \frac{\eta_{s1}^2 - \eta_0^2}{\eta_{s1}}$$

λ_s 与 $-\lambda_s$ 的绝对值可能不相等，一般取绝对值小的 λ_s，这样保证在较大的 λ_s 处更能满足要求。通带最大衰减仍为 α_p，阻带最小衰减亦为 α_s。

根据上述低通技术指标可得归一化低通 $G(p)$，低通的归一化频率为

$$p = \mathrm{j}\lambda = \mathrm{j}\frac{\eta^2 - \eta_0^2}{\eta}$$

由 $q = \mathrm{j}\eta$ 得 $\eta = q/\mathrm{j}$，代入上式，得到

$$p = \mathrm{j}\lambda = \mathrm{j}\frac{\eta^2 - \eta_0^2}{\eta} = \mathrm{j}\frac{(q/\mathrm{j})^2 - \eta_0^2}{q/\mathrm{j}} = \frac{q^2 + \eta_0^2}{q}$$

为将 $H(q)$ 去归一化，将 $q = s/B$ 代入上式，得

$$p = \frac{s^2 + \omega_l\omega_u}{s(\omega_u - \omega_l)}$$

归一化低通系统函数转换为带通系统函数的转换公式为

$$H(s) = G(p)\,\big|_{p=\frac{s^2 + \omega_l\omega_u}{s(\omega_u - \omega_l)}} \tag{7-41}$$

(3) 低通到带阻的频率变换。带阻滤波器的技术指标有：ω_u 称为上通带截止频率，ω_l 称为下通带截止频率，ω_{s1} 称为阻带的下限频率，ω_{s2} 称为阻带的上限频率。$B = \omega_u - \omega_l$ 称为阻带带宽，$\omega_0^2 = \omega_l\omega_u$ 称为阻带中心频率。

相应的归一化边界频率为 $\eta_u = \omega_u/B$，$\eta_l = \omega_l/B$，$\eta_{s1} = \omega_{s1}/B$，$\eta_{s2} = \omega_{s2}/B$，$\eta_0^2 = \eta_u\eta_l$。归一化的低通滤波器幅度特性 $|G(\mathrm{j}\lambda)|$ 如图 7-19（a）所示，归一化带阻滤波器幅度特性 $|H(\mathrm{j}\eta)|$ 如图 7-19（b）所示。从图中可以看出，低通的频率 $\lambda = 0$ 对应带阻的频率 $\eta = \infty$ 和 $\eta = 0$，低通的频率 $\lambda = \pm\infty$ 对应带阻的频率 $\eta = \eta_0$。由 $\eta_0^2 = \eta_u\eta_l$ 得 $\eta_l = \eta_0^2/\eta_u$，从图中可以看出 η_0^2/η_u 关于 η_0 的对称点是 η_u，η_0^2/η 关于 η_0 的对称点是 η，因此有

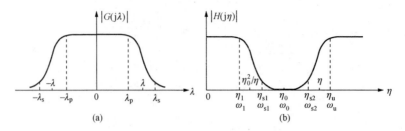

图 7 - 19　低通滤波器到带阻滤波器的转换

（a）归一化低通滤波器幅度特性；（b）归一化带阻滤波器幅度特性

$$\frac{\eta - \eta_0^2/\eta}{\eta_u - \eta_l} = \frac{\lambda_p - (-\lambda_p)}{\lambda - (-\lambda)} = \frac{\lambda_p}{\lambda}$$

由于 $\eta_u - \eta_l = \dfrac{\omega_u - \omega_l}{B} = 1$，当 $\omega_p = \omega_c$ 时，$\lambda_p = \dfrac{\omega_p}{\omega_c} = 1$，则得带阻到低通的频率变换公式为

$$\lambda = \frac{\eta}{\eta^2 - \eta_0^2}$$

利用该式可将带阻的边界频率转换成低通的边界频率

$$\lambda_p = 1, \lambda_s = \frac{\eta_{s1}}{\eta_{s1}^2 - \eta_0^2} \text{ 和} -\lambda_s = \frac{\eta_{s2}}{\eta_{s2}^2 - \eta_0^2}$$

取 λ_s 和 $-\lambda_s$ 的绝对值较小的 λ_s；通带最大衰减仍为 α_p，阻带最小衰减也为 α_s。

根据上述低通技术指标可得归一化低通 $G(p)$，低通的归一化频率为

$$p = j\lambda = j\frac{\eta}{\eta^2 - \eta_0^2}$$

由 $q = j\eta$，得 $\eta = q/j$，代入上式，得到

$$p = j\lambda = j\frac{\eta}{\eta^2 - \eta_0^2} = j\frac{q/j}{(q/j)^2 - \eta_0^2} = \frac{q}{q^2 + \eta_0^2}$$

为将 $H(q)$ 去归一化，将 $q = s/B$ 代入上式，得

$$p = \frac{s(\omega_u - \omega_l)}{s^2 + \omega_l\omega_u}$$

归一化低通系统函数转换成带阻滤波器系统函数的转换公式为

$$H(s) = G(p) \mid_{p=\frac{s(\omega_u-\omega_l)}{s^2+\omega_l\omega_u}} \tag{7-42}$$

7.2.2　冲激响应不变法

利用模拟滤波器设计数字滤波器，就是根据已知的模拟滤波器系统函数 $H_a(s)$ 设计数字滤波器系统函数 $H(z)$，也就是说要把 s 平面映射变换到 z 平面。为了使数字滤波器能够模仿模拟滤波器的频率响应，要求 s 平面的虚轴 $j\omega$ 应映射到 z 平面的单位圆 $e^{j\Omega}$ 上，即频率轴要对应。另一要求是 $H_a(s)$ 的因果稳定性映射成 $H(z)$ 后保持不变，即 s 平面的左半平面 $\text{Re}\{s\} < 0$ 应映射到 z 平面的单位圆内部 $|z| < 1$（因果稳定系统的极点全部在单位圆内）。常用的映射变换方法有冲激响应不变法和双线性变换法两种。

1. 冲激响应不变法

冲激响应不变法是从滤波器的时域响应出发，使数字滤波器的单位脉冲响应序列 $h(n)$ 正好等于模拟滤波器的单位冲激响应 $h_a(t)$ 的采样值，即

$$h(n) = h_a(t) \mid_{t=nT} \tag{7-43}$$

式中：T 为采样周期。

冲激响应不变法首先根据滤波的技术要求设计出模拟滤波器的系统函数 $H_a(s)$，然后利用拉普拉斯反变换求出模拟滤波器的单位冲激响应 $h_a(t)$，再对 $h_a(t)$ 以 T 为间隔进行采样得到 $h(n)$，最后对 $h(n)$ 进行 z 变换得到数字滤波器的系统函数 $H(z)$。

如果模拟滤波器的系统函数只有 N 个单阶极点，且分母多项式的阶数高于分子阶数，则可表达为部分分式形式

$$H_a(s) = \sum_{i=1}^{N} \frac{A_i}{s - s_i} \tag{7 - 44}$$

式中：s_i 为 $H_a(s)$ 的单阶极点。

将 $H_a(s)$ 进行拉氏反变换得到 $h_a(t)$ 为

$$h_a(t) = \mathscr{L}^{-1}\left[\sum_{i=1}^{N} \frac{A_i}{s - s_i}\right] = \sum_{i=1}^{N} \mathscr{L}^{-1}\left[\frac{A_i}{s - s_i}\right] \tag{7 - 45}$$

根据留数定理有

$$\mathscr{L}^{-1}\left[\frac{A_i}{s - s_i}\right] = (s - s_i)\frac{A_i}{s - s_i}e^{st}\mid_{s=s_i} = A_i e^{s_i t}$$

代入式（7 - 45）得

$$h_a(t) = \sum_{i=1}^{N} A_i e^{s_i t}\varepsilon(t)$$

对 $h_a(t)$ 进行等间隔采样，采样间隔为 T，得到单位冲激响应为

$$h(n) = h_a(nT) = \sum_{i=1}^{N} A_i e^{s_i nT}\varepsilon(nT) = \sum_{i=1}^{N} A_i (e^{s_i T})^n \varepsilon(n)$$

对上式进行 z 变换，得数字滤波器的系统函数 $H(z)$ 为

$$H(z) = \sum_{n=0}^{\infty}\sum_{i=1}^{N} A_i e^{s_i nT} z^{-n} = \sum_{i=1}^{N} A_i \sum_{n=0}^{\infty}(e^{s_i T}z^{-1})^n = \sum_{i=1}^{N} \frac{A_i}{1 - e^{s_i T}z^{-1}} \tag{7 - 46}$$

对比式（7 - 44）和式（7 - 46）可以看出，对于 $H_a(s)$ 只有单阶极点的情况，已知 $H_a(s)$ 可以直接用式（7 - 46）得到 $H(z)$。还可以看出，模拟滤波器的极点 s_i 被映射为数字滤波器的极点 $e^{s_i T}$，所以 s 平面与 z 平面的映射关系为 $z = e^{sT}$，设 $s = \sigma + j\omega$，$z = re^{j\Omega}$，则

$$z = e^{sT} = e^{(\sigma + j\omega)T} = e^{\sigma T}e^{j\omega T} = e^{\sigma T}e^{j\left(\omega \pm \frac{2\pi}{T}k\right)T}$$

从而可以得到 s 平面与 z 平面的映射关系

$$r = e^{\sigma T} \text{ 和 } \Omega = \omega T = \left(\omega \pm \frac{2\pi}{T}k\right)T$$

具体地说，当 $\sigma = 0$ 时，$r = 1$，s 平面的虚轴 $j\omega$ 映射到 z 平面的单位圆上，当 $\sigma < 0$ 时，$r = e^{\sigma T} < 1$，s 左半平面映射到单位圆内，当 $\sigma > 0$ 时，$r = e^{\sigma T} > 1$，s 右半平面映射到单位圆外。由于 $z = e^{sT}$ 是周期函数，这种映射是一个多值映射，s 平面上每一条宽为 $2\pi/T$ 的水平带，都将重叠地映射到 z 平面的整个平面上，s 平面虚轴上每一长为 $2\pi/T$ 的线段都重叠地映射到单位圆一周。s 平面和 z 平面之间的映射关系如图 7 - 20 所示。

根据 z 变换与拉普拉斯变换的关系有

$$H(z)\mid_{z=e^{sT}} = \frac{1}{T}\sum_{k=-\infty}^{\infty} H_a(s - jk\omega_s)$$

由 $s = j\omega$ 和 $\Omega = \omega T$ 得 $s = j\Omega/T$，代入上式得数字滤波器的频率响应为

$$H(e^{j\Omega}) = \frac{1}{T}\sum_{r=-\infty}^{\infty} H_a\left(j\frac{\Omega}{T} - j\frac{2\pi}{T}r\right)$$

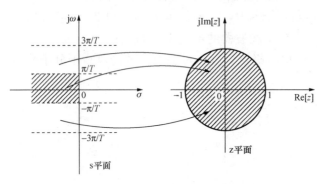

图 7 - 20   s 平面和 z 平面之间的映射关系

可以看到，数字滤波器的频率响应并不是简单地重现模拟滤波器的频率响应，而是模拟滤波器频率响应的周期延拓，有可能会出现频谱混叠现象。如果模拟滤波器的频率响应带限于折叠频率 $\omega_s/2$ 以内，即

$$H_a(j\omega) = 0 \quad \left(|\omega| \geqslant \frac{\omega_s}{2} = \frac{\pi}{T}\right)$$

则这时数字滤波器的频率响应才能不失真地重现模拟滤波器的频率响应，即

$$H(e^{j\Omega}) = \frac{1}{T}H_a\left(j\frac{\Omega}{T}\right) \quad (|\Omega| < \pi)$$

上式中，频率响应与采样间隔 T 成反比，当 T 较小时，$H(e^{j\Omega})$ 的增益太高，为了使频率响应不随采样间隔 T 变化，可作以下修正，令

$$h(n) = Th_a(nT)$$

则有

$$H(z) = \sum_{i=1}^{N} \frac{TA_i}{1 - e^{s_i T}z^{-1}} \tag{7-47}$$

此时

$$H(e^{j\Omega}) = H_a\left(j\frac{\Omega}{T}\right) \quad (|\Omega| < \pi)$$

从以上讨论可以看出，冲激响应不变法的一个重要特点是频率坐标的变换是线性的，即 $\Omega = \omega T$，Ω 与 ω 是线性关系。如果模拟滤波器的频率响应带限于折叠频率以内的话，冲激响应不变法设计的数字滤波器在时域上能完全模仿模拟滤波器的单位冲激响应，时域特性逼近好。冲激响应不变法的缺点是会产生频谱混叠现象，因此只能用于带限的频率响应特性，如衰减特性很好的低通或带通，不适合高通和带阻滤波器。

【例 7 - 5】   已知模拟滤波器的系统函数 $H_a(s)$ 为

$$H_a(s) = \frac{6}{s^2 + 5s + 6}$$

用冲激响应不变法将 $H_a(s)$ 转换成数字滤波器的系统函数 $H(z)$。

解

$$H_a(s) = \frac{6}{s^2 + 5s + 6} = \frac{6}{s+2} - \frac{6}{s+3}$$

利用式（7 - 47）可得数字滤波器的系统函数为

$$H(z) = \frac{6T}{1 - e^{-2T}z^{-1}} - \frac{6T}{1 - e^{-3T}z^{-1}}$$

$$= \frac{6T(e^{-2T} - e^{-3T})z^{-1}}{1 - (e^{-2T} + e^{-3T})z^{-1} + e^{-5T}z^{-2}}$$

分别选择采样时间 $T = 0.1\text{s}$ 和 $T = 0.2\text{s}$，这两种情况对应的数字滤波器幅频特性如图

7 - 21所示，当采样时间为 $T=0.1s$ 时的频谱混叠现象较轻，因此减小采样时间可以抑制频谱混叠现象。

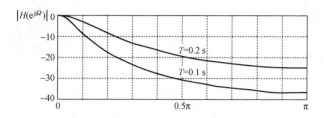

图 7 - 21　不同采样时间对应的幅频特性

画出图 7 - 21 的 MATLAB 程序如下：

```
b＝[0,.6＊(exp(－0.2)－exp(－0.3)),0];        % 计算 H(z) 分子多项式系数,T＝0.1s
a＝[1,－(exp(－0.2)＋exp(－0.3)),exp(－0.5)];    % 计算 H(z) 分母多项式系数,T＝0.1s
freqz(b,a,128);                              % 计算出 128 点的 H(z) 的频率响应并画图
hold on;                                     % 保持曲线,使两条曲线画在一张图上
b＝[0,0.2＊6＊(exp(－2＊.2)－exp(－3＊0.2)),0];
a＝[1,－(exp(－2＊0.2)＋exp(－3＊0.2)),exp(－5＊0.2)];
freqz(b,a,128);
```

7.2.3　双线性变换法

冲激响应不变法的主要缺点是存在频谱混叠，这是由 s 平面到 z 平面的多值映射关系 $z=e^{sT}$ 导致的，为了克服这一缺点，可采用双线性变换法。

1. 变换原理

为了实现从 s 平面到 z 平面的单值映射，可先将 s 平面的 $j\omega$ 轴压缩到 s_1 平面 $j\omega_1$ 轴上的 $(-j\pi/T, j\pi/T)$ 一段内，它通过以下的正切变换来实现，即

$$\omega = \frac{2}{T}\tan\left(\frac{\omega_1 T}{2}\right) \tag{7-48}$$

经过这样的频率变换后，s 平面的 $\omega=\pm\infty$ 变到 s_1 平面的 $\omega_1=\pm\pi/T$，$\omega=0$ 变到 $\omega_1=0$，完成了 $j\omega$ 轴的压缩。为了变换方便，将正切变换转换成双曲正切，有

$$\omega = \frac{2}{T}\frac{\sin\frac{\omega_1 T}{2}}{\cos\frac{\omega_1 T}{2}} = \frac{2}{jT}\frac{e^{\frac{\omega_1 T}{2}}-e^{-\frac{\omega_1 T}{2}}}{e^{\frac{\omega_1 T}{2}}+e^{-\frac{\omega_1 T}{2}}} = \frac{2}{jT}\text{th}\frac{j\omega_1 T}{2} \tag{7-49}$$

将 $j\omega$ 轴的压缩拓展为整个 s 平面压缩到 s_1 平面的一条水平带里，令 $s=j\omega$，$s_1=j\omega_1$，代入式（7 - 49）得

$$s = \frac{2}{T}\text{th}\left(\frac{s_1 T}{2}\right) = \frac{2}{T}\frac{e^{\frac{s_1 T}{2}}-e^{-\frac{s_1 T}{2}}}{e^{\frac{s_1 T}{2}}+e^{-\frac{s_1 T}{2}}} = \frac{2}{T}\frac{1-e^{-s_1 T}}{1+e^{-s_1 T}}$$

再将 s_1 平面通过标准变换关系 $z=e^{s_1 T}$ 映射到 z 平面得

$$s = \frac{2}{T}\frac{1-z^{-1}}{1+z^{-1}} \tag{7-50}$$

由于该变换中的分子和分母多项式都是线性的，故称为双线性变换。双线性变换法的映射关系如图 7 - 22 所示。

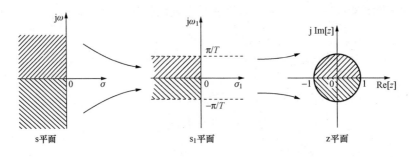

图 7 - 22　双线性变换法的映射关系

根据式（7 - 50）可以得到 Ω 与 ω 的关系

$$s = \frac{2}{T}\frac{1-z^{-1}}{1+z^{-1}}\Big|_{z=e^{j\Omega}} = \frac{2}{T}\frac{1-e^{-j\Omega}}{1+e^{-j\Omega}} = \frac{j2}{T}\frac{\sin(\Omega/2)}{\cos(\Omega/2)} = \frac{j2}{T}\tan\left(\frac{\Omega}{2}\right) = j\omega$$

即

$$\omega = \frac{2}{T}\tan\left(\frac{\Omega}{2}\right) \tag{7 - 51}$$

通过以上分析可以看出，双线性变换法是 s 平面到 z 平面的单值映射，它将 s 平面的虚轴唯一地映射到 z 平面的单位圆上，消除了频谱混叠现象，而 s 平面的左半平面唯一地映射到 z 平面的单位圆内部，保证了滤波器的稳定性。但 Ω 和 ω 为非线性关系，只在 $\Omega=0$ 附近接近线性关系，这造成了数字滤波器的幅频响应模仿模拟滤波器的幅频响应有畸变（使数字滤波器与模拟滤波器在响应与频率的对应关系上发生畸变），线性相位模拟滤波器经双线性变换后，得到的数字滤波器为非线性相位。因此，要求模拟滤波器的幅频响应必须是分段常数的，故双线性变换只能用于设计低通、高通、带通、带阻等选频滤波器。

尽管双线性变换有这样的缺点，但它目前仍是使用得最普遍、最有效的一种设计方法。这是因为大多数滤波器都具有分段常数的频响特性，如低通、高通、带通和带阻等，它们在通带内要求逼近一个衰减为零的常数，在阻带部分要求逼近一个衰减为∞的常数，这种特性的滤波器通过双线性变换后，虽然频率发生了非线性变化，但其幅频特性仍保持分段常数的特性。

2. 利用双线性变换法设计数字滤波器的方法

（1）由模拟频率和数字频率的关系

$$\omega = \frac{2}{T}\tan\left(\frac{\Omega}{2}\right)$$

将数字滤波器的频率指标转换为模拟滤波器的频率指标。

（2）根据模拟滤波器的频率指标设计模拟滤波器的系统函数 $H(s)$。

（3）用双线性变换将模拟滤波器的系统函数 $H(s)$ 转换为数字滤波器的系统函数 $H(z)$，即

$$H(z) = H_a(s)\Big|_{s=\frac{2}{T}\frac{1-z^{-1}}{1+z^{-1}}} = H_a\left(\frac{2}{T}\frac{1-z^{-1}}{1+z^{-1}}\right)$$

【例 7 - 6】　试用双线性变换法设计一数字低通滤波器，给定的技术指标为 $f_c=75\text{Hz}$，$\alpha_p=3\text{dB}$，$f_s=225\text{Hz}$，$\alpha_s=20\text{dB}$，采样频率为 600Hz，指定模拟滤波器采用巴特沃思低通

滤波器。

解 由于 2π 对应 600Hz，所以 $\Omega_p=2\pi\times75/600=0.25\pi$，$\Omega_s=2\pi\times225/600=0.75\pi$。

（1）将数字滤波器的技术指标转换为模拟滤波器的技术指标。

由于在变换过程中，系数 $2/T$ 被约掉，实际上变换结果与 T 无关，为了简便，由式 (7-48) 计算技术指标时省去系数 $2/T$，得模拟频率为

$$\omega_p = \tan\left(\frac{\Omega_p}{2}\right) = \tan\left(\frac{0.25\pi}{2}\right) = 0.142135(\text{rad/s})$$

$$\omega_s = \tan\left(\frac{\Omega_s}{2}\right) = \tan\left(\frac{0.75\pi}{2}\right) = 2.4142136(\text{rad/s})$$

（2）设计巴特沃思低通滤波器。

确定阶数 N

$$N = -\frac{\lg\sqrt{\dfrac{10^{0.3}-1}{10^2-1}}}{\lg\dfrac{\omega_s}{\omega_p}} = -\frac{\lg 0.1002654}{\lg 5.82843} = \frac{0.99885}{0.76555} = 1.3047$$

取 $N=2$，查表 7-1 得

$$H_a(p) = \frac{1}{p^2 + \sqrt{2}p + 1}$$

去归一化得

$$H_a(s) = \frac{\omega_p^2}{s^2 + \sqrt{2}\omega_p s + \omega_p^2}$$

（3）用双线性变换法求 $H(z)$。

$$
\begin{aligned}
H(z) = H_a(s)\Big|_{s=\frac{1-z^{-1}}{1+z^{-1}}} &= \frac{\omega_p^2}{\left(\dfrac{1-z^{-1}}{1+z^{-1}}\right)^2 + \sqrt{2}\omega_p\,\dfrac{1-z^{-1}}{1+z^{-1}} + \omega_p^2} \\
&= \frac{\omega_p^2(1+z^{-1})^2}{(1+\sqrt{2}\omega_p+\omega_p^2) + 2(\omega_p^2-1)z^{-1} + (1-\sqrt{2}\omega_p+\omega_p^2)z^{-2}} \\
&= \frac{0.09699 + 0.193988z^{-1} + 0.09699z^{-2}}{1 - 0.93667z^{-1} + 0.33117z^{-2}}
\end{aligned}
$$

用 MATLAB 设计例 7-6 要求的 IIR 滤波器的程序如下：

```
fp = 75;fs = 225;                  %通带、阻带截止频率
f = 600;                           %采样频率
rp = 3;rs = 20;                    %通带、阻带衰减
wp = 2 * pi * fp/f;ws = 2 * pi * fs/f;   %通带、阻带截止数字频率
wap = tan(wp/2)                    %通带截止模拟频率,相当于 T 取 2
was = tan(ws/2)                    %阻带截止模拟频率
[n,wn] = buttord(wap,was,rp,rs,'s');   %'s'是确定巴特沃思模拟滤波器阶次和 3dB 截
                                       止模拟频率
[z,p,k] = buttap(n);               %设计归一化巴特沃思模拟低通滤波器,z 极
                                       点,p 零点和 k 增益
[bp,ap] = zp2tf(z,p,k)             %转换为 Hₐ(p) 表示,bp 分子系数,ap 分母系数
```

```
[bs,as] = lp2lp(bp,ap,wap)        % H_a(p) 去归一化转换为 H_a(s) 表示,bs 分子
                                     系数,as 分母系数

[bz,az] = bilinear(bs,as,1/2)      % 双线性变换为 H(z), bz 分子系数,az 分母系
                                     数,采样频率取 1/2

freqz(bz,az,32,600)                % 画数字滤波器的频率响应和相位响应
```

运行结果如下：

wap = 0.41421356237310

was = 2.41421356237309

bp =   0   0   1

ap =   1.00000000000000   1.41421356237309   1.00000000000000

bs =   0.17157287525381

as =   1.00000000000000   0.58578643762690   0.17157287525381

bz =   0.09763107293782   0.19526214587563   0.09763107293782

az =   1.00000000000000   − 0.94280904158206   0.33333333333333

可以看出计算结果与例 7 - 6 一致。

7.3 FIR 数字滤波器的设计

IIR 数字滤波器的设计一般利用成熟的模拟滤波器设计方法，设计方便，能得到较好的幅频特性，可以消除频谱混叠现象，但 IIR 数字滤波器的系统函数既有零点也有极点，因此，它存在稳定问题，而且相频特性一般是非线性的，会产生时域波形失真。FIR 数字滤波器的优点是很容易获得线性相位特性，另外，FIR 数字滤波器的单位脉冲响应是有限长，极点都位于原点，一定是稳定的。FIR 数字滤波器还可以用 FFT 实现，从而大大提高运算效率。

7.3.1 线性相位 FIR 数字滤波器的特性

1. 线性相位条件

设 FIR 数字滤波器的单位脉冲响应 $h(n)$ 的长度为 N，其系统函数为

$$H(z) = \sum_{n=0}^{N-1} h(n) z^{-n}$$

其频率响应写成如下形式

$$H(e^{j\Omega}) = H_g(\Omega) e^{j\theta(\Omega)}$$

式中：$H_g(\Omega)$ 称为幅度特性；$\theta(\Omega)$ 称为相位特性。需要注意的是，$H_g(\Omega)$ 不同于 $|H(e^{j\Omega})|$，$\theta(\Omega)$ 也不同于 $\varphi(\Omega)$，$H_g(\Omega)$ 为 Ω 的实函数，可能取负值，而 $|H(e^{j\Omega})|$ 总是正值。$H(e^{j\Omega})$ 具有线性相位是指 $\theta(\Omega)$ 是 Ω 的线性函数，其群延迟是一个常数，即

$$\theta(\Omega) = -\tau\Omega$$

式中：τ 为常数。

一般称满足上式的相位关系是第一类线性相位。

如果 FIR 的相位特性 $\theta(\Omega)$ 满足下式

$$\theta(\Omega) = \theta_0 - \tau\Omega$$

式中：θ_0 是起始相位。

严格地说，此时 $\theta(\Omega)$ 不是频率 Ω 的线性函数，但其群延迟也是一个常数，一般称满足上式的相位关系是第二类线性相位。

FIR 数字滤波器具有第一类线性相位的条件是

$$h(n) = h(N-n-1) \tag{7-52}$$

即要求单位脉冲响应 $h(n)$ 是实序列且对 $(N-1)/2$ 偶对称，N 的奇偶不影响线性相位特性，但影响 FIR 滤波器的幅度特性。

FIR 数字滤波器具有第二类线性相位的条件是

$$h(n) = -h(N-n-1) \tag{7-53}$$

即要求单位脉冲响应 $h(n)$ 是实序列且对 $(N-1)/2$ 奇对称，同样，N 的奇偶不影响线性相位特性，但影响 FIR 滤波器的幅度特性。

2. 线性相位 FIR 滤波器幅度特性的特点

根据 $h(n)$ 和 N 的奇偶，线性相位 FIR 滤波器有 4 种，它们的幅度特性 $H_g(\Omega)$ 是不同的，下面分别讨论它们的幅度特性。

当 N 为偶数时，由式（7-22）得

$$H(z) = z^{-\frac{N-1}{2}} \sum_{n=0}^{N/2-1} h(n) \left[z^{\left(\frac{N-1}{2}-n\right)} \pm z^{-\left(\frac{N-1}{2}-n\right)} \right]$$

令 $z = e^{j\Omega}$，得其频率响应为

$$H(e^{j\Omega}) = e^{-j\Omega\left(\frac{N-1}{2}\right)} \sum_{n=0}^{N/2-1} h(n) \left[e^{j\Omega\left(\frac{N-1}{2}-n\right)} \pm e^{-j\Omega\left(\frac{N-1}{2}-n\right)} \right] \tag{7-54}$$

当 N 为奇数时，由式（7-23）得

$$H(z) = z^{-\frac{N-1}{2}} \left\{ \sum_{n=0}^{\frac{N-1}{2}-1} h(n) \left[z^{\left(\frac{N-1}{2}-n\right)} \pm z^{-\left(\frac{N-1}{2}-n\right)} \right] + h\left(\frac{N-1}{2}\right) \right\}$$

令 $z = e^{j\Omega}$，得其频率响应为

$$H(e^{j\Omega}) = e^{-j\Omega\left(\frac{N-1}{2}\right)} \left\{ \sum_{n=0}^{(N-3)/2} h(n) \left[e^{j\Omega\left(\frac{N-1}{2}-n\right)} \pm e^{-j\Omega\left(\frac{N-1}{2}-n\right)} \right] + h\left(\frac{N-1}{2}\right) \right\} \tag{7-55}$$

（1）$h(n) = h(N-n-1)$ 偶对称，且 N 为偶数。由式（7-54）得

$$H(e^{j\Omega}) = e^{-j\Omega\left(\frac{N-1}{2}\right)} \sum_{n=0}^{N/2-1} 2h(n) \cos\left[\left(\frac{N-1}{2}-n\right)\Omega \right]$$

显然，满足条件 $h(n) = h(N-n-1)$，N 为偶数时，系统的群延迟为常数，$H(e^{j\Omega})$ 具有第一类线性相位，即

$$\theta(\Omega) = -\left(\frac{N-1}{2}\right)\Omega$$

幅度特性为

$$H_g(\Omega) = \sum_{n=0}^{N/2-1} 2h(n) \cos\left[\left(\frac{N-1}{2}-n\right)\Omega \right]$$

令 $m = N/2 - n$，再将 m 换成 n，则有

$$H_g(\Omega) = \sum_{n=1}^{N/2} 2h\left(\frac{N}{2}-n\right) \cos\left[\left(n-\frac{1}{2}\right)\Omega \right]$$

由于 $\cos[\Omega(n-1/2)]$ 对 $\omega = \pi$ 奇对称，所以幅度特性 $H_g(\Omega)$ 也对 $\Omega = \pi$ 奇对称，且在

$\Omega=\pi$ 处有一零点，使 $\cos(n\pi-\pi/2)=\sin(n\pi)=0$，即 $H_g(\pi)=0$，因此这种情况不能用于设计高通、带阻滤波器，可用来设计低通、带通滤波器。

（2）$h(n)=h(N-n-1)$ 偶对称，且 N 为奇数。由式（7-55）得

$$H(e^{j\Omega}) = e^{-j\Omega\left(\frac{N-1}{2}\right)}\left\{ \sum_{n=0}^{(N-1)/2-1} 2h(n)\cos\left[\left(\frac{N-1}{2}-n\right)\Omega\right] + h\left(\frac{N-1}{2}\right) \right\}$$

显然，满足条件 $h(n)=h(N-n-1)$，N 为奇数时，系统的群延迟为常数，$H(e^{j\Omega})$ 也具有第一类线性相位，即

$$\theta(\Omega) = -\left(\frac{N-1}{2}\right)\Omega$$

幅度特性为

$$H_g(\Omega) = \sum_{n=0}^{(N-3)/2} 2h(n)\cos\left[\left(\frac{N-1}{2}-n\right)\Omega\right] + h\left(\frac{N-1}{2}\right)$$

令 $m=(N-1)/2-n$，再将 m 换成 n，则有

$$H_g(\Omega) = \sum_{n=1}^{(N-1)/2} 2h\left(\frac{N-1}{2}-n\right)\cos(n\Omega) + h\left(\frac{N-1}{2}\right) = \sum_{n=0}^{(N-1)/2} a(n)\cos(\Omega n)$$

其中：$a(0) = h\left(\frac{N-1}{2}\right)$；其余 $a(n) = 2h\left(\frac{N-1}{2}-n\right)$，$n=1,\ 2,\ \cdots,\ \frac{N-1}{2}$。

由于式中 $\cos(\Omega n)$ 项对 $\Omega=0$，π，2π 皆为偶对称，因此幅度特性也对 $\Omega=0$，π，2π 偶对称。$a(n)$ 与 Ω 无关。在 $\Omega=0$，π，2π 处，$\cos(\Omega n)$ 为非零值，这种情况，4 种滤波器都可以设计。

（3）$h(n)=-h(N-n-1)$ 奇对称，且 N 为偶数。由式（7-54）得

$$H(e^{j\Omega}) = je^{-j\Omega\left(\frac{N-1}{2}\right)} \sum_{n=0}^{N/2-1} 2h(n)\sin\left[\left(\frac{N-1}{2}-n\right)\Omega\right]$$

$$= e^{-j\Omega\left(\frac{N-1}{2}\right)+j\frac{\pi}{2}} \sum_{n=0}^{N/2-1} 2h(n)\sin\left[\left(\frac{N-1}{2}-n\right)\Omega\right]$$

可以看出，满足条件 $h(n)=-h(N-n-1)$，N 为偶数时，系统的群延迟也为常数，$H(e^{j\Omega})$ 具有第二类线性相位，即

$$\theta(\Omega) = -\left(\frac{N-1}{2}\right)\Omega + \frac{\pi}{2}$$

幅度特性为

$$H_g(\Omega) = \sum_{n=0}^{N/2-1} 2h(n)\sin\left[\left(\frac{N-1}{2}-n\right)\Omega\right]$$

令 $m=N/2-n$，再将 m 换成 n，则有

$$H_g(\Omega) = \sum_{n=1}^{N/2} 2h\left(\frac{N}{2}-n\right)\sin\left[\left(n-\frac{1}{2}\right)\Omega\right]$$

由于 $\sin[\Omega(n-1/2)]$ 在 $\Omega=0$，2π 处为零，$\sin(2n\pi-\pi)=\sin(2n-1)\pi=0$，所以 $H_g(\Omega)$ 在 $\Omega=0$，2π 处为零，即 $H(z)$ 在 $z=1$ 上有零点（$z=e^{j\Omega}=e^0=1$），并对 $\Omega=0$，2π 呈奇对称。该情况可用来设计高通、带通滤波器，不能设计低通和带阻滤波器。

（4）$h(n)=-h(N-n-1)$ 奇对称，且 N 为奇数。由式（7-55）得

$$H(e^{j\Omega}) = je^{-j\Omega\left(\frac{N-1}{2}\right)}\left\{ \sum_{n=0}^{\frac{N-1}{2}-1} 2h(n)\sin\left[\left(\frac{N-1}{2}-n\right)\Omega\right] + h\left(\frac{N-1}{2}\right) \right\}$$

$$= e^{-j\Omega\left(\frac{N-1}{2}\right)+j\frac{\pi}{2}} \left\{ \sum_{n=0}^{(N-3)/2} 2h(n)\sin\left[\left(\frac{N-1}{2}-n\right)\Omega\right] + h\left(\frac{N-1}{2}\right) \right\}$$

可以看出，满足条件 $h(n)=-h(N-n-1)$，N 为奇数时，系统的群延迟为常数，$H(e^{j\Omega})$ 也具有第二类线性相位，即

$$\theta(\Omega)=-\left(\frac{N-1}{2}\right)\Omega+\frac{\pi}{2}$$

由于 $h(n)=-h(N-n-1)$，则有

$$h\left(\frac{N-1}{2}\right)=-h\left(N-1-\frac{N-1}{2}\right)=-h\left(\frac{N-1}{2}\right)$$

此时一定有 $h\left(\frac{N-1}{2}\right)=0$，所以得幅度特性为

$$H_g(\Omega)=\sum_{n=0}^{(N-3)/2} 2h(n)\sin\left[\left(\frac{N-1}{2}-n\right)\Omega\right]$$

令 $m=(N-1)/2-n$，再将 m 换成 n，则有

$$H_g(\Omega)=\sum_{n=1}^{(N-1)/2} 2h\left[\left(\frac{N-1}{2}-n\right)\sin(\Omega n)\right]$$

由于 $\sin(\Omega n)$ 对 $\Omega=0$，π，2π 点呈奇对称，所以 $H_g(\Omega)$ 对这些点也奇对称。当 $\Omega=0$，π，2π 时，$\sin(\Omega n)=0$，故 $H_g(\Omega)=0$，即 $H(z)$ 在 $z=\pm 1$ 上有零点（$z=e^{j\Omega}=e^{j0}=1$，$z=e^{j\Omega}=e^{j\pi}=-1$），不能用于 $H_g(0)\neq 0$，$H_g(\pi)\neq 0$ 的滤波器设计，故不能用作低通、高通和带阻滤波器的设计，只能用来设计带通滤波器。

3. 线性相位 FIR 滤波器零点分布特点

将线性相位 FIR 滤波器的条件 $h(n)=\pm h(N-n-1)$ 代入 $H(z)=\sum_{n=0}^{N-1}h(n)z^{-n}$ 得

$$H(z)=\pm\sum_{n=0}^{N-1}h(N-n-1)z^{-n}$$

令 $m=N-n-1$，则有

$$H(z)=\pm\sum_{m=0}^{N-1}h(m)z^{-(N-m-1)}=\pm z^{-(N-1)}\sum_{m=0}^{N-1}h(m)z^{m}$$

由 z 变换定义得

$$H(z)=\pm z^{-(N-1)}H(z^{-1}) \tag{7-56}$$

对 $H(z)$ 定义式取共轭得

$$[H(z)]^* = \left[\sum_{n=0}^{N-1}h(n)z^{-n}\right]^* = \sum_{n=0}^{N-1}h(n)(z^*)^{-n} = H(z^*) \tag{7-57}$$

令式（7-56）等于零可以看出，若 $z=z_i$ 是 $H(z)$ 的零点，则 $z=z_i^{-1}$ 也一定是 $H(z)$ 的零点。由于 $h(n)$ 是实数，$H(z)$ 的零点还必定是共轭成对，$H(z)=0$ 时，必有 $H(z^*)=0$，如式（7-57）所示，所以 $z=z_i^*$ 是 $H(z)$ 的零点，结合式（7-56）可知 $z=1/z_i^*$ 也一定是 $H(z)$ 的零点。由于零点是互为倒数的共轭对，确定一个，另外 3 个也就确定了。

7.3.2 窗函数法设计 FIR 数字滤波器

如果希望得到的滤波器的理想频率响应为 $H_d(e^{j\Omega})$，其理想单位脉冲响应为 $h_d(n)$，则

$$H_d(e^{j\Omega})=\sum_{n=0}^{N-1}h_d(n)e^{-jn\Omega}$$

我们知道 $h_d(n)$ 可以从理想频率响应通过傅里叶反变换获得，即

$$h_d(n) = \frac{1}{2\pi}\int_{-\pi}^{\pi} H_d(e^{j\Omega}) e^{j\Omega n} d\Omega$$

线性相位 FIR 滤波器的设计就是要寻找一个单位脉冲响应 $h(n)$，用其传递函数 $H(e^{j\Omega}) = \sum_{n=0}^{N-1} h(n)e^{-j\Omega n}$ 去逼近理想频率响应 $H_d(e^{j\Omega})$。一般来说，理想频率响应 $H_d(e^{j\Omega})$ 是矩形频率特性，在边界频率处有突变点，所以，得到的理想单位脉冲响应 $h_d(n)$ 往往都是无限长序列，而且是非因果的。但 FIR 滤波器的 $h(n)$ 是有限长的，问题是怎样用一个有限长的序列 $h(n)$ 去逼近无限长的 $h_d(n)$。逼近方法有三种：窗函数设计法（时域逼近）、频率采样法（频域逼近）和最优化设计（等波纹逼近）。

时间窗函数设计法是从单位脉冲响应 $h(n)$ 序列着手，将理想的单位脉冲响应序列 $h_d(n)$ 截断，取其中一段 $h(n)$ 逼近 $h_d(n)$。这种截取可以形象地想象为 $h(n)$ 是通过一个"窗口"所看到的一段 $h_d(n)$，因此，$h(n)$ 也可表达为 $h_d(n)$ 和一个"窗函数"的乘积，即

$$h(n) = h_d(n)w(n)$$

最简单的办法就是使用长度为 N 的矩形窗函数 $R_N(n)$，当然以后我们还可以看到，为了改善 FIR 滤波器的特性，窗函数还有其他形式。

1. 矩形窗函数法

我们以一个截止频率为 Ω_c 的线性相位理想低通滤波器为例，讨论 FIR 滤波器的设计问题。对于给定的理想低通滤波器，其频率响应为

$$H_d(e^{j\Omega}) = \begin{cases} e^{-j\Omega\alpha} & |\Omega| \leqslant \Omega_c \\ 0 & \Omega_c < |\Omega| \leqslant \pi \end{cases}$$

式中：α 为低通滤波器的延时。该滤波器的单位脉冲响应为

$$h_d(n) = \frac{1}{2\pi}\int_{-\pi}^{\pi} H_d(e^{j\Omega}) e^{j\Omega n} d\Omega$$

$$= \frac{1}{2\pi}\int_{-\Omega_c}^{\Omega_c} e^{-j\Omega\alpha} e^{j\Omega n} d\Omega = \frac{\sin[\Omega_c(n-\alpha)]}{\pi(n-\alpha)}$$

它是一个以 α 为对称中心的偶对称无限长非因果序列，为了构造一个长度为 N 的线性相位滤波器，只有将 $h_d(n)$ 截取一段，并保证截取的一段对 $(N-1)/2$ 对称，即取 $\alpha = (N-1)/2$。设截取的一段用 $h(n)$ 表示，即

$$h(n) = h_d(n)R_N(n)$$

根据复卷积定理，可以得到所设计滤波器 $h(n)$ 的傅里叶变换为

$$FT[h(n)] = H(e^{j\Omega}) = \frac{1}{2\pi}H_d(e^{j\Omega}) * R_N(e^{j\Omega})$$

矩形窗函数的频率特性为

$$R_N(e^{j\Omega}) = \sum_{n=-\infty}^{\infty} R_N(n)e^{-j\Omega n} = \sum_{n=0}^{N-1} e^{-j\Omega n} = \frac{1-e^{-jN\Omega}}{1-e^{-j\Omega}}$$

$$= e^{-j\Omega\left(\frac{N-1}{2}\right)} \frac{\sin(\Omega N/2)}{\sin(\Omega/2)} = R_N(\Omega)e^{-j\alpha\Omega}$$

其中：$\alpha = \dfrac{N-1}{2}$；幅度函数为 $R_N(\Omega) = \dfrac{\sin(\Omega N/2)}{\sin(\Omega/2)}$。

理想低通滤波器序列 $h_d(n)$ 与矩形窗序列 $R_N(n)$ 及它们的幅度特性如图 7 - 23 所示。

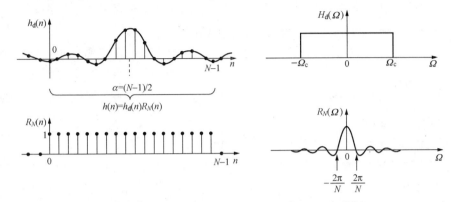

图 7 - 23 理想低通与矩形窗序列及其幅频特性

理想频率响应也可以写成幅度函数和相位函数的表示形式，即

$$H_d(e^{j\Omega}) = H_d(\Omega)e^{-j\Omega\alpha}$$

其中，幅度函数为

$$H_d(\Omega) = \begin{cases} 1 & |\Omega| \leqslant \Omega_c \\ 0 & \Omega_c < |\Omega| \leqslant \pi \end{cases}$$

所以加矩形窗截断后滤波器的频率响应为

$$H(e^{j\Omega}) = \frac{1}{2\pi}H_d(e^{j\Omega}) * R_N(e^{j\Omega}) = \frac{1}{2\pi}\int_{-\pi}^{\pi}H_d(e^{j\theta})R_N(e^{j(\Omega-\theta)})d\theta$$

$$= \frac{1}{2\pi}\int_{-\pi}^{\pi}H_d(\theta)e^{-j\theta\alpha}R_N(\Omega-\theta)e^{-j(\Omega-\theta)\alpha}d\theta$$

$$= e^{-j\Omega\alpha}\left[\frac{1}{2\pi}\int_{-\pi}^{\pi}H_d(\theta)R_N(\Omega-\theta)d\theta\right] = H(\Omega)e^{-j\Omega\alpha}$$

滤波器 $H(e^{j\Omega})$ 的幅度函数为

$$H(\Omega) = \frac{1}{2\pi}\int_{-\pi}^{\pi}H_d(\theta)R_N(\Omega-\theta)d\theta \tag{7-58}$$

式 (7 - 58) 说明，滤波器正好是理想滤波器幅度函数与窗函数幅度函数的卷积，卷积过程如图 7 - 24 所示。实际上，从图中几个特殊频率点就可以看出加矩形窗对滤波器幅度函数的影响。

(1) $\Omega=0$ 时，$H(0)$ 等于 $R_N(\Omega)$ 在 $[-\Omega_c,\Omega_c]$ 内的积分面积，因一般 $\Omega_c \gg 2\pi/N$，故 $H(0)$ 近似为 $R_N(\Omega)$ 在 $[-\pi,\pi]$ 内的积分面积，并将 $H(0)$ 归一化为 1。

(2) $\Omega=\Omega_c$ 时，积分近似为 $R_N(\Omega)$ 一半波形的积分，$H(\Omega_c) = 0.5H(0)$。

(3) $\Omega=\Omega_c-2\pi/N$ 时，主瓣完全在通带 $[-\Omega_c,\Omega_c]$ 内，最大的一个旁瓣（负数）在通带 $[-\Omega_c,\Omega_c]$ 外，因此，卷积积分结果出现正肩峰。

(4) $\Omega=\Omega_c+2\pi/N$ 时，主瓣完全移出通带 $[-\Omega_c,\Omega_c]$，最大的一个旁瓣（负数）在通带 $[-\Omega_c,\Omega_c]$ 内，因此，卷积积分结果出现负肩峰。

通过以上分析可知，对 $h_d(n)$ 加矩形窗截断后，$H(\Omega)$ 在理想特性不连续点 $\Omega=\Omega_c$ 附近形成过渡带。过渡带的宽度，近似等于 $R_N(\Omega)$ 主瓣宽度，即 $4\pi/N$。另外，$H(\Omega)$ 的通带内产生了波动，最大的峰值在 $\Omega_c-2\pi/N$ 处，阻带内产生了余振，最大的负峰在 $\Omega_c+2\pi/N$

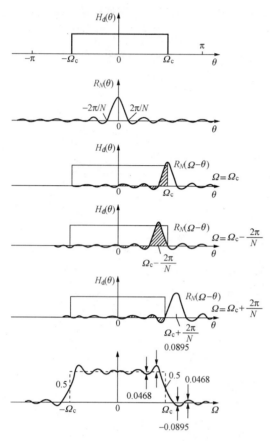

图 7 - 24　理想低通与矩形窗序列的卷积过程

处，在频域的这种现象称为吉布斯（Gibbs）效应，这是由于对 $h_d(n)$ 用窗函数突然截断的结果。

N 较大时，在主瓣附近，Ω 较小，例如 $\Omega = 2\pi/N$ 附近，$R_N(\Omega)$ 可近似为

$$R_N(\Omega) = \frac{\sin(\Omega N/2)}{\sin(\Omega/2)} \approx N \frac{\sin(N\Omega/2)}{N\Omega/2}$$

$$= N \frac{\sin x}{x} \qquad (7 - 59)$$

所以 N 的改变不能改变主瓣与旁瓣的比例关系，只能改变 $R_N(\Omega)$ 的绝对值大小和起伏的密度，当 N 增加时，幅值变大，频率轴变密，而最大肩峰永远为 8.95%。N 增加时，只会减小 $H(\Omega)$ 的过渡带宽度（$4\pi/N$），而不会改变肩峰的相对值。

2. 减小吉布斯（Gibbs）效应方法

改变窗函数的形状，可改善滤波器的特性，窗函数有许多种，但要满足以下两点要求：

（1）窗谱主瓣宽度要窄，以获得较陡的过渡带。

（2）相对于主瓣幅度，旁瓣要尽可能小，使能量尽量集中在主瓣中，这样就可以减小肩峰和余振，以增大阻带衰减和提高通带平稳性。但实际上这两点不能兼得，一般总是通过增加主瓣宽度来换取对旁瓣的抑制。

由于 FIR 低通滤波器的幅频特性在通带和阻带存在起伏，其技术指标应按图 7 - 25 来计算，图中 δ_1 为通带纹波峰值，δ_2 为阻带纹波峰值，当采用 dB 为单位时，有

$$\alpha_p = 20\lg(1 + \delta_1) - 20\lg(1 - \delta_1) = 20\lg\left(\frac{1 + \delta_1}{1 - \delta_1}\right)$$

$$\alpha_s = 20\lg 1 - 20\lg\delta_2 = -20\lg\delta_2$$

几种常用的窗函数如下。

（1）矩形窗。矩形窗设计的滤波器的过渡带宽度为 $4\pi/N$，阻带最小衰减为 $-20\lg 8.95\% = 21\text{dB}$，$\delta_1 = 0.0895$，通带最大衰减为 $20\lg(1 + 8.95\%) - 20\lg(1 - 8.95\%) = 1.55\text{dB}$，其窗谱的最大旁瓣峰值为 -13dB（相对主瓣为 22%）。矩形窗及其幅度特性（由于旁瓣很小，用 dB 为单位可以看得更清楚）如图 7 - 26 所示。

（2）汉宁窗（升余弦窗）。

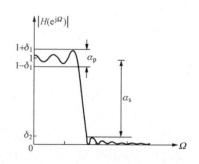

图 7 - 25　FIR 低通滤波器的幅频特性

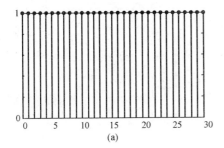 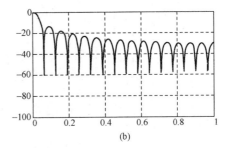

(a)　　　　　　　　　　　(b)

图 7 - 26　矩形窗及其幅度特性
(a) 矩形窗；(b) 幅度特性

$$w(n) = \frac{1}{2}\left[1 - \cos\left(\frac{2\pi n}{N-1}\right)\right]R_N(n)$$
$$= 0.5R_N(n) - 0.25(e^{j\frac{2\pi n}{N-1}} + e^{-j\frac{2\pi n}{N-1}})R_N(n)$$

汉宁窗的傅里叶变换可以用矩形窗的傅里叶变换来表示，令 $W_R(\Omega) = R_N(\Omega)$，由傅里叶变换的移位特性，得

$$W(e^{j\Omega}) = 0.5W_R(\Omega)e^{-j(\frac{N-1}{2})\Omega}$$
$$- 0.25\left[W_R\left(\Omega - \frac{2\pi}{N-1}\right)e^{-j(\frac{N-1}{2})(\Omega - \frac{2\pi}{N-1})} + W_R\left(\Omega + \frac{2\pi}{N-1}\right)e^{-j(\frac{N-1}{2})(\Omega + \frac{2\pi}{N-1})}\right]$$
$$= \left\{0.5W_R(\Omega) + 0.25\left[W_R\left(\Omega - \frac{2\pi}{N-1}\right) + W_R\left(\Omega + \frac{2\pi}{N-1}\right)\right]\right\}e^{-j(\frac{N-1}{2})\Omega}$$

窗谱的幅度函数 $W(\Omega)$ 为

$$W(\Omega) = 0.5W_R(\Omega) + 0.25\left[W_R\left(\Omega - \frac{2\pi}{N-1}\right) + W_R\left(\Omega + \frac{2\pi}{N-1}\right)\right]$$

汉宁窗谱的幅度函数是由 3 个矩形窗谱的幅度函数相加得到的，如图 7 - 27 所示。3 个矩形窗谱相加使旁瓣互相抵消，能量集中在主瓣，旁瓣大大减小，但主瓣宽度增加 1 倍，为 $8\pi/N$。汉宁窗设计的滤波器的过渡带宽度为 $8\pi/N$，阻带最小衰减为 44dB，$\delta_1 = 0.0064$，通带最大衰减为 0.11dB，其窗谱的最大旁瓣峰值为 −31dB (2.8%)。汉宁窗及其幅度特性如图 7 - 28 所示。

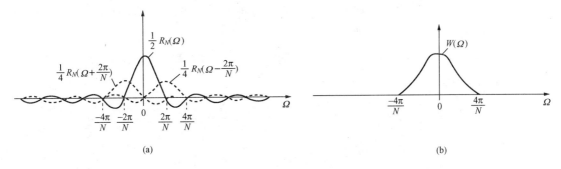

(a)　　　　　　　　　　　(b)

图 7 - 27　汉宁窗的幅度特性
(a) 三个矩形窗谱；(b) 汉宁窗谱

（3）汉明窗（改进的升余弦窗）。它是对汉宁窗的改进，在主瓣宽度（对应第一零点的宽度）相同的情况下，旁瓣进一步减小，可使 99.96% 的能量集中在窗谱的主瓣内。

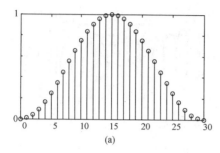 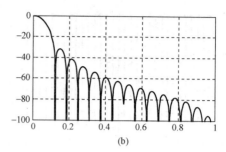

图 7 - 28　汉宁窗及其幅度特性
(a) 汉宁窗；(b) 幅度特性

$$w(n) = \left[0.54 - 0.46\cos\left(\frac{2\pi n}{N-1}\right) \right] R_N(n)$$

窗谱的幅度函数为

$$W(\Omega) = 0.54W_R(\Omega) + 0.23\left[W_R\left(\Omega - \frac{2\pi}{N-1}\right) + W_R\left(\Omega + \frac{2\pi}{N-1}\right) \right]$$

汉明窗设计的滤波器的过渡带宽度为 $8\pi/N$，阻带最小衰减为 53dB，$\delta_1 = 0.0022$，通带最大衰减为 0.038dB，其窗谱的最大旁瓣峰值为 -41dB。汉明窗及其幅度特性如图 7 - 29 所示。

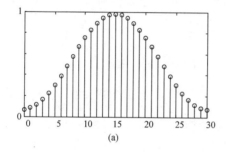 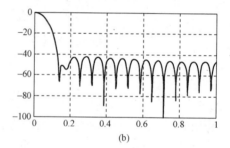

图 7 - 29　汉明窗及其幅度特性
(a) 汉明窗；(b) 幅度特性

　　（4）布莱克曼窗（三阶升余弦窗）。布莱克曼窗增加一个二次谐波余弦分量，可进一步降低旁瓣，但主瓣宽度进一步增加，为 $12\pi/N$。

$$w(n) = \left[0.42 - 0.5\cos\left(\frac{2\pi n}{N-1}\right) + 0.08\cos\left(\frac{4\pi n}{N-1}\right) \right] R_N(n)$$

窗谱的幅度函数为

$$W(\Omega) = 0.42W_R(\Omega) + 0.25\left[W_R\left(\Omega - \frac{2\pi}{N-1}\right) + W_R\left(\Omega + \frac{2\pi}{N-1}\right) \right]$$
$$+ 0.04\left[W_R\left(\Omega - \frac{4\pi}{N-1}\right) + W_R\left(\Omega + \frac{4\pi}{N-1}\right) \right]$$

　　布莱克曼窗设计的滤波器的过渡带宽度为 $12\pi/N$，阻带最小衰减为 74dB，$\delta_1 = 0.0002$，通带最大衰减为 0.0034dB，其窗谱的最大旁瓣峰值为 -57dB。布莱克曼窗及其幅度特性如图 7 - 30 所示。对比其他几种窗函数的幅度特性可以看出，布莱克曼窗的旁瓣最小。
　　画三角窗、汉宁窗、汉明窗、布莱克曼窗函数的 MATLAB 程序：

```
N = 31;t = (0:N-1);
```

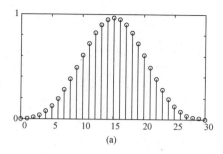
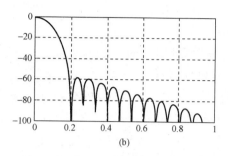

图 7 - 30 布莱克曼窗及其幅度特性

(a) 布莱克曼窗；(b) 幅度特性

```
w0 = boxcar(N);              % 矩形窗
w1 = bartlett(N);            % 三角窗
w2 = hanning(N);             % 汉宁窗
w3 = hamming(N);             % 汉明窗
w4 = blackman(N);            % 布莱克曼窗
% 若画离散窗函数，用语句 stem（w）
figure
plot(t,w1,'-k',t,w2,'-ok',t,w3,'-*k',t,w4,'-+k');
legend('三角窗','汉宁窗','汉明窗','布莱克曼窗');
```

画三角窗、汉宁窗、汉明窗、布莱克曼窗幅度特性的 MATLAB 程序：

```
figure
[h0,f] = freqz(w0,1,512,2);
[h1,f] = freqz(w1,1,512,2);
[h2,f] = freqz(w2,1,512,2);
[h3,f] = freqz(w3,1,512,2);
[h4,f] = freqz(w4,1,512,2);
subplot(221);
H1 = 20 * log10(abs(h1)/max(h1))
plot(f,H1);grid
axis([0,1,-100,0]);
title('三角窗');
subplot(222);
H2 = 20 * log10(abs(h2)/max(h2))
plot(f,H2);grid
axis([0,1,-100,0]);
title('汉宁窗');
subplot(223);
H3 = 20 * log10(abs(h3)/max(h3))
```

```
plot(f,H3);grid
axis([0,1,-100,0]);
title('汉明窗');
subplot(224);
H4 = 20 * log10(abs(h4)/max(h4))
plot(f,H4);grid
axis([0,1,-100,0]);
title('布莱克曼窗');
```

下面介绍用窗函数设计 FIR 滤波器的步骤：

（1）根据技术要求确定待求滤波器的单位脉冲响应 $h_d(n)$。如果给出待求滤波器的频响为 $H_d(e^{j\Omega})$，那么单位脉冲响应用下式求出，即

$$h_d(n) = \frac{1}{2\pi}\int_{-\pi}^{\pi} H_d(e^{j\Omega})e^{j\Omega n}\,d\Omega$$

（2）根据对通带允许起伏及阻带衰减的要求，选择窗函数的形式，再根据对过渡带的要求估计窗口长度 N，滤波器的过渡带近似等于窗函数主瓣宽度。

（3）计算滤波器的单位脉冲响应 $h(n)$。

$$h(n) = h_d(n)w(n)$$

（4）验算技术指标是否满足要求。设计出的滤波器频率响应用下式计算，即

$$H(e^{j\Omega}) = \sum_{n=0}^{N-1} h(n)e^{-jn\Omega}$$

3. 几种常用的理想滤波器

（1）理想高通滤波器。

$$H_d(e^{j\Omega}) = \begin{cases} e^{-j\Omega\alpha} & \Omega_c \leqslant |\Omega| < \pi \\ 0 & 0 \leqslant |\Omega| < \Omega_c \end{cases}$$

$$h_n(n) = \frac{\sin[(n-\alpha)\pi]}{\pi(n-\alpha)} - \frac{\sin[\Omega_c(n-\alpha)]}{\pi(n-\alpha)}$$

（2）理想带通滤波器。

$$H_d(e^{j\Omega}) = \begin{cases} e^{-j\Omega\alpha} & \Omega_{c1} \leqslant |\Omega| \leqslant \Omega_{c2} \\ 0 & 0 \leqslant |\Omega| < \Omega_{c1}, \Omega_{c2} < |\Omega| < \pi \end{cases}$$

$$h_n(n) = \frac{\sin[\Omega_{c2}(n-\alpha)]}{\pi(n-\alpha)} - \frac{\sin[\Omega_{c1}(n-\alpha)]}{\pi(n-\alpha)}$$

（3）理想带阻滤波器。

$$H_d(e^{j\Omega}) = \begin{cases} e^{-j\Omega\alpha} & 0 \leqslant |\Omega| \leqslant \Omega_{c1}, \Omega_{c2} \leqslant |\Omega| \leqslant \pi \\ 0 & \Omega_{c1} < |\Omega| < \Omega_{c2} \end{cases}$$

$$h_n(n) = \frac{\sin[(n-\alpha)\pi]}{\pi(n-\alpha)} + \frac{\sin[\Omega_{c1}(n-\alpha)]}{\pi(n-\alpha)} - \frac{\sin[\Omega_{c2}(n-\alpha)]}{\pi(n-\alpha)}$$

按线性相位要求，$h(n)$ 应为偶对称，$\alpha = \dfrac{N-1}{2}$，对于高通、带阻滤波器，窗函数长度 N 应取奇数。

【例 7-7】 设计 FIR 低通滤波器，通带允许起伏 1dB，截止频率 $\Omega_c = 0.3\pi$rad，过渡带

宽度要求 $\Delta\Omega < 0.4\pi$，阻带最小衰减大于 40dB。

解 用理想低通作为逼近滤波器，有

$$h_d(n) = \frac{\sin[\Omega_c(n-\alpha)]}{\pi(n-\alpha)}$$

选择汉宁窗，根据窗函数主瓣宽度和对过渡带宽度要求，计算 N 为

$$N = 8\pi/0.4\pi = 20$$

选 $N=21$ 点的汉宁窗，过渡带宽度满足要求，汉宁窗的通带最大衰减为 0.11dB，阻带最小衰减为 44dB，也可以满足要求。滤波器的单位脉冲响应为

$$h(n) = \frac{\sin[0.3\pi(n-10)]}{\pi(n-10)} \times 0.5\left[1-\cos\left(\frac{2\pi n}{20}\right)\right]$$

用 MATLAB 设计例 7 - 7 要求的 FIR 滤波器的程序如下：

```
N = 20;                          % 窗长度
b1 = fir1(N,0.3);                % 求 FIR 低通滤波器的单位脉冲响应,用汉宁窗作
                                   为窗函数
b2 = fir1(N,0.3,boxcar(N + 1));  % 求 FIR 低通滤波器的单位脉冲响应,用矩形窗作
                                   为窗函数
b3 = fir1(N,0.3,hamming(N + 1)); % 求 FIR 低通滤波器的单位脉冲响应,用汉明窗作
                                   为窗函数
h1 = freqz(b1,1,128);            % 求数字滤波器的频率响应(128 点)
k = 0 : 20;
subplot(211);stem(k,b1);         % 画数字滤波器的单位脉冲响应
L = 0 : 127;
subplot(212);plot(L/128,abs(h1));% 画数字滤波器的频率响应
```

思 考 题

7 - 1 简述滤波器的基本概念，试举几个例子说明滤波的工程实际应用。

7 - 2 简述数字滤波器与模拟滤波器的异同点和数字滤波器的优点。

7 - 3 简述数字滤波器和模拟滤波器的技术指标描述参数，并归纳各种技术指标参数的计算公式和物理意义。

7 - 4 简述 IIR 数字滤波的设计方法、设计步骤。

7 - 5 简述冲激响应不变法的优缺点。

7 - 6 简述双线性变换法的优缺点。

7 - 7 采用双线性变换法设计一个低通数字滤波器，其技术指标为：通带截止频率为 100Hz，阻带截止频率为 300Hz，通带最大衰减为 3dB，阻带最小衰减为 20dB，采样频率为 1000Hz，希望模拟巴特沃思低通滤波器。

7 - 8 简述 FIR 滤波器的特点。

7 - 9 以低通滤波器为例，说明何谓吉布斯效应？产生吉布斯效应的原因是什么？

习　　题

7-1　已知滤波器的通带的容限 $\delta_1=0.01$ 和阻带的容限 $\delta_2=0.02$，求通带最大衰减 α_p 和阻带最小衰减 α_s。

7-2　设计一个巴特沃思模拟低通滤波器，要求通带截止频率 $f_p=6\text{kHz}$，通带最大衰减 $\alpha_p=3\text{dB}$，阻带截止频率 $f_s=12\text{kHz}$，阻带最小衰减 $\alpha_s=20\text{dB}$。求出滤波器系统函数 $H_a(s)$，画出其幅频特性和相频特性函数曲线图。

7-3　设计一个切比雪夫Ⅰ型低通滤波器，技术指标为：通带截止频率是 300Hz，阻带截止频率是 450Hz，采样频率是 1000Hz，通带波纹 1dB，阻带衰减 30dB。

7-4　设计模拟高通滤波器，$f_p=200\text{Hz}$，$f_s=50\text{Hz}$，幅度特性单调下降，f_p 处最大衰减为 $\alpha_p=3\text{dB}$，阻带最小衰减 $\alpha_s=25\text{dB}$。

7-5　已知模拟滤波器的传递函数为

$$H(s)=\frac{1}{s^2+4s+3}$$

试采用冲激响应不变法将其转换成为数字滤波器 $H(z)$，设 $T=1\text{s}$。

7-6　已知模拟滤波器的传递函数为

$$H_a(s)=\frac{1}{2s^2+3s+1}$$

试采用双线性变换法将其转换成为数字滤波器 $H(z)$，设 $T=2\text{s}$。

7-7　如果序列 $x(n)=\cos(\omega_0 n)+\cos(2\omega_0 n)$ 通过一数字滤波器后变为

$$x(n)=\cos\left(\omega_0 n-\frac{\pi}{6}\right)+\cos\left(2\omega_0 n-\frac{\pi}{3}\right)$$

问该滤波器是否具有线性相位特性？

7-8　分别画出长度为 9 的矩形窗、汉宁窗和布莱克曼窗的时域波形图。

7-9　分别画出长度为 9 的矩形窗、汉宁窗和布莱克曼窗的幅频特性曲线图。

7-10　对下面的每一种滤波器指标，选择满足 FIR 低通设计要求的窗函数类型和长度：

(1) 阻带衰减 20dB，过渡带宽度 1kHz，采样频率 12kHz；

(2) 阻带衰减 50dB，过渡带宽度 2kHz，采样频率 5kHz；

(3) 阻带衰减 50dB，过渡带宽度 500Hz，采样频率 5kHz。

7-11　设计 FIR 低通滤波器，通带允许起伏 1dB，通带截止频率为 $0.3\pi\text{rad}$，阻带截止频率为 $0.6\pi\text{rad}$，阻带最小衰减大于 40dB。

第8章 信号分析与处理的应用和实现

随着计算机技术和微电子技术的发展，数字信号处理的理论得到了迅猛发展，并广泛应用于语音、雷达、地震、图像、通信、自动控制、电力、生物医学、遥感遥测、地质勘探、航空航天等各个领域，本章简要介绍几个典型的应用。

8.1 加窗 DFT 插值算法及应用

8.1.1 减小频谱泄漏的方法

用矩形窗函数截断无限长信号，必然产生频谱泄漏，增大采样点数虽然可以减小主瓣的宽度 $4\pi/N$，但不能减小旁瓣的影响，因为 N 较大时，在主瓣附近，Ω 较小，例如 $\Omega < 2\pi/N$，矩形窗函数的幅度谱 $R_N(\Omega)$ 近似为

$$R_N(\Omega) = \frac{\sin(\Omega N/2)}{\sin(\Omega/2)} \approx N\frac{\sin(N\Omega/2)}{N\Omega/2} = N\frac{\sin x}{x} \tag{8-1}$$

可以看出，改变 N 不能改变主瓣与旁瓣的比例关系，N 增大虽然减小了主瓣的宽度，但也增大了旁瓣的能量，这可能湮没信号中较弱的频率成分。为减小频谱泄漏，常选择能量集中在主瓣的窗函数，例如汉宁窗，其旁瓣幅度很小，信号相互泄漏很小，它能将多频率信号中的各频率成分完全分开。汉宁窗的时域表达式为

$$w_H(n) = \left[0.5 - 0.5\cos\left(\frac{2\pi n}{N-1}\right)\right]R_N(n) \tag{8-2}$$

汉宁窗的波形及频谱函数如图 8-1 所示。汉宁窗旁瓣幅度较小的代价是主瓣宽度增加为 $8\pi/N$，比矩形窗增加一倍，主谱线的泄漏频谱为主瓣宽度的一半 $4\pi/N$，也比矩形窗增加一倍。因此，加汉宁窗后，基波的泄漏频谱将影响 2 次谐波（高次谐波的泄漏影响也一样），为了能完全分开基波和高次谐波，加汉宁窗的截取长度至少应为基波的两个周期。

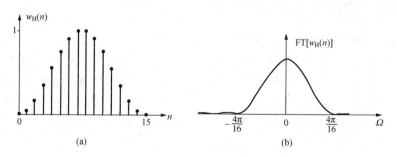

图 8-1 汉宁窗的时域及频域波形

(a) 汉宁窗的时域波形；(b) 汉宁窗的频域波形

例如，模拟信号为 $\cos(2\pi \times 50 \times t) + 0.5 \times \cos(2\pi \times 250 \times t)$，每个基波周期采样 16 个点，将时间离散化得周期序列 $\cos(\pi/8 \times k) + 0.5 \times \cos(5\pi/8 \times k)$。加矩形窗对其截取基波的一个周期共 16 点，频率分辨率为 $\pi/8$，频谱如图 8-2 (a) 所示；加矩形窗对其截取基波

的两个周期共 32 点，频率分辨率为 π/16，频谱如图 8 - 2(b) 所示；加汉宁窗对其截断，截取基波的两个周期共 32 点，频率分辨率降低，频谱如图 8 - 2(c) 所示。对比 图 8 - 2(a) 和 (b) 可以看出，增加 N 不能减小旁瓣的影响；对比 图 8 - 2(b) 和(c) 也可以看出，汉宁窗主瓣宽度比矩形窗增加一倍，但加汉宁窗后旁瓣幅度大大减小，减小了谱间干扰的影响，适当选择观测时间，就能开分信号中的各种频率成分。当需要分析非整数倍谐波（也称为间谐波）时，采用汉宁窗截断信号非常有效，加汉宁窗不会改变 DFT 变换的结果（结果需乘以 2）。

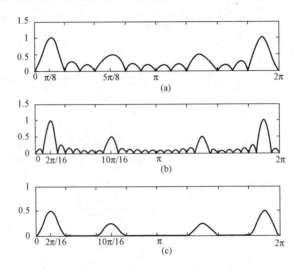

图 8 - 2　加矩形窗与加汉宁窗的频域波形比较

(a) 加矩形窗 $N=16$ 截断的 cos（π/8×k）$+0.5×$cos（5π/8×k）的频谱；

(b) 加矩形窗 $N=32$ 截断的 cos（π/8×k）$+0.5×$cos（5π/8×k）的频谱；

(c) 加汉宁窗 $N=32$ 截断的 cos（π/8×k）$+0.5×$cos（5π/8×k）的频谱

8.1.2　加汉宁窗 DFT 插值算法

用 DFT 对周期信号进行傅里叶分析时，得到的是 N 个离散的频谱点 $X(k)$，如果信号周期 T 与采样周期 T_s 成整倍数关系时，N 个离散的频谱点 $X(k)$ 在基频的整数倍上，可以精确分析信号的频谱，这种采样方式称为同步采样。如果信号周期 T 与采样周期 T_s 不成整倍数关系，N 个离散的频谱点 $X(k)$ 不在基频的整数倍上，测得的频谱为泄漏的频谱，频谱分析得到的幅值和相位都有误差，这种采样方式称为异步采样。对周期信号实现同步采样的方法主要有硬件同步采样和软件同步采样两种。硬件同步采样采用硬件锁相环电路跟踪信号的频率，输出同步脉冲启动采样。软件同步采样是先计算信号的频率，根据计算结果调整采样频率。加窗插值 FFT 算法，是一种异步采样方法，它是以固定不变的采样频率对信号进行采样，利用窗函数的频谱特性修正泄漏的频谱来得到信号的实际频谱，加窗插值 FFT 算法可以得到较高的精度。图 8 - 3 所示为对信号 $\cos(π/4×k)$ 加汉宁窗截断的频谱，截取周期为 4 个周期，共 32 个点。以 400Hz 不变的采样频率对信号进行采样，当信号频率为 50Hz 时，信号周期 T 与采样周期 T_s 成整倍数关系，此时为同步采样，图 8 - 3 中实线所示为信号频率等于 50Hz 时的频谱，其实际频谱值正好落在离散频谱点，可以得到精确的结果。图 8 - 3 中虚线所示为信号频率等于 45Hz 时的频谱，信号周期 T 与采样周期 T_s 不成整倍数关系，其实际频谱值落在了离散频谱点之间，得到的是实际信号泄漏的频谱，实际谱线看不到，因此直接由 DFT 来分析存在误差。但从图 8-3 可以看出，实际频谱值处在 DFT 变换结果中两条有最大值的谱线中间，利用这两条谱线求得其中间实际频谱值的方法，称为 DFT 插值算法。

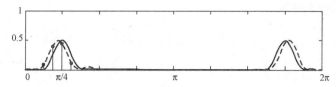

图 8-3　加汉宁窗的同步采样与异步采样的频域波形比较

下面以单频率信号为例进行分析，设

$$x(t) = A_{\mathrm{m}} \mathrm{e}^{\mathrm{j}2\pi f_r t}$$

A_{m} 一般为复数，反映了初相角，实际频率 $f_r = (l+r)F$，它在频率 $l \times F$ 和 $(l+1) \times F$ 之间，l 为整数，其中 $F = 1/(NT_s)$，T_s 为采样时间间隔，$0 < r < 1$。其离散形式为

$$x(n) = A_{\mathrm{m}} \mathrm{e}^{\mathrm{j}2\pi f_r nT_s} R_N(n) = A_{\mathrm{m}} \mathrm{e}^{\mathrm{j}2\pi(l+r)n/N} R_N(n)$$

$$
\begin{aligned}
X(k) &= \frac{1}{N} \sum_{n=0}^{N-1} A_{\mathrm{m}} \mathrm{e}^{-\mathrm{j}\frac{2\pi}{N}(K-l-r)n} \\
&= A_{\mathrm{m}} \frac{\sin\left[(k-l-r)\pi\right]}{N\sin\left[\dfrac{(k-l-r)\pi}{N}\right]} \mathrm{e}^{-\mathrm{j}(k-l-r)\pi\frac{N-1}{N}}
\end{aligned}
\tag{8-3}
$$

离散信号加汉宁窗在频域进行更简单，即

$$
\begin{aligned}
X_{\mathrm{H}}(k) &= \mathrm{DFT}\left[x(n)w_{\mathrm{H}}(n)\right] \\
&= \mathrm{DFT}\left\{x(n)\left[0.5 - 0.5\cos\left(\frac{2\pi n}{N-1}\right)\right]\right\} \\
&\approx \mathrm{DFT}\left\{x(n)\left[0.5 - 0.5\cos\left(\frac{2\pi n}{N}\right)\right]\right\} \\
&= \mathrm{DFT}\left\{0.5\left[x(n) - x(n)\frac{\mathrm{e}^{\mathrm{j}2\pi n/N} + \mathrm{e}^{-\mathrm{j}2\pi n/N}}{2}\right]\right\} \\
&= 0.5\left\{X(k) - 0.5\left[X(k+1) + X(k-1)\right]\right\}
\end{aligned}
\tag{8-4}
$$

将 $X(k)$ 代入式（8-4）得

$$
\begin{aligned}
X_{\mathrm{H}}(k) = 0.5A_{\mathrm{m}}\Bigg\{ &\frac{\sin\left[(k-l-r)\pi\right]}{N\sin\left[\dfrac{(k-l-r)\pi}{N}\right]} \mathrm{e}^{-\mathrm{j}(k-l-r)\pi\frac{N-1}{N}} \\
-0.5\Bigg[&\frac{\sin\left[(k-l-r+1)\pi\right]}{N\sin\left[\dfrac{(k-l-r+1)\pi}{N}\right]} \mathrm{e}^{-\mathrm{j}(k-l-r+1)\pi\frac{N-1}{N}} + \frac{\sin\left[(k-l-r-1)\pi\right]}{N\sin\left[\dfrac{(k-l-r-1)\pi}{N}\right]} \mathrm{e}^{-\mathrm{j}(k-l-r-1)\pi\frac{N-1}{N}} \Bigg] \Bigg\}
\end{aligned}
\tag{8-5}
$$

当 $k=l$ 时有

$$
\begin{aligned}
X_{\mathrm{H}}(l) = 0.5A_{\mathrm{m}}\Bigg\{ &\frac{\sin\left[(-r)\pi\right]}{N\sin\left[\dfrac{(-r)\pi}{N}\right]} \mathrm{e}^{-\mathrm{j}(-r)\pi\frac{N-1}{N}} \\
-0.5\Bigg[&\frac{\sin\left[(-r+1)\pi\right]}{N\sin\left[\dfrac{(-r+1)\pi}{N}\right]} \mathrm{e}^{-\mathrm{j}(-r+1)\pi\frac{N-1}{N}} + \frac{\sin\left[(-r-1)\pi\right]}{N\sin\left[\dfrac{(-r-1)\pi}{N}\right]} \mathrm{e}^{-\mathrm{j}(-r-1)\pi\frac{N-1}{N}} \Bigg] \Bigg\}
\end{aligned}
$$

当 $N \gg 1$ 时，以下近似关系成立

$$\frac{N-1}{N} \approx 1 \quad \text{和} \quad \sin\frac{\theta}{N} \approx \frac{\theta}{N}$$

考虑到 $e^{\pm j\pi} = -1$，可以得到

$$X_H(l) = 0.5A_m\left\{\frac{\sin(r\pi)}{r\pi}e^{jr\pi} - 0.5\left[\frac{\sin(r\pi)}{(1-r)\pi}e^{-j(1-r)\pi} - \frac{\sin(r\pi)}{(1+r)\pi}e^{j(1+r)\pi}\right]\right\}$$

$$= 0.5A_m\left\{\frac{\sin(r\pi)}{r\pi}e^{jr\pi} - 0.5\left[-\frac{\sin(r\pi)}{(1-r)\pi}e^{jr\pi} + \frac{\sin(r\pi)}{(1+r)\pi}e^{jr\pi}\right]\right\}$$

$$= 0.5A_m\frac{\sin(r\pi)}{\pi}e^{jr\pi}\left[\frac{1}{r} + \frac{1}{2(1-r)} - \frac{1}{2(1+r)}\right]$$

化简得

$$X_H(l) = 0.5A_m\frac{\sin(r\pi)}{\pi r(1-r^2)}e^{jr\pi} \tag{8-6}$$

当 $k=l+1$ 时，由式（8-5）得

$$X_H(l+1) = 0.5A_m\left\{\frac{\sin[(1-r)\pi]}{N\sin\left[\dfrac{(1-r)\pi}{N}\right]}e^{-j(1-r)\pi\frac{N-1}{N}}\right.$$

$$\left. - 0.5\left[\frac{\sin[(1-r+1)\pi]}{N\sin\left[\dfrac{(1-r+1)\pi}{N}\right]}e^{-j(1-r+1)\pi\frac{N-1}{N}} + \frac{\sin[(1-r-1)\pi]}{N\sin\left[\dfrac{(1-r-1)\pi}{N}\right]}e^{-j(1-r-1)\pi\frac{N-1}{N}}\right]\right\}$$

当 $N \gg 1$ 时，并考虑到 $e^{\pm j\pi} = -1$ 和 $e^{\pm j2\pi} = 1$，有

$$X_H(l+1) = 0.5A_m\left\{\frac{-\sin(r\pi)}{(1-r)\pi}e^{jr\pi} - 0.5\left[\frac{-\sin(r\pi)}{(2-r)\pi}e^{-j(2-r)\pi} + \frac{\sin(r\pi)}{r\pi}e^{jr\pi}\right]\right\}$$

$$= 0.5A_m\left\{-\frac{\sin(r\pi)}{(1-r)\pi}e^{jr\pi} - 0.5\left[\frac{\sin(r\pi)}{(r-2)\pi}e^{jr\pi} + \frac{\sin(r\pi)}{r\pi}e^{jr\pi}\right]\right\}$$

$$= 0.5A_m\frac{\sin(r\pi)}{\pi}e^{jr\pi}\left(-\frac{1}{1-r} - \frac{0.5}{r-2} - \frac{0.5}{r}\right)$$

化简得

$$X_H(l+1) = 0.5A_m\frac{\sin(r\pi)}{\pi r(1-r)(r-2)}e^{jr\pi} \tag{8-7}$$

令

$$\alpha = \frac{|X_H(l)|}{|X_H(l+1)|} = \frac{|r-2|}{|r+1|} = \frac{2-r}{r+1}$$

则

$$r = \frac{2-\alpha}{\alpha+1}$$

当实际谱线靠近 $X_H(l)$ 时，$\alpha=2$，当实际谱线靠近 $X_H(l+1)$ 时，$\alpha=0.5$，故 r 的变化范围为 $0 \leqslant r \leqslant 1$。

由式（8-6）得 DFT 插值算法的第 l 次谐波的计算公式为

$$A_m = X_H(l)\frac{2\pi r(1-r^2)}{\sin(r\pi)}e^{-jr\pi} \tag{8-8}$$

第 l 次谐波的相位的计算式为

$$\varphi_m = \text{angle}[X_H(l)] - r\pi \tag{8-9}$$

利用 DFT 插值算法还可以计算频率，由 r 得到第 l 次谐波的频率为

$$f_r = (l + r)F \qquad\qquad (8-10)$$

8.1.3　加 4 项余弦窗 DFT 插值算法

4 项余弦窗的主瓣宽度为 8 个谱线间隔，虽然增加了主瓣宽度，但能量最大限度集中在主瓣内，旁瓣的能量大大降低，其峰值大大减小。因此，加 4 项余弦窗 DFT 插值算法可以大大减小谱间干扰，提高谱分析的精度。余弦窗的一般表达式为

$$w_i(n) = \sum_{i=0}^{K} (-1)^i a_i \cos\left(\frac{2\pi}{N}in\right) \quad (n = 0,1,\cdots,N-1)$$

式中：K 为余弦窗的项数；a_i 满足 $\sum_{i=0}^{K} a_i = 1$，$\sum_{i=0}^{K} (-1)^i a_i = 0$ 时具有线性相位特性。

$K=3$ 时为 4 项余弦窗。当 $a_0=0.358\,75$，$a_1=0.488\,29$，$a_2=0.141\,28$，$a_3=0.011\,68$ 时为 Blackman-harris 窗，其频谱如图 8-4（a）所示；当 $a_0=0.338\,946$，$a_1=0.481\,973$，$a_2=0.161\,054$，$a_3=0.018\,027$ 时为 Nuttall 窗，其频谱如图 8-4（b）所示；当 $a_0=10/32$，$a_1=15/32$，$a_2=6/32$，$a_3=1/32$ 时为 Nuttall（I）窗，其频谱如图 8-4（c）所示。

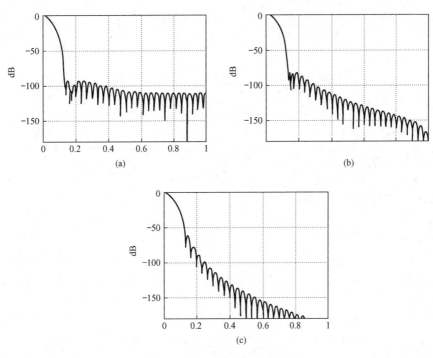

图 8-4　常见 4 项余弦窗的频谱
（a）Blackman-harris 窗的频谱；（b）Nuttall 窗的频谱；（c）Nuttall（I）窗的频谱

Blackman-harris 窗的旁瓣峰值很小，只有 −92dB，但衰减速率仅为 6dB/oct；Nuttall 窗的旁瓣峰值为 −83dB，衰减速率为 30dB/oct；Nuttall（I）窗的第一个旁瓣峰值为 −61dB，但其衰减很快，在 0.5π 以后旁瓣峰值下降到 −140dB 以下，衰减速率达到 42dB/oct。因此，随着观测时间的增加，采用 Nuttall（I）窗截断信号，可以获得更高的计算精度。受篇幅限制，下面只介绍加 Nuttall（I）窗和 Blackman-harris 窗 DFT 插值算法。设单频率信号为

$$x(t) = A_m e^{j2\pi f_r t}$$

复振幅 A_m 一般为复数，反映了初相角，实际频率 $f_r = (l + r)F$，它在频率 $l \times F$ 和

$(l+1)\times F$ 之间，l 为整数，其中频率分辨率 $F=1/(NT_s)$，T_s 为采样时间间隔，r 为频率偏移量，$0<r<1$。$x(t)$ 的离散形式为

$$x(n)=A_m e^{j2\pi f_r nT_s}R_N(n)=A_m e^{j2\pi(l+r)n/N}R_N(n)$$

其 DFT 为

$$X(k)=\frac{1}{N}\sum_{n=0}^{N-1}A_m e^{-j\frac{2\pi}{N}(K-l-r)n}=A_m\frac{\sin[(k-l-r)\pi]}{N\sin\left[\dfrac{(k-l-r)\pi}{N}\right]}e^{-j(k-l-r)\pi\frac{N-1}{N}}$$

离散信号加余弦窗的 DFT 为

$$X_i(k)=\mathrm{DFT}[x(n)w_i[n]]$$

$$=\mathrm{DFT}\left[x(n)\sum_{i=0}^{K}(-1)^i a_i\cos\left(\frac{2\pi}{N}in\right)\right]$$

$$\approx\mathrm{DFT}\left[\frac{A_m}{2}\sum_{i=0}^{K}(-1)^i a_i(e^{j\frac{2\pi}{N}(l+r+i)n}+e^{-j\frac{2\pi}{N}(-l-r+i)n})\right]$$

$$=\frac{A_m}{2}\sum_{i=0}^{K}(-1)^i a_i\left\{\frac{\sin[(k-l-r+i)\pi]}{N\sin\left[\dfrac{(k-l-r+i)\pi}{N}\right]}e^{-j(k-l-r+i)\pi\frac{N-1}{N}}\right.$$

$$\left.+\frac{\sin[(k-l-r-i)\pi]}{N\sin\left[\dfrac{(k-l-r-i)\pi}{N}\right]}e^{-j(k-l-r-i)\pi\frac{N-1}{N}}\right\}$$

当 $k=l$ 时有

$$X_i(l)=\frac{A_m}{2}\sum_{i=0}^{K}(-1)^i a_i\left\{\frac{\sin[(-r+i)\pi]}{N\sin\left[\dfrac{(-r+i)\pi}{N}\right]}e^{-j(-r+i)\pi\frac{N-1}{N}}+\frac{\sin[(-r-i)\pi]}{N\sin\left[\dfrac{(-r-i)\pi}{N}\right]}e^{-j(-r-i)\pi\frac{N-1}{N}}\right\}$$

当 $N\gg1$ 时，以下近似关系成立

$$\frac{N-1}{N}\approx1,\quad\sin\frac{\theta}{N}\approx\frac{\theta}{N}$$

可得

$$X_i(l)=\frac{A_m}{2}\sum_{i=0}^{K}(-1)^i a_i\left\{\frac{\sin[(-r+i)\pi]}{(i-r)\pi}e^{-j(-r+i)\pi}+\frac{\sin[(r+i)\pi]}{(i+r)\pi}e^{-j(-r-i)\pi}\right\}$$

并考虑到 $e^{\pm j\pi}=-1$，$e^{\pm j2\pi}=1$，当 $K=3$ 时有

$$X_H(l)=0.5A_m\left\{2a_0\frac{\sin(r\pi)}{r\pi}e^{jr\pi}-a_1\left[\frac{\sin(r\pi)}{(1-r)\pi}e^{-j(1-r)\pi}-\frac{\sin(r\pi)}{(1+r)\pi}e^{j(1+r)\pi}\right]+\right.$$

$$\left.a_2\left[-\frac{\sin(r\pi)}{(2-r)\pi}e^{-j(2-r)\pi}+\frac{\sin(r\pi)}{(2+r)\pi}e^{j(2+r)\pi}\right]-a_3\left[\frac{\sin(r\pi)}{(3-r)\pi}e^{-j(3-r)\pi}-\frac{\sin(r\pi)}{(3+r)\pi}e^{j(3+r)\pi}\right]\right\}$$

$$(8\text{-}11)$$

当 $k=l+1$ 时有

$$X_i(l+1)=\frac{A_m}{2}\sum_{i=0}^{K}(-1)^i a_i\left\{\frac{\sin[(1-r+i)\pi]}{N\sin\left[\dfrac{(1-r+i)\pi}{N}\right]}e^{-j(1-r+i)\pi\frac{N-1}{N}}\right.$$

$$\left.+\frac{\sin[(1-r-i)\pi]}{N\sin\left[\dfrac{(1-r-i)\pi}{N}\right]}e^{-j(1-r-i)\pi\frac{N-1}{N}}\right\}$$

当 $N \gg 1$ 时，以下近似关系成立

$$\frac{N-1}{N} \approx 1, \quad \sin\frac{\theta}{N} \approx \frac{\theta}{N}$$

可得

$$X_i(l+1) = \frac{A_m}{2}\sum_{i=0}^{K}(-1)^i a_i\left\{\frac{\sin[(1-r+i)\pi]}{(1-r+i)\pi}e^{-j(1-r+i)\pi} + \frac{\sin[(1-r-i)\pi]}{(1-r-i)\pi}e^{-j(1-r-i)\pi}\right\}$$

考虑到 $e^{\pm j\pi} = -1$，$e^{\pm j2\pi} = 1$，当 $K=3$ 时有

$$X_H(l+1) = 0.5A_m\left\{2a_0\frac{-\sin(r\pi)}{(1-r)\pi}e^{jr\pi} - a_1\left[\frac{\sin[(2-r)\pi]}{(2-r)\pi}e^{-j(2-r)\pi} + \frac{\sin(r\pi)}{r\pi}e^{jr\pi}\right]\right.$$

$$+ a_2\left[\frac{\sin[(3-r)\pi]}{(3-r)\pi}e^{-j(3-r)\pi} + \frac{\sin[(-r-1)\pi]}{-(1+r)\pi}e^{j(1+r)\pi}\right]$$

$$\left. - a_3\left[\frac{\sin[(4-r)\pi]}{(4-r)\pi}e^{-j(4-r)\pi} + \frac{\sin[(-r-2)\pi]}{-(2+r)\pi}e^{j(2+r)\pi}\right]\right\} \tag{8-12}$$

将 $a_0 = 10/32$，$a_1 = 15/32$，$a_2 = 6/32$，$a_3 = 1/32$ 代入式（8-11），化简可得加 Nuttall（I）窗截断后信号的频谱为

$$X_N(l) = A_m\frac{\sin(r\pi)}{\pi}e^{jr\pi}\frac{1}{r(1-r^2)(4-r^2)(9-r^2)} \times 11.25$$

同理，当 $k=l+1$ 时有

$$X_N(l+1) = A_m\frac{\sin(r\pi)}{\pi}e^{jr\pi}\frac{1}{r(1-r^2)(4-r^2)(3-r)(4-r)} \times (-11.25)$$

幅值比为

$$\alpha = \frac{X_N(l+1)}{X_N(l)} = (r+3)/(r-4)$$

可解出 r，即

$$r = \frac{4\alpha+3}{\alpha-1}$$

由于频率偏移量 r 的变化范围为 $0 \sim 1$，故幅值比 α 的变化范围为 $0.75 \sim 4/3$。

将 r 代入式（8-11）即可得到修正的复振幅 A_m 为

$$A_m = X_N(l)\frac{\pi r(1-r^2)(4-r^2)(9-r^2)}{11.25\sin(r\pi)}e^{-jr\pi}$$

第 l 次谐波的相位计算式为

$$\varphi_m = \text{angle}[X_N(l)] - r\pi$$

将 $a_0 = 0.35875$，$a_1 = 0.48829$，$a_2 = 0.14128$，$a_3 = 0.01168$ 代入式（8-11），化简可得加 Blackman-harris 窗截断后信号的频谱为

$$X_B(l) = A_m\frac{\sin(r\pi)}{\pi}e^{jr\pi} \times \frac{-0.00006r^6 + 0.02913r^4 - 1.22511r^2 + 12.915}{r(1-r^2)(4-r^2)(9-r^2)}$$

同理，当 $k=l+1$ 时有

$$X_B(l+1) = A_m\frac{\sin(r\pi)}{\pi}e^{jr\pi} \times \left(\frac{0.00006r^6 - 0.00036r^5 - 0.02823r^4 + 0.11532r^3}{r(1-r^2)(4-r^2)(3-r)(4-r)}\right.$$

$$\left. + \frac{1.05123r^2 - 2.33406r - 11.71896}{r(1-r^2)(4-r^2)(3-r)(4-r)}\right)$$

令 $\alpha = \dfrac{|X_B(l)|}{|X_B(l+1)|}$，化简得

$$\alpha = -(2r^6 - 971r^4 + 408\,37r^2 - 430\,500)(r-4)/$$
$$[(r+3)(2r^6 - 12r^5 - 941r^4 + 3844r^3 + 35\,041r^2 - 77\,802r - 390\,632)]$$

由于 $X_B(l)$ 和 $X_B(l+1)$ 的值可以通过传统的 FFT 算法获得，因此幅值比 α 就可以确定，然后通过 α 与 r 的关系式求出 r，从而得到幅值 A_m 和相位 φ_m，即

$$A_m = X_B(l)\,\frac{\pi}{\sin(r\pi)}\mathrm{e}^{-jr\pi} \times \frac{r(1-r^2)(4-r^2)(9-r^2)}{-0.000\,06r^6 + 0.029\,13r^4 - 1.225\,11r^2 + 12.915}$$

$$\varphi_m = \mathrm{angle}[X_B(l)] - r\pi$$

可以看出，加 Blackman-harris 窗的插值算法得到的幅值比 α 是频率偏移量 r 的 7 次多项式，求 r 需要解高次方程，计算量大；加 Nuttall 窗的插值算法得到的幅值比 α 是频率偏移量 r 的 3 次多项式；而加 Nuttall（I）窗的插值算法的幅值比 α 是频率偏移量 r 的一次多项式，r 的计算非常简单且计算量很小。

8.1.4 加窗插值 FFT 算法的相位差校正法

加窗插值 FFT 算法还可以采用相位差校正法对频谱进行校正。相位差校正法是通过对间隔一个周期的两段连续 N 点离散信号进行谱分析得到对应谱线的相位差和频率变化量，对谐波幅值和相位进行校正的算法。当加窗插值 FFT 算法截断数据长度 N 很大时，谱分析的计算量会很大，这样实时性会受到很大的影响，针对相位差校正法的这一缺点，可以采用基于计算量不随采样点数增加的加窗递推 DFT 算法和间隔一个采样周期的两次 DFT 变换计算其对应离散谱线相位差的相位差校正法。Blackman-harris 窗函数的频谱泄漏影响小，采用加 Blackman-harris 窗递推 DFT 算法有效地提高了相位差校正法算法的计算精度。

1. 递推 DFT 算法

FFT 算法大大提高了 DFT 的计算量，但用于在线计算时采用递推 DFT 算法速度更快，以采样频率 f_s 对模拟信号 $x(t)$ 进行采样得到离散序列 $x(n)$，根据 N 点离散傅里叶变换定义得 t_{r-1} 时刻的 DFT 为

$$X^{r-1}(k) = \sum_{n=r-N}^{r-1} x(n)W_N^{k(n-r+N)}$$
$$W_N = \mathrm{e}^{-j\frac{2\pi}{N}} \quad (k=0,\sim,N-1)$$

t_r 时刻的 DFT 与 t_{r-1} 时刻的 DFT 之间的关系为

$$X^r(k) = \sum_{n=r-N+1}^{r} x(n)W_N^{k(n-r+N-1)} = W_N^{-k}\sum_{n=r-N+1}^{r} x(n)W_N^{k(n-r+N)}$$
$$= [X^{r-1}(k) + x(r) - x(r-N)]W_N^{-k}$$

其中，k 为第 k 条谱线，$k=0,1,2,\cdots,N-1$。

可以看出，递推 FFT 算法的运算量大大减少了。但上式实际上是加矩形窗的递推算法，相当于将采样窗向后移动一个采样点。由于矩形窗谱的旁瓣峰值较大，最大旁瓣衰减只有 13dB，这种算法不能很好地抑制旁瓣引起的谱间干扰。

2. 加 Blackman-harris 窗递推 DFT 算法

利用递推 DFT 算法求出 $X(k)$，然后在频域加窗较为简单。余弦窗的一般表达式为

$$w_i(n) = \sum_{i=0}^{K} (-1)^i a_i \cos\left(\frac{2\pi}{N}in\right) \quad (n=0,1,\cdots,N-1)$$

设 $x(n)$ 为实序列，其中 $n=0,1,\cdots,N-1$，加余弦窗 FFT 变换与加矩形窗 FFT 变

换之间的关系为

$$X_i(k) = \text{DFT}[x(n)w_i[n]]$$

$$= \text{DFT}\left\{ x(n) \sum_{i=0}^{K} (-1)^i a_i \cos\left(\frac{2\pi}{N} in\right) \right\}$$

$$= \text{DFT}\left\{ x(n) \sum_{i=0}^{K} (-1)^i a_i (e^{j\frac{2\pi}{N}in} + e^{-j\frac{2\pi}{N}in})/2 \right\}$$

$$= \sum_{i=0}^{K} (-1)^i a_i \frac{X(k+i) + X(k-i)}{2}$$

加 Blackman-harris 窗时取 $K=3$，$a_0 = 0.358\ 75$，$a_1 = 0.488\ 29$，$a_2 = 0.141\ 28$，$a_3 = 0.011\ 68$。

3. 改进的相位差校正法原理

改进的相位差校正法采用间隔一个采样周期的两段 N 点采样值，并且为提高计算速度和精度，采用加窗递推 DFT 算法计算两次 DFT 变换，求出各次谐波相位经过一个采样周期后的变化量，利用该变化量求出对应频率的变化量。下面以单频率信号为例进行分析，设

$$x(t) = A_m e^{j(2\pi f_0 t + \theta_0)}$$

A_m 为幅值，实际频率 $f_0 = (k + \Delta k)\dfrac{f_s}{N}$，它在频率 $k \times F$ 和 $(k+1) \times F$ 之间，k 为整数，其中频率分辨率 $F = 1/(NT_s) = f_s/N$，T_s 为采样时间间隔，$0 < \Delta k < 1$。

对原始信号两段样本，每段信号采样 N 点，第一段信号的离散形式为

$$x(n) = A_m e^{j(2\pi f_0 nT_s + \theta_0)} R_N(n)$$

$$= A_m e^{j[2\pi(k+\Delta k)n/N + \theta_0]} R_N(n)$$

第二段信号的离散形式为

$$x(n+1) = A_m e^{j[2\pi f_0(n+1)T_s + \theta_1]} R_N(n)$$

$$= A_m e^{j(2\pi f_0 nT_s + 2\pi f_0 T_s + \theta_0)} R_N(n)$$

$$= A_m e^{j[2\pi(k+\Delta k)f_s/NnT_s + 2\pi(k+\Delta k)f_s/NT_s + \theta_0]} R_N(n)$$

$$= A_m e^{j[2\pi(k+\Delta k)n/N + 2\pi(k+\Delta k)/N + \theta_0]} R_N(n)$$

θ_0、θ_1 为初相角。可以看出它们之间的关系为

$$\theta_1 = 2\pi(k + \Delta k)/N + \theta_0$$

$$\theta_1 - \theta_0 = 2\pi k/N + 2\pi \Delta k/N$$

设两段信号的加 Blackman-harris 窗的递推 DFT 分别为 $X_H^{r-1}(k)$ 和 $X_H^r(k)$，其中 $X_{HR}^{r-1}(k)$、$X_{HI}^{r-1}(k)$ 和 $X_{HR}^r(k)$、$X_{HI}^r(k)$ 分别是 $x(n)$ 和 $x(n+1)$ 序列在第 k 条谱线处频谱值的实部和虚部。根据三角公式，频率偏移量计算方法为

$$\tan(\theta_1 - \theta_0) = \frac{X_{HR}^{r-1}(k)X_{HI}^r(k) - X_{HR}^r(k)X_{HI}^{r-1}(k)}{X_{HR}^{r-1}(k)X_{HR}^r(k) + X_{HI}^{r-1}(k)X_{HI}^r(k)}$$

根据

$$\tan(\theta_1 - \theta_0) = \tan\left(\frac{2\pi}{N}k + \frac{2\pi}{N}\Delta k\right) = \frac{\tan\left(\frac{2\pi}{N}k\right) + \tan\left(\frac{2\pi}{N}\Delta k\right)}{1 - \tan\left(\frac{2\pi}{N}k\right)\tan\left(\frac{2\pi}{N}\Delta k\right)}$$

可以解得

$$\tan\left(\frac{2\pi}{N}\Delta k\right) = \frac{\tan(\theta_1 - \theta_0) - \tan\left(\frac{2\pi}{N}k\right)}{1 + \tan(\theta_1 - \theta_0)\tan\left(\frac{2\pi}{N}k\right)}$$

考虑到频率偏移量对应的相位角度很小，可得

$$\Delta k \approx \frac{\tan(\theta_1 - \theta_0) - \tan\left(\frac{2\pi}{N}k\right)}{1 + \tan(\theta_1 - \theta_0)\tan\left(\frac{2\pi}{N}k\right)} \times \frac{N}{2\pi}$$

可以看出，采用间隔一个采样周期的 DFT 计算频率偏移量的计算方法中，$\tan(\theta_1 - \theta_0)$ 由 $X_{HR}^{-1}(k)$、$X_{HI}^{-1}(k)$ 和 $X_{HR}^r(k)$、$X_{HI}^r(k)$ 计算，$\tan\left(\frac{2\pi}{N}k\right)$ 为已知，可以事先算出为一常数，因此该方法不需要进行三角函数的运算，故运算量小，易于用汇编语言实现。

频率的校正为　$f = (k + \Delta k)\dfrac{f_s}{N}$

相位的校正为　$\theta = \theta_0 - \Delta k \times \pi$

幅值的修正函数（频谱泄漏函数）为

$$A = \frac{\sin(\Delta k\pi)}{\pi} \times \frac{-0.000\,06\Delta k^6 + 0.029\,13\Delta k^4 - 1.225\,11\Delta k^2 + 12.915}{\Delta k(1 - \Delta k^2)(4 - \Delta k^2)(9 - \Delta k^2)}$$

幅值的求解公式为

$$A_m = |X_H(k)| / A$$

8.1.5　利用加窗 DFT 插值算法计算电力系统谐波

1. 加汉宁窗插值 FFT 算法

电网电压和电流中一般含有高次谐波，设某电网频率为 50.5Hz，电压的基波幅值为 380V，相位为 5°，并含有幅值为 10V、相位为 15°的 3 次谐波和幅值为 15V、相位为 25°的 5 次谐波，即

$$u(t) = 380\cos(2\pi \times 50.5t + 5°) + 10\cos(2\pi \times 3 \times 50.5t + 15°) + 15\cos(2\pi \times 5 \times 50.5t + 25°)$$

如果以固定不变的采样频率 1600Hz 对电压进行采样，采样（截断）点数为 128 点，对采样数据分别用 FFT 算法和加窗 FFT 插值算法计算基波及谐波的幅值和相位，计算结果见表 8-1 和表 8-2，频率的计算结果见表 8-3。用 MATLAB 编写的计算程序如下。

```
% 普通 FFT 算法
k = 0 : 1 : 127;
f = 380 * cos(2 * pi * 50.5/1600 * k + 5 * pi/180) + 10 * cos(2 * pi * 3 * 50.5/1600 * k + 15
* pi/180) + 15 * cos(2 * pi * 5 * 50.5/1600 * k + 25 * pi/180);
                                                        % 加矩形窗截断
F_32 = 2 * fft(f,128)/128;                              % 进行 128 点的 FFT 变换
F_1024 = 2 * abs(fft(f,1024))/128;                      % 近似得到 DTFT,补 896 个零
L = 0 : 1023;
subplot(211);plot(L/1024,abs(F_1024));                  % 画加矩形窗截断的频谱
```

```
set(gca,'xtick',[0,0.125,0.25,0.375,0.5,0.625,0.75,0.875,1])
                                             % 归一化的频率坐标

holdon;
U1 = abs(F_32(5))                            % 计算基波幅值
a1 = (angle(F_32(5))) * 180/pi               % 计算基波相位
U3 = abs(F_32(13))                           % 计算 3 次谐波幅值
a3 = (angle(F_32(13))) * 180/pi              % 计算 3 次谐波相位
U5 = abs(F_32(21))                           % 计算 5 次谐波幅值
a5 = (angle(F_32(21))) * 180/pi              % 计算 5 次谐波相位


% 加汉宁窗插值 FFT 算法
k = 0 : 1 : 127;
f = [380 * cos(2 * pi * 50.5/1600 * k + 5 * pi/180) + 10 * cos(2 * pi * 3 * 50.5/1600 * k + 15
* pi/180) + 15 * cos(2 * pi * 5 * 50.5/1600 * k + 25 * pi/180)]. * (0.5 - 0.5 * cos(2 * pi * k/
128));                                       % 加汉宁窗截断
  F_32h = 2 * fft(f,128)/128                  % 进行 128 点的 FFT 变换
  F_1024h = 2 * fft(f,1024)/128;             % 近似得到 DTFT,补 896 个零
  L = 0 : 1023;
  subplot(212);plot(L/1024,abs(F_1024h));    % 画加汉宁窗截断的频谱
  set(gca,'xtick',[0,0.125,0.25,0.375,0.5,0.625,0.75,0.875,1])
                                             % 归一化的频率坐标


m = abs(F_32h(5))/abs(F_32h(6))
r = (2 - m)/(m + 1)
U1 = abs(F_32h(5)) * 2 * pi * r * (1 - r * r)/sin(r * pi)  % 计算基波幅值
a1 = (angle(F_32h(5)) - r * pi * 128/127) * 180/pi         % 计算基波相位
f1 = (4 + r) * 1600/128                                    % 计算基波频率


m = abs(F_32h(13))/abs(F_32h(14))
r = (2 - m)/(m + 1)
U3 = abs(F_32h(13)) * 2 * pi * r * (1 - r * r)/sin(r * pi) % 计算 3 次谐波幅值
a3 = (angle(F_32h(13)) - r * pi * 128/127) * 180/pi        % 计算 3 次谐波相位
f3 = (12 + r) * 1600/128                                   % 计算 3 次谐波频率


m = abs(F_32h(21))/abs(F_32h(22))
r = (2 - m)/(m + 1)
U5 = abs(F_32h(21)) * 2 * pi * r * (1 - r * r)/sin(r * pi) % 计算 5 次谐波幅值
a5 = (angle(F_32h(21)) - r * pi * 128/127) * 180/pi        % 计算 5 次谐波相位
f5 = (20 + r) * 1600/128                                   % 计算 5 次谐波频率
```

表 8-1   **幅 值 的 计 算 结 果**

谐波	电压/V	普通 FFT 算法		插值 FFT 算法	
		计算值	偏差/%	计算值	偏差/%
1	380	381.313 7	−0.345 7	379.972 8	0.007 158
3	10	9.204	7.96	10.016 7	−0.167
5	15	13.589 8	9.4	15.002 7	−0.018

表 8-2   **相 位 的 计 算 结 果**

谐波	相位/°	普通 FFT 算法		插值 FFT 算法	
		计算值	偏差/%	计算值	偏差/%
1	5	12.079 5	−141.59	4.921 5	1.57
3	15	36.273 7	−141.824 6	15.251 6	−1.677
5	25	60.437 5	−141.75	24.789 9	0.840 4

表 8-3   **频 率 的 计 算 结 果**

谐波	频率/Hz	插值 FFT 算法	
		计算值	偏差/%
1	50.50	50.501 6	−0.003 168
3	151.50	151.466 2	0.022 31
5	252.50	252.494 2	0.002 297

分析表 8-1 和表 8-2 的结果可以看出：在异步采样下，加窗 FFT 插值算法的分析精度明显优于普通 FFT 算法的分析精度，普通 FFT 算法的各次谐波相位计算值误差太大，几乎没有使用价值。加窗 FFT 插值算法有效地消除了用异步采样值测量电量的误差，适合于电力系统谐波和间谐波的高精度测量。

2. 加 Nuttall（I）窗插值 FFT 算法

如果以固定不变的采样频率 3200Hz 对含有高次谐波的电压信号进行采样，每周期采样点数为 64 点，基波频率 $f=50.5$Hz。表 8-4～表 8-6 中给出了模拟计算信号的基波及各次谐波的电压、初相位和频率，以及 Nuttall（I）插值 FFT 算法计算结果。

表 8-4   **电 压 的 计 算 结 果**

谐波	电压/V	Nuttall（I）插值 FFT 算法	
		计算值	偏差/%
1	380	379.999 991 16	$2.326\ 4\times10^{-6}$
2	20	20.000 090 905	$−4.545\ 237\times10^{-4}$
3	60	60.000 010 361	$−1.726\ 86\times10^{-5}$
4	15	15.000 027 409	$−1.827\ 3\times10^{-4}$
5	30	30.000 006 519 2	$−2.173\ 068\times10^{-5}$
7	20	19.999 999 962 1	$−1.891\ 45\times10^{-7}$

表 8-5		相 位 的 计 算 结 果	
谐波	相位/°	Nuttall（I）插值 FFT 算法	
		计算值	偏差/%
1	5	4.999 959 811 5	8.037 7×10⁻⁴
2	10	10.000 844 617 6	−0.008 446 176
3	−15	−15.000 004 108 2	2.738 777×10⁻⁵
4	20	19.999 513 762 7	0.002 431 186 28
5	25	25.000 371 299 8	−0.001 485 199 3
7	35	35.000 005 981 6	−1.709 036×10⁻⁵

表 8-6		频 率 的 计 算 结 果	
谐波	频率/Hz	Nuttall（I）插值 FFT 算法	
		计算值	偏差/%
1	50.5	50.500 001 096 9	−1.980 1×10⁻⁸
2	101	100.999 971 778	2.970 2×10⁻⁷
3	151.5	151.499 999 851	6.600 6×10⁻⁸
4	202	202.000 000 515	2.475×10⁻⁹
5	252.5	252.499 989 085	4.356×10⁻⁸
7	353.5	353.499 999 811	5.657×10⁻¹⁰

模拟计算结果表明，在异步采样情况下，随着采样周期的增加，加 4 项余弦窗 Nuttall（I）窗插值 FFT 算法具有非常高的计算精度，比加汉宁窗插值 FFT 算法的精度高得多。加 4 项 Nuttall（I）窗插值 FFT 算法非常有效地减小了用异步采样值测量电量的误差，适合于电力系统谐波的高精度测量。

8.2　相关分析及其应用

信号的相关分析常用来研究两个信号的相似性，或信号自身的相似性，以实现信号的检测、识别与提取等。

8.2.1　相关函数的定义

如果 $x(t)$ 和 $y(t)$ 是能量有限信号（一般非周期信号属于能量有限信号）且为实函数，它们的互相关函数定义为

$$R_{xy}(\tau) = \int_{-\infty}^{\infty} x(t)y(t+\tau)\mathrm{d}t \tag{8-13}$$

令 $t' = t + \tau$，则 $t = t' - \tau$，代入式（8-13），再用 t 代替 t' 还可以得到

$$R_{xy}(\tau) = \int_{-\infty}^{\infty} x(t-\tau)y(t)\mathrm{d}t$$

也可以定义另一种互相关函数为

$$R_{yx}(\tau) = \int_{-\infty}^{\infty} y(t)x(t+\tau)\mathrm{d}t = \int_{-\infty}^{\infty} y(t-\tau)x(t)\mathrm{d}t \tag{8-14}$$

一般情况，这两种定义的互相关函数并不相等，对比式（8-13）和式（8-14）可以得到

$$R_{xy}(\tau) = R_{yx}(-\tau)$$

如果 $x(t)$ 和 $y(t)$ 是同一个信号，则信号的自相关函数定义为

$$R_x(\tau) = \int_{-\infty}^{\infty} x(t)x(t+\tau)\mathrm{d}t = \int_{-\infty}^{\infty} x(t-\tau)x(t)\mathrm{d}t \qquad (8-15)$$

由式（8-15）可以看出自相关函数是偶函数，即

$$R_x(\tau) = R_x(-\tau)$$

设 $x(t)$ 与 $y(t)$ 的卷积为

$$x(t) * y(t) = \int_{-\infty}^{\infty} x(\tau)y(t-\tau)\mathrm{d}\tau$$

将上式中的变量 t 和 τ 互换，得

$$x(\tau) * y(\tau) = \int_{-\infty}^{\infty} x(t)y(\tau-t)\mathrm{d}t$$

由此得

$$x(\tau) * y(-\tau) = \int_{-\infty}^{\infty} x(t)y[-(\tau-t)]\mathrm{d}t = \int_{-\infty}^{\infty} x(t)y(t-\tau)\mathrm{d}t = R_{yx}(\tau)$$

也就是说，将 $y(t)$ 的变量取负号（反转）与 $x(t)$ 的卷积运算就可以得到 $x(t)$ 与 $y(t)$ 的互相关函数。

如果 $x(n)$ 和 $y(n)$ 是能量有限确定性因果序列，则它们的离散互相关函数定义为

$$r_{xy}(m) = \sum_{n=-\infty}^{\infty} x(n)y(n+m) = \sum_{n=-\infty}^{\infty} x(n-m)y(n) \qquad (8-16)$$

式（8-16）表示，$r_{xy}(m)$ 在 m 时刻的值，等于保持 $x(n)$ 不动而 $y(n)$ 左移 m 个采样周期后两个序列对应相乘再相加的结果。同样，也可以定义另一种离散互相关函数为

$$r_{yx}(m) = \sum_{n=-\infty}^{\infty} y(n)x(n+m) = \sum_{n=-\infty}^{\infty} x(n)y(n-m) = r_{xy}(-m)$$

如果 $x(n)$ 和 $y(n)$ 是同一个序列，则该序列的离散自相关函数定义为

$$r_x(m) = \sum_{n=-\infty}^{\infty} x(n)x(n+m) = \sum_{n=-\infty}^{\infty} x(n-m)x(n) \qquad (8-17)$$

对比离散线性卷积的定义，可以得到离散互相关函数与线性卷积的关系为

$$r_{yx}(m) = \sum_{n=-\infty}^{\infty} x(n)y(n-m) = \sum_{n=-\infty}^{\infty} x(n)y[-(m-n)] = x(m) * y(-m) \quad (8-18)$$

$x(n)$ 和 $y(n)$ 的相关系数定义为

$$\rho_{xy} = \frac{\sum_{n=0}^{\infty} x(n)y(n)}{\left[\sum_{n=0}^{\infty} x^2(n) \sum_{n=0}^{\infty} y^2(n)\right]^{1/2}}$$

当 $x(n) = y(n)$ 时，相关系数 $\rho_{xy}=1$；当 $x(n)$ 和 $y(n)$ 完全无关时，相关系数 $\rho_{xy}=0$；当 $x(n)$ 和 $y(n)$ 有某种程度相似时，相关系数的取值范围为 $0<\rho_{xy}<1$。因此相关系数 ρ_{xy} 可以用来描述 $x(n)$ 与 $y(n)$ 的相似程度。

如果 $x(n)$ 和 $y(n)$ 是有限功率信号（如周期信号），$r_x(0) = \sum_{n=-\infty}^{\infty} x^2(n)$ 将趋于无穷大，

第 8 章　信号分析与处理的应用和实现

在这种情况下，一般不再研究信号的能量，而是研究信号在区间 $[-N,N]$ 上的平均功率，则离散相关函数的定义为

$$r_{xy}(m) = \lim_{N \to \infty} \frac{1}{2N+1} \sum_{n=-N}^{N} x(n)y(n+m) \tag{8-19}$$

$$r_x(m) = \lim_{N \to \infty} \frac{1}{2N+1} \sum_{n=-N}^{N} x(n)x(n+m) \tag{8-20}$$

如果 $x(n)$ 是以 N 为周期的周期序列，则其自相关函数为

$$r_x(m) = \lim_{N \to \infty} \frac{1}{N} \sum_{n=0}^{N-1} x(n)x(n+m) \tag{8-21}$$

【例 8-1】　已知 $x(n) = E\sin(\Omega n)$，其周期为 N，E 为常数，求 $x(n)$ 的自相关函数。

解　由式（8-21）得

$$r_x(m) = \frac{E^2}{N} \sum_{n=0}^{N-1} \sin(\Omega n) \sin(\Omega n + \Omega m)$$

$$= \frac{E^2}{N} \sum_{n=0}^{N-1} \sin(\Omega n) [\sin(\Omega n)\cos(\Omega m) + \cos(\Omega n)\sin(\Omega m)]$$

$$= \frac{E^2}{N} \cos(\Omega m) \sum_{n=0}^{N-1} \sin^2(\Omega n) + \frac{E^2}{N} \sin(\Omega m) \sum_{n=0}^{N-1} \sin(\Omega n)\cos(\Omega n)$$

根据三角函数的正交性，上式右边第二项是一个周期求和，故其等于 0，所以

$$r_x(m) = \frac{E^2}{N} \cos(\Omega m) \sum_{n=0}^{N-1} \sin^2(\Omega n) = \frac{E^2}{2N} \cos(\Omega m) \sum_{n=0}^{N-1} [1 - \cos(2\Omega n)]$$

$$= \frac{E^2}{2N} \cos(\Omega m) \times N = \frac{E^2}{2} \cos(\Omega m)$$

可以看出，周期序列的自相关函数仍为周期序列，而且周期相同。

8.2.2　相关分析在电力电缆故障定位中的应用

相关的应用很广，可用来检测噪声中的信号，检测信号中隐含的周期性及信号的相似性等。在电力电缆故障的定位中，也可以利用相关来确定故障距离。电力电缆的短路或断线故障常用低压脉冲反射法来测量故障距离，其原理是向故障电缆的导体输入一个脉冲信号，通过计算发射脉冲与故障点反射脉冲的时间差 Δt 进行测距，如果已知行波速度 v（通常为 180m/μs 左右），可以计算出故障距离 L 为

$$L = \frac{\Delta t \times v}{2} \tag{8-22}$$

某塑料绝缘电缆全长 280m，在距电缆首端 100m 处有一接头，距电缆首端 200m 处发生低阻接地故障，现采用低压脉冲反射法进行故障定位，低压脉冲发生器发送的脉冲幅度为 200V，脉冲宽度为 0.5μs。图 8-5（a）所示为采用高速 AD 转换器采集的实测波形，第一个波为发射波，极性为负，中间幅度较小的波为接头反射干扰，最后一个波为故障点的反射波，极性为正。由于中间接头反射和波形中高频干扰的影响，直接用寻找发射波和反射波最大值的方法自动进行故障定位，常常出现错误。从图 8-5（a）可以看出中间接头的反射波较故障点的反射波弱，而发射波和反射波相似程度非常大，可以用相关法来进行电缆故障定位。设 $x(n)$ 为发射波，$y(n)$ 为反射波，它们的相关函数为

$$r_{xy}(m) = \sum_{n=-\infty}^{\infty} x(n)y(n+m) \tag{8-23}$$

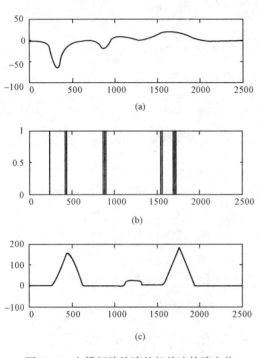

图 8-5　电缆短路故障的相关法故障定位
（a）短路故障原始波形；（b）设置门槛电压整形后的波形；
（c）相关波形

实际上直接对信号进行相关计算就可以得到故障距离，但运算量较大。为了减小处理运算量，可以采用设置门槛电压用软件将信号整形为矩形脉冲波的方法，发射波和反射波被整形为矩形脉冲，它们的相似程度更大，另外设置门槛电压可以消除中间接头的反射波干扰。采用设置门槛电压的软件整形后的波形如图 8-5（b）所示，可以看出，发射波与反射波更相似，反射波附近的高频干扰被整形为许多宽度很窄的矩形脉冲，中间接头反射波的宽度也很窄，这些干扰脉冲与发射波很不相似，因此，用相关法进行故障定位是有效的。图 8-5（c）所示为利用相关函数法进行离散相关计算后得到的相关曲线，相关函数中的一个信号取图 8-5（b）中的发射波，另一个信号取图 8-5（b）中的整个波形。发射波与发射波的相关是自相关，发射波与反射波的相关是互相关。从相关曲线可以看出，干扰信号与发射波的相关值较小，而反射波与发射波的相关值较大，故将发射波与测试波进行相关运算，可以有效地克服干扰信号。根据相关曲线最大值之间的时间差（采样点数乘以采样时间间隔），就可以计算出故障距离。经计算，本例故障点在距电缆首端 196m 处。

8.3　数字信号处理在双音多频拨号系统中的应用

8.3.1　双音多频拨号系统

双音多频（Dual Tone Multi Frequency，DTMF）信号是音频电话中的拨号信号，由美国 AT&T 贝尔公司实验室研制并用于电话网络中，通常用于发送被叫号码。DTMF 电话配有一个如图 1-5 所示的按键式的拨号盘，上面有 0～9 的拨号数字，另外还有"＊"及"＃"用于完成一些特定的功能。按键是以四行三列的二维阵列形式排列，对于每一列或行，都有特定频率的音调。行的音调频率较低，即 679、770、852Hz 和 941Hz；而列的音调频率较高，即 1209、1336Hz 和 1477Hz。双音是指用两个特定的单音信号的组合叠加来代表数字或符号。当某一按键被按下时，会产生由两个不同频率所组成的双音调信号，这两个频率一个属于低频率群组而另一个则属于高频率群组。由于采用的频率有 7 种，故称之为多频。在这种技术中，由 7 个不同频率的音调（4 个行频率＋3 个列频率）可组成 12 种不同的频率组合（4×3）。举例来说，若按下"5"键，由 770Hz 及 1336Hz 组成的音调信号会一起被传送到电话交换机，对应的 DTMF 信号用 $\sin(2\pi f_1 t) + \sin(2\pi f_2 t)$ 表示，其中 $f_1 =$ 770Hz，$f_2 = 1\,336$Hz。交换机可以解码这些频率组合并确定所对应的按键。

这种信号制式具有很快的拨号速度，且便于自动检测识别和电话业务扩展，很快就代替了原有的脉冲计数方式的拨号制式。这种双音多频信号制式不仅可以用于电话网络中，还可以用于传输十进制数据的其他通信系统、电子邮件和银行系统中。这些系统中用户可以用电话发送 DTMF 信号选择语音菜单进行操作。

DTMF 信号的产生与检测识别系统是一个小型信号处理系统，它要用数字方法产生模拟信号并进行传输，其中还用到了 D/A 变换器；在接收端用 A/D 变换器将其转换成数字信号，并进行数字信号处理，包括 DFT 的应用。为了提高系统的检测速度并降低成本，还开发出一种特殊的 DFT 算法。称为戈泽尔（Goertzel）算法。这种算法既可以用硬件（专用芯片）实现，也可以用软件实现。

8.3.2　双音多频信号的产生与检测

假设时间连续的 DTMF 信号用 $x(t) = \sin(2\pi f_1 t) + \sin(2\pi f_2 t)$ 表示，式中 f_1 和 f_2 是按照图 1-5 选择的两个频率，f_1 代表低频组频率中的一个，f_2 代表高频组频率中的一个。一般采用数字方法产生 DTMF 信号。

目前在双音多频拨号系统中规定用采样频率 $F_s = 8$kHz 对 DTMF 信号进行采样，采样后得到时域离散信号为

$$x(n) = \sin(2\pi f_1 n/8000) + \sin(2\pi f_2 n/8000)$$

形成上面的序列有两种方法，一种是计算法，另一种是查表法。用计算法求正弦波的序列值容易，但实际中要占用一些计算时间，影响运行速度。查表法是预先将正弦波的各序列值计算出来，存放在存储器中，运行时只要按顺序和一定的速度取出即可。这种方法要占用一定的存储空间，但是速度快。

因为采样频率是 8000Hz，因此要求每 125μs 输出一个样本，得到的序列再送到 D/A 变换器，它的输出经过平滑滤波便是连续时间的 DTMF 信号。DTMF 信号通过电话线路再送到交换机。

在接收端对收到的双音多频信号进行检测，包括提取信号的两个正弦波的频率，并判断其对应的十进制数字或者符号。用数字方法进行检测要将收到的时间连续 DTMF 信号经过 A/D 变换，变成数字信号再进行检测。DTMF 信号检测需满足的技术指标为：①电平范围 $-4 \sim -23$dBm；②高低频电平差不大于 4dB；③频偏绝对值不大于 1.5%；④二次谐波比基频能量低 20dB 以上。因此，在时域对 DTMF 信号进行检测是非常困难的，只能利用离散傅里叶变换（DFT），把 DTMF 信号转换到频域，然后在频域判断各个频点的能量，搜索信号的行频和列频，判断信号的两个频率，最后确定对应的数字或符号。

直接计算 DFT 的计算量较大。FFT 是 DFT 的快速算法，但当需要计算的频率点数目远小于 DFT 的变换区间长度时，用 FFT 快速算法的效果并不明显，而且还要占用很多内存，还不如直接用 DFT 合适。因为 FFT 必须计算所有的频率点（如 256 点 FFT 必须计算所有 256 个频率点），而 DFT 方法可以只计算所需的几个点（如可仅计算 256 个频率点中的第 20 个、25 个和 30 个频率点）。具体来说，如果在 N 个频率中超过 $\log_2 N$ 点需要计算，则进行 N 点 FFT 计算，然后再舍去不需要的频率点才有利可图，如果只需要几个频率点，则 DFT 优于 FFT。工程上，通常采用戈泽尔（Goertzel）算法来完成 DTMF 信号的检测。

8.3.3 戈泽尔算法

戈泽尔算法是 DFT 的一种快速算法。这种算法充分利用 DFT 中的旋转因子 W_N^k 的周期性减少 DFT 的计算量。在双音多频等应用场合只关心信号中为数不多的频点信息，戈泽尔算法是一个经常被采用的高效算法。该算法一次只计算一个频点的傅里叶分量，可以有选择地计算个别需要计算的频点。当系统只关心频带内个别频率的信号时，相对于 FFT 等算法，戈泽尔算法可以取得更高的计算效率。下面推导戈泽尔算法的计算公式和实现结构。

假设长度为 N 的序列 $x(n)$ 的 N 点 DFT 用 $X(k)$ 表示，因为 $W_N^{-kN}=1$，因此

$$X(k)=W_N^{-kN}X(k)=W_N^{-kN}\sum_{m=0}^{N-1}x(m)W_N^{km}$$

$$=\sum_{m=0}^{N-1}x(m)W_N^{-k(N-m)} \qquad (k=0,1,2,\cdots,N-1) \qquad (8\text{-}24)$$

注意式（8-24）中 $x(m)$ 的区间为 $0\sim N-1$。按照式（8-24）定义序列

$$y_k(n)=\sum_{m=0}^{N-1}x(m)W_N^{-k(n-m)} \qquad (8\text{-}25\text{a})$$

观察式（8-25a），这是序列 $x(n)$ 和 W_N^{-kN} 的卷积运算，因此表示为

$$y_k(n)=x(n)*W_N^{-kn} \qquad (8\text{-}25\text{b})$$

令
$$h_k(n)=W_N^{-kn} \qquad (8\text{-}26)$$

$$y_k(n)=x(n)*h_k(n) \qquad (8\text{-}27)$$

由式（8-27），将 $y_k(n)$ 看成是序列 $x(n)$ 通过单位脉冲响应为 $h_k(n)=W_N^{-kn}$ 的滤波器的输出，对比式（8-24）和式（8-25a），得到

$$X(k)=y_k(n)\,|_{n=N} \qquad (8\text{-}28)$$

那么，$x(n)$ 的 DFT 的第 k 点就是序列 $x(n)$ 通过滤波器 $h_k(n)$ 输出的第 $n=N$ 点样值。这里 $k=0,1,2,\cdots,N-1$，那么 N 点 DFT 就是这 N 个滤波器分别对序列 $x(n)$ 的响应序列的第 N 点输出。下面分析这些滤波器的特点。

对式（8-26）进行 z 变换，得到滤波器的系统函数为

$$H_k(z)=\frac{1}{1-W_N^{-k}z^{-1}} \qquad (8\text{-}29)$$

该滤波器是一个一阶纯极点滤波器，极点为 $W_N^{-k}=\mathrm{e}^{\mathrm{j}2\pi k/N}$，极点频率为 $\Omega_k=2\pi k/N$。该一阶滤波器的结构图如图 8-6（a）所示。

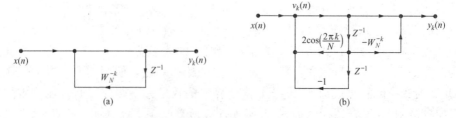

图 8-6　用戈泽尔算法实现 DFT 的滤波器结构

(a) 一阶滤波器；(b) 二阶滤波器

在图 8-6（a）中存在一次复数乘法，为了避免复数乘法，将一阶纯极点滤波器变为二阶滤波器，推导如下

$$H_k(z) = \frac{1}{1 - W_N^{-k}z^{-1}} = \frac{1 - W_N^k z^{-1}}{(1 - W_N^{-k}z^{-1})(1 - W_N^k z^{-1})}$$

$$= \frac{1 - W_N^k z^{-1}}{1 - 2\cos\left(\frac{2\pi k}{N}\right)z^{-1} + z^{-2}} \tag{8-30}$$

按照式（8-30）画出的结构图如图 8-6（b）所示。再按照该结构图，可以用两个差分方程表示该二阶滤波器，即

$$v_k(n) = 2\cos\left(\frac{2\pi k}{N}\right)v_k(n-1) - v_k(n-2) + x(n) \tag{8-31}$$

$$y_k(n) = v_k(n) - W_N^k v_k(n-1) \tag{8-32}$$

式（8-31）是一个实系数的差分方程，且适合递推求解。式（8-32）中具有一个复数乘法器，但因为检测信号的两个频率时，只用它的幅度谱就够了，不需要相位信息，因此只计算式（8-32）模的平方即能量，得到

$$|y_k(N)|^2 = v_k^2(N) + v_k^2(n-1) - 2\cos\left(\frac{2\pi k}{N}\right)v_k(N)v_k(N-1) \tag{8-33}$$

这样输入信号是实序列，用式（8-31）计算中间变量和用式（8-33）计算输出信号的能量，这两个公式中完全是实数乘法，由此得到 $|X(k)|^2 = |y_k(N)|^2$。

因为有 7 种音频要检测，所以需要 7 个式（8-29）表示的滤波器，或者 7 个式（8-30）表示的滤波器。7 个滤波器的中心频率分别对应 7 种音频。

图 8-6 所示的结构图，可以用软件实现，也可以用硬件实现。图 8-6（a）用软件实现时，可以用递推法进行，按照式（8-29）写出它的递推方程为

$$y_k(n) = W_N^{-k}y_k(n-1) + x(n)$$

递推时设定初始条件为 $y_k(-1) = 0$。图 8-6（b）用软件实现，即用式（8-31）、式（8-33）进行递推运算，也要设定初始条件为零状态，即 $v_k(-1) = v_k(-2) = 0$。

MATLAB 信号处理工具箱提供了采用二阶戈泽尔算法的函数 Goertzel，其调用格式为：

X=goertzel(x,K)

x 是被变换的 DTMF 信号的时域采样序列，K 是要求计算的 DFT 频点的序号向量，X 是变换结果向量，存放着由 K 指定的频率点 DFT[x(n)]的值。

DTMF 信号检测流程如图 8-7 所示。

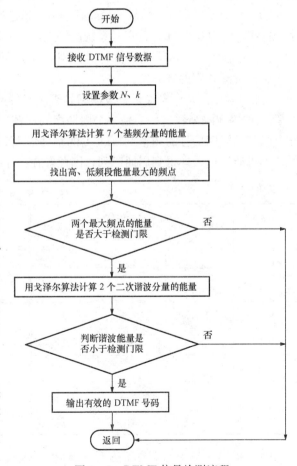

图 8-7　DTMF 信号检测流程

检测包括变换和确认两部分内容。变换是指把输入的时域信号变换成易处理的频域信号，得到有效频率组成的数字。确认是指对检出的数字确认有效，即判断是否符合各项参数规定和信号指标的要求。

8.3.4　检测 DTMF 信号的 DFT 参数选择

用 DFT 检测模拟 DTMF 信号所含有的两个音频频率，就是要用 DFT 对模拟信号进行频谱分析。戈泽尔算法有两个参数 N 和 k。N 是 DFT 的总点数，k 是指向 DFT 运算结果的某一个频率点所对应的序号。这里对信号频谱分析有以下三个要求：

（1）频谱分析的分辨率。

观察要检测的 7 个频率，相邻间隔最小的是第一和第二个频率，间隔是 73Hz，要求 DFT 至少能够分辨相隔 73Hz 的两个信号，即要求 $F_{\min}=73$Hz。DFT 的分辨率和对信号的观察时间 T_p 有关，$T_{p\min}=1/F=1/73=13.7$ms。考虑到可靠性，应留有裕量，要求按键的时间在 40ms 以上。

（2）频谱分析的频率范围。

要检测信号的频率范围为 697～1477Hz，但考虑到存在语音和音乐干扰，除了检测这 7 个频率外，还要检测它们的二次倍频的幅度大小。波形正常且干扰小的正弦波的二次倍频是很小的。如果发现二次谐波很大，则认为不是 DTMF 信号。这样频谱分析的频率范围为 697～2954Hz。按照采样定理，信号的最高频率不能超过折叠频率，即 $0.5F_s \geqslant 2954$Hz，由此要求最小采样频率应为 5.9kHz。这里总系统已经规定 $F_s=8$kHz，因此一定满足对频谱分析范围的要求。按照 $T_{p\min}=13.7$ms，$F_s=8$kHz，则对信号最少的采样点数为 $N_{\min}=T_{p\min}F_s \approx 110$。

（3）检测频率的准确性。

这是一个用 DFT 检测正弦波频率是否准确的问题。序列的 DFT 是序列频域函数在 0～2π 区间的等间隔采样。如果是一个周期序列，截取周期序列的整数个周期进行 DFT，其采样点刚好在周期信号的频率上，DFT 的幅度最大处是信号的准确频率。分析这些 DTMF 信号，不可能经过采样得到周期序列，因此存在一个检测频率的准确性问题。

表 8-7　　　　　　　　　　频率误差表

7 个基频（Hz）	对应的 k 值	最接近的整数 k 值	绝对误差	二次谐波（Hz）	对应的 k 值	最接近的整数 k 值	绝对误差
697	17.861	18	0.139	1394	35.024	35	0.024
770	19.531	20	0.269	1540	38.692	39	0.308
852	21.833	22	0.167	1704	42.813	43	0.187
941	24.113	24	0.113	1882	47.285	47	0.285
1209	30.981	31	0.019	2418	60.752	61	0.248
1336	34.235	34	0.235	2672	67.134	67	0.134
1447	37.848	38	0.152	2954	74.219	74	0.219

DFT 的频率域采样点频率为 $\Omega_k=2\pi k/N(k=0,1,2,\cdots,N-1)$，相应地，在模拟域的采样点频率为 $f_k=F_s k/N(k=0,1,2,\cdots,N-1)$，它是 DTMF 信号的某个频率。当用 7 个频

率中的任一个频率 f_k 代入 $k=Nf_k/F_s$ 中时，算出的 k 值可能是小数。而 DFT 运算中，k 必须是整数。因此希望选择一个合适的 N，得到的所有 k 值最接近整数值。这样一来，DFT 实际计算的并不是 DTMF 标称频率上的频谱，而是邻近频率的频谱，因此存在频率计算偏差，但由此可以正确判断 DTMF 信号所表示的频率值。N 的一种较好的选择方案是计算基频时选 $N=205$，而计算二次谐波分量时 $N=201$。算出 7 个频率及其二次谐波对应的 k 值，和 k 取整数时的频率误差如表 8-7 所示。

8.4　音频信号的数字录音与回放

一个基本数字音频录音系统的组成部分与所有数字信号处理系统的主要部分是一样的，如图 8-8 所示。音频信号首先通过一个抗混叠滤波器，从音频信号中去掉所有感兴趣范围之外的频率成分，以便进行采样。然后将采样后的模拟信号转换成一系列数字代码。对于数字录音来说，这标志着处理的结束。如图 8-9 所示的数字回放则是从数字代码开始，以去除由 D/A 转换引入的人工痕迹结束；其结果是一个听得见的模拟信号。

对音频的要求越高，系统各个部分的性能就越先进。高保真音频意味着混频、量化噪声、相位失真及其他所有造成音频质量下降的因素被细心地最小化了。

图 8-8　数字录音图　　　　　　　　　图 8-9　数字回放

8.4.1　过采样和抽取的数字录音技术

对于图 8-8 的数字录音系统，在对音频信号采样之前，必须有一个抗混叠模拟滤波器，以便对模拟信号进行频带限制用以保证在采样时不会发生频域混叠。一旦选择了所希望的信号最高频率为 $f_H=W$ Hz（例如电话信号 $f_H=4$ kHz），就要为低通滤波器确定一个合适的截止频率。理论上，滤波器的滚降特性是很陡峭的，截止频率要尽可能接近 W Hz，以便保护采样率进而使处理的计算量尽可能小。遗憾的是，构建一个具有足够陡峭的滚降特性的模拟滤波器是非常困难和昂贵的。

如果采用过采样方法，那么只要使用一个非常简单的模拟抗混叠滤波器就可以获得一个近乎理想的滤波后的信号。这种方法主要是靠加大采样频率来实现的。采样定理要求采样频率最小为信号最高频率的两倍。过采样意味着采样频率为奈奎斯特频率的 4 倍、8 倍、16 倍，甚至更高。例如，对于 CD 播放机一般采用 8 倍或 16 倍的过采样。图 8-10 是对 4 倍过采样的说明示意图。图 8-10（a）中的信号包含的重要信息只在 0 到 W Hz 之间，W Hz 之外只有噪声。4 倍过采样频率是 $8W$，为奈奎斯特频率 $2W$ 的 4 倍。

在以每秒 $8W$ 采样点进行采样之前，要用一个模拟抗混叠滤波器对信号进行滤波。在这种情况下，因为重要的信息落在 W Hz 之内，所以这种滤波器不必满足通常的条件：不允许高于采样频率一半的频率成分进入系统。如图 8-10（c）所示，即是采用一个具有图（b）所示的缓滚降特性的抗混叠滤波器，也可以在 $8W$ 采样后使重要的信号信息无失真地保留下来。在最坏的情况下，经过每秒 $8W$ 采样点的采样后，输出信号的频谱如图 8-10（c）中的虚线所示。频谱的镜像位于采样频率的各个倍频上，在 W 到 $7W$ Hz 之间发生了混叠，如图

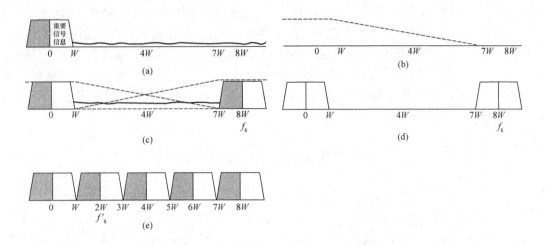

图 8 - 10　过采样和抽取

（a）原始信号；（b）模拟抗混叠滤波器；（c）8W 采样后信号的频谱，包括混叠部分；
（d）数字抗混叠滤波器；（e）经过 1/4 抽取后已采样的频谱，2W 采样频率

中的交叉部分所示。如果图 8 - 10（a）的信号被采样，那么噪声将引起从 W 到 7W 范围内
的频谱混叠，产生图 8 - 10（c）所示的改变了的频谱形状。尽管发生了混叠，信号依然保持
了完整性。因为混叠并未影响到重要的 0~WHz 范围，如图 8 - 10（c）所示。

　　经过粗模拟滤波器和采样之后，使采样后的信号通过一个如图 8 - 10（d）所示的具有
陡滚降特性的数字抗混叠滤波器，使之在 WHz 处锐截止。数字滤波器比模拟滤波器能更好
和更便宜地逼近理想滤波器。一个高阶数字抗混叠滤波器可以把音频信号中我们感兴趣的那
部分准确地提取出来。虽然这是所要寻求的结果，但是保持较高的采样频率意味着在处理过
程中所需要的运算量是原来的 4 倍。因此，在粗模拟滤波、采样和数字滤波之后，要进行抽
取，即在时域信号中丢弃一些数字采样点。对图 8 - 10 的信号，1/4 抽取是每 4 个采样点扔
掉 3 个，如图 8 - 11 所示。抽取的作用是使采样频率降回到它的最小水平，因为图中的采样
频率由 8W 减为 2W，如图 8 - 10（e）所示。过采样之后进行抽取可以在不使用高阶模拟滤
波器的情况下获得与 2W 采样相同的结果。这种数字技术称为多率 DSP，它所提供的灵活性
意味着可以通过一个高质量的数字滤波器接近消除混叠效应，其代价是需要一个快速的、较
昂贵的 DSP。

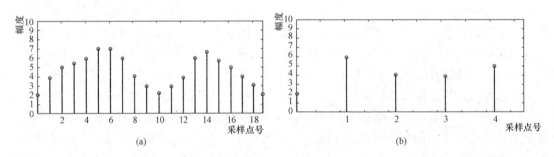

图 8 - 11　1/4 抽取

（a）原始信号采样点；（b）1/4 抽取后

如图 8-10 所证实的，过采样和紧凑的数字滤波器在采样信号频谱中生成的空间，在直到抽取将其去掉之前都是可以利用的。如上所述，过采样所生成的空间简化了抗混叠滤波器的设计，并且还附带了其他好处。其一，降低了量化噪声的影响，这是由于量化噪声分布在一个更宽的频率范围内；其二，某些模数转换会改变量化噪声的频谱并将其大部分移到由过采样所生成的空间中，在那里它将被一个称为噪声成型的滤波过程消除掉。通过噪声成型，只有极少的量化噪声留在感兴趣的频带内，提高了信噪比。当在许多仪器应用系统中以抑制噪声为目的时，所要求的过采样率甚至高达 265 : 1。

8.4.2 插零和内插的数字回放技术

对上面采样得到的数字信号处理完成后，就要准备把数字代码转换回模拟域。首先用零阶保持将代码转换成模拟信号。阶梯信号中包含数字处理所引入的高频成分，必须要把它们去除掉。由一个截止频率为 W Hz 的奈奎斯特抗镜像滤波器完成这个工作。滤波器越陡峭，越能成功地滤除无关的信号成分。设置一个模拟滤波器来做这个工作是很困难的，但是设计一个合适的数字滤波器相当容易。遗憾的是，模拟滤波是不可避免的。一旦进行了 D/A 转换，为了从信号中去除高频镜像，最后的模拟滤波步骤总是必需的。D/A 转换的目的类似于 A/D 转换，即是实现所需滤波不需要复杂的高阶模拟滤波器。在D/A 转换中，第一步是通过所谓插零过程提高数字信号的采样频率。正如它的名称所暗示的，插零意味着在时域已经存在的采样点之间加入若干个零。例如图 8-12（b）中，在图（a）的每个采样点之间插入了 3 个零，这将把采样频率提高 4 倍，因此使施奈奎斯特频率从 W Hz 提高为 $4W$ Hz。在频域，如图 8-13（a）和（b）所示，数字信号的频谱形状在插零前后并未发生变化。

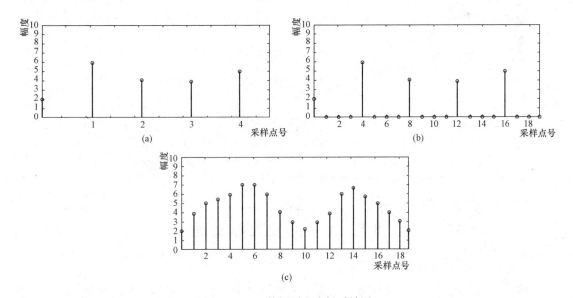

图 8-12 4 倍插零和内插时域图

（a）原始信号采样点；（b）4 倍插零后；（c）内插后

插零后，信号由一个高阶数字抗镜像滤波器进行滤波。该滤波器具有低通特性，而且具有干净地滤除位于 W 到 $7W$ Hz 内的频率成分的作用。图 8-13（c）显示了这个滤波器，而（d）显示了滤波后的信号。现在，用一个如图 8-13（e）所示的低阶模拟滤波器就可以恢复带限的模拟信号，该信号示于图 8-13（f）。这个模拟抗镜像滤波器又称为内插滤波器。在时域，它强迫插入的零取已知采样点间内插的值，如图 8-12（c）所示。内插采样点的幅度反映出信号所含有的频率成分不高于 WHz。在原有采样和插入的零点之间的突变消失，产生了一个不含高于奈奎斯特频率的虚假成分的平滑信号。

　　如果不通过插零改变信号的采样频率，数字抗镜像滤波器就不能改变图 8-13（a）中的频谱，因为图 8-13（c）中滤波器形状的频谱镜像将出现在 2W，而不是 8W 处。插零在信号频谱中生成的空间使得模拟抗镜像滤波能够顺利进行。经过数字抗镜像后，用一个低阶模拟滤波器就可以轻易恢复所需的信号频谱。虽然采用 2W 的采样频率也可以得到相同的结果，但需要使用高阶模拟滤波器。此外，通过使用数字技术可以获得任意的滤波器锐度，从而提高输出信号的保真度。类似于过采样，通过插零使有效采样频率提高，从而使量化噪声更稀疏地分布在频谱中，进一步提高了输出信噪比。作为多率 DSP 的另一个例子，插零和内插可以像改进听觉效果一样改进视觉效果。35mm 电影放映机把电影胶片的每一帧画面投映 3 次。如果电影胶片每秒投映 24 帧，则生成每秒 72 帧的画面序列。这时，人眼会在帧间进行内插，从而获得较高的表观帧率视觉效果。

　　在数字音频中使用抽取和内插技术是由于忠实地重现音乐和话音非常重要。这一技术也可用于高精密仪器制造、声纳处理和其他一些对信号保真度要求较高的场合。

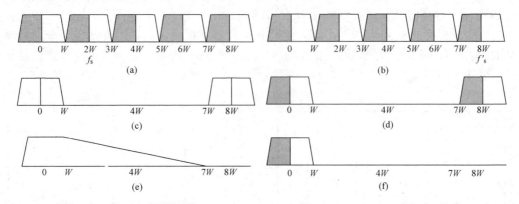

图 8-13　4 倍插零和内插频域图

（a）数字信号，2W 采样频率；（b）4 倍插零使采样频率提高到 8W；

（c）数字抗镜像滤波器；（d）经过数字抗镜像滤波器后的信号频谱；

（e）模拟抗镜像滤波器；（f）恢复的信号

8.5　数字信号处理实现

8.5.1　DSP 实现技术

　　数字信号处理就是用计算的方法实现一个系统。由于数字信号是数据的序列，同时，数字信号处理只能使用数字电路，因此要实现数字信号处理系统，只能依靠离散数值运算，例如卷积计算、数值积分等，这就必然会涉及到大量的乘法或除法运算。在数字计算系统中，要实现乘法和除法运算的电路比较复杂，同时所需要的时间也比较长，这必然会大大地增加运算时间，这是数字信号处理系统所不希望的。正是这个原因，数字信号处理系统的设计中必须对算法进行仔细的研究和分析，以便找出性能优良的计算技术。

数字信号处理的方法是指根据系统设计需要，建立相应的算法并利用相应的电子技术实现这种算法。

从算法的角度看，数字信号处理系统具有很强的特殊性，无论是从结构还是从形成方式上看，各种不同的数字信号处理系统之间都存在着巨大差异。但从组成原理上看，各种数字信号处理系统的组成又基本相同。

DSP 的基本结构取决于算法，同时也与所采用的硬件技术有关。从系统功能的角度看，数字信号处理系统一般包括信号输入、信号输出、信号转换、信号处理以及数据管理等部分。

数字计算技术包括两方面问题：一个方面是算法问题；另一个方面是算法的实现问题。算法实现问题属于数字计算技术所要解决的问题。因此，数字信号处理系统的算法结构也包括两个部分：一个是计算结构；另一个是实现结构。

数字信号处理的实现方法一般有以下几种：

1. PC 系统实现

作为数字信号处理实现技术，PC 的最大优势就是系统资源丰富，其中包括硬件和软件资源，它可以使用各种编程技术和应用软件。例如，使用 PC 进行语音处理就相当方便，不需要开发任何硬件系统，仅需利用 PC 的多媒体设备、驱动软件，就能进行系统开发。所以，自 20 世纪 80 年代以来，有相当多的应用系统都是以 PC 为基本系统开发完成的。

在通用计算机上编程序可以实现各种复杂的处理算法。程序可以由处理者开发，也可以使用信号处理程序库中现成的程序。一般采用 C 语言、MATLAB 语言等编程，主要用于 DSP 算法的模拟仿真，验证算法的正确性和性能。其优点是灵活方便、开发周期短，其缺点是处理速度慢，所以多用于处理算法研究、教学实验和一些对处理速度要求较低的场合。

在通用计算机系统中可以加上专用的加速处理机实现数字信号处理。加速卡可以是通用的加速处理机，也可以是由 DSP 用户开发的用户加速卡。如果加速卡是用户开发的，在日益复杂的控制系统中，随着 DSP 芯片价格的下降，这一方法比较常用。但当数据处理量较大时，加速卡和计算机之间的数据交换速度比较慢，因而通用计算机只能起到管理者的作用，而不参与实时处理。

2. 单片机实现

单片机是一种具有 CPU 和各种不同外部电路的微处理器。从结构上看，单片机与微处理器的重要区别在于，单片机的系统管理资源没有微处理器丰富，但却具有多种用户电路。因此，如果系统不需要复杂的管理，就可以充分利用单片机的电路集成特性，把系统体积压缩到最小。用单片机虽然可以实现简单的数字信号处理系统，但如果系统复杂、时实性要求强，就显得能力不足了。因此，在比较简单的系统中，可以使用单片机作为数字信号处理器，而需要进行复杂计算时（例如实现 DVD 解码），就必须使用微处理器或 DSP 器件。

实际上，任何单片机组成的系统，都可以被看作是一个数字信号处理系统，因为系统的功能是由单片机完成的，系统已经成为一个数字信号处理系统。

3. 专用的硬件实现

在一些要求信号处理速度极高的特殊场合，采用加法器、乘法器和延时器构成的专用数字网络，或专用集成电路可以实现某种专用的信号处理功能，如调制解调器、快速傅里叶变换芯片、数字滤波器芯片等。这种芯片将相应的信号处理算法在芯片内部用硬件实现，无需进行编程。使用专用 DSP 芯片时，使用者给出输入数据，经过简单的组合就可以在输出端得到结果。这种芯片适用于要求高速实时处理的一些专用设备，设备一旦定型，就不再改动，便于大批生产。这种方案的缺点是灵活性差，开发周期长，而且开发工具还不够完善，不适用于个人和小型单位开发。

4. 通用可编程数字信号处理器（可编程 DSP）实现

与单片机相比，通用可编程 DSP 具有更加适用于数字信号处理的软件和硬件资源，可用于复杂的数字信号处理算法，是可用指令/软件编程的 DSP。这种 DSP 芯片广泛应用于通信、语音图像图形处理、仪器仪表、自动控制、医疗仪器、民用电器、雷达处理导航与导弹制导等诸多领域。

可编程 DSP 是一种特殊的微处理器，不仅具有可编程性，而且其实时运行速度远远超过通用微处理器。其特殊的内部结构、强大的信息处理能力及较高的运行速度，是 DSP 最重要的特点。关于可编程 DSP 芯片的特点将在下面重点介绍。

5. FPGA（Field-Programmable Gate Array）等可编程门阵列实现

许多 FPGA 生产公司（如 Altera、Xilinx 等）都提供软件或 VHDL 等开发语言，通过软件编程用硬件实现特定的数字信号处理算法。这一方法由于具有通用性的特点，并可以实现算法的并行运算，无论是作为独立的数字信号处理器还是作为 DSP 芯片的协处理器，目前都是比较活跃的研究领域。而且，近年来，一些公司开发和设计出把 FPGA 和 DSP 以及 ARM 等芯片结合在一起的大型可编程逻辑器件，这将成为今后几年数字信号处理实现的一个很重要的方向。

8.5.2 通用可编程 DSP 芯片的主要特点

虽然数字信号处理的理论发展迅速，但在 20 世纪 80 年代以前，由于实现方法的限制，数字信号处理的理论还得不到广泛的应用。直到 20 世纪 80 年代初世界上第一片单片可编程 DSP 芯片的诞生，才将理论研究结果广泛应用到低成本的实际系统中，并且推动了新的理论和应用领域的发展。可以毫不夸张地说，DSP 芯片的诞生及发展对二十多年来通信、计算机、控制等领域的发展起到了十分重要的作用。

DSP 处理器是专门设计用来进行高速数字信号处理的微处理器。与通用的 CPU 和微控制器（MCU）相比，DSP 处理器在结构上采用了许多的专门技术和措施来提高处理速度。尽管不同的厂商所采用的技术和措施不尽相同，但往往有许多共同的特点。以下介绍的就是它们的共同点。

1. 改进的哈佛结构

以奔腾为代表的通用微处理器，其程序代码和数据共用一个公共的存储空间和单一的地址与数据总线，取指令和取操作数只能分时进行，这样的结构称为冯·诺依曼结构（Von Neumann architecture），如图 8-14（a）所示。

DSP 处理器则毫无例外地将程序代码和数据的存储空间分开，各有自己的地址总线与数据总线，这就是所谓的哈佛结构（Harvard architecture），如图 8-14（b）所示。之所以采用哈佛结构，是为了同时取指令和取操作数，并行地进行指令和数据的处理，从而可以大大提高运算速度。例如，在做数字滤波处理时，将滤波器的参数存放在程序代码空间里，而将待处理的样本存放在数据空间里，这样，处理器就可以同时提取滤波器参数和待处理的样本，进行乘和累加运算。

为了进一步提高信号处理的效率，在哈佛结构的基础上又加以改进，使得程序代码和数据存储空间之间也可以进行数据的传送，称为改进的哈佛结构（modified Harvard architecture），如图 8-14（c）所示。

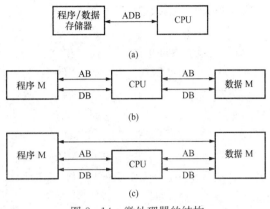

图 8-14　微处理器的结构

(a) 冯·诺依曼结构；(b) 哈佛结构；(c) 改进的哈佛结构

2. 多总线结构

许多 DSP 芯片内部都采用多总线结构，这样保证在一个机器周期内可以多次访问程序空间和数据空间。例如，TMS320C54x 内部有 P、C、D、E 等 4 条总线（每条总线又包括地址总线和数据总线），可以在一个机器周期内从程序存储器取 1 条指令、从数据存储器读 2 个操作数和向数据存储器写 1 个操作数，大大提高 DSP 的运行速度。因此，对 DSP 来说，内部总线是十分重要的资源，总线越多，可以完成的功能就越复杂。

3. 流水线技术 (pipeline)

计算机在执行一条指令时，总要经过取指、译码、取数、执行运算等步骤，需要若干个指令周期才能完成。流水线技术是将各指令的各个步骤重叠起来执行，而不说一条指令执行完成之后，才开始执行下一条指令。即第一条指令取指后，在译码时，第二条指令就取指；第一条指令取数时，第二条指令译码，而第三条指令就开始取指，……，依次类推，如图 8-15所示。使用流水线技术后，尽管每一条指令的执行仍然要经过这些步骤，需要同样的指令周期数，但将一个指令段综合起来看，其中的每一条指令的执行就都是在一个指令周期内完成的。DSP 处理器所采用的将程序存储空间和数据存储空间的地址与数据总线分开的哈佛结构，为采用流水线技术提供了很大的方便。

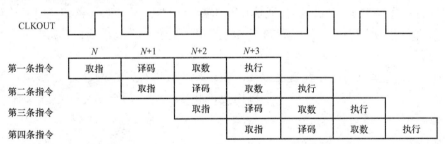

图 8-15　流水线技术示意图

4. 采用硬件乘法器

在一般的计算机上，汇编语言中虽然有乘法指令，但在机器内部，实际上还是由加法和移位来实现的，因此它们实现乘法运算就比较慢。在数字信号处理运算中，无论是滤波器，还是 DFT、FFT 运算，一般的算法中都有大量的乘法运算存在。乘法运算的速度是数字信号处理实现中的一个瓶颈问题，各种算法的改进也将降低算法中的乘法运算次数作为一项最主要的目标。与一般的计算机不同，数字信号处理器都有硬件乘法器，使得乘法运算可以在一个指令周期内完成。

5. 多处理单元

DSP 内部一般都包括多个处理单元，如算术逻辑运算单元（ALU）、辅助寄存器运算单元（ARAU）、累加器（ACC）及硬件乘法器（MUL）等。它们可以在一个指令周期内同时进行运算。例如，在执行一次乘法和累加运算的同时，辅助寄存器单元已经完成了下一个地址的寻址工作，为下一次乘法和累加运算做好了充分准备。因此，DSP 在进行连续的乘加运算时，每一次乘加运算都是单周期的。DSP 的这种多处理单元结构，特别适用于大量乘加操作的矩阵运算、滤波、FFT、Viterbi 译码等。许多 DSP 的处理单元结构还可以将一些特殊的算法，如 FFT 的位码倒置寻址和取模运算等，在芯片内部用硬件实现，以提高运行速度。

6. 特殊的 DSP 指令

为了更好地满足数字信号处理应用的需要，在 DSP 的指令系统中，设计了一些特殊的 DSP 指令。例如，TMS320C54x 中的 FIRS 和 LMS 指令，专门用于系数对称的 FIR 滤波器和 LMS 算法。

7. 指令周期短

早期的 DSP 的指令周期约 400ns，采用 $4\mu m$ NMOS 制造工艺，其运算速度为 5MIPS（millions of Instructions Per Secend，每秒执行百万条指令）。随着集成电路工艺的发展，DSP 广泛采用亚微米 CMOS 制造工艺，其运行速度越来越快。以 TMS320C54x 为例，其运行速度可达 100MIPS。TMS320C6203 的时钟为 300MHz，运行速度达到 2400MIPS。

8. 运算精度高

早期 DSP 的字长为 8 位，后来逐步提高到 16 位、24 位、32 位。为防止运算过程中溢出，有的累加器达到 40 位。此外，有些浮点 DSP 还提供了更大的动态范围。

9. 丰富的外部设备

新一代 DSP 的接口功能越来越强，片内具有主机接口（HPI）、直接存储器访问控制器（DMAC）、外部存储器扩展口、串行通信口、中断处理器、定时器、锁相环时钟产生器以及实现片上仿真符合 IEEE 1149.1 标准的测试访问口，更易于完成系统设计。

10. 功耗低

许多 DSP 芯片都可以工作在省电方式，使系统功耗降低。一般芯片为 0.5～4W，而采用低功耗技术的 DSP 芯片只有 0.1W，可用电池供电。如 TMS3205510 仅 0.25mW，特别适用于便携式数字终端。

11. 良好的仿真开发技术

为了方便用户的设计与调试，许多 DSP 在片上设置了 JTAG 仿真接口和高级语言编译器。

正是由于上面所述的 DSP 芯片特点，使 DSP 芯片非常适合于实时的数字信号处理。也正是这种优越性，使 DSP 在 21 世纪成为连接数字世界的关键所在。相信在不久的将来，DSP 技术会有更新更快的发展。

8.5.3　DSP 系统开发流程

数字信号处理系统的设计目标，是以最佳的速度和技术指标实现复杂的数学运算。因此，数字信号处理系统集成电路设计的目标，就是充分利用硬件电路直接完成数字信号处理所具有的高速度优势，形成高性能的全硬件数字信号处理系统，特别是在某些重要的信息处理系统中，全硬件的信息处理在安全性方面具有更大的优势。

图 8-16 所示为一个典型 DSP 系统。先将输入的模拟信号进行带限滤波和抽样，再进行 A/D 变换，将信号变换成数字比特流，经 DSP 芯片

图 8-16　典型 DSP 系统

处理后的数字样值，再经 D/A 变换成模拟样值，之后再进行内插和平滑滤波即可得到连续的模拟信号输出。根据奈奎斯特抽样定理，为保证信息不丢失，抽样频率至少是输入带限信号最高频率的 2 倍，其中抗混叠滤波的作用，就是将输入的模拟信号中高于折叠频率的值等于采样频率的一半的分量滤除，以防止信号频谱出现混叠。芯片是系统的关键。

1. 总体方案设计

在进行 DSP 系统设计之前，首先要明确设计任务，将设计任务书转化为量化的技术指标：由信号的频率决定的系统采样频率；由采样频率完成任务书最复杂的算法所需的最大时间及系统对实时程度的要求判断系统能否完成工作；由数量及程序的长短决定片内 RAM 的容量，是否需要扩展片外 RAM 及片外 RAM 的容量；由系统所要求的精度决定是 16 位还是 32 位，是定点还是浮点运算；根据系统是计算用还是控制用来决定对输入输出端口的要求。

由上述技术指标，大致可以选定 DSP 芯片的型号。根据选用的 DSP 及上述技术指标可以初步确定 A/D、D/A、RAM 的性能指标及可供选择的产品。

在确定 DSP 芯片选型之后，应当先进行系统的总体设计。首先采用高级语言 MATLAB 等对算法进行仿真，确定最佳算法并初步确定参数，对系统的软硬件进行初步分工。

2. 软件设计阶段

（1）用 C 语言、汇编语言或者 C 语言与汇编语言的混合编写程序，再把它们分别转换成具体 DSP 芯片的汇编语言并送到汇编语言编译器进行编译，完成目标文件。

（2）将目标文件送入链接器进行连接，得到可执行文件。

（3）将可执行文件调入到调试器（包括软件仿真、软件开发系统、评测模块、系统仿真器）进行调试，检查运行结果是否正确。如果正确，进入下一步；如果不正确，则返回第一步。

（4）进行代码转换，将代码写入 EEPROM，并脱离仿真器运行程序，检查结果是否正确。如果不正确，返回上一步；如果正确，进入下一步。

（5）软件调试。软件调试借助 DSP 开发工具，如软件模拟器、DSP 开发系统或仿真器等。调试 DSP 算法时一般采用比较实时结果与模拟结果的方法，如果实时程序和模拟程序的输入相同，则两者的输出应一致。应用系统的其他软件可根据实际情况进行调试。如果调试结果合格，软件调试完毕；如果不合格，返回第一步。

3. 硬件设计阶段

（1）设计硬件实现方案。即根据性能指标、工期、成本等，确定最优硬件实现方案，并画出硬件系统框图。

（2）器件的选型。一般系统常用内存、电源、逻辑控制、通信、人机接口、总线等基本

部件。

（3）原理图设计。在原理图设计时必须清楚了解器件的使用和系统的开发，对于关键环节要做仿真。原理图设计成功与否，是系统能否正常工作的重要因素。

（4）PCB 板设计。PCB 板设计要求系统 DSP 设计人员既要熟悉系统工作原理，又要清楚布线工艺和系统结构设计。

（5）硬件调试。硬件调试采用硬件仿真器进行调试，如果没有仿真器，且系统不复杂，则可借助一般的工具进行调试。

4. 系统集成

系统的软、硬件设计分别调试完成之后，进行系统集成。系统集成是将软硬件结合起来，并组合成样机在实际系统中运行，进行系统测试。如果系统测试结果符合设计指标，则样机设计完毕。但由于在软硬件调试阶段调试的环境是模拟的，因此在系统测试时往往会出现一些问题，如精度不够、稳定性不好等。出现问题时，一般采用修改软件的方法进行修改，如果软件修改无法解决问题，则必须调整硬件。

第9章 MATLAB 仿 真 实 验

信号分析与处理是一门理论和实践密切结合的课程。为了深入地掌握课程内容，应当在学习理论的同时，勤做习题和上机实验。上机实验不仅可以帮助学生深入地理解和消化基本理论，而且能锻炼学生独立解决问题的能力。

MATLAB 是一种广泛应用于工程计算和数值分析等领域的大型科技应用软件，它具有顶尖的数值计算和符号运算功能、强大的图形处理功能、简捷易学的编程语言，为实现信号的分析与处理提供了强有力的工具。与 C 语言或 FORTRON 语言等作科学数值计算的程序设计相比较，利用 MATLAB 可节省大量的编程时间。将其用于信号分析与处理实验，可以大大提高实验效率。例如，C 语言的 FFT 子程序有 70 多行，而用 MATLAB 只需调用一个fft() 函数就可实现对离散时间信号进行快速傅里叶变换。另外，MATLAB 丰富的工具箱函数和图形显示功能，可满足各层次人员直观、方便地进行分析、计算和设计工作，从而大大提高效率。例如，信号的卷积、滤波，系统函数的幅频特性和相频特性等计算，都有现成的函数可供调用。而这些计算使用其他算法语言编程则比较麻烦，且程序较长。由于上述特点，MATLAB 已成功地用于信号分析与处理课程中的问题分析、计算、滤波器设计及计算机仿真。

9.1 信号的产生及运算与图示

9.1.1 典型信号的 MATLAB 表示

1. 单位阶跃信号

单位阶跃函数 $\varepsilon(t)$ 可以利用 MATLAB 函数 stepfun(t，t0)，其中，t 为自变量，t0 为延迟时间。

图 9-1 和图 9-2 是用下面的程序绘出的单位阶跃信号和延迟单位阶跃信号的波形图。

```
t = -0.5:0.01:1.5;                        %定义时间向量,时间间隔为 0.01
u = stepfun(t,0);                         %定义单位阶跃信号
u1 = stepfun(t,0.5);                      %定义延迟单位阶跃信号
plot(t,u); axis([-0.5 1.5 -0.2 1.2]);     %绘制单位阶跃信号波形
plot(t,u1); axis([-0.5 1.5 -0.2 1.2])     %绘制延迟单位阶跃信号波形
```

还可以利用关系运算符实现，程序如下，波形和图 9-1、图 9-2 相同。

```
t = -0.5:0.01:1.5;                        %定义时间向量,时间间隔为 0.01
x = (t>0);                                %定义单位阶跃信号
x1 = (t>0.5);                             %定义延迟单位阶跃信号
plot(t,x); axis([-0.5 1.5 -0.2 1.2]);     %绘制单位阶跃信号波形
plot(t,x1); axis([-0.5 1.5 -0.2 1.2]);    %绘制延迟单位阶跃信号波形
```

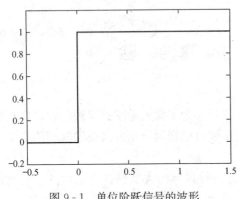
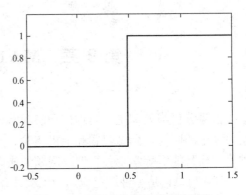

图 9-1 单位阶跃信号的波形   图 9-2 延迟单位阶跃信号的波形

2. 单位冲激信号

单位冲激信号 $\delta(t)$ 由于在 $t=0$ 时的值趋于无穷大，实际中并不存在，用图形表示有一定困难，但一些函数在某一参数的极限表现为冲激函数。如宽度为 τ，高度为 $\frac{1}{\tau}$ 的矩形脉冲函数，当 $\tau \rightarrow 0$ 时逼近冲激函数，即

$$\delta(t) = \lim_{\tau \to 0} \frac{1}{\tau} \left[\varepsilon \left(t + \frac{\tau}{2} \right) - \varepsilon \left(t - \frac{\tau}{2} \right) \right] \tag{9-1}$$

编程如下：

```
t = -1:0.001:1;                  %定义时间向量
for i = 1:3                      %采用循环语句观察 τ 不同取值时的脉冲波形
    dt = 1/(i^4);                %令 τ 逐渐减小
    x = (1/dt)*((t> = -(1/2*dt))-(t> =(1/2*dt)));
                                 %计算 τ 不同取值时的脉冲函数值
    subplot(1,3,i);             %将图形窗口分割成 3 部分
    stairs(t,x);                %用阶梯图形函数绘制脉冲波形
end
```

单位冲激信号的波形如图 9-3 所示。

3. 抽样信号

抽样信号可表示为

$$\text{Sa}(t) = \frac{\sin(t)}{t} \tag{9-2}$$

由于 MATLAB 中定义 $\text{sinc}(t) = \frac{\sin(\pi t)}{\pi t}$，我们可以利用 sinc( ) 函数来表示抽样信号，即

$$\text{Sa}(t) = \text{sinc}(t/\pi) \tag{9-3}$$

编程如下：

```
t = -20:0.01:20;
x = sinc(t/pi);
plot(t,x)
```

抽样信号的波形如图 9-4 所示。

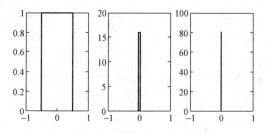
图 9-3　矩形脉冲逼近冲激函数的过程

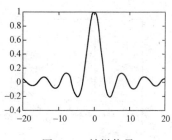
图 9-4　抽样信号

4. 单位样值序列和单位阶跃序列

序列的表示与连续信号有所不同，应该注意，由于 MATLAB 中矩阵的元素个数是有限的，因此，MATLAB 无法表示无限长序列，必须定义序列的起点和终点；而且在绘制序列的图形时，应使用线形图绘制函数 stem，而不是 plot 函数。表示单位样值序列和单位阶跃序列的程序如下。

```
n1 = input('输入序列的起点 n1 = ');        % 以交互方式输入序列的起点 n1
n2 = input('输入序列的终点 n2 = ');        % 以交互方式输入序列的终点 n2
n = n1 : n2;                              % 定义时间向量,间隔为 1
k = length(n);
x1 = zeros(1,k);
x1(1, - n1 + 1) = 1;                      % 产生单位样值序列
subplot(1,2,1);
stem(n,x1,'filled')                       % 绘制图形
x2 = ones(1,k);
x2(1,1 : - n1) = 0;                       % 产生单位阶跃序列
subplot(1,2,2);
stem(n,x2,'filled')                       % 绘制图形
```

执行程序，按提示输入 n1＝−10，n2＝10，可得到如图 9-5 所示的图形。

5. 正弦序列

用 MATLAB 表示正弦序列时应注意周期性问题。正弦序列可表示为

$$x(n) = A\sin(\Omega n + \varphi) \tag{9-4}$$

只有当 $\dfrac{2\pi}{\Omega}$ 为整数或有理数时，正弦序列是周期的，其周期为使 $\dfrac{2\pi}{\Omega}k$（k 为任意整数）为最小正整数的值。若 $\dfrac{2\pi}{\Omega}$ 为无理数，则此时正弦序列不是周期的。

例如产生一个幅度 $A=1$，数字角频率 $\Omega=\dfrac{\pi}{6}$，相位 $\varphi=\dfrac{\pi}{12}$ 的正弦序列，编程如下：

```
n = - 20 : 20;
x = sin(pi/6 * n + pi/12);
stem(n,x,'filled')
```

产生的正弦序列如图 9-6 所示。

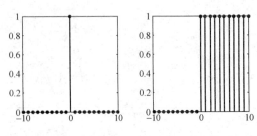 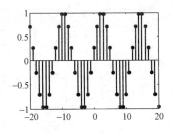

图 9 - 5 单位样值序列和单位阶跃序列   图 9 - 6 正弦序列

9.1.2 信号运算的 MATLAB 实现

1. 连续信号的运算

信号的自变量变换包括移位、反折和尺度变换。信号的时域运算包括相加、相乘等。

【例 9 - 1】 已知连续信号 $x(t) = (t+1)[\varepsilon(t+1) - \varepsilon(t)] + \varepsilon(t) - \varepsilon(t-1)$，用 MAT-LAB 绘出 $x(t)$，$x(t-1)$，$x(-t)$，$x(2t)$ 的波形。

解 程序如下：

```
t = -3:0.01:3;                              %定义时间向量,时间间隔为 0.01
u = (t+1).*((t>-1)-(t>0))+(t>0)-(t>1);      %原信号 x(t)
plot(t,u);axis([-3  3  -0.2  1.2])
u1 = ((t-1)+1).*(((t-1)>-1)-((t-1)>0))+((t-1)>0)-((t-1)>1);
                                            %信号移位 x(t-1)
plot(t,u1);axis([-3  3  -0.2  1.2]);
u2 = (-t+1).*((-t>-1)-(-t>0))+(-t>0)-(-t>1);
                                            %信号反转 x(-t)
plot(t,u2);axis([-3  3  -0.2  1.2]);
u3 = (2*t+1).*((2*t>-1)-(2*t>0))+(2*t>0)-(2*t>1);
                                            %信号尺度变换 x(2t)
plot(t,u3);axis([-3  3  -0.2  1.2]);
```

各信号波形如图 9 - 7 所示。

【例 9 - 2】 已知连续信号 $x_1(t) = \sin(t)$，$x_2(t) = \sin(3t)$，用 MATLAB 绘出信号 $x_1(t)$、$x_2(t)$、$x_3(t) = x_1(t) + x_2(t)$，$x_4(t) = x_1(t)x_2(t)$ 的波形。

解 利用符号函数实现。先用 syms 命令声明一个符号变量，即只要定义参加运算的信号为符号变量，它们就可以直接利用基本运算符进行计算。程序如下：

```
syms t;                                     %定义符号变量 t
x1 = sin(t);                                %计算符号函数 x1
subplot(2,2,1);ezplot(x1,[0,6.5]);
x2 = sin(3*t);                              %计算符号函数 x2
subplot(2,2,2);ezplot(x2,[0,6.5]);
x3 = x1 + x2;                               %信号的相加
subplot(2,2,3);ezplot(x3,[0,6.5]);
x4 = x1*x2;                                 %信号的相乘
```

```
subplot(2,2,4);ezplot(x4,[0,6.5]);
```
各信号波形如图 9 - 8 所示。

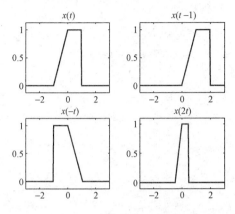

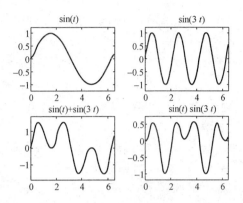

图 9 - 7　连续信号的自变量变换　　　　　图 9 - 8　连续信号的时域相加和相乘

2. 序列的运算

在 MATLAB 中，序列的相加和相乘运算需表示成向量的相加和相乘，因此要求参加运算的序列一定要具有相同的长度。对于不同长度的两个序列不能直接进行运算，必须通过补零的方法使它们具有相同的长度。

【例 9 - 3】　已知序列 $x(n) = \{\underset{\uparrow}{0} \quad 1 \quad 2 \quad -1 \quad -2 \quad 1 \quad 3 \quad 4 \quad 4\}$，绘制 $x(n)$、$x(n-2)$、$x(n+2)$ 和 $x(-n)$ 的图形。

　　解　M 文件如下：

```
n = 0:8;
x = [0 1 2 -1 -2 1 3 4 4];subplot(2,2,1);              % 序列 x(n)
stem(n,x,'filled');axis([-9,11,-3,5]);title('x[n]');
n1 = n + 2;subplot(2,2,2);                              % x(n-2)
stem(n1,x,'filled');axis([-9,11,-3,5]);title('x[n-2]');
n2 = n - 2;subplot(2,2,3);                              % x(n+2)
stem(n2,x,'filled');axis([-9,11,-3,5]);title('x[n+2]')
n3 = -fliplr(n);x1 = fliplr(x);subplot(2,2,4);         % x(-n)
stem(n3,x1,'filled');axis([-9,11,-3,5]);title('x[-n]');
```
序列 $x(n)$ 的自变量变换波形如图 9 - 9 所示。

【例 9 - 4】　已知序列 $x_1(n) = (\underset{\underset{n=0}{\uparrow}}{1},0,2,4,3,-1,2,3)$，$x_2(n) = (\underset{\underset{n=3}{\uparrow}}{2},3,1,2,4,3)$ 用 MATLAB 绘出下列信号的图形：① $x_1(n)$，$x_2(n)$；② $x_1(n) + x_2(n)$；③ $x_1(n) x_2(n)$。

　　解　程序如下：

```
n = 0:8;
x1 = [1 0 2 4 3 -1 2 3 0];              %定义序列 x1,为使序列具有相同长度,在
                                          最后补 1 个 0

subplot(2,2,1);stem(n,x1,'filled');
```

```
axis([-1,9,-2,5]);title('x1(n)');
x2 = [0 0 0 2 3 1 2 4 3];          % 定义序列 x2,为使序列具有相同长度,在
                                      前面补 3 个 0
subplot(2,2,2);stem(n,x2,'filled');
axis([-1,9,-2,5]);title('x2(n)');
x3 = x1 + x2;
subplot(2,2,3);stem(n,x3,'filled');
axis([-1,9,-2,13]);title('x1(n) + x2(n)');
x4 = x1.* x2;
subplot(2,2,4);stem(n,x4,'filled');
axis([-1,9,-2,13]);title('x1(n)x2(n)');
```

各信号图形如图 9-10 所示。

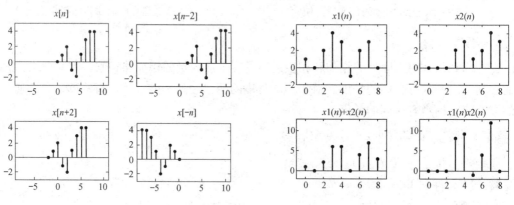

图 9-9　序列 $x(n)$ 的自变量变换波形　　　　图 9-10　序列的时域相加和相乘

9.1.3　仿真实验

（1）试用 MATLAB 绘出下列连续信号的时域波形。

1）$x(t) = (2 - \mathrm{e}^{-2t})\varepsilon(t)$；

2）$x(t) = \cos(\pi t)[\varepsilon(t) - \varepsilon(t-1)]$；

3）$x(t) = \varepsilon(-3t + 2)$；

4）$x(t) = -\dfrac{1}{2}t\varepsilon(t+2)$。

（2）试用 MATLAB 绘出下列离散序列的时域波形。

1）$x(n) = (-0.5)^n\varepsilon(n)$；

2）$x(n) = n[\varepsilon(n) - \varepsilon(n-6)]$；

3）$x(n) = \varepsilon(-n + 2)$；

4）$x(n) = \sin\left(\dfrac{n\pi}{4}\right)\varepsilon(n)$。

（3）试用 MATLAB 绘制双边指数信号 $x(t) = c\mathrm{e}^{a|t|}$ 的时域波形，并观察 a 的大小对信号波形的影响。

（4）已知信号波形如图 9-11（a）所示，试用 MATLAB 绘出下列信号的波形。

1) $x(-t)$；

2) $x(t-3)$；

3) $x(1-2t)$；

4) $x\left(\dfrac{1}{2}t+1\right)$。

（5）已知序列如图 9 - 11（b）所示，试用 MATLAB 绘出下列序列的图形。

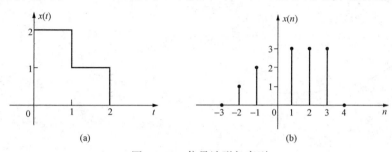

图 9 - 11　信号波形与序列

（a）实验（4）信号波形；（b）实验（5）序列

1) $x(-n)$；

2) $x(n-3)\varepsilon(n)$；

3) $x(2-n)$；

4) $x(n-2)\varepsilon(n-2)$ 。

（6）已知信号 $x_1(t)=\mathrm{e}^{-2t}\varepsilon(t)$ 及 $x_2(t)=\sin(2\pi t)$ ，试用 MATLAB 绘出信号 $x_3(t)=x_1(-t)$、$x_4(t)=x_1(t)+x_3(t)$、$x_5(t)=x_1(t)x_2(t)$、$x_6(t)=x_2(t)x_4(t)$ 的波形。

9.2　微分和差分方程的求解

9.2.1　用 MATLAB 解微分方程

对于用微分方程描述的连续线性时不变系统，如果系统的输入信号和初始状态已知，就可以用微分方程的经典时域求解方法求出该系统的响应。对于高阶系统，用手工计算来解决这一问题将会相当繁琐。这时可以利用 MATLAB 符号工具箱中的函数 dsolve() 来求解常微分方程的符号解，其调用格式为

r = dsolve('eq1,eq2,…','cond1,cond2,…','v')

r = dsolve('eq1','eq2',…','cond1','cond2,'…','v')

在 MATLAB 中，约定 D 表示一阶微分，D2 表示二阶微分，D3 表示三阶微分，…，符号 Dy 相当于 $\mathrm{d}y/\mathrm{d}t$。函数 dsolve 把 D 后面的变量当作因变量，并且默认这些变量是对自变量 t 求导，也可以指定其他自变量 v。在使用该函数时，不能把 D 当作因变量。微分方程的初始条件用 cond 表示。如果没有给出初始条件 cond，则系统认为是求微分方程的通解，在通解里包含积分常数 C1、C2、C3 等。

【例 9 - 5】　已知某连续线性时不变系统的微分方程为 $\dfrac{\mathrm{d}^2 y(t)}{\mathrm{d}t^2}+5\dfrac{\mathrm{d}y(t)}{\mathrm{d}t}+6y(t)=x(t)$，$x(t)=6\varepsilon(t)$，$y'(0)=10$，$y(0)=0$。计算系统的零输入响应、零状态响应和全响应，并绘出波形。

解 程序如下：

```
yzi = dsolve('D2y + 5 * Dy + 6 * y = 0','y(0) = 0,Dy(0) = 10')    %计算零输入响应
ezplot(yzi);hold on;
yzs = dsolve('D2y + 5 * Dy + 6 * y = 6','y(0) = 0,Dy(0) = 0')     %计算零状态响应
ezplot(yzs);hold on;
y = dsolve('D2y + 5 * Dy + 6 * y = 6','y(0) = 0,Dy(0) = 10')      %计算全响应
ezplot(y);hold off;
```

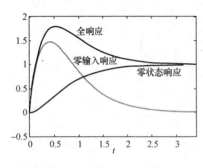

图 9-12　例 9-5 响应波形

计算结果为

$$yzi = 10 * \exp(-2 * t) - 10 * \exp(-3 * t)$$

$$yzs = 1 - 3 * \exp(-2 * t) + 2 * \exp(-3 * t)$$

$$y = 1 + 7 * \exp(-2 * t) - 8 * \exp(-3 * t)$$

各响应波形如图 9-12 所示。

全响应也可由零输入响应和零状态响应的叠加而得到，即

$$y = yzi + yzs$$

9.2.2　用 MATLAB 求系统的冲激响应

MATLAB 提供了求解系统冲激响应的函数 impulse()，调用格式为

```
impulse(b,a)
impulse(b,a,t)
[y,t] = impulse(b,a)
```

式中：a 为系统微分方程的输出变量系数；b 为微分方程输入变量系数；t 为时间行向量；y 为输出样本数据。

【例 9-6】 已知系统的微分方程为 $\dfrac{d^2 y(t)}{dt^2} + 5$ $\dfrac{dy(t)}{dt} + 6y(t) = 2\dfrac{dx(t)}{dt} + x(t)$，求单位冲激响应。

解 程序如下：

```
a = [1,5,6];
b = [2,1];
impulse(b,a)
```

单位冲激响应波形如图 9-13 所示。

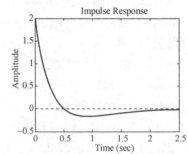

图 9-13　单位冲激响应波形

9.2.3　用 MATLAB 解差分方程

线性时不变离散时间系统可用差分方程描述为

$$\sum_{k=0}^{N} a_k y(n-k) = \sum_{r=0}^{M} b_r x(n-r) \tag{9-5}$$

求解系统的零状态响应可使用 MATLAB 提供的函数 filter()，调用格式为

```
y = filter(b,a,x)
```

式中：x 为输入信号的行向量；a 为差分方程的输出变量系数；b 为差分方程输入变量系数。

利用 filter 函数还可求解系统的零输入响应和全响应。调用格式为

```
y = filter(b,a,x,x_ic)
```

式中：x_{ic} 是初始条件等效的输入序列，由 filtic 函数确定。调用格式为

```
x_ic = filtic(b,a,y0)
```

式中：y0 为初始值向量，$y0 = [y(-1),y(-2),\cdots]$。

当系统的输入 x 为零时，计算所得差分方程的解是零输入响应，当 x 为非零时，计算结果是全响应。

【例 9 - 7】　已知差分方程 $y(n) - 0.75y(n-1) + 0.5y(n-2) = x(n)$，$n \geqslant 0$。其中 $x(n) = 0.5^n \varepsilon(n)$，初始条件为 $y(-1) = 3$，$y(-2) = 10$。求系统的零状态响应、零输入响应和全响应。

解　程序如下：

```
n = [0:15];
b = [1];
a = [1,-0.75,0.5];              %差分方程系数
y0 = [3,10];                    %初始条件
xic = filtic(b,a,y0)           %初始条件作用的等效输入
x0 = zeros(1,length(n));        %令输入为零
x = 0.5.^n;                     %系统的输入
yzi = filter(b,a,x0,xic);       %零输入响应
yzs = filter(b,a,x);            %零状态响应
y = yzi + yzs;                  %全响应 = 零输入响应 + 零状态响应
subplot(1,3,1);stem(n,yzi,'filled');title('零输入响应')
                                %绘制响应图形
subplot(1,3,2);stem(n,yzs,'filled');title('零状态响应')
subplot(1,3,3);stem(n,y,'filled');title('全响应')
```

执行程序，可得系统初始条件作用的等效输入为

```
xic =
      -2.7500    -1.5000
```

系统各响应的图形如图 9 - 14 所示。

MATLAB 还提供了求解系统脉冲响应的函数 impz()，调用格式为

```
[h,n] = impz(b,a)
[h,n] = impz(b,a,N)
```

式中：N 为样点数目；n 为序号列向量；h 为储存单位脉冲响应数据的列向量。

9.2.4　仿真实验

(1) 已知描述某连续系统的微分方程为 $y''(t) + 5y'(t) + 6y(t) = 3x'(t) + 2x(t)$。求系统在 0～10s 范围内的单位冲激响应，并绘出时域波形。

(2) 已知描述系统的微分方程和激励信号 $x(t)$ 如下，试用 MATLAB 求解系统的零状

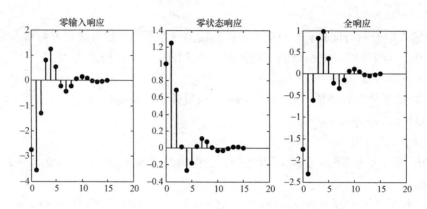

图 9 - 14　例 9 - 7 响应图形

态响应，并绘出时域仿真波形。

1) $y''(t) + 2y'(t) + 2y(t) = x'(t), x(t) = \varepsilon(t)$；

2) $y''(t) + 4y'(t) + 4y(t) = x'(t) + 3x(t), x(t) = e^{-t}\varepsilon(t)$。

（3）试用 MATLAB 求下列差分方程描述的离散系统的零状态响应，并绘出时域波形。

1) $y(n) - 2y(n-1) = x(n), x(n) = \varepsilon(n)$；

2) $y(n) + 2y(n-1) + y(n-2) = x(n), x(n) = (0.25)^n\varepsilon(n)$。

（4）已知描述某离散系统的差分方程为 $y(n) + y(n-1) + \dfrac{1}{4}y(n-2) = x(n)$。求系统在 $0 \sim 20$ 时间样点的单位脉冲响应，并绘出时域波形。

9.3　信号的线性卷积与线性相关分析

9.3.1　离散时间序列的卷积

两个序列的卷积定义为

$$y(n) = x(n) * h(n) = \sum_{m=-\infty}^{\infty} x(m)h(n-m) \qquad (9 - 6)$$

对于线性时不变系统，如果 $h(n)$ 为系统的单位脉冲响应，$x(n)$ 为输入，则 $y(n)$ 即为系统的输出。MATLAB 中提供了求卷积函数 conv()，即

$$y = \text{conv}(x, h)$$

这一函数默认序列都从 $n=0$ 开始。如果序列从非零值开始，例如序列

$$\{x(n): n_{x1} \leqslant n \leqslant n_{x2}\}, \{h(n): n_{h1} \leqslant n \leqslant n_{h2}\}$$

其中 n_{x1} 和 n_{h1} 不相等，这样就不能直接采用 conv() 函数。由卷积定义，其卷积结果序列应为

$$\{y(n): n_{x1} + n_{h1} \leqslant n \leqslant n_{x2} + n_{h2}\}$$

这样我们可以构造一新的函数 conv_m()，可求任意两个有限长序列的卷积。函数程序为

```
function [y,ny] = conv_m(x,nx,h,nh)

nyb = nx(1) + nh(1);
```

```
nye = nx(length(x)) + nh(length(h));
ny = [nyb : nye];
y = conv(x,h);
```

【例 9 - 8】　设线性时不变系统的单位脉冲响应为 $h(n) = (0.9)^n \varepsilon(n)$，输入序列为 $x(n) = \varepsilon(n) - \varepsilon(n-10)$，求系统的输出 $y(n)$。

解　系统输出 $y(n)$ 为输入 $x(n)$ 与单位脉冲响应 $h(n)$ 的卷积，采用 conv_m 函数可求得输出序列，程序如下：

```
nx = -4:40;
x = zeros(1,length(nx));
x(1,5:14) = 1;                          % 产生输入序列
nh = 0:40;
h = (0.9).^nh;                          % 系统的单位脉冲响应
[y,ny] = conv_m(x,nx,h,nh);             % 计算系统输出序列
subplot(3,1,1);stem(nx,x,'filled');axis([-4,40,0,1]);title('x[n]');
subplot(3,1,2);stem(nh,h,'filled');axis([-4,40,0,1]);title('h[n]');
subplot(3,1,3);stem(ny,y,'filled');axis([-4,40,0,8]);title('y[n]');
```

执行程序，绘出系统的输入序列、脉冲响应和输出序列图形如图 9 - 15 所示。

9.3.2　连续时间信号的卷积

连续时间信号的卷积可通过数值卷积来实现。即将参加卷积的两个连续信号以等间隔进行采样，得到两个离散序列，然后调用 MATLAB 提供的卷积函数 conv() 求解。

【例 9 - 9】　已知某连续系统的单位冲激响应 $h(t) = e^{-5t}\varepsilon(t)$，输入信号 $x(t) = \varepsilon(t) - \varepsilon(t-1)$，求系统的零状态响应 $y(t)$。

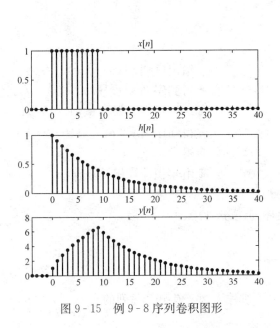

图 9 - 15　例 9 - 8 序列卷积图形

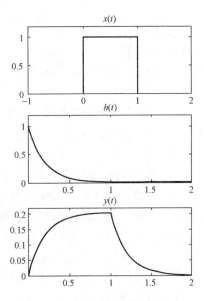

图 9 - 16　例 9 - 9 信号卷积波形

解　系统的零状态响应为输入信号与冲激响应的卷积。程序如下：

```
p = 0.01;                                  % 采样间隔
t = 0.01 : p : 2;
x = stepfun(t,0) - stepfun(t,1);           % 系统输入
h = exp( - 5. * t);                        % 系统冲激响应
h1 = h * p;
y = conv(x,h1);                            % 数值卷积
y = y(1 : length(t));
subplot(3,1,1);plot(t,x);axis([-1,2,0,1.2]);title('x(t)');
subplot(3,1,2);plot(t,h);axis([0,2,0,1.2]);title('h(t)');
subplot(3,1,3);plot(t,y);axis([0,2,0,0.22]);title('y(t)');
```

执行结果如图 9 - 16 所示。

9.3.3 信号的相关分析

两个序列 $x_1(n)$ 和 $x_2(n)$ 的相似程度由相关性决定，有

$$R_{12}(m) = \sum_{m=-\infty}^{\infty} x_1(n)x_2(n-m) = x_1(m) * x_2(-m) \tag{9-7}$$

若 $x_1(n) = x_2(n)$，即可求出自相关函数

$$R(m) = \sum_{m=-\infty}^{\infty} x(n)x(n-m) = x(m) * x(-m) \tag{9-8}$$

【例 9 - 10】 设两序列分别为

$$x_1(n) = (\underset{n=-3}{3}, 11, 7, 0, -1, 4, 2)$$

$$x_2(n) = x_1(n-2) + w(n)$$

式中：$w(n)$ 是均值为 0、方差为 1 的高斯白噪声序列。计算 $x_1(n)$ 和 $x_2(n)$ 之间的相关函数。

解 程序如下：

```
% 噪声序列 1
x1 = [3,11,7,0,-1,4,2];n1 = [-3 : 3];          % 给定序列 x1(n)
n2 = n1 + 2;x2 = x1;                            % 得到序列 x1(n-2)
w = randn(1,length(x2));nw = n2;               % 产生噪声序列 1,w(n)
x2 = x1 + w;n = n2;                             % 得到序列 x2(n) = x1(n-2) + w(n)
x1 = fliplr(x1);n1 = - fliplr(n1);            % 得到 x1(-n)
[r12,n12] = conv_m(x2,n,x1,n1);               % 由卷积计算相关函数
subplot(2,1,1);stem(n12,r12,'filled');
axis([-4,8,-50,250]);title('相关序列（噪声 1）');
% 噪声序列 2
x1 = [3,11,7,0,-1,4,2];n1 = [-3 : 3];
n2 = n1 + 2;x2 = x1;
w = randn(1,length(x2));nw = n2;               % 产生噪声序列 2
x2 = x1 + w;n = n2
x1 = fliplr(x1);n1 = - fliplr(n1);
```

```
[r12,n12] = conv_m(x2,n,x1,n1);
subplot(2,1,2);stem(n12,r12,'filled');
axis([-4,8,-50,250]);title('相关序列(噪声2)');
```

执行结果如图 9-17 所示。

9.3.4　仿真实验

（1）已知某 LTI 离散系统的单位脉冲响应 $h(n) = \varepsilon(n) - \varepsilon(n-4)$，求该系统在激励为 $x(n) = \varepsilon(n) - \varepsilon(n-3)$ 时的零状态响应，并绘出其时域波形图。

（2）用 MATLAB 绘出下列信号的卷积 $x_1(t) * x_2(t)$ 的时域波形。

1）$x_1(t) = \varepsilon(t) - \varepsilon(t-4)$，$x_2(t) = \sin(\pi t)\varepsilon(t)$；

2）$x_1(t) = e^{-2t}\varepsilon(t)$，$x_2(t) = e^{-t}\varepsilon(t)$。

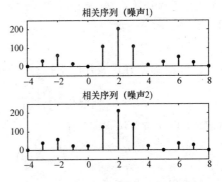

图 9-17　不同噪声下的相关序列

9.4　连续时间信号的复频域分析

9.4.1　用 MATLAB 求解信号的拉普拉斯变换与反变换

MATLAB 提供了求解信号的拉普拉斯变换与逆拉普拉斯变换的符号函数 laplace( )、ilaplace( )，调用格式为

```
xs = laplace(xt,t,s)
xt = ilaplace(xs,s,t)
```

式中：xt 为信号 $x(t)$ 的时域符号表达式，xs 为 $x(t)$ 的拉普拉斯变换 $X(s)$。

【例 9-11】　求 $x_1(t) = e^{-at}\varepsilon(t)$ 和 $x_2(t) = \cos(2t)\varepsilon(t)$ 的拉普拉斯变换。

解　程序如下：

```
syms t  a;
x1t = exp(-a*t);
x2t = cos(2*t);
x1s = laplace(x1t,t,s)
x2s = laplace(x2t,t,s)
```

执行结果为

```
x1s =
    1/(s+a)
x2s =
    s/(s^2+4)
```

【例 9-12】　求 $X(s) = \dfrac{s^2}{s^2+3s+2}$ 的拉普拉斯逆变换。

解　程序如下：

```
syms s;
```

```
xs = s^2/(s^2 + 3 * s + 2);
xt = ilaplace(xs,s,t)
```

执行结果为

```
xt =
    Dirac(t) - 4 * exp( - 2 * t) + exp( - t)
```

即

$$x(t) = \delta(t) + (-4e^{-2t} + e^{-t})\varepsilon(t)$$

也可由部分分式展开法求拉普拉斯逆变换。$X(s)$ 可表示成

$$X(s) = \frac{N(s)}{D(s)} = \frac{b_0 s^m + b_1 s^{m-1} + \cdots + b_{m-1}s + b_m}{a_0 s^n + a_1 s^{n-1} + \cdots + a_{n-1}s + a_n}$$

当 $X(s)$ 只含有单极点时，有

$$X(s) = \sum_{i=1}^{n} \frac{r_i}{s - p_i} + \sum_{j=0}^{m-n} k_j s^j \tag{9-9}$$

MATLAB 提供了函数 residue()，用来计算一个有理分式的留数部分和直接项。其调用格式为

```
[r,p,k] = residue(b,a)
```

式中：向量 b，a 分别为多项式 $N(s)$ 和 $D(s)$ 的系数，按 s 的降幂排列；当多项式中某项空缺时，对应系数为 0；函数返回列向量 r 为留数值；列向量 p 为极点；行相量 k 为直接项系数。

【例 9 - 13】   用部分分式展开法求 $X(s) = \dfrac{s^2}{s^2 + 3s + 2}$ 的拉普拉斯逆变换。

解   程序如下：

```
b = [1,0,0];
a = [1,3,2];
[r,p,k] = residue(b,a)
```

执行结果为

```
r =
    - 4
     1
p =
    - 2
    - 1
k =
     1
```

所以 $X(s)$ 的部分分式展开式为

$$X(s) = \frac{-4}{s+2} + \frac{1}{s+1} + 1$$

相应的拉普拉斯逆变换为

$$x(t) = \delta(t) + (-4e^{-2t} + e^{-t})\varepsilon(t)$$

与上例结果相同。

9.4.2 用 MATLAB 绘制系统函数的极零点图

系统函数 $H(s)$ 的极零点可通过 MATLAB 中的多项式求根函数 roots( ) 求得，或者由系统模型转换函数 tf2zp( )（由传递函数模型转换成零极点增益模型）求得。其调用格式为

p = roots(a)

z = roots(b)

[z,p,k] = tf2zp(b,a)

式中：a 为系统函数 $H(s)$ 的分母多项式系数；b 为 $H(s)$ 的分子多项式系数；p 为极点；z 为零点；k 为增益。

求得 $H(s)$ 的极点和零点后，可用 plot 命令在复平面上绘制出极零点图，极点位置用 "x" 标注，零点位置用 "o" 标注。

【例 9 - 14】 求系统函数 $H(s) = \dfrac{s^2 + s + 2}{s^3 + 4s^2 + 6s + 4}$ 的极点和零点，并绘出极零点分布图。

解 程序如下：

```
b = [1,1,2];
a = [1,4,6,4];
z = roots(b)
p = roots(a)    % 或[z,p,k] = tf2zp(b,a)
z = z';
p = p';
x = max(abs([z,p]));
x = x + 0.2;
y = x;
plot([-x,x],[0,0],[0,0],[-y,y])
hold on
plot(real(z),imag(z),'o',real(p),imag(p),'x')
axis([-x,x,-y,y])
xlabel('实部')
ylabel('虚部')
hold off
```

执行结果为

```
z =
    -0.500 0 + 1.322 9i
    -0.500 0 - 1.322 9i
p =
    -2.000 0
    -1.000 0 + 1.000 0i
    -1.000 0 - 1.000 0i
```

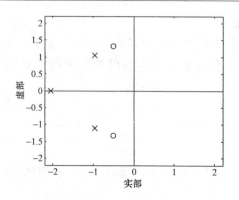

图 9 - 18　例 9 - 14 的极零点图

该系统函数的极零点图如图 9 - 18 所示。

9.4.3　用 MATLAB 绘制系统的频率特性

MATLAB 提供了 freqs( ) 函数可方便地绘制出系统的频率特性，调用格式为

freqs(b,a,w)

式中：b、a 分别为系统函数的分子、分母系数向量；w 为角频率向量。

【例 9 - 15】　已知系统函数为 $H(s) = \dfrac{s}{s^2 + 2s + 26}$，试绘制其频率特性曲线。

解　程序如下：

```
w = logspace( - 1,2,301);　% 角频率取对数坐标
b = [1,0];
a = [1,2,26];
freqs(b,a,w)
```

该系统频率特性如图 9 - 19 所示。

从图 9 - 19 中可以看出，该系统是一个带通系统。

9.4.4　仿真实验

（1）试用 MATLAB 求下列信号的拉普拉斯变换。

1）$x(t) = e^{-2t}\sin(t)\varepsilon(t)$；

2）$x(t) = \sin(\pi t)[\varepsilon(t) - \varepsilon(t-1)]$；

3）$x(t) = e^{-3t}\varepsilon(t)$；

4）$x(t) = (1 - e^{-2t})\varepsilon(t)$。

（2）试用 MATLAB 求下列信号的拉普拉斯逆变换。

1）$\dfrac{s+3}{s^2 + 3s + 2}$；

2）$\dfrac{2s}{s^3 + s + 1}$；

3）$\dfrac{s^2 + 5s + 4}{s^3 + 5s^2 + 6s}$；

4）$\dfrac{1}{s^3 + 2s^2 + 2s + 1}$。

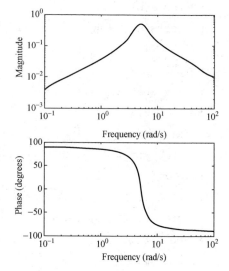

图 9 - 19　例 9 - 15 的频率特性

（3）已知连续系统的系统函数如下，试用 MATLAB 绘制系统的零极点图，并绘制系统的频率特性。

1）$H(s) = \dfrac{s^2 + s + 2}{3s^3 + 5s^2 + 4s - 6}$；

2）$H(s) = \dfrac{3s(s^2 - 9)}{s^4 + 20s^2 + 64}$；

3) $H(s) = \dfrac{s+4}{s^3 + 3s^2 + 2s}$;

4) $H(s) = \dfrac{0.5s}{s^2 + 0.5s + 1}$。

9.5 离散时间信号的复频域分析

9.5.1 用 MATLAB 求解序列的逆 z 变换

序列 $x(n)$ 的 z 变换可表示成

$$X(z) = \frac{N(z)}{D(z)} = \frac{b_0 + b_1 z^{-1} + \cdots + b_M z^{-M}}{a_0 + a_1 z^{-1} + \cdots + a_N z^{-N}}$$

将其进行部分分式展开，当 $X(z)$ 只含有单极点时，有

$$X(z) = \sum_{i=1}^{N} \frac{r_i}{1 - p_i z^{-1}} + \sum_{j=0}^{M-N} k_j z^{-j} \tag{9-10}$$

式中：p_i 为极点；r_i 为对应的留数。

MATLAB 提供了函数 residuez()，用来计算一个有理分式的留数部分和直接项，可以用它来求解序列的逆 z 变换。其调用格式为

$[r,p,k] = \mathrm{residuez}(b,a)$

式中：向量 b，a 分别为多项式 $N(z)$ 和 $D(z)$ 的系数，按 z 的降幂排列；函数返回列向量 r 为留数值；列向量 p 为极点；行向量 k 为直接项系数。

【例 9-16】 求 $X(z) = \dfrac{0.6z^{-2}}{1 - 0.5z^{-1} + 0.06z^{-2}}$ 的逆 z 变换。

解 程序如下：

```
b = [0,0,0.6];
a = [1, -0.5,0.06];
[r,p,k] = residuez(b,a)
```

执行结果为

```
r =
    20.000 0
   -30.000 0
p =
    0.300 0
    0.200 0
k =
    10
```

所以，$X(z)$ 的部分分式可表示为

$$X(z) = \frac{20}{1 - 0.3z^{-1}} + \frac{-30}{1 - 0.2z^{-1}} + 10$$

相应的逆 z 变换为

$$x(n) = 10\delta(n) + 20(0.3)^n \varepsilon(n) - 30(0.2)^n \varepsilon(n)$$

9.5.2 用 MATLAB 绘制系统函数的极零点图

在 MATLAB 中，绘制系统函数 $H(z)$ 的极零点图的函数为

```
zplane(z,p)
```

```
zplane(b,a)
```

式中：z，p 是零点和极点列向量；b，a 是系统函数分子和分母系数的行向量。

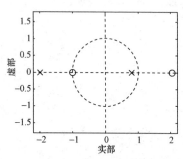

图 9 - 20　例 9 - 17 的极零点图

【**例 9 - 17**】　绘制 $H(z) = \dfrac{1 - z^{-1} - 2z^{-2}}{1 + 1.5z^{-1} - z^{-2}}$ 的极零点图。

解　程序如下：

```
b = [1, -1, -2];
a = [1, 1.5, -1];
zplane(b,a)
xlabel('实部')
ylabel('虚部')
```

极零点图如图 9 - 20 所示。

9.5.3 用 MATLAB 绘制系统的频率特性

MATLAB 提供了 freqz() 函数可方便地绘制出系统的频率特性，调用格式为

```
freqz(b,a)
```

```
freqz(b,a,n)
```

式中：b、a 分别为系统函数的分子、分母系数向量；n 为频率的计算点数，常取 2 的整数次幂；横坐标为数字角频率 Ω，范围为 0 到 π。

【**例 9 - 18**】　已知系统函数为 $H(z) = \dfrac{1}{1 - 0.8z^{-1}}$，试绘制其频率特性曲线。

解　程序如下：

```
b = [1,0];
a = [1, -0.8];
freqz(b,a)
```

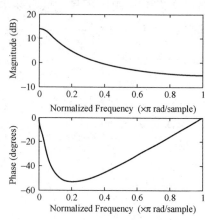

图 9 - 21　例 9 - 18 的频率特性

该系统频率特性如图 9 - 21 所示。

由幅频特性可以看出，当输入信号为高频时，系统频率响应的幅度很小，因此该系统为一低通滤波器。

9.5.4 仿真实验

（1）已知某离散系统的系统函数为 $H(z) = \dfrac{z^2}{z^2 + 3z + 2}$。试用 MATLAB 绘制系统的零极点图，并求系统的单位样值响应。

（2）已知离散系统的系统函数如下，试用 MATLAB 绘制系统的零极点图。

1) $H(z) = \dfrac{z^2 - 2z - 1}{2z^3 - 1}$；

2) $H(z) = \dfrac{z + 1}{z^3 - 1}$；

3) $H(z) = \dfrac{2z^2 + 1.2z + 1.46}{z^2 - 0.3z - 0.1}$;

4) $H(z) = \dfrac{z^2 + 2}{z^3 + 2z^2 - 4z + 1}$。

(3) 已知离散系统的系统函数为 $H(z) = \dfrac{z^2 - 2\alpha\cos(\beta)z + \alpha^2}{z^2 - 2\alpha^{-1}\cos(\beta)z + \alpha^{-2}}$。取 $\alpha = 2$，$\beta = \dfrac{\pi}{4}$，试用 MATLAB 分析：

1) 绘制系统的零极点图；

2) 绘制系统的频率特性；

3) 求系统的单位样值响应，并绘制时域波形；

4) 改变 α、β 的取值，重复上述分析过程，分析 α 和 β 的取值对系统频率特性的影响。

9.6　连续时间信号的频谱分析

9.6.1　用 MATLAB 绘制周期信号的频谱

周期信号的傅里叶级数可表示为

$$x(t) = \sum_{k=-\infty}^{\infty} X_k e^{jk\omega_1 t}$$

傅里叶系数 X_k 一般为复数，则

$$X_k = \frac{1}{T_1}\int_{-\frac{T_1}{2}}^{\frac{T_1}{2}} x(t)e^{-jk\omega_1 t}dt \tag{9-11}$$

其中直流分量

$$X_0 = \frac{1}{T_1}\int_{-\frac{T_1}{2}}^{\frac{T_1}{2}} x(t)dt \tag{9-12}$$

式中：T_1 为信号的周期，$\omega_1 = \dfrac{2\pi}{T_1}$。

当信号 $x(t)$ 在一个周期内的函数关系给定时，根据式（9-11）和式（9-12）可以求出 X_k 的解析式。MATLAB 提供了符号积分函数 int()，其调用格式为

int(x,t,a,b)

式中：x 为符号表达式；t 为积分变量；a 和 b 分别为积分的下限和上限。

【例 9-19】　对图 2-14 所示的周期矩形脉冲信号，若 $A=1$，$T=5\text{s}$，$\tau = T/4 = 1.25\text{s}$，试求其傅里叶系数 X_k，并绘制出频谱图。

解　程序如下：

```
syms t k;
T = 5;tao = 1.25;A = 1;
%计算傅里叶系数
x0 = int(A,t, - tao/2,tao/2)/T
x = A * exp( - j * k * 2 * pi/T * t);
xk = int(x,t, - tao/2,tao/2)/T;
xk = simple(xk)              %化简表达式
```

```
%产生周期矩形脉冲
t=[-2*T:0.01:2*T];
x1=rectpuls(t,tao);            %产生一个宽度为 tao 的矩形脉冲
subplot(1,2,1);plot(t,x1)
hold on
x1=rectpuls(t-5,tao);          %产生一个中心位置在 t=5 处,宽度为 tao 的矩形脉冲
plot(t,x1)
hold on
x1=rectpuls(t+5,tao);          %产生一个中心位置在 t=-5 处,宽度为 tao 的矩形脉冲
plot(t,x1)
hold off
title('周期矩形脉冲(tao=T/4)')
xlabel('t')
axis([-8,8,0,1.2])
%绘制频谱图
k=[-20:-1,eps,1:20];          % eps=2.2e^{-16}表示零
xk=subs(xk,k,'k');            %求解傅里叶系数对应各个 k 的值
subplot(1,2,2);stem(k,xk,'filled')
line([-20,20],[0,0])
title('周期矩形脉冲的频谱')
xlabel('k')
ylabel('Xk')
```

执行结果为：
```
x0 =
     1/4
xk =
     sin(1/4*k*pi)/k/pi
```
频谱如图 9-22（a）所示。

若减小脉冲宽度，令 $\tau=T/8=0.625s$，所得频谱如图 9-22（b）所示。由图中可以看出连续时间周期信号频谱的特点，即离散谱。当周期相同时，相邻谱线间隔相同，脉宽 τ 愈窄，频谱包络线第一个零点的频率愈高，即信号带宽愈宽，频带内所含频率分量愈多。可见，信号的带宽与脉冲宽度成反比，与理论分析结果一致。

9.6.2　用 MATLAB 求解非周期信号的傅里叶变换

MATLAB 的符号运算工具箱提供了直接求解傅里叶变换与逆变换的函数 fourier() 与 ifourier()。两者的调用格式为
```
X=fourier(x,t,w)
x=ifourier(X,w,t)
```
式中：x 表示信号 $x(t)$，为符号表达式；t 为积分变量；w 为角频率；X 表示信号 $x(t)$ 的傅里叶变换 $X(\omega)$。当 t 或 w 为 MATLAB 规定的积分变量时，上两式也可写成

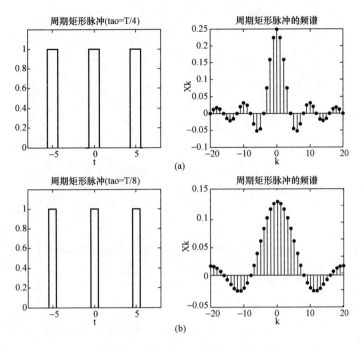

图 9 - 22　周期矩形脉冲信号及频谱

（a）$\tau=\dfrac{T}{4}$；（b）$\tau=\dfrac{T}{8}$

```
X = fourier(x)
x = ifourier(X)
```

【例 9 - 20】　求单边指数信号 $x(t)=\dfrac{1}{2}\mathrm{e}^{-2t}\varepsilon(t)$ 的傅里叶变换，并画出其频谱。

解　程序如下：

```
syms t w x;
x = 1/2 * exp( - 2 * t) * sym('Heaviside(t)');
X = fourier(x)
subplot(1,2,1);ezplot(x)
subplot(1,2,2);ezplot(abs(X))
```

执行结果为

```
X =
    1/2/(2 + i * w)
```

信号的波形及频谱如图 9 - 23 所示。

【例 9 - 21】　求 $X(\omega)=\dfrac{1}{1+\omega^2}$ 的傅里叶逆变换 $x(t)$。

解　程序如下：

```
syms t w X;
X = 1/(1 + w^2);
x = ifourier(X,t)
```

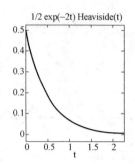 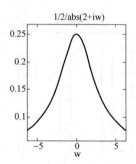

图 9 - 23　单边指数信号波形及幅度谱

执行结果为

x =

　　　1/2 * exp(- t) * Heaviside(t) + 1/2 * exp(t) * Heaviside(- t)

即 $x(t) = \dfrac{1}{2}\mathrm{e}^{-t}\varepsilon(t) + \dfrac{1}{2}\mathrm{e}^{t}\varepsilon(-t)$。

【例 9 - 22】　已知矩形脉冲信号 $x(t) = \varepsilon(t + 1) - \varepsilon(t - 1)$，将其乘以载波信号 $\cos(10\pi t)$，得到已调信号 $y(t) = x(t)\cos(10\pi t)$，试用 MATLAB 画出信号 $x(t)$、$y(t)$ 的波形及其频谱，并观察频谱搬移情况。

　　解　程序如下：

```
R = 0.005;                          %采样间隔
t = - 1.2 : R : 1.2;
x = Heaviside(t + 1) - Heaviside(t - 1);   %原信号 x(t)
y = x. * cos(10 * pi * t);          %调制信号 y(t)
subplot(2,2,1);plot(t,x)            %绘制波形
axis([ - 2,2,0,1.2])
xlabel('t');ylabel('x(t)');
subplot(2,2,3);plot(t,y)
xlabel('t');ylabel('y(t) = x(t) * cos(10 * pi * t)');
W1 = 40;
N = 1000;                           %采样点数
k = - N : N;
W = k * W1/N;
X = x * exp( - j * t' * W) * R;     %数值算法计算原信号的傅里叶变换 X(ω)
X = real(X);
Y = y * exp( - j * t' * W) * R;     %计算调制信号的傅里叶变换 Y(ω)
Y = real(Y);
subplot(2,2,2);plot(W,X)            %绘制频谱
xlabel('w');ylabel('X(w)');
subplot(2,2,4);plot(W,Y)
xlabel('w');ylabel('Y(w)');
```

执行结果如图 9-24 所示。

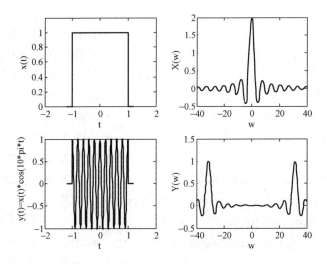

图 9 - 24　原信号 $x(t)$、调制信号 $y(t)$ 及其频谱 $X(\omega)$、$Y(\omega)$

由图可见，调制信号的频谱 $Y(\omega)$ 是将原信号频谱 $X(\omega)$ 搬移到 $\pm 10\pi$ 处，且幅度变为原来的一半。

9.6.3　仿真实验

（1）已知周期信号的波形如图 9 - 25 所示，试用 MATLAB 求出它们的傅里叶系数，绘出频谱图。

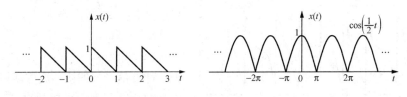

图 9 - 25　周期信号的波形

（2）已知 $x_1(t) = \varepsilon(t) - \varepsilon(t-1)$，且 $x_1(t) \leftrightarrow X_1(\omega)$。设 $x(t) = x_1(t) * x_1(t)$，试用 MATLAB 绘出 $x_1(t)$、$x(t)$ 及其傅里叶变换，并验证时域卷积定理。

（3）试用 MATLAB 求 $X(\omega) = -\mathrm{j}\dfrac{2\omega}{\omega^2 + 16}$ 的傅里叶逆变换并画出波形。

（4）已知 $x_1(t)$ 的波形如图 9 - 26 所示。$x(t) = x_1(t-2)\cos(100t)$，试用 MATLAB 绘出 $x_1(t)$、$x_1(t-2)$ 及 $x(t)$ 的频谱。

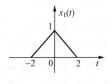

图 9 - 26　$x_1(t)$ 的波形

9.7　离散时间信号的频谱分析

9.7.1　用 MATLAB 求解离散时间傅里叶变换（DTFT）

【例 9 - 23】　已知序列 $x(n) = (-0.9)^n$，$-5 \leqslant n \leqslant 5$，求其离散时间傅里叶变换

$X(e^{j\Omega})$。

解　程序如下：

```
n = -5:5;                               %据题意定义序列 x(n) 的时域范围
x = (-0.9).^n;                          %据题意定义序列 x(n)
k = -200:200;                           %定义 DTFT 的频域计算点 k
w = (pi/100) * k;                       %定义 DTFT 的角频率
X = x * (exp(-j * pi/100)).^(n' * k);   %计算序列 x(n) 的 DTFT
magX = abs(X);                          %计算 X(e^{jΩ}) 的幅频特性
angX = angle(X);                        %计算 X(e^{jΩ}) 的相频特性
subplot(2,1,1);plot(w/pi,magX);         %绘制 X(e^{jΩ}) 的幅频特性曲线
axis([-2,2,0,15]);xlabel('\Omega/(\pi)');ylabel('幅度')
subplot(2,1,2);plot(w/pi,angX)/pi;      %绘制 X(e^{jΩ}) 的相频特性曲线
axis([-2,2,-4,4]);xlabel('\Omega/(\pi)');ylabel('相位/(\pi)')
```

执行结果如图 9-27 所示。

9.7.2　离散傅里叶变换的快速算法（FFT）

离散傅里叶变换（DFT）可以用快速傅里叶变换（FFT）算法来计算。在 MATLAB 信号处理工具箱中，提供了函数 fft()、ifft() 分别求解离散傅里叶变换与逆变换。调用格式为

```
Xk = fft(x)
Xk = fft(x,N)
```

表示计算信号 x 的快速离散傅里叶变换 Xk。当 x 的长度 N 为 2 的整数次方时，采用基 2 算法，否则采用较慢的分裂基算法。当 length（x）＞N 时，截断 x，否则补零。

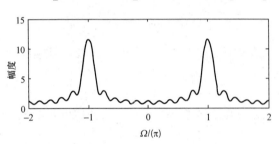
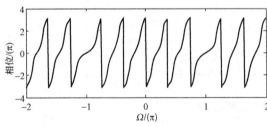

图 9-27　例 9-23 的幅度谱及相位谱

```
x = ifft(Xk)
x = ifft(Xk,N)
```

表示计算 Xk 的逆离散傅里叶变换。

【例 9-24】　用 FFT 的结果分析模拟信号 $x(t) = \cos(2\pi \times 50t) + 0.5\cos(2\pi \times 150t) + 0.3\cos(2\pi \times 250t)$ 的频谱。

解　程序如下：

```
t = 0:0.02/64:0.04;
f1 = 50;
y1 = cos(2 * pi * f1 * t) + 0.5 * cos(2 * pi * 3 * f1 * t) + 0.3 * cos(2 * pi * 5 * f1 * t);
subplot(311);plot(t,y1);              %绘 x(t)
t = 0:0.02/16:0.02 - 0.02/16;         %对 x(t) 在一个周期内取 16 个采样点
f = cos(2 * pi * f1 * t) + 0.5 * cos(2 * pi * 3 * f1 * t) + 0.3 * cos(2 * pi * 5 * f1 * t);
```

```
F_1024 = 2 * abs(fft(f,16))/16;
k = 0:1:15;
subplot(312);stem(k,abs(F_1024));        % 绘信号的离散频谱,由于栅栏效应,只
                                            能看到 16 条谱线
axis([0,16,0,1.5])
F_1024 = 2 * abs(fft(f,1024))/16;        % 补零减小栅栏效应
L = 0:1023;
subplot(313);plot(L/1023,abs(F_1024));   % 可以得到连续频谱(离散谱的包络线)
set(gca,'xtick',[0,0.0625,0.125,0.1875,0.25,0.3125,0.375,0.4375,0.5,0.5625,
0.625,0.6875,0.75,0.8125,0.875,0.9375,1])    % 频率刻度为归一化频率
```

运行该程序，结果显示在图 9-28 中。

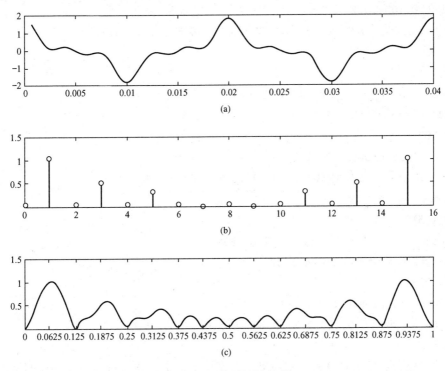

图 9-28　信号及其频谱

(a) 信号的波形；(b) 信号的离散频谱；(c) 补零得到的连续频谱

9.7.3　仿真实验

观察用 FFT 进行谱分析中观测时间的选取对谱分析的影响，改变观测时间可以提高频率分辨率。

对 $x(t) = \cos(2\pi \times 50t) + 0.5\cos(2\pi \times 75t)$ 进行 FFT。

程序如下：

```
t = 0:0.02/64:0.04;
f1 = 50;f2 = 75;
y1 = cos(2 * pi * f1 * t);
```

```
y2 = 0.5 * cos(2 * pi * f2 * t);
subplot(411);plot(t,y1);
hold on;
subplot(411);plot(t,y2);
hold on;
k = 0:1:7;
f = cos(pi/4 * k) + 0.5 * cos(3 * pi/8 * k);      % 对 x(t) 在一个周期 0.04s 内取 16 个采
                                                      样点
F_1024 = 2 * abs(fft(f,1024))/8;
L = 0:1023;
subplot(412);plot(L/1023,abs(F_1024));
% axis([0,1024,0,2])
set(gca,'xtick',[0,0.125,0.25,0.375,0.5,0.625,0.75,0.875,1])
hold on;
k = 0:1:15;
f = cos(pi/4 * k) + 0.5 * cos(3 * pi/8 * k);
F_1024 = 2 * abs(fft(f,1024))/16;
L = 0:1023;
subplot(413);plot(L/1024,abs(F_1024));
set(gca,'xtick',[0,0.125,0.25,0.375,0.5,0.625,0.75,0.875,1])
hold on;
k = 0:1:31;
f = cos(pi/4 * k) + 0.5 * cos(3 * pi/8 * k);
F_1024 = 2 * abs(fft(f,1024))/32;
L = 0:1023;
subplot(414);plot(L/1024,abs(F_1024));
set(gca,'xtick',[0,0.125,0.25,0.375,0.5,0.625,0.75,0.875,1])
hold on;
```

（1）将例题程序输入计算机，运行并对各图中的波形形状进行解释，并说明理由。

（2）修改程序，将采样点数增加为 64（截取 4 个周期）个，重新用 FFT 进行谱分析，并拷贝曲线。

（3）修改程序，将采样点数增加为 128（截取 8 个周期）个，重新用 FFT 进行谱分析，并拷贝曲线。

（4）画出并分析频谱曲线，深入理解栅栏效应、频谱泄漏和频率分辨率等概念。

9.8　IIR 数字滤波器的设计

9.8.1　模拟滤波器的设计

MATLAB 提供了设计巴特沃思模拟低通滤波器、切比雪夫 I 型、II 型模拟低通滤波

器、椭圆模拟低通滤波器的函数，调用格式为

    [z,p,k] = buttap(n)

    [z,p,k] = cheb1ap(n,Rp)

    [z,p,k] = cheb2ap(n,Rs)

    [z,p,k] = ellipap(n,Rp,Rs)

式中：n 为滤波器的阶次；z、p、k 分别为滤波器传递函数的零点、极点和增益；Rp 为通带波纹；Rs 为阻带衰减。

    MATLAB 还提供了模拟滤波器的频率变换函数，可以借助模拟低通滤波器的系统函数，经过适当的频率变换，得到高通、带通、带阻滤波器的系统函数。调用格式为

（1）低通到低通的变换。

    [bt,at] = lp2lp(b,a,wp)

    [At,Bt,Ct,Dt] = lp2lp(A,B,C,D,wp)

（2）低通到高通的变换。

    [bt,at] = lp2hp(b,a,wp)

    [At,Bt,Ct,Dt] = lp2hp(A,B,C,D,wp)

（3）低通到带通的变换。

    [bt,at] = lp2bp(b,a,w0,Bw)

    [At,Bt,Ct,Dt] = lp2bp(A,B,C,D,w0,Bw)

（4）低通到带阻的变换。

    [bt,at] = lp2bs(b,a,w0,Bw)

    [At,Bt,Ct,Dt] = lp2bs(A,B,C,D,w0,Bw)

式中：b、a 和 bt、at 分别为变换前和变换后的系统函数的分子和分母系数向量；第二种格式是系统状态空间形式；wp 为通带频率；w0 为中心频率；Bw 为带宽。

9.8.2　冲激响应不变法设计 IIR 数字滤波器

    MATLAB 提供了使用冲激响应不变法设计 IIR 数字滤波器的函数 impinvar()，调用格式为

    [bz,az] = impinvar(b,a,fs)

    [bz,az] = impinvar(b,a,fs,tol)

将模拟滤波器（b，a）变换成数字滤波器（bz，az）。其中，fs 表示采样频率，单位为 Hz，默认值为 1。Tol 表示区分多重极点的程度，默认值为 0.1%。

    【例 9 - 25】　采用冲激响应不变法设计一个低通切比雪夫 Ⅰ 型数字滤波器，技术指标为：通带频率是 400Hz，阻带频率是 600Hz，采样频率是 1000Hz，通带波纹 $A_p = 0.3$dB，阻带衰减 $A_s = 60$dB。

    解　程序如下：

```
wp = 2 * pi * 400;ws = 2 * pi * 600;
Rp = 0.3;Rs = 60;
fs = 1000;
[N,wn] = cheb1ord(wp,ws,Rp,Rs,'s');     % 选择滤波器的最小阶数
[z,p,k] = cheb1ap(N,Rp);                % 创建切比雪夫Ⅰ型模拟低通滤波器
```

```
[b,a] = zp2tf(z,p,k);          % 系统零极点增益模型转换成系统函数模型
[bt,at] = lp2lp(b,a,wn);       % 低通到低通的变换
[bz,az] = impinvar(bt,at,fs);  % 冲激响应不变法将模拟滤波器转换为数字滤
                                 波器
[h,f] = freqz(bz,az,512,fs);   % 求幅频响应
hdb = 20 * log10(abs(h));
subplot(1,2,1);plot(f,abs(h))
xlabel('频率/Hz');ylabel('幅值')
subplot(1,2,2);plot(f,hdb)
xlabel('频率/Hz');ylabel('幅值(dB)')
```

执行结果如图 9 - 29 所示。

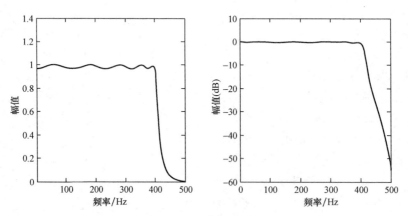

图 9 - 29   低通切比雪夫 I 型数字滤波器幅频响应

9.8.3   冲激响应不变法设计 IIR 数字滤波器仿真实验

将例 9 - 25 中的滤波器换成巴特沃思模拟低通滤波器，写出程序并运行，复制曲线，分析结果。

9.8.4   双线性变换法设计 IIR 数字滤波器

MATLAB 中双线性变换关系为

$$s = 2f_s \frac{z-1}{z+1} \tag{9-13}$$

$$s = \frac{2\pi f_p}{\tan\left(\pi \dfrac{f_p}{f_s}\right)} \frac{z-1}{z+1} \tag{9-14}$$

式中：f_s 为采样频率；f_p 为校正点模拟频率。

使用双线性变换法设计 IIR 数字滤波器的函数为 bilinear()，调用格式如下。

(1) 将采用零极点增益模型表达的模拟滤波器转换为数字滤波器。

```
[zd,pd,kd] = bilinear(z,p,k,fs)
[zd,pd,kd] = bilinear(z,p,k,fs,fp)
```

(2) 将采用系统函数模型表达的模拟滤波器转换为数字滤波器。

```
[bd,ad] = bilinear(b,a,fs)
```

$[\text{bd,ad}] = \text{bilinear(b,a,fs,fp)}$

(3) 将采用状态空间模型表达的模拟滤波器转换为数字滤波器。

$[\text{Ad,Bd,Cd,Dd}] = \text{bilinear(A,B,C,D,fs)}$

$[\text{Ad,Bd,Cd,Dd}] = \text{bilinear(A,B,C,D,fs,fp)}$

【例 9 - 26】　试用双线性变换法设计一数字低通滤波器，给定的技术指标为 $f_p = 75\text{Hz}$，$\alpha_p = 3\text{dB}$，$f_s = 150\text{Hz}$，$\alpha_s = 30\text{dB}$，采样频率为 800Hz，指定模拟滤波器采用巴特沃斯低通滤波器。

解　由于 2π 对应 800Hz，所以 $\Omega_p = 2\pi \times 75/800 = 0.187\,5\pi$，$\Omega_s = 2\pi \times 150/600 = 0.375\pi$。

(1) 将数字滤波器的技术指标转换为模拟滤波器的技术指标。

由于在变换过程中，系数 $2/T$ 被约掉，实际上变换结果与 T 无关，为了简便，计算技术指标时省去系数 $2/T$，得模拟频率为

$$\omega_p = \tan\left(\frac{\Omega_p}{2}\right) = \tan\left(\frac{0.187\,5\pi}{2}\right) = 0.303\,346\,683\,6(\text{rad/s})$$

$$\omega_s = \tan\left(\frac{\Omega_s}{2}\right) = \tan\left(\frac{0.375\pi}{2}\right) = 0.668\,178\,637\,9(\text{rad/s})$$

(2) 设计巴特沃斯低通滤波器。

确定阶数 N

$$N = -\frac{\lg\sqrt{\frac{10^{0.3}-1}{10^3-1}}}{\lg\frac{\omega_s}{\omega_p}} = -\frac{\lg 0.031\,563\,563\,9}{\lg 2.202\,689\,773\,8} = \frac{1.500\,813\,8}{0.342\,953\,335\,558\,383\,5} = 4.373\,7$$

取 $N = 5$，查表 7 - 1 得

$$H_a(p) = \frac{1}{p^5 + 3.236\,1p^4 + 5.236\,1p^3 + 5.236\,1p^2 + 3.236\,1p + 1}$$

去归一化得

$$H_a(s) = \frac{\Omega_p^5}{s^5 + 3.2361\Omega_p s^4 + 5.236\,1\Omega_p^2 s^3 + 5.236\,1\Omega_p^3 s^2 + 3.236\,1\Omega_p^4 s + \Omega_p^5}$$

(3) 用双线性变换法求 $H(z)$。

$$H(z) = H_a(s)\Big|_{s=\frac{1-z^{-1}}{1+z^{-1}}}$$

$$= \frac{0.000\,973\,102 + 0.004\,865\,512z^{-1} + 0.009\,731\,02z^{-2} + 0.009\,731\,02z^{-3} + 0.004\,865\,512z^{-4} + 0.000\,973\,102z^{-5}}{1 - 3.101\,653\,3z^{-1} + 4.086\,924\,478z^{-2} - 2.801\,371\,958\,7z^{-3} + 0.990\,175\,155z^{-4} - 0.143\,523\,06z^{-5}}$$

程序如下：

```
fp = 75;fs = 150;                        % 通带、阻带截止频率
f = 800;                                 % 采样频率
rp = 3;rs = 30;                          % 通带、阻带衰减
wp = 2 * pi * fp/f; ws = 2 * pi * fs/f;  % 通带、阻带截止数字频率
wap = tan(wp/2)                          % 通带截止模拟频率,相当于 T 取 2
was = tan(ws/2)                          % 阻带截止模拟频率
[n,wn] = buttord(wap,was,rp,rs,'s')      % 's'是确定巴特沃斯模拟滤波器阶次和 3dB
                                           截止模拟频率
```

```matlab
[z,p,k] = buttap(n);                    % 设计归一化巴特沃斯模拟低通滤波器,z
                                        极点,p 零点和 k 增益

[bp,ap] = zp2tf(z,p,k)                  % 转换为 Ha(p)表示,bp 分子系数,ap 分母
                                        系数

[bs,as] = lp2lp(bp,ap,wap)              % Ha(p)去归一化转换为 Ha(s)表示,bs 分子
                                        系数,as 分母系数

[bz,az] = bilinear(bs,as,1/2)           % 双线性变换为 H(z),bz 分子系数,az 分母
                                        系数,采样频率取 1/2

% freqz(bz,az,32,600)                   % 画数字滤波器的频率响应和相位响应
[h,f] = freqz(bz,az,32,800);            % 求幅频响应
hdb = 20 * log10(abs(h));
subplot(411);plot(f,abs(h))
xlabel('频率/Hz');ylabel('幅值')
title('滤波器的频率响应');
subplot(412);plot(f,hdb)
% axis([0,300,20, - 100])
xlabel('频率/Hz');ylabel('幅值(db)')
title('滤波器的频率响应 dB');

t = 0:0.02/32:0.06;                     % 对信号采样
f1 = 50;
u1 = cos(2 * pi * f1 * t) + 0.5 * cos(2 * pi * 5 * f1 * t) + 0.1 * cos(2 * pi * 7 * f1 * t);
subplot(413);plot(t,u1);
axis([0,0.06, - 2,2]);
title('带高次谐波的信号');
hold on;
t = 0:0.02/16:0.06;                     % 滤波计算
x = cos(2 * pi * f1 * t) + 0.5 * cos(2 * pi * 5 * f1 * t) + 0.1 * cos(2 * pi * 7 * f1 * t);
for n = 1:49                            % 将 y(n)的初值全部置 0
y(n) = 0;
end
for n = 6:49                            % 滤波计算
y1 = 3.101065338 * y(n - 1) - 4.086924478 * y(n - 2) + .8013719587 * y(n - 3) -
0.990175155 * y(n-4) + 0.14352306042 * y(n-5);
y2 = 0.000973102375 * x(n) + 0.004865511874 * x(n - 1) + 0.00973102375 * x(n - 2) +
0.00973102375 * x(n-3) + 0.004865511874 * x(n-4) + 0.000973102375 * x(n-5);
    y(n) = y1 + y2;
end
subplot(414);
```

```
plot(t(1:49),y(1:49),':');
axis([0,0.06,-1.5,1.5]);
title('通过滤波器后的信号');
hold on;
```

双线性变换法 IIR 数字滤波器的幅频响应如图 9 - 30 所示。

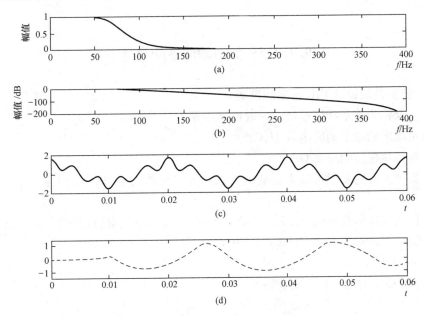

图 9 - 30　双线性变换法 IIR 数字滤波器的幅频响应及应用
(a) 滤波器的频率响应；(b) 滤波器的频率响应 dB；
(c) 信号的波形；(d) 通过滤波器后的信号波形

　　运行结果如下：

wap = 0.30334668360734

was = 0.66817863791930

bp = 0　0　0　0　0　1

ap = 1.00000000000000　3.23606797749979　5.23606797749979　5.23606797749979

　　3.23606797749979　1.00000000000000

bs = 0.00256859868875

as = 1.00000000000000　0.98165048890248　0.48181884118124　0.14615814757186

　　0.02740151916238　0.00256859868875

bz = 0.00097310237482　0.00486551187409　0.00973102374817　0.00973102374818

　　0.00486551187409　0.00097310237482

az = 1.00000000000000　−3.10106533788328　4.08692447813816　−2.80137195874133

　　0.99017515489914　−0.14352306041853

　　可以看出计算结果与上例一致。

　　滤波器的差分方程如下：

$y(n) = 3.101\,065\,338y(n-1) - 4.086\,924\,478y(n-2) + 2.801\,371\,958\,7y(n-3) -$

$0.990\ 175\ 155y(n-4)+0.143\ 523\ 060\ 42y(n-5)+0.000\ 973\ 102\ 375x(n)+0.004\ 865\ 511\ 874x(n-1)+0.009\ 731\ 023\ 75x(n-2)+0.009\ 731\ 023\ 75x(n-3)+0.004\ 865\ 511\ 874x(n-4)+0.000\ 973\ 102\ 375x(n-5)$

9.8.5　双线性变换法设计 IIR 数字滤波器仿真实验

将例 9-26 中的滤波器换成切比雪夫 I 型模拟低通滤波器，写出程序并运行，复制曲线，分析结果。

9.9　FIR 数字滤波器的设计

9.9.1　窗函数法设计 FIR 数字滤波器

窗函数法又称为傅里叶级数法。一般设计步骤为：

（1）给定要求的频率响应函数 $H_d(e^{j\Omega})$。

（2）计算单位样值响应 $h_d(n)$。

（3）根据过渡带宽及阻带最小衰减的要求，选定窗的大小 N，N 可通过多次尝试后进行最优确定。

（4）根据所选择的合适的窗函数 $w(n)$ 来修正 $h_d(n)$，得到所设计的 FIR 滤波器的单位脉冲响应 $h(n)=w(n)h_d(n)$，$n=0,\ 1,\ \cdots,\ N-1$。

1. 窗函数特性

MATLAB 提供的窗函数主要有如下几种。

```
w = boxcar(n)              % 矩形窗
w = triang(n)              % 三角窗
w = hanning(n)             % 汉宁窗
w = hamming(n)             % 海明窗
w = blackman(n)            % 布莱克曼窗
w = kaiser(n,beta)         % 凯塞窗
w = chebwin(n,r)           % 切比雪夫窗
```

式中：n 是窗函数的长度；w 是由窗函数的值组成的 n 阶向量。

画三角窗、汉宁窗、汉明窗、布莱克曼窗窗函数的 MATLAB 程序：

```
N = 31;t = (0:N-1);
w0 = boxcar(N);                  % 矩形窗
w1 = bartlett(N);                % 三角窗
w2 = hanning(N);                 % 汉宁窗
w3 = hamming(N);                 % 汉明窗
w4 = blackman(N);                % 布莱克曼窗
% 若画离散窗函数,用语句 stem(w)
figure
plot(t,w1,'- k',t,w2,'- ok',t,w3,'- * k',t,w4,'- + k');
legend('三角窗','汉宁窗','汉明窗','布莱克曼窗');
```

画三角窗、汉宁窗、汉明窗、布莱克曼窗幅度特性的 MATLAB 程序：

```
figure
[h0,f] = freqz(w0,1,512,2);
[h1,f] = freqz(w1,1,512,2);
[h2,f] = freqz(w2,1,512,2);
[h3,f] = freqz(w3,1,512,2);
[h4,f] = freqz(w4,1,512,2);
subplot(221);
H1 = 20 * log10(abs(h1)/max(h1))
plot(f,H1);grid
axis([0,1, - 100,0]);
title('三角窗');
subplot(222);
H2 = 20 * log10(abs(h2)/max(h2))
plot(f,H2);grid
axis([0,1, - 100,0]);
title('汉宁窗');
subplot(223);
H3 = 20 * log10(abs(h3)/max(h3))
plot(f,H3);grid
axis([0,1, - 100,0]);
title('汉明窗');
subplot(224);
H4 = 20 * log10(abs(h4)/max(h4))
plot(f,H4);grid
axis([0,1, - 100,0]);
title('布莱克曼窗');
```

2. FIR 低通滤波器

格式：

```
b = fir1(n,Wn)
b = fir1(n,Wn,'ftype')
b = fir1(n,Wn,Window)
b = fir1(n,Wn,'ftype',Window)
```

说明：fir1 函数以经典方法实现加窗线性相位 FIR 数字滤波器设计，它可设计出标准的低通、带通、高通和带阻滤波器（具有任意频率响应的加窗滤波器由 fir2 函数设计）。

b＝fir1（n，Wn）可得到 n 阶低通 FIR 滤波器，滤波器系数包含在 b 中，这可表示成

$$b(z) = b(1) + b(2)z^{-1} + \cdots + b(n+1)z^{-n}$$

这是一个截止频率为 Wn 的 Hamming（汉明）加窗线性相位滤波器，$0 \leqslant Wn \leqslant 1$，Wn＝1 相应于 0.5fs。

当 Wn＝[W1 W2] 时，fir1 函数可得到带通滤波器，其通带为 $W1 < \omega < W2$。

b＝fir1(n,Wn,'ftype')可设计高通和带阻滤波器,由 ftype 决定:

(1) 当 ftype＝high 时,设计高通 FIR 滤波器。

(2) 当 ftype＝stop 时,设计带阻 FIR 滤波器。

在设计高通和带阻滤波器时,fir1 函数总是使用阶次为偶数的结构,因此当输入的阶次为奇数时,fir1 函数会自动将阶次加 1。这是因为对奇次阶的滤波器,其在 Nyquist 频率处的频率响应为零,因此不适合于构成高通和带阻滤波器。

b＝fir1(n,Wn,Window)则利用列矢量 Window 中指定的窗函数进行滤波器设计,Window 长度为 $n+1$。如果不指定 Window 参数,则 fir1 函数采用 Hamming 窗。

b＝fir1(n,Wn,'ftype',Window)可利用 ftype 和 Window 参数,设计各种加窗的滤波器。

由 fir1 函数设计的 FIR 滤波器的群延迟为 $n/2$。

例如,设计一 24 阶 FIR 带通滤波器,通带为 $0.35<\omega<0.65$。其程序如下:

```
b＝fir1(48,[0.35 0.65]);
freqz(b,1,512)
```

【例 9 - 27】 设计 FIR 低通滤波器,通带允许起伏 1dB,要求通带边缘频率 $f_p=100\text{Hz}$,阻带边缘频率 $f_s=200\text{Hz}$。阻带最小衰减大于 40dB。并对信号 $u(t)=\cos(2\pi\times 50t)+0.8\cos(2\pi\times 250t)+0.1\cos(2\pi\times 350t)+0.05\cos(2\pi\times 450t)$ 进行滤波。

解 用理想低通滤波器作为逼近滤波器,有

$$h_d(n)=\frac{\sin[\Omega_c(n-\alpha)]}{\pi(n-\alpha)}$$

汉宁窗的通带最大衰减为 0.11dB,阻带最小衰减为 -44dB,选择汉宁窗截断可以满足要求。

程序如下:

```
t＝0:0.02/32:0.06;
f1＝50;
u1＝cos(2*pi*f1*t)+0.8*cos(2*pi*5*f1*t)+0.1*cos(2*pi*7*f1*t)
+0.05*cos(2*pi*9*f1*t);
b＝fir1(32,100/800)                 %求滤波器的单位脉冲响应
f＝0:1:800;
h＝freqz(b,1,f,1600);                %求滤波器的频率响应
y＝conv(u1,b);                       %计算滤波器的输出——卷积和
subplot(411);
plot(t,u1);
axis([0,0.06,-2,2]);
title('带高次谐波的信号');
hold on;
n＝0:32
subplot(412);
stem(n,b);
axis([0,32,-0.05,0.15])
```

```
title('滤波器的单位脉冲响应');
hold on;
subplot(413);
plot(f,abs(h));
title('滤波器的频率响应');
hold on;
subplot(414);
plot(t(1:96),y(1:96),':');
%plot(ny,y);
title('通过滤波器后的信号');
hold on;
```

FIR 低通滤波器的幅频响应如图 9 - 31 所示。

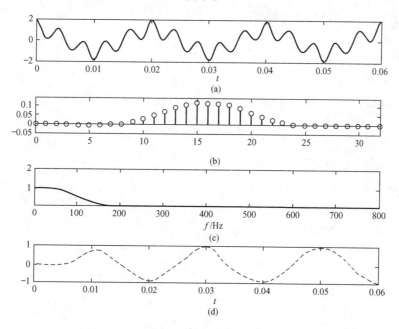

图 9 - 31　FIR 低通滤波器的幅频响应

(a) 信号的波形；(b) 滤波器的单位脉冲响应；

(c) 滤波器的频率响应；(d) 通过滤波器后的信号波形

9.9.2　窗函数设计 FIR 数字滤波器仿真实验

(1) 设计一个只让 5 次谐波通过的 FIR 带通滤波器，Wn＝［W1　W2］＝［200　300］，b＝fir1（32，［200/800 300/800］）。信号为

$$u(t) = \cos(2\pi \times 50t) + 0.8\cos(2\pi \times 250t) + 0.1\cos(2\pi \times 350t) + 0.05\cos(2\pi \times 450t)$$

写出程序并运行，复制曲线，分析结果。

(2) 画出三角窗、汉宁窗、汉明窗、布莱克曼窗幅度特性，复制曲线。

(3) 例 9 - 27 中，为什么滤波器输出信号的第一个周期不是正弦波？

9.9.3 频率采样法设计 FIR 数字滤波器

频率采样法是从频域出发，对于一个有限长序列，如果满足频率采样定理的条件，可以通过频谱的有限个采样点的值准确地恢复其时域形状，频率采样法正是基于这种设计思想来设计 FIR 数字滤波器的。

频率采样法设计 FIR 数字滤波器的一般步骤是，根据给定的频率响应性能指标 $H_d(e^{j\Omega})$，首先选取长度 N，并以 $2\pi/N$ 等频率间隔对 $H_d(e^{j\Omega})$ 采样得到 $H(k)$，再根据所得 $H(k)$，求出所设计的滤波器的系统函数 $H(z)$ 或 $H(e^{j\Omega})$。他们就将逼近于 $H_d(z)$ 或 $H_d(e^{j\Omega})$。$h(n)$ 可由 ifft() 函数求出，即 $h(n) = \text{IDFT}[H(k)]$。

【例 9 - 28】 根据下列技术指标：$\omega_p = 0.2\pi$，$\omega_s = 0.3\pi$，$A_p = 0.25\text{dB}$，$A_s = 50\text{dB}$，用频率采样法设计一数字低通滤波器。

解 选择 $N = 60$，并在过渡带插入 T1、T2 两个采样点以减少逼近误差。

程序如下：

```
N = 60;T1 = 0.592 5;T2 = 0.109 9;
alpha = (N - 1)/2;
l = 0 : N - 1;
w1 = (2 * pi/N) * l;
Hrs = [ones(1,7),T1,T2,zeros(1,43),T2,T1,ones(1,6)];
Hdr = [1,1,0,0];
wd1 = [0,0.2,0.3,1];
k1 = 0 : floor((N - 1)/2);
k2 = floor((N - 1)/2) + 1 : N - 1;
angH = [- alpha * (2 * pi)/N * k1,alpha * (2 * pi)/N * (N - k2)];
H = Hrs. * exp(j * angH);
h1 = ifft(H,N);
h = real(h1);
[H,w] = freqz(h,[1]);
Hdb = 20 * log10(abs(H));
subplot(2,2,1);plot(w1(1 : 31)/pi,Hrs(1 : 31),'.',wd1,Hdr);
axis([0 1 - 0.1 1.2]);title('频率样本 H(k):N = 60');xlabel('\Omega/(\pi)');
subplot(2,2,2);stem(l,h,'filled');
title('实际单位样值响应 h(n)');xlabel('n');
subplot(2,2,3);plot(w/pi,abs(H),w1(1 : 31)/pi,Hrs(1 : 31),'.')
axis([0 1 - 0.1 1.2]);title('实际幅度响应 H(w)');xlabel('\Omega/(\pi)');
subplot(2,2,4);plot(w/pi,Hdb);
axis([0 1 - 100 10]);title('实际幅度响应(db)');xlabel('\Omega/(\pi)');
```

执行结果如图 9 - 32 所示。

9.9.4 频率采样法设计 FIR 数字滤波器仿真实验

（1）根据下列技术指标，设计一数字带通滤波器，选择一个恰当的窗函数，确定单位脉冲响应，绘出幅度响应。技术指标为：

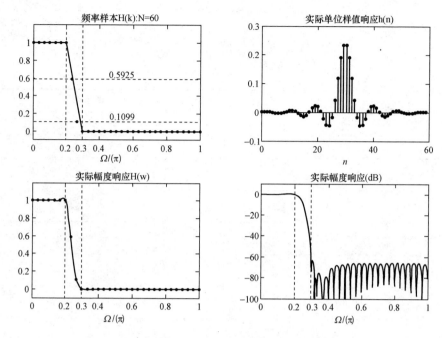

图 9 - 32 频率采样法设计 FIR 低通滤波器

低阻带：$\omega_{1s}=0.2\pi$，$A_s=60\text{dB}$；低通带：$\omega_{1p}=0.35\pi$，$A_p=1\text{dB}$；
高通带：$\omega_{2p}=0.65\pi$，$A_p=1\text{dB}$；高阻带：$\omega_{2s}=0.8\pi$，$A_s=60\text{dB}$。
（2）用频率采样法设计一数字高通滤波器，技术指标为：
$\omega_s=0.6\pi$，$\omega_p=0.8\pi$，$A_s=50\text{dB}$，$A_p=1\text{dB}$。

附录 A　常用傅里叶变换表

序　号	时　域	频　域
1	$\delta(t)$	1
2	$\delta(t-t_0)$	$\mathrm{e}^{-\mathrm{j}\omega t_0}$
3	$\varepsilon(t)$	$\dfrac{1}{\mathrm{j}\omega}+\pi\delta(\omega)$
4	$\mathrm{e}^{\mathrm{j}\omega_0 t}$	$2\pi\delta(\omega-\omega_0)$
5	$t\varepsilon(t)$	$-\dfrac{1}{\omega^2}+\mathrm{j}\pi\delta'(\omega)$
6	$\sin(\omega_0 t+\varphi)$	$\mathrm{j}\pi[\mathrm{e}^{-\mathrm{j}\varphi}\delta(\omega+\omega_0)-\mathrm{e}^{\mathrm{j}\varphi}\delta(\omega-\omega_0)]$
7	$\cos(\omega_0 t+\varphi)$	$\pi[\mathrm{e}^{-\mathrm{j}\varphi}\delta(\omega+\omega_0)+\mathrm{e}^{\mathrm{j}\varphi}\delta(\omega-\omega_0)]$
8	$\mathrm{sgn}(t)$	$\dfrac{2}{\mathrm{j}\omega}$
9	t	$\mathrm{j}2\pi\delta'(\omega)$
10	$\dfrac{1}{t}$	$-\mathrm{j}\pi\mathrm{sgn}(\omega)$
11	$\lvert t\rvert$	$-\dfrac{2}{\omega^2}$
12	$\displaystyle\sum_{n=-\infty}^{\infty}\delta(t-nT_0)$	$\omega_0\displaystyle\sum_{k=-\infty}^{\infty}\delta(\omega-k\omega_0),\omega_0=\dfrac{2\pi}{T_0}$
13	$\mathrm{e}^{-at}\varepsilon(t)\quad(a>0)$	$\dfrac{1}{\mathrm{j}\omega+a}$
14	$\mathrm{e}^{-at}\sin(\omega_0 t)\varepsilon(t)\quad(a>0)$	$\dfrac{\omega_0}{(\mathrm{j}\omega+a)^2+\omega_0^2}$
15	$\mathrm{e}^{-at}\cos(\omega_0 t)\varepsilon(t)\quad(a>0)$	$\dfrac{\mathrm{j}\omega+a}{(\mathrm{j}\omega+a)^2+\omega_0^2}$
16	$\mathrm{e}^{-a\lvert t\rvert}\quad(a>0)$	$\dfrac{2a}{\omega^2+a^2}$
17	$\mathrm{e}^{-at}\varepsilon(t)-\mathrm{e}^{at}\varepsilon(-t)\quad(a>0)$	$-\mathrm{j}\dfrac{2\omega}{\omega^2+a^2}$
18	$\mathrm{e}^{-(at)^2}$	$\dfrac{\sqrt{\pi}}{\lvert a\rvert}\mathrm{e}^{-\left(\frac{\omega}{2a}\right)^2}$
19	$\mathrm{Sa}(\omega_c t)=\dfrac{\sin(\omega_c t)}{\omega_c t}$	$R(\omega)=\begin{cases}\dfrac{\pi}{\omega_c} & \lvert\omega\rvert<\omega_c \\[2mm] 0 & \lvert\omega\rvert>\omega_c\end{cases}$
20	$r(t)=\begin{cases}1 & \lvert t\rvert<\dfrac{\tau}{2} \\[2mm] 0 & \lvert t\rvert>\dfrac{\tau}{2}\end{cases}$	$\tau\,\mathrm{Sa}\left(\dfrac{\omega\tau}{2}\right)$

续表

序　号	时　域	频　域
21	$x(t)=\begin{cases} 1-\dfrac{2\|t\|}{\tau} & \|t\|<\dfrac{\tau}{2} \\ 0 & \|t\|>\dfrac{\tau}{2} \end{cases}$	$\dfrac{\tau}{2}\mathrm{Sa}^2\left(\dfrac{\omega\tau}{4}\right)$
22	$x(t)=\begin{cases} \cos\left(\dfrac{\pi}{\tau}t\right) & \|t\|<\dfrac{\tau}{2} \\ 0 & \|t\|>\dfrac{\tau}{2} \end{cases}$	$\dfrac{\pi\tau}{2}\dfrac{\cos\left(\dfrac{\omega\tau}{2}\right)}{\left(\dfrac{\pi}{2}\right)^2-\left(\dfrac{\omega\tau}{2}\right)^2}$
23	$a_1x_1(t)+a_2x_2(t)$	$a_1X_1(\omega)+a_2X_2(\omega)$
24	$\dfrac{\mathrm{d}x(t)}{\mathrm{d}t}$	$\mathrm{j}\omega X(\omega)$
25	$-\mathrm{j}tx(t)$	$\dfrac{\mathrm{d}X(\omega)}{\mathrm{d}\omega}$
26	$\displaystyle\int_{-\infty}^{t}x(\tau)\mathrm{d}\tau$	$\dfrac{1}{\mathrm{j}\omega}X(\omega)+\pi X(0)\delta(\omega)$
27	$-\dfrac{1}{\mathrm{j}t}x(t)+\pi x(0)\delta(t)$	$\dfrac{1}{2\pi}\displaystyle\int_{-\infty}^{\omega}X(\lambda)\mathrm{d}\lambda$
28	$x(t-t_0)$	$\mathrm{e}^{-\mathrm{j}\omega t_0}X(\omega)$
29	$x(t)\mathrm{e}^{\mathrm{j}\omega_0 t}$	$X(\omega-\omega_0)$
30	$x(-t)$	$X(-\omega)$
31	$x(at)$	$\dfrac{1}{\|a\|}X\left(\dfrac{\omega}{a}\right)$
32	$x(at+b)$	$\dfrac{1}{\|a\|}\mathrm{e}^{\mathrm{j}\frac{b}{a}\omega}X\left(\dfrac{\omega}{a}\right)$
33	$x_1(t)*x_2(t)$	$X_1(\omega)X_2(\omega)$
34	$x_1(t)x_2(t)$	$\dfrac{1}{2\pi}X_1(\omega)*X_2(\omega)$

附录 B　常用信号单边 z 变换表

序　号	时　域	z 域
1	$\delta(n)$	1
2	1	$\dfrac{z}{z-1}$
3	$\delta(n-N)$	z^{-N}
4	a^n	$\dfrac{z}{z-a}$
5	na^{n-1}	$\dfrac{z}{(z-a)^2}$
6	$\dfrac{n(n-1)}{2!}a^{n-2}$	$\dfrac{z}{(z-a)^3}$
7	$\dfrac{n(n-1)(n-2)}{3!}a^{n-3}$	$\dfrac{z}{(z-a)^4}$
8	$(n+1)a^n$	$\dfrac{z^2}{(z-a)^2}$
9	n^2a^{n-1}	$\dfrac{z(z+a)}{(z-a)^3}$
10	$\sin(\Omega_0 n)$	$\dfrac{\sin(\Omega_0)z}{z^2-2\cos(\Omega_0)z+1}$
11	$\cos(\Omega_0 n)$	$\dfrac{z^2-\cos(\Omega_0)z}{z^2-2\cos(\Omega_0)z+1}$
12	$a^n\sin(\Omega_0 n)$	$\dfrac{a\sin(\Omega_0)z}{z^2-2a\cos(\Omega_0)z+a^2}$
13	$a^n\cos(\Omega_0 n)$	$\dfrac{z^2-a\cos(\Omega_0)z}{z^2-2a\cos(\Omega_0)z+a^2}$
14	$a_1 x_1(n)+a_2 x_2(n)$	$a_1 X_1(z)+a_2 X_2(z)$
15	$x(n-1)$ $x(n-2)$ $x(n-N)$	$z^{-1}X(z)+x(-1)$ $z^{-2}X(z)+x(-1)z^{-1}+x(-2)$ $z^{-N}X(z)+x(-1)z^{-(N-1)}+x(-2)z^{-(N-2)}+\cdots+x(-N)$
16	$x(n+N)$	$z^N X(z)-x(0)z^N-x(1)z^{(N-1)}-\cdots-x(N-1)z$
17	$nx(n)$	$-z\dfrac{\mathrm{d}}{\mathrm{d}z}X(z)$
18	$a^n x(n)$	$X\left(\dfrac{z}{a}\right)$
19	$h(n)*x(n)$	$H(z)X(z)$

习 题 参 考 答 案

1-1 (a) 连续时间信号，是模拟信号；(b) 连续时间信号，不是模拟信号；(c) 离散时间信号，是数字信号；(d) 离散时间信号，不是数字信号。

1-2 (1) 能量信号，非周期信号；(2) 功率信号，周期信号，$T=\pi/5$；(3) 功率信号，非周期信号；(4) 功率信号，周期信号，$T=\pi/8$；(5) 能量信号，非周期信号；(6) 能量信号，非周期信号。

1-6 (1) 线性，时变，非因果；(2) 线性，时不变，因果；(3) 非线性，时变，非因果；(4) 线性，时变，非因果；(5) 非线性，时不变，因果；(6) 线性，时变，因果。

1-7 (1) 线性，时不变，因果；(2) 线性，时不变，因果；(3) 线性，时变，非因果；(4) 非线性，时不变，因果。

1-8 (1) 线性时不变系统；(2) 线性时变系统；(3) 非线性时不变系统；(4) 非线性时变系统。

1-9 (1) 线性时不变，因果，不稳定；(2) 非线性，时不变，因果，稳定；(3) 线性，时变，因果，稳定；(4) 线性，时变，非因果，稳定。

1-10 $y(t) = -e^{-t} + 3\cos(\pi t)\,(t \geqslant 0)$。

1-11 $y(t) = 4 + 7e^{-t} - 3e^{-2t}\,(t \geqslant 0)$。

2-1 $(1)e^{3};(2)\pi;(3)1;(4)3;(5)-2\sin(2t)+\delta(t);(6)\delta'(t)$。

2-2 $X_0 = 0; X_k = j\dfrac{A}{2k\pi}\left[(-1)^k - 1\right]$。

2-3 $\dfrac{1}{T}\displaystyle\sum_{k=-\infty}^{\infty} e^{jk\omega_0 t};\ \dfrac{1}{T}+\dfrac{2}{T}\displaystyle\sum_{k=1}^{\infty}\cos(k\omega_0 t)\ ;\omega_0 = \dfrac{2\pi}{T}$。

2-4 $\dfrac{1}{4} + \displaystyle\sum_{k=1}^{\infty}\dfrac{\cos(k\pi)-1}{(k\pi)^2}\cos(k\omega_0 t) - \displaystyle\sum_{k=1}^{\infty}\dfrac{\cos(k\pi)}{k\pi}\sin(k\omega_0 t)$。

2-5 $(1)1\text{MHz};2\text{MHz};(2)\ \dfrac{1}{3}\text{MHz};\dfrac{2}{3}\text{MHz};(3)\ \dfrac{1}{3};(4)\ \dfrac{1}{3}$。

2-6 $\dfrac{E}{\pi} + \dfrac{E}{2}\cos\omega_0 t + \dfrac{2E}{3\pi}\cos2\omega_0 t - \dfrac{2E}{15\pi}\cos4\omega_0 t + \cdots$。

2-7 $\dfrac{2E}{\pi}\left[1 - \dfrac{2}{3}\cos\omega_0 t - \dfrac{2}{15}\cos2\omega_0 t + \cdots\right]$。

2-8 $(a)\tau\text{Sa}\left(\dfrac{\omega\tau}{2}\right)e^{-j\frac{\omega\tau}{2}};(b)\ \dfrac{1}{\omega^2\tau}(1 - e^{-j\omega\tau} - j\omega\tau);(c)\ \dfrac{\pi\cos\omega}{\left(\dfrac{\pi}{2}\right)^2 - \omega^2}$。

2-9 $(a)2E\text{Sa}\left(\dfrac{\omega}{2}\right)\cos\dfrac{3\omega}{2};(b)E\tau\text{Sa}^2\left(\dfrac{\omega\tau}{2}\right)e^{j\omega\tau};(c)\ \dfrac{1}{1-\omega^2}(1 + e^{-j\omega\pi})$。

2-10 $(a)\dfrac{j4\left[\sin\left(\dfrac{\omega\tau}{2}\right)\right]^2}{\omega};(b)j\dfrac{2\omega\tau\cos(2\omega\tau) - \sin(2\omega\tau)}{\omega^2\tau};(c)\dfrac{4\sin\left(\dfrac{\omega}{2}\right)\sin\left(\dfrac{3\omega}{2}\right)}{\omega^2}$。

2-11 $\varepsilon(\omega+\omega_c) - \varepsilon(\omega-\omega_c)$。

2 - 12 $\dfrac{\pi}{a}\mathrm{e}^{-a|\omega|}$。

2 - 13 $\mathrm{j}\dfrac{\omega}{\omega_0{}^2-\omega^2}+\dfrac{\pi}{2}\left[\delta(\omega+\omega_0)+\delta(\omega-\omega_0)\right];\dfrac{\omega_0}{\omega_0{}^2-\omega^2}+\mathrm{j}\dfrac{\pi}{2}\left[\delta(\omega+\omega_0)-\delta(\omega-\omega_0)\right]$。

2 - 14 $(1)2X(2\omega);(2)\dfrac{1}{2}X(2\omega)\mathrm{e}^{-\mathrm{j}\frac{5\omega}{2}};(3)X(-\omega)\mathrm{e}^{-\mathrm{j}3\omega};(4)\dfrac{1}{3}\mathrm{e}^{-\mathrm{j}\omega}X\left(-\dfrac{\omega}{3}\right)$。

2 - 15 $\dfrac{\pi\cos\omega}{\left(\dfrac{\pi}{2}\right)^2-\omega^2}$。

2 - 17 $(1)\dfrac{1}{2\pi}\mathrm{e}^{\mathrm{j}\omega_0 t};(2)\dfrac{1}{\pi}\cos(2t);(3)3+\mathrm{e}^{-2t}\varepsilon(t)-\mathrm{e}^{-3t}\varepsilon(t);(4)\dfrac{1}{2}\left[\varepsilon(t+5)-\varepsilon(t-5)\right]$。

2 - 18 $(1)\dfrac{1}{s^2};(2)\left(\dfrac{1}{s}+\dfrac{1}{s^2}\right)\mathrm{e}^{-s};(3)\dfrac{2}{s^2+4};(4)\dfrac{2s+2}{s(s+2)}$。

2 - 19 $(1)\dfrac{1}{(s+2)^2};(2)\dfrac{1}{s^2}-\dfrac{1}{s}\mathrm{e}^{-s}-\dfrac{1}{s^2}\mathrm{e}^{-s};(3)\dfrac{1-\mathrm{e}^{-2(s+1)}}{s+1};(4)\dfrac{s-2}{\sqrt{2}(s^2+4)};(5)\dfrac{1}{2}\mathrm{e}^{-\frac{1}{2}s};$

$(6)\dfrac{2}{(s+1)^2+4};(7)\dfrac{\pi s^2}{\pi^2+s^2};(8)\dfrac{s^2-1}{(s^2+1)^2}$。

2 - 20 $(a)\dfrac{(1+\mathrm{e}^{-s})(1-\mathrm{e}^{-2s})}{s};(b)\dfrac{1-\mathrm{e}^{-Ts}-Ts\mathrm{e}^{-Ts}}{Ts^2};(c)\dfrac{\pi(1+\mathrm{e}^{-s})}{\pi^2+s^2}$。

2 - 21 $(1)\dfrac{2}{4s^2+6s+3};(2)\dfrac{2\mathrm{e}^{-\frac{s+3}{2}}}{s^2+4s+7}$。

2 - 22 $(1)(2\mathrm{e}^{-4t}-\mathrm{e}^{-2t})\varepsilon(t);(2)\left(\dfrac{3}{8}+\dfrac{1}{4}\mathrm{e}^{-2t}+\dfrac{3}{8}\mathrm{e}^{-4t}\right)\varepsilon(t);(3)2\delta(t)+(2\mathrm{e}^{-t}+\mathrm{e}^{-2t})$

$\varepsilon(t);(4)\left[1+\sqrt{2}\sin(2t-45°)\right]\varepsilon(t);(5)\left[\mathrm{e}^{-t}-(t+1)\mathrm{e}^{-2t}\right]\varepsilon(t);(6)\left[1-\mathrm{e}^{-t}\cos(2t)\right]\varepsilon(t)$。

3 - 1 $(\mathrm{e}^{-t}-2\mathrm{e}^{-2t}+\mathrm{e}^{-3t})\varepsilon(t)$。

3 - 2 $(1)y_{zi}(t)=(2\mathrm{e}^{-t}-\mathrm{e}^{-3t})\varepsilon(t),y_{zs}(t)=\left(\dfrac{1}{3}-\dfrac{1}{2}\mathrm{e}^{-t}+\dfrac{1}{6}\mathrm{e}^{-3t}\right)\varepsilon(t);(2)y_{zi}(t)=(4t+$

$1)\mathrm{e}^{-2t}\varepsilon(t),y_{zs}(t)=\left[-(t+2)\mathrm{e}^{-2t}+2\mathrm{e}^{-t}\right]\varepsilon(t)$。

3 - 3 $(-3\mathrm{e}^{-2t}+5\mathrm{e}^{-3t})\varepsilon(t)$。

3 - 4 $\delta(t)-3\mathrm{e}^{-2t}\varepsilon(t);(-0.5+1.5\mathrm{e}^{-2t})\varepsilon(t)$。

3 - 5 $(1)\dfrac{1}{2}(1-\mathrm{e}^{-2t})\varepsilon(t);(2)\begin{cases}0 & t<0 \\ \dfrac{1}{2}t^2 & 0\leqslant t\leqslant2 \\ 2(t-1) & t>2\end{cases};(3)\dfrac{1}{2}(1-\mathrm{e}^{-2t})\varepsilon(t)+\dfrac{1}{2}(\mathrm{e}^{-2t+4}-1)\varepsilon$

$(t-2);(4)6(\mathrm{e}^{-t}-\mathrm{e}^{-2t})\varepsilon(t)$。

3 - 7 $(1)\dfrac{2s+8}{s^2+5s+6};(2)(4\mathrm{e}^{-2t}-2\mathrm{e}^{-3t})\varepsilon(t);(3)y''(t)+5y'(t)+6y(t)=2x'(t)+8x(t)$。

3 - 8 $\left(1-\dfrac{1}{2}\mathrm{e}^{-2t}\right)\varepsilon(t)$。

3 - 9 $\dfrac{1}{2(s^3+2s^2+2s+1)};\dfrac{1}{2}\left[1-\mathrm{e}^{-t}-\dfrac{2}{\sqrt{3}}\mathrm{e}^{-\frac{t}{2}}\sin\left(\dfrac{\sqrt{3}}{2}t\right)\right]\varepsilon(t)$。

3 - 10 $\dfrac{24}{5}\cos t+\dfrac{28}{5}\sin t-\dfrac{19}{5}\mathrm{e}^{-t}\cos t-\dfrac{27}{5}\mathrm{e}^{-t}\sin t$。

3 - 12　(1)$\dfrac{s}{s+1}$;$y'(t)+y(t)=x'(t)$;稳定。

(2)$\dfrac{1}{s^2+s}$;$y''(t)+y'(t)=x(t)$;不稳定。

(3)$\dfrac{1}{s^2+2s+1}$;$y''(t)+2y'(t)+y(t)=x(t)$;稳定。

(4)$\dfrac{2}{s^2+3s+2}$;$y''(t)+3y'(t)+2y(t)=2x(t)$;稳定。

3 - 13　(1)$e^{-2t}\varepsilon(t)$;$y'(t)+2y(t)=x(t)$;稳定。
(2)$e^{-t}\sin t\varepsilon(t)$;$y''(t)+2y'(t)+2y(t)=x(t)$;稳定。
(3)$e^{-t}\cos t\varepsilon(t)$;$y''(t)+2y'(t)+2y(t)=x'(t)+x(t)$;稳定。
(4)$[\delta(t)-2e^{-t}\cos t+e^{-t}\sin t]\varepsilon(t)$;$y''(t)+2y'(t)+2y(t)=x''(t)+x(t)$;稳定。

3 - 14　$\dfrac{1-e^{-j\omega}}{6-\omega^2+j5\omega}$。

3 - 15　$(e^{-4t}-e^{-5t})\varepsilon(t)$。

3 - 16　$(1-2e^{-t})\varepsilon(t)$。

3 - 17　$0.707\sin(t-0.785)+0.316\sin(3t-1.249)$。

3 - 18　$y(t)=\sin(2t)$。

3 - 19　$R_1=R_2=1\Omega$。

3 - 20　$R_1C_1=R_2C_2$。

3 - 21　$\delta(t-t_d)-\dfrac{\omega_C}{\pi}Sa[\omega_C(t-t_d)]$。

3 - 22　$\dfrac{1}{4}[X(\omega+7\pi)+X(\omega-7\pi)+X(\omega+3\pi)+X(\omega-3\pi)]$。

3 - 23　$\dfrac{Sa(t)}{2\pi}\cos(1000t)$。

3 - 24　$\dfrac{1}{2\pi}Sa(t)$。

4 - 1　(1)$\omega_s=2\omega_M=200rad/s$;(2)$\omega_s=2\omega_M=200rad/s$;(3)$\omega_s=400rad/s$;(4)$\omega_s=240rad/s$。

4 - 2　(1)$f_S\geqslant2f_{m1}=600Hz$;(2)$f_S\geqslant2f_{m1}=400Hz$;(3)$f_S\geqslant2f_{m1}=200Hz$;(4)$f_S\geqslant2f_{m1}=400Hz$。

4 - 3　(1)$x_1(t)=\dfrac{\cos\left(\dfrac{t\pi}{2}\right)}{\pi(1-t^2)}$,$x_2(t)=x_1(t)e^{j\omega_0t}+x_1(t)e^{-j\omega_0t}=2x_1(t)\cos(\omega_0t)$;(2)对 $x_2(t)$ 抽样的奈奎斯特抽样角频率为 $2\omega_0+\pi$;(3)$\omega_2=\omega_0$, $\pi/2\leqslant\omega_1\leqslant2\omega_0-\pi/2,A=1$。

4 - 4　最大抽样周期 $T_S=\dfrac{\pi}{\omega_1+\omega_2}$。

4 - 5　(1)$\omega_S=\omega_2=2\omega_1$。

4 - 6　(a)$x(n)=\varepsilon(n+2)$;(b)$x(n)=\varepsilon(n-3)-\varepsilon(n-7)$;(c)$x(n)=\varepsilon(-n+2)$;(d)$x(n)=(-1)^n\varepsilon(n)$。

4 - 7　$x(n)=-0.5\delta(n+1)+\delta(n)+2\delta(n-1)+\delta(n-3)$。

4 - 9　(1)$Z\{\delta(n)+\delta(n-1)\}=1+z^{-1}$（$|z|>0$）；

(2)$X(z)=1+2z^{-1}-3z^{-3}+z^{-4}$

$\qquad =(z^4+2z^3-3z+1)/z^4$（$|z|>0$）；

(3)$Z\left\{\left(\dfrac{1}{2}\right)^n\varepsilon(n)\right\}=\dfrac{z}{z-\dfrac{1}{2}}$　$\left(|z|>\dfrac{1}{2}\right)$；

(4)$X(z)=z^{-1}\dfrac{z}{z-\dfrac{1}{2}}=\dfrac{1}{z-\dfrac{1}{2}}$　$\left(|z|>\dfrac{1}{2}\right)$。

4 - 10　(1)$X(z)=\dfrac{2z^2-2}{(2z-1)(z-2)}$；

(2)$X(z)=\dfrac{1}{(z-1)^2}$；

(3)$X(z)=\dfrac{z}{z^2+1}$；

(4)$X(z)=\dfrac{-5z}{(2z-1)(z-3)}$。

4 - 11　(1) $x(0)=0,x(1)=1,x(2)=1,x(3)=-2$；

(2)$x(0)=1,x(1)=-1,x(2)=0.5,x(3)=-0.25$。

4 - 12　(1)$x(n)=(1-0.5^n)\varepsilon(n)$；

(2)$x(n)=(0.5)^n\left[\cos\left(\dfrac{\pi}{2}n\right)-\sin\left(\dfrac{\pi}{2}n\right)\right]\varepsilon(n)$；

(3)$x(n)=\dfrac{2\sqrt{3}}{3}\text{Re}\left[-\text{j}e^{\text{j}\frac{\pi}{3}n}\right]=\dfrac{2\sqrt{3}}{3}\sin\left(\dfrac{\pi}{3}n\right)$；

(4)$x(n)=-(0.5)^n+(\sqrt{2})^n\cos\left(\dfrac{\pi}{4}n\right)$。

4 - 13　(1)$x(n)=\left[4\left(-\dfrac{1}{2}\right)^n-3\left(-\dfrac{1}{4}\right)^n\right]\varepsilon(n)$；

(2)$x(n)=6\delta(n)+2\delta(n-1)+[8-13(0.5)^n]\varepsilon(n)$；

4 - 14　$X(e^{\text{j}\Omega})=\dfrac{\sin\left(\dfrac{5}{2}\Omega\right)}{\sin\left(\dfrac{1}{2}\Omega\right)}e^{-\text{j}2\Omega}$。

4 - 15　$X(e^{\text{j}\Omega})=\pi\sum\limits_{l=-\infty}^{\infty}[\delta(\Omega-2\pi l-\Omega_0)+\delta(\Omega-2\pi l+\Omega_0)]$。

4 - 16　$x(n)=(n+1)a^n\varepsilon(n)$。

4 - 17　$\widetilde{X}(k)=\text{DFS}\{x(n)\}=\dfrac{1}{4}(3+2e^{-\text{j}\frac{\pi}{2}k}+e^{-\text{j}\pi k}+3e^{-\text{j}\frac{3\pi}{2}k})$。

4 - 18　$\widetilde{X}(k)=\text{DFS}\{x(n)\}=\dfrac{5}{8}(-1)^k\dfrac{\sin\left(\dfrac{5\pi}{8}k\right)}{\sin\left(\dfrac{\pi}{8}k\right)}$。

4 - 19　$\widetilde{X}_2(k)=\begin{cases}\widetilde{X}_1\left(\dfrac{k}{2}\right) & k\text{ 为偶数}\\ 0 & k\text{ 为奇数}\end{cases}$。

4 - 20　$\widetilde{X}(k) = 2e^{-j\frac{\pi}{4}k}\cos\left(\frac{\pi}{4}k\right)$；

$X(e^{j\Omega}) = \pi\sum_{k=-\infty}^{\infty} e^{-j\frac{\pi}{4}k}\cos\left(\frac{\pi}{4}k\right)\delta(\Omega - \frac{\pi}{2}k)$。

4 - 21　$X(\omega) = \pi[\delta(\omega - 2\pi f_0) + \delta(\omega + 2\pi f_0)]$；

$X_S(\omega) = \frac{\pi}{T}\sum_{k=-\infty}^{\infty}[\delta(\omega - 2\pi f_0 - k\omega_S) + \delta(\omega + 2\pi f_0 - k\omega_S)]$；

$X(e^{j\Omega}) = \frac{\pi}{T}\sum_{k=-\infty}^{\infty}\left[\delta\left(\Omega - \frac{\pi}{2} - 2\pi k\right) + \delta\left(\Omega + \frac{\pi}{2} - 2\pi k\right)\right]$。

5 - 1　(1)$y(n) = \left(\frac{1}{2}\right)^n (n\geqslant 0)$；(2)$y(n) = 2^{n+1} (n\geqslant 0)$；(3)$y(n) = (-3)^{n-1} (n\geqslant 0)$；

(4)$y(n) = -\left(-\frac{1}{3}\right)^{n+1} (n\geqslant 0)$。

5 - 2　(1)$y(n) = n(3)^n (n\geqslant 0)$；(2)$y(n) = 3^n - (n+1)2^n (n\geqslant 0)$。

5 - 3　(1)$y(n) = (4n+2)(-1)^n (n\geqslant 0)$；(2)$y(n) = 4(-1)^n - 12(-2)^n (n\geqslant 0)$。

5 - 4　(1)$y_{zi}(n) = 2(0.25)^n (n\geqslant 0)$，$y_{zs}(n) = 4\left(\frac{1}{3}\right)^n\varepsilon(n) - 3(0.25)^n\varepsilon(n)$，$y(n) =$

$y_{zi}(n) + y_{zs}(n) = 4\left(\frac{1}{3}\right)^n - (0.25)^n (n\geqslant 0)$。

(2)$y_{zi}(n) = -3(-0.5)^n (n\geqslant 0)$，$y_{zs}(n) = (0.5)^n\varepsilon(n) + 3(-0.5)^n\varepsilon(n) + 2n(-0.5)^n$
$\varepsilon(n)$，$y(n) = y_{zi}(n) + y_{zs}(n) = (0.5)^n + 2n(-0.5)^n (n\geqslant 0)$。

5 - 5　(1)$y(n) = [5 - 2(0.4)^n]\varepsilon(n)$；

(2)$y(n) = 20(0.5)^n - 16(0.4)^n (n\geqslant 0)$；

(3)$y(n) = (-1)^n + \frac{1}{4} - \frac{9}{4}(-3)^n (n\geqslant 0)$；

(4)$y(n) = \frac{2}{3}(-1)^n + \frac{1}{3}(2)^n - \frac{1}{2} (n\geqslant 0)$。

5 - 6　(a)$h(n) = \frac{1}{2}[1 + (-1)^n]\varepsilon(n)$；(b)$h(n) = (1+n)\left(-\frac{1}{2}\right)^n\varepsilon(n)$。

5 - 7　(1)$y(n) = 2A$；(2)$y(n) = \frac{9}{2}(3)^n\varepsilon(n) - 3(2)^n\varepsilon(n)$；(3)$y(n) = \frac{1}{2}(3^n - 1)\varepsilon(n-1)$。

5 - 8　$y(n) = 3\delta(n) + 5\delta(n-1) + 6\delta(n-2) + 6\delta(n-3) + 3\delta(n-4) + \delta(n-5)$。

5 - 9　(1)$h(n) = 0.5^n\varepsilon(n)$；(2)$h(n) = \left[\frac{5}{3} - \frac{5}{7}(0.5)^n + \frac{1}{21}(-0.2)^n\right]\varepsilon(n)$。

5 - 10　(1)$h(n) = -4\delta(n) - 2\left(\frac{1}{2}\right)^n\varepsilon(n) + 7\left(\frac{1}{4}\right)^n\varepsilon(n)$；

(2)$y(n) - \frac{3}{4}y(n-1) + \frac{1}{8}y(n-2) = x(n) - \frac{1}{2}x(n-2)$。

5 - 11　(1)$H(z) = \frac{(7z-2)z}{(z-0.5)(z-0.2)}$；(2)$h(n) = [5(0.5)^n + 2(0.2)^n]\varepsilon(n)$；

(3)$y_{zi}(n) = \left[\frac{8}{3}(0.5)^n - \frac{4}{15}(0.2)^n\right]\varepsilon(n)$，

$y_{zs}(n) = [-5(0.5)^n - 0.5(0.2)^n + 12.5]\varepsilon(n)$。

5 - 12　（1）$H(z)=\dfrac{z^2+\dfrac{1}{3}z}{z^2-\dfrac{3}{4}z+\dfrac{1}{8}}$ ；（2）$h(n)=\left[\dfrac{10}{3}\left(\dfrac{1}{2}\right)^n-\dfrac{7}{3}\left(\dfrac{1}{4}\right)^n\right]\varepsilon(n)$。

5 - 13　（1）不稳定，因为极点 $p=1$ 不在单位圆内。

（2）不稳定，因为极点 $p=1.2$ 不在单位圆内。

（3）稳定，因为极点皆在单位圆内。

（4）稳定，因为极点在单位圆内。

5 - 14　（1）稳定；（2）不稳定。

5 - 15　$\beta<0$。

6 - 1　（1）$X(0)=N,X(1)=X(2)=,\cdots,=X(N-1)=0$；

（2）$X(k)=3$；

（3）$X(k)=W_N^{kn_0}$；

（4）$X(k)=\mathrm{e}^{-\mathrm{j}\frac{\pi}{N}k(m-1)}\dfrac{\sin\left(\dfrac{\pi}{N}mk\right)}{\sin\left(\dfrac{\pi}{N}k\right)}$；

（5）$X(k)=N,k=m$；$X(k)=0$,其他 k。

6 - 2　$X(1)=-\mathrm{j}4\mathrm{e}^{\mathrm{j}\frac{\pi}{6}}$,$X(7)=\mathrm{j}4\mathrm{e}^{\mathrm{j}\frac{\pi}{6}}$,$X(k)=0$(其他 k)。

6 - 3　$X(1)=X(2)=X(6)=X(7)=4$, $X(k)=0$(其他 k)。

6 - 4　$X(2)=X(14)=8$, $X(k)=0$(其他 k)。

6 - 5　$x(n)=\cos\left(\dfrac{2\pi}{N}mn+\theta\right)$。

6 - 6　$x(n)=0.5\cos\left(\dfrac{\pi}{6}n\right)$。

6 - 9　$T_{\mathrm{pmin}}=0.02\mathrm{s},T_{\max}=0.5\mathrm{m},N_{\min}=40$。

6 - 11　$y(n)=\{2,-1,-2,2,-2,-1,2\}$。

7 - 1　$\alpha_{\mathrm{p}}=0.087\mathrm{dB},\alpha_{\mathrm{s}}=33.98\mathrm{dB}$。

7 - 2　$H(s)=\dfrac{2.019\ 87\times10^{18}}{s^4+9.851\ 15\times10^4s^3+4.852\ 34\times10^9s^2+1.400\ 07\times10^{14}s+2.019\ 87\times10^{18}}$

7 - 3　$H(s)=\dfrac{3.070\ 79\times10^{18}}{s^6+1749.7s^5+6\ 860\ 334.308s^4+8.051\ 16\times10^{9}s^3+1.185\ 85\times10^{13}s^2+7.307\ 32\times10^{15}s+3.070\ 97\times10^{18}}$

7 - 4　$H(s)=\dfrac{s^3}{s^3+2513.27s^2+3\ 158\ 273.41s+1\ 984\ 401\ 707.54}$

7 - 5　$H(z)=\dfrac{0.159z^{-1}}{1-0.4177z^{-1}+0.01831z^{-2}}$。

7 - 6　$H(z)=\dfrac{1+2z^{-1}+z^{-2}}{6-2z^{-1}}$。

7 - 7　$H(z)=\dfrac{0.067\ 455+0.134\ 91z^{-1}+0.067\ 455z^{-2}}{1-1.142\ 98z^{-1}+0.412\ 8z^{-2}}$。

7 - 10　（1）矩形窗，取 $N=11$。

（2）海明窗，取 $N=9$。

（3）海明窗，取 $N=33$。

7 - 11 选择汉宁窗，根据窗函数主瓣宽度和对过渡带宽度要求，计算 N 为

$$N = 8\pi/0.3\pi = 26.666\ 7$$

选 $N=27$ 点的汉宁窗，过渡带宽度满足要求，汉宁窗的通带最大衰减为 0.11dB，阻带最小衰减为 -44dB，也可以满足要求。滤波器的单位脉冲响应为

$$h(n) = \frac{\sin[0.3\pi(n-13)]}{\pi(n-13)} \times 0.5\left[1 - \cos\left(\frac{2\pi n}{26}\right)\right]$$

参 考 文 献

[1] 芮坤生，等. 信号分析与处理. 2版. 北京：高等教育出版社，2003.

[2] 崔翔. 信号分析与处理. 北京：中国电力出版社，2005.

[3] Sanjit K Mitra. 数字信号处理——基于计算机的方法. 2版. 孙洪，等译. 北京：电子工业出版社，2005.

[4] Joyce Van de Vegte. 数字信号处理基础. 侯正信，等译. 北京：电子工业出版社，2003.

[5] Alan V Oppenheim 信号与系统. 刘树棠译. 西安：西安交通大学出版社，2000.

[6] 程佩青. 数字信号处理教程. 2版. 北京：清华大学出版社，2001.

[7] 胡广书. 数字信号处理——理论、算法与实现. 北京：清华大学出版社，1997.

[8] 张明友. 信号与系统分析. 成都：电子科技大学出版社，1999.

[9] 谷萩隆嗣. 数字信号处理基础理论. 薛培鼎译. 北京：科学出版社，2003.

[10] 高西全. 数字信号处理——原理、实现及应用. 北京：电子工业出版社，2006.

[11] 赵录怀. 电路与系统分析——使用 MATLAB. 北京：高等教育出版社，2004.

[12] 聂能. 生物医学信号数字处理技术及应用. 北京：科学出版社，2005.

[13] 胡广书. 数字信号处理导论. 北京：清华大学出版社，2005.

[14] 刘益成，孙祥娥. 数字信号处理. 北京：电子工业出版社，2004.

[15] 赵光宙. 信号分析与处理. 2版. 北京：机械工业出版社，2006.

[16] 陈后金. 数字信号处理. 北京：高等教育出版社，2004.

[17] 丁玉美，高西庆. 数字信号处理. 2版. 西安：西安电子科技大学出版社，2000.

[18] 阎鸿森，王新凤，田惠生. 信号与线性系统. 西安：西安交通大学出版社，1999.

[19] 许珉，杨阳. 一种加三项余弦窗的加窗插值 FFT 算法. 电力系统保护与控制，2010，38（17）：11-15.

[20] 许珉，张文强. 基于加窗递推 DFT 算法的快速相位差校正法研究. 电力系统保护与控制，2010，38（14）：1-4.

[21] 许珉，王玺. 基于加 Hanning 窗递推 DFT 算法的测频方法. 电力自动化设备. 2010，30（11）：73-78.

[22] 杨育霞，许珉，廖晓辉. 信号分析与处理. 北京：中国电力出版社，2007.